“十三五”高等职业教育规划教材

软件测试与维护基础

周之昊　刘　热　主　编
陈　忱　张海越　辛振国　孙振亚　副主编

中国铁道出版社有限公司
CHINA RAILWAY PUBLISHING HOUSE CO., LTD.

内 容 简 介

本书吸取了课程建设成果，总结多位教师教学经验，全面系统地介绍了软件测试的概念、过程、方法及相关工具。全书共9章，前4章以理论介绍为主，从理论角度讨论软件测试的概念和技术；后5章以实践练习为主，从实践角度介绍软件测试的应用和工具的使用。前一部分内容主要包含软件测试基础概念、软件测试流程、软件测试岗位能力要求、黑盒测试技术、白盒测试技术、测试的组织与管理、软件维护等。后一部分内容主要包括黑盒测试方法的综合应用，单元测试工具 JUnit 在 Android 开发中的应用，自动化测试工具 UTF 在 Web 系统测试中的使用，负载测试工具 LoadRunner 在性能测试中的使用，应用程序生命周期管理工具 QC 在软件测试管理中的使用。

本书内容全面、层次清晰、难易可控，可根据不同的教学要求及教学方向，有选择地实施教学。

本书适合作为高等职业院校相关专业软件测试课程的教材或参考用书，同时也可以供从事软件开发及测试工作的人员，以及对软件测试有兴趣的初学者参考学习。

图书在版编目（CIP）数据

软件测试与维护基础/周之昊，刘热主编.—北京：中国铁道出版社有限公司，2019.8（2019.12重印）

“十三五”高等职业教育规划教材

ISBN 978-7-113-26089-7

Ⅰ.①软… Ⅱ.①周…②刘… Ⅲ.①软件-测试-高等职业教育-教材②软件维护-高等职业教育-教材 Ⅳ.①TP311.5

中国版本图书馆 CIP 数据核字(2019)第 164164 号

书　　名：软件测试与维护基础
作　　者：周之昊　刘　热

策　　划：包　宁　　　　编辑部电话：010-63589185 转 2067
责任编辑：包　宁　翟玉峰
封面设计：刘　颖
责任校对：张玉华
责任印制：郭向伟

出版发行：中国铁道出版社有限公司（100054，北京市西城区右安门西街 8 号）
网　　址：http://www.tdpress.com/51eds/
印　　刷：北京铭成印刷有限公司
版　　次：2019 年 8 月第 1 版　2019 年 12 月第 2 次印刷
开　　本：850 mm×1 168 mm 1/16　印张：19　字数：484 千
书　　号：ISBN 978-7-113-26089-7
定　　价：49.90 元

前　言

PREFACE

根据中国调研报告网发布的《2019年中国软件测试行业现状研究分析与市场前景预测报告》显示，软件测试企业以非外包公司为主，其中传统IT企业、互联网企业数量占比超过50%，软件测试企业对软件测试的重视度越来越高。

随着对软件测试的重视，企业测试人员与开发人员比由早些年的1∶7升至1∶3左右，这说明软件行业的测试理念已发生转变，对专业测试的重视程度逐步加强。而且比例近年还在持续缓慢上升，也体现出在未来几年国内企业对这种人员配比倾向度较高。同时随着软件业的发展，测试的需求也越来越大，软件测试也由原来的人工测试向自动化测试方向发展，这不仅可以大大地提高测试效率，还能使测试人员从反复枯燥的测试工作中解放出来，使得测试人员可以把精力放在系统测试的整体大局上。

软件测试岗位到2018年之后，其发展相对较为稳定，但是人才缺口依然很大。产生这种现象的原因主要有两方面：

1. 软件在未来一段时间内仍会较快发展。由于软件企业要靠产品及产品服务去占领市场，开发出来的软件需要软件开发部门和软件测试部门的合作才能保证产品质量，产品符不符合客户的需求，能不能实现所需诉求，需不需要长期维护，都需要测试人员去验证。测试人员可谓是一个软件企业生存的守护神，测试这关过不了，做出来的产品也是废品。

2. 软件测试发展越来越快，人才缺口也越来越大，同时对测试人员的能力要求也越来越高。以前很多测试人员由于知识储备不成体系，技术掌握也不稳固，只能应对一些简单的测试工作，但是随着软件行业的发展，企业更多需要的是技术层级相对以往更高的人才。

本书编者均在一线从事教学工作近十年，深感找一本适合的教材颇为不易。目前市场上关于软件测试技术及测试用例设计方面的书籍虽然较多，但主要以基础理论讲解为主，与实践结合的内容偏少，未能对初学者实践能力的提高有太多帮助。而另一些书籍主要受众面偏向于在软件测试领域有一定实践经验，在软件测试岗位有一定工作年限的专业人员，对于学生或有兴趣的初学者来说，虽然有大量实践内容的教学，但又感觉很陌生、太深奥、没有着力感，很多知识点介绍得又过于简略。为解决这一问题，并将编者教学工作中积累的些许经验回馈更多的学习者，于是就产生了编写本书的想法。

本书从学生和教师的角度出发，将理论和实践结合起来，选材适当，重点突出，并注重体系结构的完整性。本书从最基本的知识点开始，配以经典实用的案例，比较全面系统地介绍了软件测试的概念、过程、方法及相关工具。通过相关测试理论知识与实践技能的学习，层层深入地培养学生的软件测试能力。

经过两年多的酝酿和准备，历时近一年的时间，本书初稿基本成形。本书由周之昊、刘热任主编，陈忱、张海越、辛振国、孙振亚任副主编。其中，周之昊负责第 1 章、第 2 章 2.1 节和 2.3 节、第 5 章的编写，并负责全书的统稿；刘热负责第 7 章、第 8 章和第 9 章的编写，并负责全书的总体设计；陈忱负责第 2 章 2.2 节和第 6 章的编写；张海越负责第 3 章的编写；辛振国负责第 4 章的编写；孙振亚负责全书材料的整理和修订。

无锡科技职业学院物联网与软件技术学院领导赵航涛、闾立新、陈晓男等对本书编写给予了关心和指导；物软学院相关专业的全体师生试用了本书的校本教材，并提出了不少宝贵建议和修改意见，在此向他们表示感谢。同时，还要感谢书后参考文献的作者，感谢他们的文献给予本书的指导。最后感谢所有编者的家人，没有他们的支持，也很难在这段时间内完成本书。

读者在学习的过程中，可以在软件测试网（http://www.51testing.com/）、CSDN 程序员网（http://www.csdn.net/）、百度百科（http://baike.baidu.com/）和百度文库（http://wenku.baidu.com/）等网站检索相关资料。

书中所涉及的微课视频是相关内容的补充，以方便读者理解和掌握知识点或操作，仅供参考使用。

由于编者水平有限，时间仓促，书中不妥之处在所难免，敬请各位读者批评指正。如有反馈意见和建议，请发送至编者电子邮箱 86164585@qq.com，谢谢！

编　者
2019 年 6 月

CONTENTS

目 录

软件测试基础

学习目标：

1. 了解软件测试的概念。
2. 理解软件测试在软件开发过程中的作用。
3. 理解软件测试的流程。
4. 理解软件测试的分类、原则、策略。
5. 了解软件测试行业的发展状况。

视频

课程导言

1.1 软件测试基本概念

为什么要测试？最主要的目的有两个：一是对质量或可接受性作出评判，二是发现存在的问题。之所以要测试，是因为人经常会出错，特别是在软件领域和采用软件控制的系统中，这个问题尤为突出。本章的目标是给出软件测试的基本全貌，而本书的其他各章都将围绕这个目标展开。

1.1.1 软件测试的定义

IEEE 1983 给出的“软件测试”定义是：使用人工或自动手段来运行或测试某个系统的过程，其目的在于检验它是否满足规定的需求或弄清预期结果与实际结果之间的差别。它是帮助识别开发完成（中间或最终的版本）的计算机软件（整体或部分）的正确度（Correctness）、完全度（Completeness）和质量（Quality）的软件过程；是软件质量保证（Software Quality Assurance，SQA）的重要子域。

该定义基本反映了软件测试的重点与难点，表明软件测试需要进行过程管理，包含静态测试和动态测试，分为人工测试和自动化测试。软件测试的主要工作是设计测试用例，执行测试用例和分析测试用例结果，也就是发现缺陷、记录缺陷和报告缺陷的过程。

在 IEEE 计算机学会（IEEE Computer Society）职业实践委员会（Professional Practices Committee）《软件工程知识体系指南 2004 版》中给出的定义对上述定义进行了补充。其定义和解释如下：

测试是为评价与改进产品质量、标识产品的缺陷和问题而进行的活动。

软件测试是由一个程序的行为在有限测试集合上，针对期望的行为的动态验证组成，测试用例是从通常的无限执行域中适当选取的。

在以上定义中，有几个与软件测试知识相关的关键问题，具体说明如下。

1. 动态

动态意味着测试总是隐含在经过评价的输入中执行程序，更确切地讲，输入值本身并不能充分地确定一个测试，因为一个复杂的、非确定性的系统可能对相同的输入作出不同的反应行为，这取决于系统的状态。尽管在这个知识域中，“输入”这个术语在需要它的情况下继续使用，并有隐含的约定：其含义也包括一个特定的输入状态。静态技术与动态不同，并作为动态技术的补充。

2. 有限

即使是简单的程序，理论上也有很多的测试用例，需要若干年或若干月才能完成穷举测试。因此，在实践中，一般认为整个测试集合是有限的。测试总是隐含了有限的资源和进度与无限的测试需求之间的权衡。

3. 选取

人们提出的许多测试技术，本质上的区别在于如何选取测试集合，软件工程师必须意识到，不同的选择标准可能产生差别很大的效果。在给定条件下，如何标识最适当的选择准则是一个复杂的问题。在实践中，需要使用风险分析技术和测试技能。

4. 期望

确定观察的程序所执行的输出是否可被接受，这尽管不容易但也必须是可能的，否则测试工作就无用了。观察到的结果可以与用户的期望对比（确认测试），与规格说明对比（验证测试），与隐含的需求的期望行为或合理的期望对比。

在许多测试方面的文献中，名词术语的使用都比较混乱，究其原因，可能是因为测试技术在近几十年中不断地演化进步，而且文献作者所处领域存在差异。首先来研究几个有用的术语。

- 错误（error）：人会做错事。错误的同义词是过失（mistake）。编程时出的错称为“Bug”。错误很容易传递和放大，比如需求分析方面的错误在系统设计时有可能会被放大，而且在编码时还会被进一步放大。
- 故障（fault）：故障是错误的后果。更确切地说，故障是错误的具体表现形式，比如文字叙述、数据流图、层次结构图、源代码等。与把编程错误称为Bug类似，故障的同义词是缺陷（defect）。故障可能难以捕获。比如，设计人员犯下一个遗漏错误，所导致的故障可能只是在表现上丢掉了一些应有的内容。这里也可以把故障进一步细分为过失故障和遗漏故障。如果在表象中添加了不正确的信息，这是过失故障，而未输入正确的信息，则是遗漏故障。在这两类故障中，遗漏故障更难检测和纠正。
- 失效（failure）：发生故障会导致失效。失效具有两个很微妙的特征：①失效只出现在程序的可执行表现形式中，通常是源代码，确切地说是加载后的目标代码；②这样定义的失效只和过失故障有关。那么如何处理遗漏故障所对应的失效呢？进一步说，对于不轻易发生的故障，或者长期不发生的故障，情况又会怎样呢？米开朗基罗（Michelangelo）病毒就是这种故障的一个例子，它只有在3月6日（米开朗基罗生日）才执行。采用代码评审能够通过查找故障来避免失效。实际上，好的代码评审同样能检查出遗漏故障来。
- 事故（incident）：失效发生时，用户（或客户和测试人员）可能察觉得到，也可能察觉不到。事故是与失效相关联的症状，它警示用户有失效发生。
- 测试（test）：测试显然要考虑到错误、故障、失效和事故等诸多问题。测试是利用测试用例来操作软件的活动。测试有两个明确目标：找出失效问题和证实软件执行的正确性。

- 测试用例（test case）：每个测试用例都有一个用例标识，并与程序的行为密切相关。每个测试用例还包括若干输入和期望输出。

1.1.2　软件测试的重要性

从开发角度，软件测试可以尽早发现和改正软件中潜在的错误，不仅避免给用户造成可能的损失，更重要的是避免给开发方的信誉造成不良影响，即避免最终给开发方自己造成直接或间接的损失。

对于用户来说，适当的测试是用户对是否接受软件系统的依据，用户通过亲自的测试或者委托第三方测试的结果来对软件的质量作出判断，并最后作出选择。

近年来，软件缺陷给人们造成重大损失的例子数不胜数，表 1-1 简要地列出了一些影响比较大的事件，关于事件的完整故事，感兴趣的读者可以查阅相关资料。

表 1-1　典型的因为软件缺陷造成损失的案例

	事　件	时间	原　因	后　果
1	金星探测器的飞行失败	1963	程序语句中少了一个逗号	损失 1000 多万美元
2	新西兰客机撞山	1979	飞行软件故障	257 名乘客全部罹难
3	爱国者导弹事故	1991	计时器误差	误杀 28 名美国士兵
4	英特尔奔腾芯片缺陷	1994	浮点数除法算法缺陷	支付 4 亿美元更换芯片
5	阿丽亚娜火箭爆炸	1996	惯性导航系统软件故障	9 年的航天技术受重挫
6	NASA 火星登录器	1999	集成测试不充分	登录器丢失损失 3.27 亿美元
7	千年虫问题	2000	节省内存年份缩为 2 位	全球损失几千亿美元
8	巴拿马放射性设备医疗事故	2000	软件设计存在缺陷	因超剂量辐射死亡或致癌
9	美国及加拿大停电	2003	电力管理系统故障	大规模停电
10	金山词霸出现错误	2003	系统安装问题	无法取词，无法解释
11	“冲击波”计算机病毒	2003	微软 MSN 缺陷被攻破	数万 Windows 计算机崩溃
12	Norton“误杀门”	2007	将系统文件定义为病毒	超百万台计算机瘫痪
13	北京奥运会售票事件	2007	大量访问造成网络拥堵	无法售票
14	F-16 战机失事	2007	导航软件失灵	飞机失事
15	F-22 机群系统瘫痪	2008	全球定位系统都失灵	飞机群险些失事
16	Google 的 Gmail 故障	2009	负载均衡软件的 Bug	Gmail 用户不能访问邮箱
17	春运黄牛倒票	2014	对身份证信息缺乏审核漏洞	黄牛利用该漏洞倒票

软件测试可以保证对需求和设计的理解与表达的正确性，实现的正确性以及运行的正确性，因为任何一个环节发生了问题都将在软件测试中表现出来。同时测试还可防止由于无意识的行为而引入的一些可能出现的错误。例如，对一些功能进行更改、分解或者扩展时不小心引入的，也许就会对整个程序功能造成不可预料的破坏。所以一旦发生了上面的情况，就需要对更新后的工作结果进

行重新测试。如果测试没有通过，则说明某个环节出现了问题。

软件测试是软件质量保证的重要手段。在软件开发总成本中，测试上的开销要占 30%～50%。如果把维护阶段也考虑在内，整个软件生命周期，开发测试的成本所占比例会有所降低，但维护工作相当于二次开发，乃至多次开发，其中也包含许多测试工作。因此，估计软件工作有 50%的时间和50%以上的成本花费在测试工作上。由此可见，要成功开发出高质量的软件产品，必须重视并加强软件测试工作。归纳起来，软件测试的重要性表现如下几方面：

（1）一个不好的测试程序可能导致任务的失败，更重要的是可能影响操作的性能和可靠性，并且可能导致在维护阶段花费巨大的成本。

（2）一个好的测试程序是项目成功的重要保证。复杂的项目在软件测试和验证上需要花费项目一半以上的成本，为了使测试有效，必须事先在计划和组织测试方面花费适当的时间。

（3）一个好的测试程序可以极大地帮助定义需求和设计，这有助于项目在一开始就步入正轨，测试程序的好坏对整个项目的成功有着重要的影响。

（4）一个好的测试可以使修改错误的成本变得很低。

（5）一个好的测试可以弥补一个不好的软件项目，有助于发现项目存在的许多问题。

1.1.3 软件测试的原则

（1）软件测试应追溯到用户需求。软件开发的最终目的是要满足最终用户的需求，软件缺陷从原始需求开始，经历需求分析、设计和编程阶段逐步形成的过程，要完成对待测试软件有效的测试，测试人员要紧紧围绕用户需求，站在用户角度看问题，系统中最严重的错误是那些导致无法满足用户需求的缺陷。用户是软件的使用者和投资者，不满足用户需求的软件是无法顺利交付和收回成本的。

（2）软件测试应该尽早开始，不断进行。由于软件的复杂性和抽象性，以及涉及项目人员之间沟通不畅等原因，导致在软件生命周期的各个阶段都可能产生缺陷。软件错误发现得越早，修改错误的成本就越低，所以测试要从需求分析和设计就开始，在软件开发的每个环节都要不断地进行测试，才有可能使错误不被遗漏。极限编程和测试驱动的开发将“尽早开始，不断进行”用到极致，它们强调测试先行，在编程开始之前就开始设计测试用例，用测试用例指导代码的撰写。

（3）穷尽测试是不可能的，测试要有停止准则，适可而止。完美的情况下，通过在有限的时间和资源下，穷尽运行软件，发现所有问题。但实际上是不可能的，这可以从软件的基本要素——输入、输出、数据处理和计算等方面来分析。因为程序输入一般都非常大，无法计数，输出也很复杂，有时甚至超过输入的复杂度。数据处理和计算的复杂程度也越来越高，导致路径组合近似天文数字。因此，只能通过多种测试方式，在有限资源下，尽可能多地发现缺陷。测试停止准则大致可以分为5类：

① 测试超过了预定时间。

② 执行了所有的测试用例，但并没有发现故障。

③ 使用特定的测试用例设计方案作为判断测试停止的基础。

④ 正面指出停止测试具体要求，即查出某一预定数目的故障。

⑤ 根据单位时间内查出故障的数量决定是否停止。

Good Enough 原则指出：测试的投入与产出要适当权衡，测试进行的不充分是对质量不负责任的表现，但是投入过多的测试，则是资源浪费的表现。

（4）一个测试用例除了要对软件的输入数据进行详细描述，还要给出预期输出结果。否则，在测试过程中，极有可能因为无法与预期输出进行比对，而使应该发现的错误从眼皮底下溜走，降低测试效果。

（5）程序员应该避免测试自己的程序，软件测试应该具有一定的独立性。待测试程序就好像程序员自己生的孩子，怎么看怎么顺眼，客观上，程序员很难跳出自己的思维习惯，对自己编写的程序做出科学的测试。软件测试应该是“破坏性的”，以“找茬”为目的的，独立的软件测试才有可能发现意外的错误。而且软件测试中存在一种“同化效应”，即一名测试人员重复使用一个软件而产生熟悉感，因此可能会忽视一些易用性问题和用户体验问题。同时测试人员与开发人员在一起工作时间较久之后，容易被同化。同化效应会使 Bug 具有免疫效果，因此，测试过程中还需要通过轮换或补充新测试人员来避免此问题。

（6）应该彻底检查每个测试的结果。每个测试用例一般都是经过精心设计产生的，承担一定的检测任务。由于测试执行结果可以形式多样，如界面的显示、数据文件以及性能测试中关注的软件执行时间等，不同形式的结果对于判断测试是否通过具有不同程度的影响。而且软件测试的预期输出描述可能不是很准确，这就更需要认真检查每个测试结果。

（7）测试用例的编写不仅应该包括有效合法和预料到的输入情况，还要考虑无效非法和未预料的输入情况。程序员往往基于预料之中的合法输入编写程序进行处理，可能忽视对一些非法输入或意料之外的输入的处理，从而使程序留下隐患。

（8）不仅要检查程序是否“做了它应该做的”，而且要检查程序是否“做了它不应该做的”。程序只能做被规定的那些工作，任何多余的功能都应被视为安全隐患。全面的测试包括：验证程序是否做了应该做的事情，以确保软件的可靠性；验证程序是否没有做不应该做的事情，以确保软件的安全性。

（9）测试用例要进行管理和保存，切忌用后即弃，要重视测试过程的记录并保存相关文档。除了一次性软件，几乎所有的软件测试都不可能一次性完成，在软件生命周期中一般都要经过测试、修改、再测试、再修改等多次反复。原先的测试用例可以为再测试的选择性复生、生成新测试用例和测试分析等提供非常好的依据和基础，避免重复劳动，特别是在回归测试中，要使用原有的测试用例检查修改是否引入新的错误。

（10）程序中的错误存在“集群现象”。程序中如果某处发现错误，在该处和周围还可能存在错误，有人甚至认为：“程序中某部分存在错误的可能性，与该处已发现错误的数量成正比”。人们也用“冰山原理”和“二八原理”来定性程序中错误的分布。所谓“冰山原理”就是两座冰山，露出水面部分大的那一座，其水下部分也较大。“二八原理”来自社会学观点“20%的富人掌握了 80%的社会财富，其他 80%的人只占有 20%的社会财富”，在软件工程中有“20%的代码包含了软件中 80%的缺陷”，“20%的缺陷消耗了 80%的软件修改维护费”。

（11）选择一组合适的测试方法。软件系统的不同部分具有不同的特点和不同的重要程度，需要不同的测试方法才能充分、有针对性地测试。因此，在测试过程中选择合适的测试方法也非常重要。

（12）测试应该认真做好测试计划，使用测试清单。测试计划和清单列出所有需要测试的对象、场景和条件列表，提供了一种确定测试覆盖率的方法，并可以作为软件测试质量和软件质量的依据。测试过程中，切忌测试的随意性。

（13）恰当使用测试工具。工具可以延伸认知能力，很多测试工作，如测试数据的生成，测试结果的比对，如果手工完成，既累人又容易出错。测试工具的正确使用不仅能够有效地提高测试效率，而且也可以提高正确率，使测试人员有更多精力从事创造性测试工作。

（14）不断进行培训。测试作为一门科学，和其他学科一样，有着一套知识体系和特定的技能要求。另外，根据一些测试人员执行的测试类型，甚至还需要特殊的或先进的知识和技能。测试人员只有不断地进行培训或自我学习，才能适应测试工作中遇到的新挑战。

（15）进行软件风险分析，做有重点的测试。由于不可能进行穷尽测试，某种意义上，测试了什么比测试了多少更重要。软件风险分析可以对测试对象进行优先级排序，这样合理分配测试资源，集中精力对软件系统中的关键部分进行充分测试。

（16）度量测试有效性，对出错结果进行统计和分析。使用科学的度量可以使测试工作更加科学。对于各种测试方法有效性的度量，可以帮助人们选择有效的测试方法；对于测试人员测试效果的度量，可以帮助人们判断哪些测试人员更有工作潜力。

（17）分析缺陷趋势和模式。缺陷之间往往存在一些相互关联和依赖关系，通过分析测试缺陷的趋势、模式、类型、来源、严重程度和潜伏期等，可以进一步发觉一些新的问题，从中找到需要改进的地方。同时对测试过程中找到的所有缺陷进行定性分析和预测，已决定是否进入下一个测试阶段。

（18）增量和分阶段测试。测试范围应从小规模开始，逐步转向大规模的增量和分级的测试。所谓小规模是指测试的颗粒度，如某种程度的单元测试，进一步的测试从单元测试逐步过渡到多个单元的组合测试，即集成测试，最终过渡到系统测试。

（19）软件测试是一项极富能力创造性、极具智力挑战性的工作。不仅测试一个大型软件所需要的创造性很可能超过了开发该软件所需的创造性，而且要充分测试一个软件以确保所有错误都不存在是不可能的。因此，这就给软件测试的从业人员留下了开阔的创造性空间，并使软件测试成为一门职业。

（20）软件测试是一种服务。软件测试人员通过对软件产品进行研究和探索，获取有关软件的信息，供项目决策者作出正确的决定。特别是敏捷开发中，软件测试指引着团队的工作。把软件测试理解成一种服务可以化解测试人员和开发人员之间的矛盾，从而有利于客观公正地进行测试工作。

1.1.4 软件测试的分类

1. 按测试阶段划分

按照测试的阶段可以将软件测试分为单元测试、集成测试、确认测试、系统测试和验收测试。测试过程流程如图 1–1 所示。

1）单元测试

单元测试是对软件测试设计中最小的单位——程序模块进行的测试，它着重检查程序单元是否符合软件详细设计规约中对于模块功能、性能、接口和设计约束等方面的要求，发现各模块内部可能存在的各种错误。由于程序模块间应该具有低耦合、高内聚的特性，所以单元测试一般是可以并行进行的。

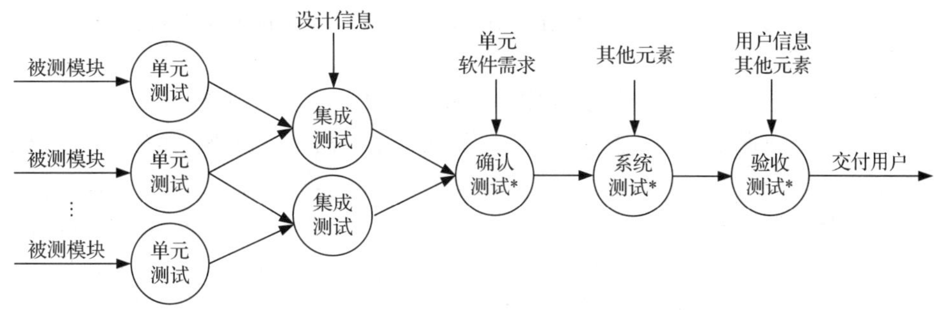

图 1-1　测试过程流程

2）集成测试

集成测试是在单元测试的基础上，将已通过单元测试的各个模块有序地、递增地进行测试，它着重发现各模块接口之间的关系和相互协作中是否存在错误。在很多情况下，已通过单元测试的模块集成到系统中往往还存在问题，就是由于它没能正确地与其他模块协作，或者出现了接口错误。集成测试依据的标准是软件概要设计规约。

3）确认测试

确认测试是通过检验和提供客观证据，验证软件是否满足特定预期用途的需求。它依据软件需求规格说明书，包括用户对软件的功能、性能和某种特定特性的要求。如果说前两种测试主要是验证软件是否在"正确地做事"，那么确认测试主要是验证软件是否在"做正确的事"。

4）系统测试

系统测试是将通过已确认的软件，作为整个基于计算机系统的一个元素，与计算机硬件、外围设备、网络和系统软件、某些主应用软件、插件、数据和人员等其他系统元素结合在一起，在实际运行环境下，检测其是否能够进行正确的配置、连接，以满足用户需求。系统测试一般依据系统需求规格说明书。

5）验收测试

验收测试是指按照项目说明书、合同、软件供需双方约定的验收依据文档等进行的对整个系统的测试和评审，决定是否接受或拒绝接受系统。该阶段测试也是被传统软件测试过程所采用，有时也把确认测试和系统测试归为一个过程，统称为系统测试。

2. 按是否需要执行被测试软件划分

按照是否需要执行被测试软件，可将软件测试分为静态测试和动态测试。

1）静态测试

静态测试又称静态分析，是指不实际运行被测试软件，而是直接分析软件的形式和结构来查找缺陷。主要包括对源代码、程序界面和各类文档及之间产品（如产品说明书、技术设计文档等）所做的测试。

（1）对于源代码：

查看源代码是否符合相应的标准和规范，如可读性、可维护性等，其工作过程类似于一个编译器，随着语法分析的进行做特定工作，如分析模块调用图、程序的控制流图等图表以及度量软件的代码质量等。一般各公司内部都有自己相应的编码规范，如 C/C++/Java 编码规范等，应按照规范中所列出的条目逐条测试。

源代码中含有大量原设计信息，以及程序员异常的信息。利用静态测试，不仅可以发现程序中明显的缺陷，还可以帮助程序员重点关注那些可能存在缺陷的高风险模块，如多出口、程序较复杂、接口过多等情况。

当然，对源代码进行静态测试并非易事，可以使用一些自动化的静态分析工具来降低测试人员的劳动强度。目前市面上有很多静态分析工具，如 Parasoft 公司的 dotTest、C/C++Test、JTest，JetBrains 公司的 IntelliJ IDEA、PyCharm 等。这些静态分析工具一般由 4 部分组成：语言程序预处理器、数据库、错误分析器和报告生成器。

其具有如下优点：①测试人员直接面对的是问题的本身而不是征兆；②代码检查可以发现其他方法无法发现的逻辑错误；③它的效率是最初测试的 3～5 倍；④它可以发现 75%～80%的错误。

（2）对于程序界面：

查看软件的实际操作设计和运行界面设计是否符合需求中的相关说明。

（3）对于文档：

检查用户手册与需求说明是否真正符合用户的实际需求。

程序界面和文档的静态测试相对容易一些，但要求测试人员应充分熟悉用户需求且比较细心。从实际情况来看，界面和文档的测试常常是不受重视的。

静态测试是采用走查（Walk through）、审查（Inspection）、评审（Review）等方法来查找错误或收集所需度量数据的。它不需要运行程序，所以相对于动态测试，可以尽早进行。

走查是在开发组内部进行，通过个人检查和阅读等手段查找错误。其主要检查逻辑错误和代码是否符合标准、规范和风格等，如代码风格、变量/对象/类等的命名、注释行等。具有不在现场修改等特点。

审查也是在开发组内部进行，通过分配相关角色，采用讲解、提问并使用检查表方式进行的查找错误活动。审查通过会议的形式进行，一般参加人员包括与本模块相关的开发人员，由一名开发者讲解，其他开发者提问，本模块开发者回答问题、填写检查表。

评审是由开发组、测试组和相关人员（如 QA、PM 等）联合进行，采用讲解、提问并使用检查表方式进行的查找错误的活动。评审一般有正式的计划、流程和结果报告。同行评审是指由与产品开发人员具有同等或相似背景和能力的人员对软件产品进行评审，其目的是有效地消除软件产品的缺陷。

它的查错和分析功能是其他方法所不能代替的，只有静态分析能发现文档中的问题，通过文档中的问题或其他软件评审发现的问题来找出需求分析、软件设计等问题，而且能有效地检查代码是否具有可读性、可维护性。

2）动态测试

动态测试又称动态分析，是指需要实际运行被测软件，通过观察程序运行时所表现出来的状态、行为等发现软件缺陷，包括在程序运行时通过有效的测试用例（对应的输入、输出关系）来分析被测程序的运行情况或进行跟踪对比，发现程序所表现的行为与设计规格或与客户需求不一致的地方。

它是一种常用的测试方法，无论在测试的哪个阶段，它都是一种有效的测试方法。但它也存在很多局限性，主要体现在如下方面：①需要通过测试用例、分析测试用例来对被测软件重点考查，以期发现缺陷；②需要搭建软件特定的运行环境，增加了有关环境测试的配置、维护和管理工作量；③不能发现文档问题，必须等程序代码完成后进行，发现问题相对迟得多。

3）静态测试与动态测试的比较

表 1-2 所示为静态测试和动态测试的比较。读者不妨思考一下，是不是静态测试的成本更低？是否可以用静态测试代替动态测试呢？

表 1-2　静态测试与动态测试的比较

比较的项目 / 测试方法	是否需要运行软件	是否需要测试用例	是否可以直接定位缺陷	测试实现难易程度
静态测试	否	否	否	容易
动态测试	是	是	是	困难

静态测试与动态测试之间既具有一定的统一性，同时又具有相对的协同性，同时又具有相对的独立性。程序静态分析的目标不是证明程序完全正确，而是作为动态测试的补充，在程序运行前尽可能地发现代码中隐含的缺陷。静态测试是不能完全代替动态测试的。

（1）协同性：静态测试和动态测试在各自的优、缺点上具有互补性。静态测试是保守和健壮的，其测试结果离期望值可能还有距离，但它保证了将来的执行。而动态测试是有效和精确的，它需要花费大量的分析过程，尽管它需要测试用例的设计、执行和结果分析。动态测试给出了高度精确的结果。

（2）独立性：静态测试需要建立程序的状态模型（如函数调用图、控制流图等），在此基础上确定程序对该状态的反应（如通过各种图表分析找出多入口多出口的模块、高层控制模块等）。由于系统可能执行的状态有很多，测试必须跟踪多个不同的状态，通常经过大量、细致的分析后也不一定能考虑到所有的系统状态。因此，静态分析通常采用程序状态的抽象模型，并需要较长时间的等待。而动态测试过程中不存在近似和抽象的概念，它直接执行程序段，检查实时的行为，在控制流程路径中，几乎不存在不确定因素。

3. 按是否需要查看代码划分

按照是否需要查看代码，软件测试可以分为白盒测试、黑盒测试和灰盒测试。

1）白盒测试

白盒测试又称结构测试或逻辑测试，是指已知软件产品的内部工作过程，通过验证每种内部操作是否符合设计规格的要求进行测试。在白盒测试中，测试人员需要了解被测程序的内部结构和工作原理，对测试人员要求较高，并相对具有较高的测试成本。白盒测试容易发现以下类型错误：变量没有声明、无效引用、数组越界、死循环、函数本身没有析构、参数类型不匹配、调用系统函数没有考虑到系统的兼容性等。

2）黑盒测试

黑盒测试是指已知软件产品的功能设计规格，测试每个实现了的功能是否满足要求。黑盒测试把程序看成一个黑盒子，不考虑其程序内部结构和处理过程，只是在程序接口进行测试，验证某类输入是否可以得到预期的输出，特定的事件是否能得到预期的影响和处理等。黑盒测试希望发现以下类型错误：功能错误或遗漏、界面错误、数据结构或外部数据库访问错误、性能问题、初始化和终止错误等。

3）灰盒测试

灰盒测试是介于白盒测试和黑盒测试之间的测试，是对两种测试的一种折中。灰盒测试主要用于测试各个组件之间的逻辑关系是否正确，关注输出对于输入的正确性；同时也关注内部表现，但这种关注不像白盒测试那样详细、完整，只是通过一些表征性的现象、事件、标志来判断内部的运行状态。有时候输出是正确的，但内部其实已经出错了。这种情况很多，但如果每次都通过白盒测试来操作那么效率会很低，因此需要采取这种灰盒的方法。

软件测试方法与软件开发过程相关联。单元测试一般应用白盒测试，集成测试一般应用灰盒测试，系统测试和确认测试一般应用黑盒测试。

白盒测试和黑盒测试比较如表 1-3 所示。

表 1-3　白盒测试和黑盒测试比较

比较项	黑 盒 测 试	白 盒 测 试
规划方面	功能测试	结构测试
性质	是一种确认技术，解决“是否在构造一个正确的系统”的问题（Verification）	是一种验证技术，解决“是否在正确地构造一个系统”（Validation）
优点	（1）确保从用户角度出发 （2）适用于各阶段测试 （3）从产品功能角度测试 （4）容易入手生成测试数据	（1）针对程序内部特定部分进行测试 （2）可构成测试数据使特定程序部分得到测试 （3）有一定的充分性度量工具 （4）可获得较多工具支持
缺点	（1）无法测定程序内部特定部分 （2）某些代码得不到测试 （3）如果说明有误，则无法发现 （4）不易进行充分性测试	（1）无法测试程序外部特性 （2）不易生成测试数据 （3）无法对未实现规格说明书的部分进行测试 （4）工作量大，通常只用于单元测试

白盒测试和黑盒测试从不同的角度看待被测试软件，关注不同的内容，并各有优、缺点。在实际的测试过程中往往是针对不同的测试阶段和测试对象进行选择或者结合使用。

4. 按测试执行时是否需要人工干预划分

按照划分时是否需要人工干预，可将软件划分为手工测试和自动测试。

1）手工测试

手工测试是完全由人工完成的测试工作，包括测试计划的制订、测试用例的设计和执行以及测试结果的检查和分析。传统的工作都是由人工完成的。

2）自动测试

自动测试是指通过软件测试工具，按照测试人员的预定计划对软件产品进行自动测试。作为软件测试的一个重要组成部分，能够完成很多手工测试难以胜任的工作。正确而又合适地引入软件测试自动化，能够节省软件测试的成本和资源，提高软件测试的效率和效果，从而改进软件的质量。

使用自动测试可以改进所有的测试领域，包括测试程序开发、测试执行、测试结果分析、故障分析和测试报告生成。它还能支持所有的测试阶段，包括单元测试、集成测试、系统测试、验收测试和回归测试等。

对于给定的需求，测试人员必须评估在项目中实施自动测试是否合适。通常情况下，与手工测试相比，利用软件测试自动化可以提供很多好处。

（1）产生可靠的系统。如果软件测试只用于手工测试，能找到软件缺陷在质与量上都是有限的，但是通过采用自动化测试则可以：改进需求定义；改进性能测试；改进负载和压力测试；实现高质量测量与测试的最佳化；改进系统生命周期；增加软件信任度。

（2）改进测试工作质量。通过使用自动化测试，可以增加测试的深度和广度，从而改进测试工作质量，其具体好处包括：改进多平台兼容性测试；改进软件兼容性测试；改进普通测试执行；更好地利用资源；执行手工测试无法完成的测试；重现软件缺陷能力很强。

（3）提高测试工作效率。合理地使用自动化测试，能够节省时间并加快测试工作进度，这也是自动化测试的主要优点，主要体现在：减少测试程序开发的工作量；减少测试执行的工作量，加快进度；更方便地进行回归测试，加快回归测试速度；减少测试结果分析的工作量；减少错误状态监视的工作量；减少测试报告生成的工作量。

但是，软件测试自动化也不能够完全取代手工测试，因为它也存在很多不完善的地方：

① 并非所有的测试都可以通过使用自动化测试实现，比如使用性测试，需要人通过实际使用才能够感知。

② 自动化测试没有创造性，它只能执行测试程序的指令，而不会去发掘其他缺陷存在的可能性。

③ 自动化测试可能会受到项目资源的限制，如时间和人力的限制、资金预算的限制、培训和人员技术的限制等。

5. 按测试实施组织划分

按照测试实施组织不同，软件测试可分为开发方测试、用户测试和第三方测试。

1）开发方测试

开发方测试又称 α 测试，是指在软件开发环境下，由开发方提供检测和提供客观证据，验证软件是否满足规定的要求。

2）用户测试

用户测试是指在用户的应用环境下，由用户通过运行和使用软件，验证软件是否满足自己预期的需求。β 测试是一种经常使用的用户测试方法，软件开发商把产品有计划地免费投放到目标市场，由用户进行使用和评价，开发方通过收集用户的反馈信息，对软件进行修改和改进。在软件发布前进行 β 测试，有助于改进软件功能和性能，降低软件发布风险，并起到一定的宣传作用。

3）第三方测试

第三方测试又称独立测试，是介于软件开发者和用户之间的测试组织对软件进行测试。第三方测试在信息系统不完善、软件供需双方存在严重信息量不对称的情况下，扮演着十分重要的角色。

6. 按软件发布范围划分

为了满足全球化软件在世界范围内发布的需求，在全球化软件的开发过程中，软件的国际化设计和本地化工程处理是两个重要步骤。与开发过程相对应，作为软件质量保证过程的全球性软件测试过程，包含一系列相互关联的测试技术和流程，可分为国际化测试、本地化能力测试和本地化测试等阶段。

1）国际化测试

国际化测试的目的是测试软件的国际化支持能力，发现软件国际化的潜在问题，保证软件在世界不同区域都能正常运行。以 Windows 应用软件为例，针对世界软件市场的语言优先级，需要首先应用德语和日语的操作系统。这两种语言代表最重要的区域市场，同时日语又作为东亚双字节字符的典型语言，在英文 Windows 操作系统上安装具体的语言支持文件进行区域设置。将日语作为系统

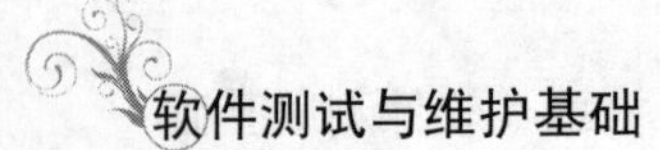

默认区域设置进行测试，可验证 ANSI（非 Unicode）组件中的双字节字符集（DBCS）处理。将德语作为系统默认区域设置进行测试，可确保需要进行文本转换时能够正确处理 ANSI 和 OEM 代码页。

国际化测试使用每种可能的国际输入类型，针对任何区域性或区域设置检查产品的功能是否正常。软件国际化测试的重点在于执行国际字符串的输入/输出功能。国际化测试数据必须包含东亚语言、德语、复杂脚本字符和英语的混合字符，其中复杂脚本字符指阿拉伯语、希伯来语、泰语。国际化测试发现的比较严重的软件错误包括软件在不同区域设置下的功能丢失或数据破坏。这些错误经常出现在字符编码转换和双字节字符的输入/输出过程中。

2）本地化能力测试

本地化能力是指不需要重新设计或修改代码，将程序的用户界面翻译成任何目标语言的能力。本地化能力高的软件可以容易地实施本地化处理。本地化能力测试的目的是尽早发现软件本地化时将会出现的潜在错误。本地化能力测试通过以后，表示产品已可用于本地化，才能进行软件的本地化过程和本地化测试。为了降低本地化能力测试的成本，提高测试效率，本地化能力测试通常在软件的伪本地化版本上进行。软件的伪本地化是指将软件中需要本地化的英文文本，使用其他本地化的文本替换，模拟本地化版本的过程。

本地化能力测试中发现的典型错误包括：字符的硬编码（即软件中需要本地化的字符写在了代码内部），对需要本地化的字符设置了固定值，在软件运行时以控件位置定位，图标和位图中包含了需要本地化的文本，软件的用户界面与文档说明不一致等。

3）本地化测试

本地化测试的目的是测试特定目标区域设置的软件本地化质量。本地化测试的对象是软件的本地化版本。本地化测试的环境是在本地化的操作系统上安装本地化的软件。从测试方法上分为基本功能测试、安装/卸载测试、当地区域的软硬兼容性测试。测试的内容主要包括软件本地化后的界面布局和软件翻译的语言质量，包含软件、文档和联机帮助等部分。

本地化测试的缺陷主要包括软件用户界面错误，如布局错误（版式、大小和位置），本地化有关的功能错误，翻译错误和双字节支持错误。软件的翻译质量包括翻译的准确性、完整性、一致性以及特定区域市场的文化、传统、习俗和政治的敏感内容。为了保证软件本地化测试的质量和成本，通常外包给以当地语言为母语的本地化服务公司。

总之，全球化软件的测试是保证全球发布的质量保证活动。软件的国际化测试、本地化能力测试和本地化测试是一系列互相联系的测试过程。遵循国际化设计和保持良好的本地能力，可以保证软件的国际化测试和本地化测试，从而实现软件的全球化和本地化。

7. 其他测试类型

其他重要的测试类型包括冒烟测试、随机测试等。

1）冒烟测试

冒烟测试在测试过程中发现问题，找到缺陷，然后开发人员会来修复这个缺陷。如果想知道这次修复是否真的解决了程序的缺陷，或者是否会对其他模块造成影响，就需要针对此问题进行专门测试，这个过程称为冒烟测试。

2）随机测试

随机测试是根据测试说明书执行样例测试的重要补充手段，是保证测试覆盖的完整性的有效方式和过程。随机测试主要是针对被测软件的一些重要功能进行复测，也包括测试那些当前的测试样例没有覆盖到的部分。另外，对于软件更新和新增加的功能要重点测试。尤其对以前测试发现的重大缺陷，要进行再次测试，可以集合回归测试一起进行。

此外，软件测试还可以按照测试目的的不同，划分为功能测试、健壮性测试、性能测试、压力测试、用户界面测试、可靠性测试、安全性测试、文档测试、恢复测试、兼容性测试等，在这里每个内容不再展开叙述。

视频

V 模型

1.1.5　软件测试的过程模型

1. V 模型

V 模型作为最典型的测试模型，由 Paul Rook 在 20 世纪 80 年代后期提出，如图 1-2 所示。V 模型反映了测试活动与分析和设计的关系，明确标明了测试过程中存在的不同级别，并清楚描述测试的各个阶段和开发过程的各个阶段之间的对应关系。V 模型左侧是开发阶段，右侧是测试阶段。开发阶段先从定义软件需求开始，然后把需求转换为概要设计和详细设计，最后形成程序代码。测试阶段是在代码编写完成以后，先从单元测试开始，然后是集成测试、系统测试和验收测试。

单元测试对应详细设计，也就是说，单元测试用例和详细设计文档一起实现；而集成测试对应于概要设计，其测试用例是根据概要设计中模块功能及接口等实现方法编写。依此类推，测试计划在软件需求完成后就开始进行，完成系统测试用例的设计等。

V 模型存在如下一些局限性：它仅把测试过程作为在需求分析、概要设计、详细设计及编码之后的一个阶段，主要针对程序进行寻找错误的活动，而忽视了测试活动对需求分析、系统设计等活动的验证和确认的功能。

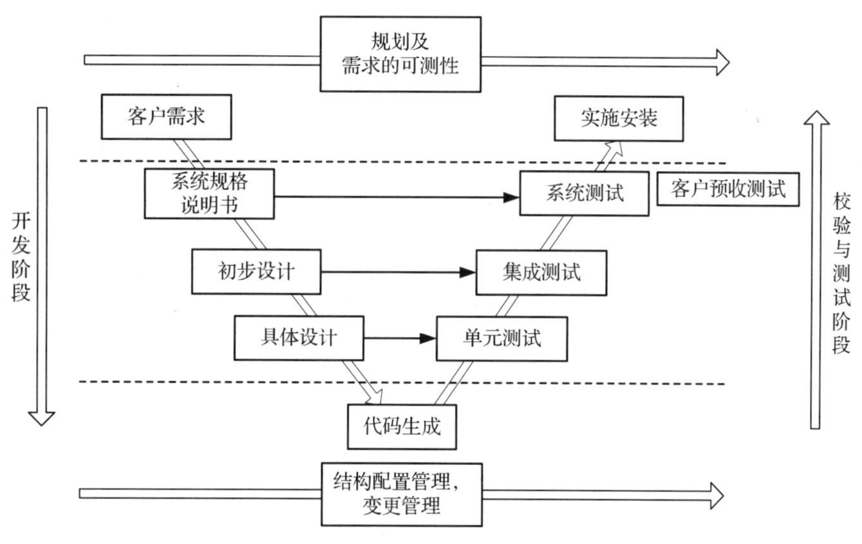

图 1-2　V 模型示意图

2. W 模型

相对于 V 模型而言，W 模型增加了软件各开发阶段中应同步进行的验证和确认（V&V）活动。

如图 1–3 所示，W 模型由两个 V 模型组成，分别代表测试与开发过程，明确表示出了测试与开发的并行关系。

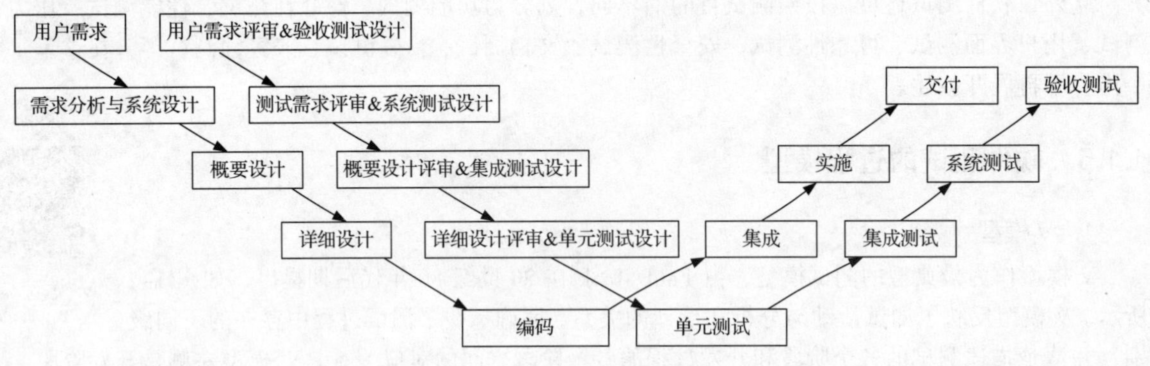

图 1–3　W 模型示意图

W 模型强调，测试伴随着整个软件开发周期，测试的对象不仅仅是程序，需求、设计等同样要测试，也就是说，测试与开发同步进行。W 模型有利于尽早地发现问题，只要相应的开发活动完成，就可以开始测试。例如，需求分析完成后，测试就应该参与到对需求的验证和确认活动中，以尽早地找出缺陷所在。同时，对需求的测试也有利于及时了解项目难度和测试风险，及早制定应对措施，从而减少总体测试时间，加快项目进度。

W 模型也存在局限性。在 W 模型中，需求、设计、编码等活动被视为串行，测试和开发活动保持着一种线性的前后关系，上一阶段结束，才开始下一个阶段工作，因此，W 模型无法支持迭代开发模型。

3. H 模型

V 模型和 W 模型都认为软件开发是需求、设计、编码等一系列串行的活动，而事实上，这些活动在大部分时间内可以交叉。因此，相应的测试也不存在严格的次序关系，单元测试、集成测试、系统测试之间具有反复迭代。正因为 V 模型和 W 模型存在这样的问题，H 模型将测试活动完全独立出来，使得测试准备活动和测试执行活动清晰地体现出来。

图 1–4 仅仅显示了整个测试生命周期中某个层次的“微循环”。H 模型揭示了软件测试作为一个独立的流程贯穿于软件整个生命周期，与其他流程并发地进行，并指出软件测试要尽早准备，尽早执行。不同的测试活动可以按照某个次序先后进行，也可能是反复的，只要某个测试达到准备就绪点，测试执行活动就可以开展。因此，H 模型具有如下意义：

（1）测试准备与测试执行分离，有利于资源调配，降低成本，提高效率。

（2）充分体现测试过程（不是技术）的复杂性。

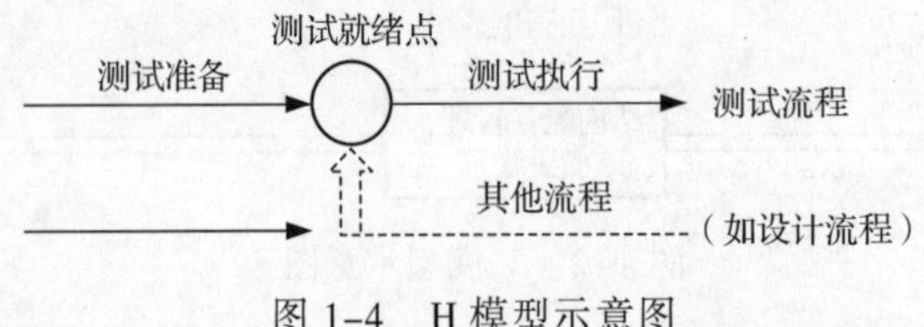

图 1–4　H 模型示意图

4. X 模型

由于 V 模型没能体现出测试设计、测试回溯的过程，因此出现了 X 测试模型。

如图 1-5 所示，X 模型的左边描述的是针对单独程序片段所进行的编码和测试，此后将进行频繁的交接，通过集成最终合成为可执行的程序。X 模型右上方定位了已通过集成测试的成品进行封版并提交给用户，也可以作为更大规模和范围内集成的一部分。多根并行的曲线表示变更可以在各个部分发生。X 模型右下方定位了探索性测试。这是不进行事先计划的特殊类型的测试，往往帮助有经验的测试人员在测试计划之外发现软件错误。

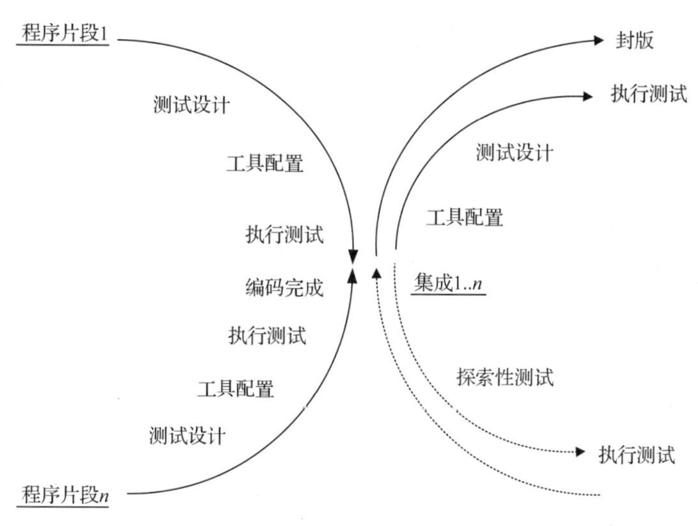

图 1-5　X 模型示意图

5. 前置模型

前置模型是由 Robin F. Goldsmith 等人提出来的，它将测试和开发紧密结合。该模型提供了轻松的方式，可以将项目加速，如图 1-6 所示。

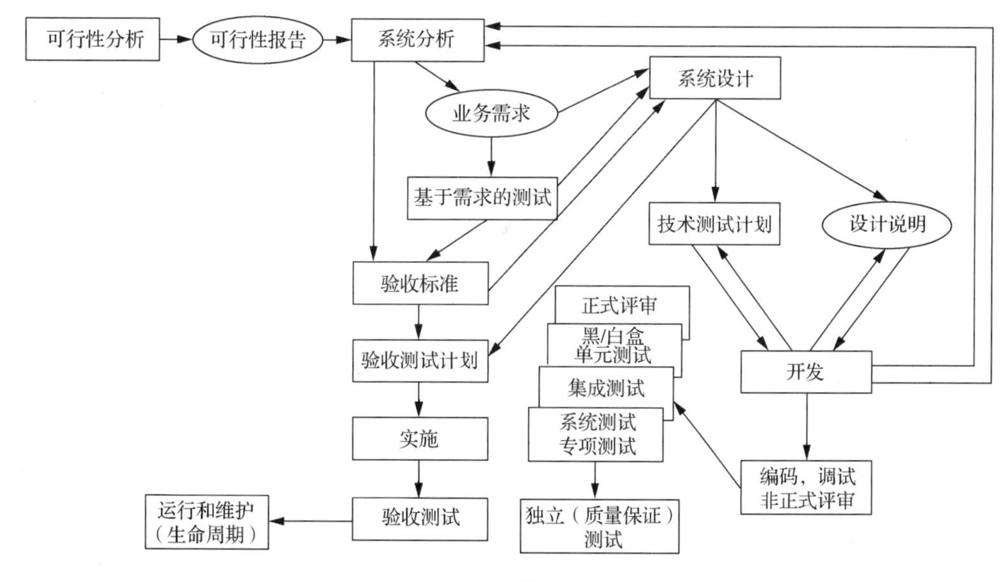

图 1-6　前置模型示意图

前置模型具有如下的特点：

1）开发和测试相结合

前置测试模型将开发和测试的生命周期整合在一起，标识了项目生命周期从开始到结束之间的关键行为，表示这些行为在项目周期中的价值。如果其中有些行为没有得到很好的执行，那么项目成功的可能性就会因此而有所降低。比如，如果定义了业务需求，则系统开发过程将比未定义需求时更有效率。而且在没有业务需求的情况下开发一个有意义的系统是不可能的。此外，业务需求在设计和开发之前就被正确定义会比之后定义更有利于系统的开发。前置测试在开发阶段以“编码→测试→编码→测试”的方式进行。也就是说，程序片段编写完成后会进行测试。

2）对每个交付内容进行测试

每个交付的开发结果都必须通过一定的方式进行测试。源程序代码并不是唯一需要测试的内容。可行性报告、业务需求说明以及系统设计文档等也是被测试的对象。这同 V 模型中开发和测试的对应关系相一致，并且在其基础上有所扩展，变得更为明确。

3）让验收测试和技术测试保持相互独立

验收测试应该独立于技术测试，这样可以提供双重的保险，以保证设计及程序编码能够符合最终用户的需求。验收测试既可以在实施阶段的第一步来执行，也可以在开发阶段的最后一步执行。前置测试模型提倡验收测试和技术测试沿着两条不同的路线进行，每条路线分别验证系统是否能够如预期设想的那样进行正常工作。这样，当单独设计好的验收测试完成了系统的验证时，即可确信这是一个正确的系统。

4）迭代的开发和测试

项目开发中存在很多变更，例如需要重新访问前一阶段的内容，或者跟踪并纠正以前提交的内容，修复错误，增加新发现的功能等。开发和测试需要一起反复交替地执行。模型并没有明确指出参与的系统部分的大小。这一点和 V 模型中所提供的内容相似。不同的是，前置测试模型对反复和交替进行了非常明确的描述。

5）引入新的测试理念

前置测试对软件测试进行优先级划分，用较低的成本及早发现错误，并且充分强调了测试对确保系统高质量的重要意义。

6）在设计阶段进行测试计划和测试设计

设计阶段是做测试计划和测试设计的最好时机。很多组织要么根本不做测试计划和测试设计，要么在即将开始执行测试之前才快速完成测试计划和测试设计。在这种情况下，测试只是验证了程序的正确性，而不是验证整个系统本该实现的功能。

7）融合测试和开发

前置测试将测试执行和开发结合在一起，并在开发阶段以编码→测试的方式来体现。也就是说，程序片段一旦编写完成，就会立即进行测试。一般情况下，先进行的测试是单元测试，因为开发人员认为通过测试来发现错误是最经济的方式。但也可参考 X 模型，即一个程序片段也需要相关的集成测试，甚至有时还需要一些特殊测试。对于一个特定的程序片段，其测试的顺序可以按照 V 模型的规定，但其中还会交织一些程序片段的开发，而不是按阶段完全地隔离。

8）发现内在的价值

前置测试能给需要使用测试技术的开发人员、测试人员、项目经理和用户等带来很多不同于传统方法的内在价值。与以前的方法中仅仅划分优先级、用较低的成本来及早发现错误或者强调测试对确保系统的高质量的重要意义所不同的是，前置测试代表了整个对测试的新的不同的观念。在整个开发过程中，反复使用了各种测试技术以使开发人员、经理和用户节省其时间，简化其工作。

1.1.6 软件测试的过程改进模型

1984 年，美国国防部资助建立了卡内基·梅隆大学软件研究所（SEI)。1987 年，SEI 发布第一份技术报告介绍软件能力成熟度模型（CMM）及作为评价国防合同承包方过程成熟度的方法论。1991 年，SEI 发表 1.0 版软件 CMM（SW-CMM)。CMM 自 1987 年开始实施认证，现已逐渐成为评估软件开发过程的管理以及工程能力的标准。

后来，为了解决在项目开发中需要用到多个 CMM 模型的问题，SEI 又提出了能力成熟度模型集成（CMMI)，将各种 CMM 模型融合到一个统一的改进框架内，为组织提供了在企业范围内进行过程改进的模型。

但是，CMMI 没有提及软件测试成熟度的概念，没有明确如何改进测试过程。因此人们又提出了许多用于改进测试过程的模型，下面介绍其中的一些有代表性的模型。

1. TMM

1996 年，Ilene Burnstein、C. Robert Carlson 和 Taratip Suwannasart 参照 CMM 提出了测试成熟度模型（TMM)，TMM 是一个采用分级方法确定软件测试能力成熟度的模型，它描述了测试过程的管理，为软件测试过程提供了一个可操作框架。TMM 的建立得益于以下 3 点：①充分吸收 CMM 的精华；②基于历史演化的测试过程；③业界的最佳实践。

TMM 将软件测试过程成熟度分为 5 个递增等级，即初始级、定义级、集成级、管理和度量级及优化级。每级成熟度包括了若干成熟度目标，每个成熟度目标包含若干成熟度子目标。要达到更高的等级，必须完全实现前一个等级的目标。这些目标根据软件企业实施的活动和任务进行定义，并由测试过程的主要参与者共同实现。

1）初始级

在初始级（Initial）中，测试过程是混乱无序的，几乎没有完整定义。这一等级还没有明确区分调试和测试。测试往往作为调试的一部分，编码完成后才进行测试工作。由于测试人员没有参与需求调研和系统设计阶段，对系统需求和设计不能很好地理解，故测试只是用来证明系统和软件能够工作。这一等级的测试过程缺乏测试资源，软件产品通常在不保证质量的情况下发布，往往不能满足用户对该产品的需求。初始级的软件测试过程没有定义成熟度目标。

2）定义级

在定义级（Phase Definition）中，测试过程已被定义，测试和调试已被明确区分开。这一等级已将测试过程制度化，开始编制测试计划，并根据系统需求编写测试用例，开始使用一些基本的测试技术和方法。这时测试被定义为软件生命周期中的一部分，紧随编码阶段之后。定义级要实现 3 个成熟度目标：制定测试目标、启动测试计划过程以及制度化基本的测试技术和方法。

3）集成级

在集成级（Integration）中，测试不再仅仅是软件生命周期中紧随编码阶段之后的一个阶段，而是贯穿在整个软件生命周期中。测试活动遵循软件生命周期的 V 模型。测试人员在需求分析阶段便开始着手制订测试计划、设计测试用例。这一阶段具有独立的测试部门，关键的测试活动具有相应的测试工具支持。但是没有正式的评审程序，没有建立质量过程和产品属性的测试度量。集成级要实现 4 个成熟度目标：建立软件测试组织、制订技术培训计划、测试贯穿整个软件生命周期、控制和监视测试过程。

4）管理和度量级

在管理和度量级（Management and Measurement）中，测试已被彻底定义并成为一个度量和质量控制过程。前 3 个成熟度等级主要集中在明确测试过程的区分与建立上，而这一等级明确提出了量化度量。在这一级中，测试活动除测试被测程序外，还包括软件生命周期中各个阶段的评审、审查和追查，使测试活动涵盖了软件验证和软件确认活动。根据管理和度量级的要求，软件工作产品以及与测试相关的工作产品，如测试计划、测试设计和测试步骤都要经过评审。为了度量测试过程，测试人员需采用数据库来管理测试用例、记录缺陷并按缺陷的严重程度划分等级。但这一等级还没有建立起缺陷预防机制，且缺乏自动收集和分析测试相关数据的手段。管理和度量级有 3 个要实现的成熟度目标：建立组织范围内的评审程序，建立测试过程的度量程序和软件质量评价。

5）优化级

在优化级（Optimization）中，测试过程是可重复、已定义、已管理和已度量的，已经建立起规范的测试过程，因此能够对测试过程不断优化。根据测试积累的过程数据，对软件质量进行控制，对缺陷进行有效的预防。这一等级中测试自动化程度高，选择和评估测试工具存在既定的流程，能够自动收集和分析缺陷信息。优化级有 3 个要实现的成熟度目标：应用过程数据预防缺陷、质量控制及优化测试过程。

2. TPI

TPI 模型的建立是以 TMAp（Test Management Approach，测试管理方法）为基础的，TMAp 是一种结构化的、基于风险策略的测试方法体系，目的是能更早地发现缺陷，以最小的成本、有效地、彻底地完成测试任务，以减少软件发布后的支持成本。

TMAp 模型由 4 个基础部分组成，包括测试活动生命周期——L（Lifecycle）、管理和控制测试过程的组织——O（Organizational）、测试基础设施——I（Infrastructure）、测试过程中采用的各种各样的技术——T（Techniques），其结构如图 1-7 所示。

（1）测试活动生命周期是从软件产品研发开始到发布为止，分为 5 个阶段：计划和控制阶段、准备阶段、说明阶段、执行阶段、完成阶段。

（2）管理和控制测试过程的组织是指对测试的开发管理、操作执行、硬件软件安排、数据库管理等必要的控制和实施。它强调测试小组必须融入项目组织中，每个测试人员必须被分配任务和承担责任。

（3）测试基础设施包括测试环境、测试工具和办公环境 3 方面，它涵盖了测试工作中必要的外部和内部环境。

（4）测试过程中采用的各种各样的技术用来完成和完善测试工作。

TPI 模型以 TMAp 的 4 个基础部分为基础，根据实际的需要将其扩展为 20 个关键域，通过对关键域的评估，明确测试过程的优、缺点。TPI 模型包括 5 部分：关键域、成熟度级别、检查点、测试成熟度矩阵和改进建议。

TPI 模型的结构如图 1-8 所示。

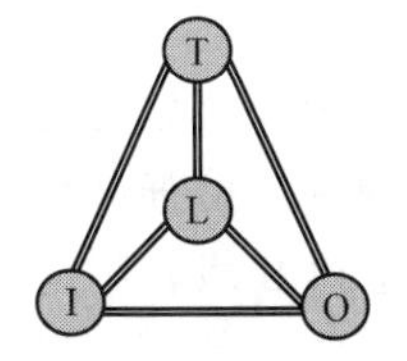

图 1-7　TMAp 结构示意图

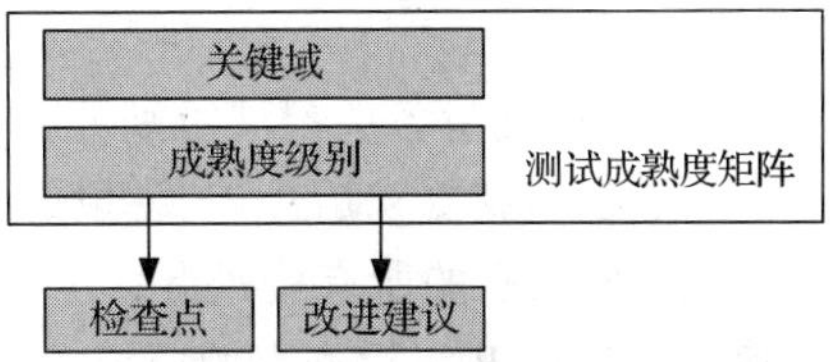

关键域
成熟度级别
测试成熟度矩阵
检查点
改进建议

图 1-8　TPI 模型结构示意图

1）关键域

关键域是划分测试过程的一种方法，TPI 模型将测试过程划分为 20 个关键域，这 20 个关键域被划分到 4 个基础部分中，基线和改进建议都是基于这 20 个关键域进行的。

L：

- 测试策略（Test Strategy）。
- 生命周期模型（Lifecycle Model）。
- 参与时机（Moment of Involvement）。

T：

- 评估和计划（Estimating and Planning）。
- 测试规格技术（Test Specification Technique）。
- 静态测试技术（Static Test Technique）。
- 度量（Metric）。

I：

- 测试工具（Test Tools）。
- 测试环境（Testing Environment）。
- 办公环境（Office Environment）。

O：

- 承诺与动机（Commitment and Motivation）。
- 测试功能与培训（Test Function and Training）。
- 方法适用范围（Scope of Methodology）。
- 沟通（Communication）。
- 报告（Reporting）。
- 缺陷管理（Defect Management）。
- 测试件管理（Testware Management）。
- 测试过程管理（Test Process Management）。

All：

- 评估（Evaluation）。
- 底层测试（Low-Level Testing）。

2）成熟度级别

对关键域的评估结果是通过级别来体现的，模型提供了 4 个级别。由低到高分别是 A 级、B 级、C 级、D 级，通过分析级别即可知道当前的测试能力状况。测试过程改进的目的是提高当前级别，从而提高整个过程的能力成熟度。表 1-4 是各关键域不同级别的描述。

3）检查点

TPI 模型提供了一种可以度量各关键域级别的方法——检查点。每个关键域的每个级别都有若干检查点，只有这些检查点都达到要求后，该关键域才能达到特定的级别。检查点是向下兼容的，即高级别的测试点需要包含低级别的所有检查点，比如两个关键域要达到 B 级，则这个关键域所要求的检查点必须同时满足 A 级和 B 级检查点的要求。

表 1-4　各关键域不同级别的描述

级别 关键域	A	B	C	D
测试策略	针对单个高层测试的策略	针对高层测试的组合策略	针对高层和底层测试或评估的组合策略	针对所有层次的测试和评估的组合策略
生命周期模型	计划、说明、执行	计划、准备、说明、执行、完成		
参与时机	测试基础完成	测试基础开始	需求定义开始	项目启动
评估和计划	被证实的评估和计划	统计意义上被证实的评估和计划		
测试规格技术	非正式技术	正式技术		
静态测试技术	测试基础的检查	检查单		
度量	项目度量（产品）	项目度量（过程）	系统度量	组织度量（>1 个系统）
测试工具	计划和控制工具	执行和分析工具	测试过程的广泛自动化	
测试环境	可管理和可控制的环境	最适合测试的环境	基于需求的环境	
办公环境	充足的、及时的办公环境			
承诺与动机	预算和时间的分配	测试集成在项目组织中	测试工程化	
测试功能与培训	测试经理和测试员	（正式）方法的、技术的和功能的支持、管理	正式的内部质量保证	
方法适用范围	项目特定的	组织通用的	组织优化的（研发）	
沟通	内部沟通	项目沟通（缺陷、变更控制）	在组织内部围绕测试过程质量的沟通	
报告	缺陷	进度（测试和产品的状态）、活动（成本和时间，里程碑）、具有优先级的缺陷	通过度量证实的风险和建议	具有软件过程改进性质的建议
缺陷管理	内部缺陷管理	基于灵活的报告工具的扩展缺陷管理	项目缺陷管理	
测试件管理	内部测试件管理	测试基础和测试对象的外部管理	可复用测试件	从系统需求到测试用例的可追溯性
测试过程管理	计划和执行	计划、执行、监控和调整	组织内部的监控和调整	
评估和计划	评估技术	评估策略		
底层测试	底层测试生命周期：计划、说明和执行	白盒测试技术	底层测试策略	

例如，关键域“测试工具”的检查点。

（1）计划和控制工具（等级 A）。检查点：用于缺陷管理和其他至少两个计划和控制活动的自动化工具（标准文字处理软件除外）。

（2）执行和分析工具（等级 B）。检查点：

① 用于测试执行的至少两类自动化工具，如录制回放工具、测试覆盖率分析工具等。

② 测试小组对这些工具的成本、收益比有一个大概了解。

（3）测试过程的广泛自动化（等级 C）。检查点：

① 自动化工具（标准文字处理软件除外）应用于计划（活动评估、计划、进度监控、配置管理和缺陷管理）、准备、说明和执行阶段（应使用总计至少 5 种工具）。

② 测试小组对这些工具的成本、收益比有一个大概了解。

4）测试成熟度矩阵

在各个关键域的级别确定后，注意力应集中在采取哪个改进步骤上，因为不是所有的关键域和级别都是同等重要的。举例来说，一个好的测试策略（测试策略关键域的 A 级）就比使用的测试方法的描述更加重要（方法适用范围关键域的 A 级）。

除了上述优先级外，不同关键域的级别之间也存在依赖关系。例如，度量关键域要达到 A 级之前，测试过程不得不在缺陷管理关键域中向 B 级努力。其他许多级别和关键域之间都可以找到这样的依赖性。

因此，在测试成熟度矩阵中级别和关键域是相互关联的。矩阵的纵轴代表关键域，横轴代表成熟度。在矩阵中关键域的每个级别都关联到某个测试成熟度尺度，总共有 13 种测试成熟度尺度。不同级别之间的空白单元格本身没有特别含义，而是代表一个关键域达到更高的成熟度时与其他关键域的成熟度之间的关系。不同级别之间没有渐变性：只要一个测试过程没有完全达到 B 级，那它就属于 A 级。测试成熟度矩阵的结构如表 1–5 所示。

表 1–5　测试成熟度矩阵的结构

关键域 \ 尺度	0	1	2	3	4	5	6	7	8	9	10	11	12	13
测试策略		A					B				C		D	
生命周期模型		A			B									
参与时机			A				B				C		D	
评估和计划				A							B			
测试规格技术		A		B										
静态测试技术					A		B							
度量						A			B			C		D
测试工具				A				B			C			
测试环境				A				B						C
办公环境				A										
承诺与动机		A				B						C		
测试功能与培训				A			B			C				
方法适用范围					A						B			C

续表

关键域 \ 尺度	0	1	2	3	4	5	6	7	8	9	10	11	12	13
沟通			A		B							C		
报告		A			B		C					D		
缺陷管理		A				B		C						
测试件管理			A			B				C				D
测试过程管理		A		B								C		
评估和计划							A			B				
底层测试					A		B		C					

测试成熟度通常划分为 3 种类别：

（1）可控的。1～5 尺度主要是为测试过程的控制而设置的。测试按照已定义好的测试策略执行。在测试过程中能够采用合适的测试说明技术，记录下缺陷并报告。测试件和测试环境得到很好的控制并且测试人员得到有效培训。

（2）有效的。6～10 尺度更关注测试的效率。利用自动化测试、整合人工测试过程和系统开发的其他部分提高效率，以达到这个等级。

（3）优化的。11～13 尺度为不断优化测试过程而设置。因为在当前情况下有效的测试过程并不意味着在将来也是有效的，持续的测试流程改进、引入新的测试方法、建立新的测试架构等才能最大限度地保持测试效率和质量。

5）改进建议

检查点帮助测试人员发现测试过程中的问题，而在向测试过程更高级别发展的强烈意愿下，测试组织可以实施改进措施。而 TPI 模型也提供了改进建议，这些建议包括对如何到达下个级别的指导、一些具体的操作技巧、注意事项等。

例如，测试策略关键域，等级 A 如针对单个高层测试的策略。其改进建议如下：

（1）召集各类感兴趣的角色（如最终用户、系统管理员和项目经理）共同制定测试策略。

（2）通过指出当前工作方法的风险或者提出如何测试能够测得更快、花费得更低来达成共识。

改进建议不像检查点那样是强制执行的，但每个级别都会提供一些改进建议。

3. 其他模型

除了上述两种测试过程改进模型外，还有关键测试过程（Critical Test Process，CTP）评估模型、系统化测试和评估过程模型（Systematic Test and Evaluation Process，STEP）等。这里只对这两个模型做简要介绍。

CTP 通过对现有测试过程的评估，以识别过程的优劣，并结合测试组织的需要提供改进建议。它通过有价值的信息和服务直接影响一个测试团队发现问题和减少风险的能力。

CTP 模型将测试过程分为 4 个关键过程，即计划（Plan）、准备（Prepare）、执行（Perform）和完善（Perfect）。这 4 个关键过程还可进一步细分为 12 个子关键过程，包括：①测试；②建立环境；③质量风险分析；④测试评估；⑤测试计划；⑥测试团队管理；⑦测试系统开发；⑧测试发布管理；⑨测试执行；⑩错误报告；⑪结果报告；⑫变更管理。

STEP 认定测试是一个生命周期活动，提倡测试在项目开始的早期介入，而不是作为编码结束之后的一个阶段，以确保能及早发现需求和设计中的缺陷，并设计相应测试用例。STEP 与 CTP 比较类似，而不像 TMMI 和 TPI，并不要求测试过程的改进需要遵循特定的顺序。STEP 的实现途径是使用基于需求的测试方针以保证在设计和编码之前，已经设计了测试用例以验证需求。

1.1.7　软件测试与软件质量保证

软件质量具有多种定义。ANSI/IEEE Std 729—1983 定义软件质量为“与软件产品满足规定的和隐含的需求的能力有关的特征或特性的全体”。CMM 对质量的定义是：①一个系统、组件或过程符合特定需求的程度；②一个系统、组件或过程符合客户或用户的要求或期望的程度。M.J.Fisher 定义软件质量为“所有描述计算机软件优秀程度的特性的组合”。

因此，软件质量是一个复杂的多层面概念。

（1）从用户角度出发，质量是对需求的满足，软件需求是度量软件质量的基础。

（2）从软件产品角度出发，质量是软件的内在特征。

（3）从软件开发过程出发，质量是对过程规范的符合。

软件质量框架是由“质量特性—质量子特性　度量因子”构成的 3 层结构模型，如图 1-9 所示。

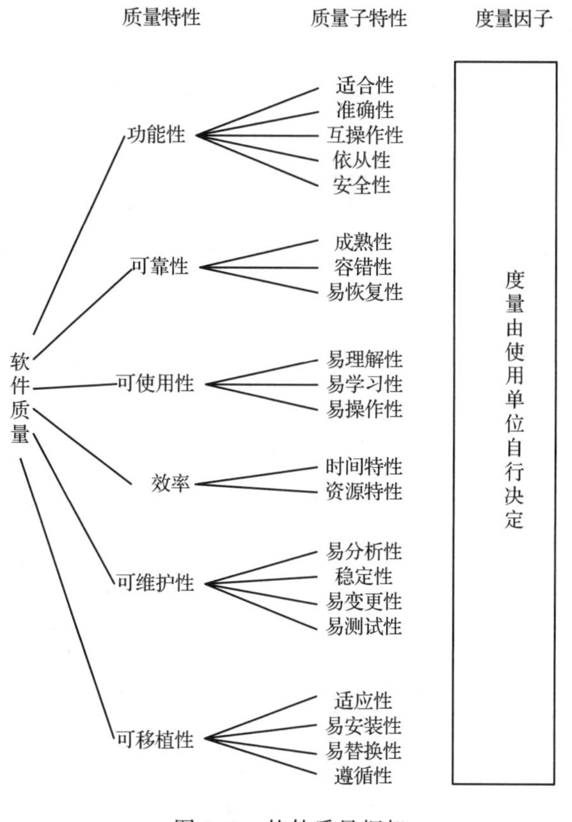

图 1-9　软件质量框架

CMMI 1.3 是 SEI 于 2010 年 11 月发布的 CMMI 模型，CMMI 1.3 包括 CMMI 采购模型 1.3 版、CMMI 开发模型 1.3 版、CMMI 服务模型 1.3 版。CMMI（Capability Maturity Model Integration，能力成熟度模型集成）将各种能力成熟度模型，包括 Software CMM、Systems Eng-CMM、People CMM、Acquisition CMM 和 Integrated Product Development CMM 等，整合到同一架构中去，由此建立包括软件工程、系统工程和软件采购等在内的模型集成，以解决除软件开发以外的软件系统工程和软件采购工作中的需求。

软件企业采用多种模型改进过程能力时，往往会存在以下一些问题：

（1）软件企业不能集中不同过程改进的能力以取得更大成绩；

（2）软件企业往往要进行一些重复的培训、评估和改进活动，从而增加了成本；

（3）由于不同模型有些说法不一致，或活动不协调，甚至相抵触，导致难以理解。

正因为如此，美国国防部把各种能力成熟度模型集成为 CMMI，其基本思想如下：

（1）解决软件项目过程改进难度增大问题；

（2）实现软件工程的并行与多学科组合；

（3）实现过程改进的最佳效益。

CMMI 具有如下两个功能：①软件采购方法的改革；②从集成产品与过程的角度出发，包含健全的系统开发原则的过程改进。CMMI 纠正了 CMM 存在的一些缺点，消除了不同模型之间的不一致和重复，降低了基于模型改善的成本，指导组织改善软件过程，提高了产品和服务的开发、获取和维护能力。CMMI 更加适用企业的过程改进实施。需要注意的是，SEI 并没有废除 CMM 模型，只是停止了 CMM 评估方法。

软件测试和软件质量是分不开的。测试是手段，质量是目的。软件测试作为一种辅助而且必需的手段，客观反映某个时间段内的软件质量。测试人员执行软件测试，发现软件 BUG，反馈给开发人员进行修改，然后经过再次测试，以确认 BUG 已被解决。测试人员重复此过程直至软件符合最终用户需求。在 BUG 产生之前，BUG 的具体数量、位置、出现时间等都是未知数，测试人员根本就不知道。

测试可以发现 BUG，但不能避免 BUG 的产生。QA 团队对项目进行近似完全的控制，通过建立标准和方法论，有条理地仔细监视和评价软件开发过程，对发现的软件缺陷提出解决建议，执行某些测试，从而从源头上防止 BUG 的出现。

实现软件质量保证主要有两种途径：①通过贯彻软件工程各种有效的技术方法和措施使得尽量在软件开发期间减少错误；②通过分析和测试软件发现和纠正错误。软件测试属于软件控制，作为软件质量的重要保证，其和质量保证有如下 4 点区别，如表 1-6 所示。

表 1-6　软件测试与软件质量保证的区别

项　　目	软 件 测 试	质 量 保 证
工作性质	技术性工作	管理性工作
对象	软件产品（包括阶段性产品）	软件过程
焦点	事后检验	强调预防
范围	研发部门和技术部门	公司层面，包括所有部门

通过实施 CMM/CMMI，有助于改进软件产品的质量，改进项目满足预定目标能力，减少开发成本和周期，降低项目风险，提高组织过程能力，提高市场占有率。实施不同等级的 CMM/CMMI，对于按照每个功能点来计算的软件缺陷率的降低具有显著的作用，如表 1-7 所示。

表 1-7　实施 CMM 对软件质量的影响

CMM 等级	隐含的缺陷（每功能点）	缺陷消除率	交付的缺陷
1	5.00	85%	0.75
2	4.00	89%	0.44
3	3.00	91%	0.27
4	2.00	93%	0.14
5	1.00	95%	0.05

CMM/CMMI 基于过程的软件质量管理主要包括质量保证和质量控制两大方面。软件质量保证是由（相对）独立的质量管理人员在项目的整个开发周期中对项目所执行的过程和产生的工作产品进行监督和检查，确保其符合预定的要求。软件质量保证的目的是确保过程得到有效的执行及推进过程改进，并就项目过程的执行情况和所构造的产品向管理者提供适当的可视性。软件质量控制是指为评价和验证已开发的产品而执行的活动和技术，包括验证产品是否满足质量要素的要求，以及产品（包括生命周期的工作产品）是否具有接受的质量。

软件质量控制所采取的主要技术是软件测试。通过软件测试验证产品是否符合技术文档预期的特性、功能和性能等要求，并识别产品的缺陷。

虽然目前在 CMM/CMMI 中没有明确软件测试作为一个独立的过程域，但是在 CMM/CMMI 很多地方都涉及了软件测试内容。CMMI 和软件测试最主要的区别在于：CMMI 是对于软件过程的改进（包括软件测试过程）；而软件测试是针对项目结果的验证，在测试时是从侧面改进软件质量的。例如，在 CMMI 的“确认”和“验证”两个过程域中，CMMI 列出了以下实践。

对错误和故障的定义取决于过程与产品之间的区分：过程指的是如何做事，产品指的是过程的最终结果。软件测试与软件质量保证（SQA）的区别在于典型的软件质量保证一般通过改进过程来改进产品，而测试显然更加关注产品。软件质量保证更关心如何减少开发过程中的错误，而测试则更关心如何发现产品中的故障。明确定义故障的类型对这两种思想都有积极作用。

有几种故障分类方法：依照出现错误的开发阶段分类，依照对应失效的后果分类，依照解决故障的难度分类，依照不处理错误的风险分类，等等。还有根据异常出现的频率来分类：一次性的、间歇性的、反复的或持续不断的。表 1-8 给出了依照失效后果的严重程度的故障分类方式（Beizer，1984）。

表 1-8　基于后果严重性的故障分类

严重类型	举　例
1. 轻微型	词语拼写错误
2. 一般型	误导性的或冗余的信息
3. 使人不悦型	名字被截短，如 0.00 美元的账单
4. 妨碍使用型	没有处理某些事务
5. 严重型	事务丢失
6. 非常严重型	事务处理不正确
7. 极端型	频繁发生“非常严重”的错误
8. 无法忍受型	数据库崩溃
9. 灾难型	系统停机
10. 易传染型	产生的影响可能扩散的系统停机

如果希望更全面地了解故障的类型，可参阅 IEEE Standard Classification for Software Anomalies（IEEE，1993）。IEEE 标准围绕 4 个阶段（另一种软件生命周期模型）定义了详细的异常处理过程，这 4 个阶段是异常识别、异常调查研究、行动和异常处置。表 1-9～表 1-12 给出了一些更加有用的异常，其中的大部分均引自 IEEE 标准，也补充了一些本书认为重要的软件异常情况。

表 1-9　输入/输出错误

故障类型	举　例
输入故障	不接受正确的输入
	接受了不正确的输入
	描述有错或缺少描述
	参数有错或缺少参数
输出故障	格式有错
	结果有错
	正确结果产生的时间有错（太早、太迟）
	不完整或遗漏结果
	不合逻辑的结果
	拼写语法错误
	修饰性错误

表 1-10　计算故障

部分情况被遗漏
某些情况重复出现
极端条件被忽略
解释有错
条件有遗漏
出现了无关的条件
测试了错误变量
不正确的循环迭代
错误的操作符（如用“<”代替了“≤”）
不正确的算法
遗漏计算
不正确的操作数
不正确的操作
括号错误
精度不够（四舍五入，截断）
错误的内置函数

表 1-11　接口故障

不正确的中断处理
I/O 时序有错
调用了错误的过程
调用了不存在的过程
参数不匹配（类型、个数）
类型不兼容
过度的包含

表 1-12　数据故障

不正确的初始化
不正确的存储/访问
错误的标志索引值
不正确的打包/拆包
使用了错误的变量
错误的数据引用
数据范围或单位错误
不正确的数据维数
不正确的下标
不正确的类型
不正确的数据范围
传感器数据超限
计数次数差 1
不一致的数据

1.2　软件测试的流程

1.2.1　测试流程概述

不论采用什么技术方法，软件中仍然会出错。采用新的语言、先进的开发方式、完善的开发过程，可以减少错误的引入，但是不可能完全杜绝软件中的错误，这些引入的错误需要通过测试来发现，软件中的错误密度也需要通过测试来估计。测试是所有工程学科的基本组成单元，更是软件开发的重要组成部分。统计表明，在典型的软件开发项目中，软件测试工作量往往占到软件开发总量的 40%以上。而在软件开发的总成本中，用在测试上的开销要占到 30%～50%。

1．软件生命周期中的测试

20 世纪 70 年代中期，形成了软件开发生命周期的概念。这对软件产品的质量保障以及组织好软件开发工具有着重要的意义。首先，由于能够把整个开发工作明确地划分成若干个开发步骤，复杂的问题就能按阶段分别加以解决。这就使得对于问题的认识与分析、解决的方案与方法以及具体实现的步骤，在各个阶段都有着明确的目标。其次，把软件开发划分阶段，提供了对中间产品进行检验的依据。各阶段完成的软件文档成为检验软件质量的主要对象。很显然，程序代码中的错误，并不一定是编码环节所引起的。因此，即使针对源程序进行测试，所发现的问题其根源也可能在开发前期的各个阶段。解决问题、纠正错误也必须追溯到前期的工作。

从软件工程的角度看，软件生命周期一般分为 4 个活动时期：软件分析时期、软件设计时期、编码和测试时期、软件运行和维护时期。软件测试横跨其中两个阶段，在进行编码的同时，也进行着单元测试。在编码结束后，还有对整个系统的综合测试，这时，主要测试模块接口的正确性和整个系统的功能。

Visio 绘制测试流程图

实际上，正如前面提到的，这两个过程应该被作为一个整体看待和处理。例如，系统测试是检查产品是否满足开发开始时定义的需求。大部分集成测试是检查开发的设计阶段所做的逻辑设计。

2．软件测试的基本流程

视频

Visio 流程图的离页引用

软件开发过程是一个自顶向下、逐步细化的过程，首先在软件计划阶段定义软件的作用域，然后进行软件需求分析，建立软件的数据域、功能和性能需求、约束和一些有效性准则。接着进入软件开发阶段，首先是软件设计，然后再把设计用某种程序设计语言转换成程序代码表现出来。而测试过程则是按相反的顺序自底向上、逐步集成的过程。低一级测试为高一级测试准备条件，进行确认测试。两者也可以进行并行的或混合的测试。

面向对象软件测试也分为如下步骤：类测试、集成测试、确认测试、系统测试和验收测试。可以看出与结构化软件测试不同的是用类测试代替了单元测试。

测试的基本流程包括以下内容：

（1）设计一组测试用例，每个测试用例至少由输入数据、预期输出结果两部分组成。

（2）用各个测试用例的输入数据实际运行被测试程序。

（3）检查实际输出结果与预期输出结果是否一致，若不一致则认为程序有错。

通常程序输入数据的可能值的个数很多，再加上程序内部结构的复杂性，要彻底测试一个程序是不可能的。只能执行有限个测试用例，并求尽可能多地发现一些错误。能尽可能多地发现错误的测试用例又称“高产出的”用例。

3. **软件测试的组织**

对每个软件项目而言，在测试开始时就会存在固有的利害关系冲突。要求开发软件的人员对该软件进行测试，这本身似乎是没有恶意的。毕竟，没有比开发人员更加了解程序本身的。遗憾的是，通常开发人员感兴趣的是急于显示他们所开发的程序是无错误的，是按照客户需求开发的，而且能按照预期的进度和预算完成。这些利害关系会影响到软件的充要测试。

从心理学的观点来看，软件分析、设计和编码是建设性的任务。软件工程师分析、建模、然后编写计算机程序及其文档。与其他任何建设者一样，软件工程师也为自己建设的“大厦”而感到骄傲，而蔑视企图拆掉大厦的任何人。当测试开始时，有一种微妙的但确实存在的企图，试图摧毁软件工程师所建设的大厦。以开发者的观点来看，可以认为心理学上测试是破坏性的。因此，开发者精心地设计和执行测试，试图证明其程序的正确性，而不是注意发现错误。但遗憾的是，错误是存在的，而且即使软件工程师没有找到错误，客户也可能会发现。

软件开发人员总是要负责程序各个单元的测试，确保每个单元完成自己的功能或展示所设计的行为。在多数情况下，开发者也进行集成测试。集成测试是一个测试步骤，它将给出整个软件体系结构的构造。只有在软件体系结构完成后，独立测试组才开始介入。

独立测试组（Independent Test Group，ITG）的作用是为了避免开发人员进行测试所引发的固有问题，独立测试可以消除利益冲突。然而，在整个软件项目中，开发人员和测试组要密切配合，以确保进行充分的测试。在测试进行的过程中，必须随时可以找到开发人员，以便及时修改发现的错误。

从分析与设计到策划和制定测试规程，ITG 参与整个项目过程。从这种意义上讲，ITG 是软件开发项目团队的一部分。然而，在很多情况下，ITG 直接向软件质量保证组织报告，由此获得一定程度的独立性。如果 ITG 是软件过程组织的一部分，这种独立性将是不可能获取的。

1.2.2 测试用例

从 V 模型中可以看出，在软件开发阶段有三个地方可能会产生错误，由此引发的故障将传递到后续开发过程中。一位资深的测试专家将此生命周期模型总结为：前三个阶段是“注入 BUG”阶段，测试阶段是“发现 BUG 阶段”，后面的三个阶段是“清除 BUG”阶段（Poston，1990）。“故障解决”实际上也是一处可能产生错误（以及新故障）的地方。如果修复操作导致原先正确的软件出现异常行为，这样的修复就是不完善的。

从这一系列术语可以看出，测试用例在测试中占核心地位。测试的过程还可以进一步细分为若干独立的步骤：测试计划制订、测试用例开发、测试用例运行以及测试结果评估等。本书的一个重点是研究如何构造有用的测试用例集合。

软件测试的本质是为被测试对象建立一个测试用例的集合。在进一步研究之前，首先要弄清楚测试用例中应该包含哪些必要的信息。

- 输入，实际上有两类，即前置条件（在测试用例运行之前已经存在的环境因素）和用某些测试方法所构建的实际输入。
- 期望输出，也有两类，即后置条件和程序的实际输出。

测试用例的输出部分常常会被忽视。这是很不应该的，因为输出通常是测试用例最难的部分。举个例子，假设你要测试一个软件，已知美国联邦航空管理局（FAA）的航线限制和飞行当天的气象数据，这个软件要确定飞机的最佳航线。然而你又怎么知道这个最佳航线到底是什么呢？这个问题可能会有各种各样的答案。从学术角度来看，任何问题都一定会有一个确切的答案。从行业角度来看，可以采用“参考测试”（reference testing）的办法，由专家用户来参与系统的测试，作出评价，比如，给定一组测试用例输入，由这些专家来评价系统运行后的实际输出是否可以接受。

测试活动包括建立必要的前置条件，给出测试用例输入，观察输出结果，将实际输出与期望输出进行比较，然后在保证预期后置条件成立的情况下，判断测试能否通过。

在一个设计完善的测试用例中，还应该包括一些用来支持测试管理的其他信息。测试用例应该有一个用例标识（ID）和一个存在的理由（主要目的是进行需求跟踪）。记录测试用例的执行过程也是很有用的，需要记录该测试用例的运行时间和执行人，每次执行是通过还是失败，以及所测试软件的版本号等信息。由此可以看出，测试用例显然是非常有价值的，至少和源代码一样珍贵。所以，需要对测试用例进行开发、评审、使用、管理和保存。

典型测试用例所包含以下的信息：①用例 ID；②用例名称；③测试目的；④测试级别；⑤参考信息；⑥测试环境；⑦前提条件；⑧测试步骤；⑨预期结果；⑩后置条件；⑪执行过程记录；⑫设计人员；⑬运行日期；⑭运行结果；⑮软件版本号；⑯运行人。

1. 构造测试用例的途径

构造测试用例的基本途径有 3 种，即黑盒测试、白盒测试和灰盒测试。每种途径都有几种不同的测试用例构造方法，通常又称测试方法。

1）黑盒测试途径

黑盒测试的基本思想是：任何程序均可视为将其输入定义域中的值映射到其输出值域的函数。工程领域普遍采用这种思想，因为工程系统常被当作黑盒子进行研究，这样就产生了黑盒测试方法。黑盒里的内容（具体实现）不为外界所知，黑盒的功能完全通过其输入与输出来表述。在 *Zen and the Art of Motorcycle Maintenance* 书中，Pirsig 把这种观点称为“罗曼蒂克的理解方式”。很多时候初级测试工作仅用黑盒知识也就够用了（实际上，这也是面向对象的主要思想）。举例子来说，多数人仅凭黑盒知识就能开汽车。

对黑盒测试用例构造方法来说，唯一可用的信息是软件规格说明。

黑盒测试用例有两个突出的优点：①与软件的具体实现方法无关，所以即使实现方式发生改变，测试用例仍然有用；②测试用例的开发工作可以同软件实现工作并行开展，这样可以缩短整个项目的开发周期。但不利的方面，黑盒测试用例常常也有两个突出的问题：测试用例之间会存在严重的冗余问题，而且可能有未测试的实现行为。

本书的第 2 章将介绍黑盒测试的重要方法，包括边界值分析法、等价类法、因果图分析法、基于判定表决策表测试法和场景法等。这些方法的共同思想是，以被测对象的定义信息为基础。

2）白盒测试途径

白盒测试是另一种基本的构造测试用例方法。与黑盒测试相对，白盒测试又称结构（甚至透明盒）测试。透明盒的说法也可能更为恰当，因为这两者最根本的区别在于黑盒子中的具体实现现在是已知的并被用于构造测试用例。能够“透视”黑盒内部的能力使测试人员可以根据功能的实现方式构造测试用例。

白盒测试有很强的理论性。为真正理解白盒测试，必须熟悉线性图论的基本概念。利用这些基本概念，测试人员可以精确描述被测试对象。鉴于其深厚的理论基础，白盒测试允许定义和使用测试覆盖指标。测试覆盖指标能够明确表示软件被测试的程度，并且使测试管理更有意义。

3）灰盒测试途径

灰盒测试，是介于白盒测试与黑盒测试之间的一种测试，灰盒测试多用于集成测试阶段，不仅关注输出、输入的正确性，同时也关注程序内部的情况。灰盒测试不像白盒那样详细、完整，但又比黑盒测试更关注程序的内部逻辑，常常是通过一些表征性的现象、事件、标志来判断内部的运行状态。

灰盒测试由方法和工具组成，这些方法和工具取材于应用程序的内部知识和与之交互的环境，能够用于黑盒测试以增强测试效率、错误发现和错误分析的效率。它是一种程序或系统上的工作过程被局部认知的装置。灰盒测试又称灰盒分析，是基于对程序内部细节有限认知上的软件调试方法。测试者可能知道系统组件之间是如何互相作用的，但缺乏对内部程序功能和运作的详细了解。对于内部过程，灰盒测试把程序看作一个必须从外面进行分析的黑盒。

灰盒测试通常与Web服务应用一起使用，因为尽管应用程序复杂多变，并不断发展进步，因特网仍可以提供相对稳定的接口。由于不需要测试者接触源代码，因此灰盒测试不存在侵略性和偏见。开发者和测试者间有明显的区别，人事冲突的风险减到最小。然而，灰盒测试相对白盒测试更加难以发现并解决潜在问题，尤其在一个单一的应用中，白盒测试的内部细节可以完全掌握。灰盒测试结合了白盒测试和黑盒测试的要素。它考虑了用户端、特定的系统知识和操作环境。它在系统组件的协同性环境中评价应用软件的设计。灰盒测试由方法和工具组成，这些方法和工具取材于应用程序的内部知识和与之交互的环境，能够用于黑盒测试以增强测试效率、错误发现和错误分析的效率。灰盒测试涉及输入和输出，但使用关于代码和程序操作等通常在测试人员视野之外的信息设计测试。

2．测试活动的质量控制

前面介绍到好的软件测试计划是测试活动能够顺利开展、进行的保障，那么好的测试用例就是测试活动质量的保障。一个测试用例集合的覆盖率、测试方法的选择以及测试粒度和深度的选择直接影响到了测试活动的质量。

1）何时开始编写测试用例

测试活动开展得越早越好，在早期应当对需求和设计文档进行静态测试。阅读、分析文档，对文档中不清楚的部分进行询问，对文档中的错误进行更正。这实际上就是编写测试用例的预热，因为通过前面对文档进行阅读、分析、提问、纠错的活动可以对软件产品的需求和设计有一个较深的认识，而且这个认识会建立在设计、开发、测试人员意见一致的基础上。这样，测试人员编写测试用例时就可以减少主观的臆断。所以在对需求和设计文档进行静态测试的阶段就开始了编写测试用例的准备工作，并且此时已经形成了初步的测试用例文档。一旦需求和设计文档定稿之后，测试用例编写人员就可以开始按照需求和设计文档中确定的设计对测试用例文档进行修改和补充，最终形成符合最新设计的测试用例。

之后就需要对需求和设计文档条目与测试用例之间的对应关系进行梳理。最后形成一张对应表格，如表1-13所示。

表 1-13 建立需求或设计文档与测试用例的对应关系列表

需求条目 测试用例	需求条目 1	需求条目 2	需求条目 3	需求条目 4	需求条目 5	…
测试用例 1	√		√			
测试用例 2		√		√		
测试用例 3	√				√	
测试用例 4			√			
测试用例 5					√	
总 覆 盖	√	√	√	√	√	……

使某一需求条目或设计条目的修改可以很快定位到其列对应的测试用例，以对其进行修改。而在测试时，也可以很快地看出每条测试用例覆盖了哪些需求或设计条目。

2）选定测试方法

在编写测试用例的阶段需要对测试的方法做出选择。在选择测试方法时通常采用自顶向下的方法。

首先是对测试用例适用的测试阶段进行划分，例如单元测试、集成测试、系统测试、用户验收测试等。然后在每个测试阶段中再对测试用例的测试目标进行划分，例如在单元测试阶段要进行白盒测试，在系统测试阶段要进行功能性测试、性能测试等，这也就形成了每个测试用例的测试目标。再继续往下分就可以开始分析为了实现某个测试目标应该使用何种测试方法了。例如在白盒测试中，用语句测试来覆盖所有语句，用基本路径测试来覆盖所有逻辑路径，又如用等价类划分和边界值法来覆盖功能测试中界面的输入框等。

3）测试用例的内容

每个测试用例需要给出以下测试信息以供测试人员能够正确地完成测试：测试目标、测试对象、测试环境设置、前提步骤、输入数据、操作步骤和期望结果。

（1）测试目标：指测试用例的目的，是对测试对象进行哪方面的测试。如功能测试、性能测试、易用性测试、压力测试等。

（2）测试对象：指测试用例所测试的对象，如软件产品中的某一模块的某一功能。又如在单元测试中，测试对象可以是代码中的一个类、函数等。在性能测试中，也可以是软件产品的某个性能指标。

（3）测试环境设置：指在执行该测试用例时，需要对测试环境进行的（特殊）配置。例如，在网站测试中，配置操作系统和浏览器的搭配及浏览器的配置。又如在性能测试中，配置模拟器模拟网络中的流量、延时、带宽等情况。

（4）前提步骤：指在执行该测试用例时，需要把软件事先运行到某一初始状态的步骤，然后再对软件进行针对该测试用例的测试。

（5）输入数据：指在执行该测试用例时需要事先准备好的测试数据。例如在执行性能测试时需要准备的输入数据。又如在 VCard 电子名片与电话簿记录的对应转换测试中，需要事先准备大量的 VCard 电子名片文件以备在测试时倒入手机中。对于此类的输入数据及其比对结果，测试用例编写人员一般都应该事先编写好，并以附件或链接的形式附加在测试用例中。这样的耦合形式方便了测试输入数据的升级，避免了对测试用例本身的修改。

（6）操作步骤：指在执行该测试用例时，从前提步骤设置完成到比对期望结果之间需要运行的测试操作。

（7）期望结果：即该测试用例的验证点。通常每个测试用例设一个验证点，验证点过多容易造成测试用例覆盖面过大，甚至出现在多个测试用例中重复的验证点，这样的结果就是一轮测试完成之后的测试报告的数据可能会不准确。例如一个测试计划集合中包含了 100 个测试用例，其中有 5 个测试用例重复地覆盖了一个验证点。这种情况下，当这个验证点被验证有缺陷时就会使 5 条测试用例无法通过测试，这明显影响了测试报告中的数据反应软件真实质量的能力。此外，测试用例的期望结果还应该注意其描述的准确性，避免产生歧义。

4）测试用例的粒度

测试用例的粒度通常对测试计划的执行有很大的影响。在保证测试覆盖面的情况下，粒度越大，测试用例开发编写人员的工作量越小，测试用例执行周期越短，但对软件产品的质量保证能力越差；粒度越小，测试用例开发编写人员的工作量越大，测试用例执行周期越长，但对软件产品的质量保证能力越强。

如果测试用例的粒度非常粗，对某些细节的设计条目进行修改也不会引起这类粗粒度的测试用例的修改（即使该用例是用来覆盖被修改的设计条目）。但是这类测试用例在被执行阶段给执行者很大的自由空间，以至于不同的执行者因其理解不同在同样的产品上执行多次会获得多个不同的结果。这对于测试新手来说一般不是件好事。

如果测试用例的粒度非常细，则其对应的所有设计条目的修改都会引起这类细粒度的测试用例的修改，这无疑加大了工作量。当然，这类测试用例规定了测试人员的执行细节，即使是测试新手也能按部就班地执行这类测试用例。

因此应当设计粒度适当的测试用例，这样就可“进可攻、退可守”。

5）测试用例的组织方式

测试用例的编写一般都采用测试用例套件的编写和组织形式，这是一种非常自然的组织形式，正如之前在“选定测试方法”中介绍的。自顶向下将测试用例集合分为适用于某一测试阶段的集合，然后将某一测试阶段的测试用例集合按照不同的功能进行划分，之后再将针对某个功能的测试用例按照组件的方式进行划分。组件之下就是测试套件了，一个组件可以有一到多个测试套件，如图 1–10 所示。

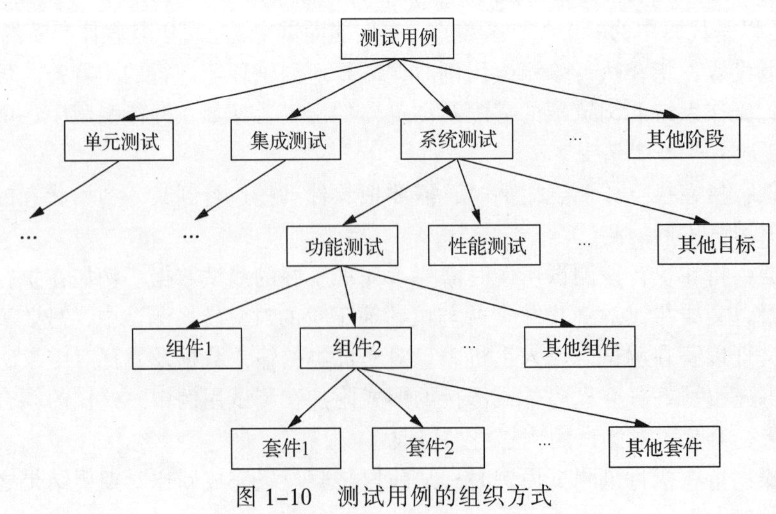

图 1–10　测试用例的组织方式

6）测试用例的审查

与其他文档审查一样，测试用例的审查也是相关人员意见达成一致的过程。当测试用例开发完成以后，用例开发人员就应当开始着手组织开发和测试人员对测试用例进行正式审查。

正式审查会议的组织人员需要在事先订好会议室，并至少提前一周将文档通过邮件等正式的形式发送给参与审查的角色，以便各角色对文档进行阅读，发现错误，并在文档发出到审查会议开始的这段时间内定期地提醒参与审查者提交发现的问题和文档中写得不够清楚的地方。在收集完问题之后，组织人员应当积极地对这些问题做准备。

在审查会议上要对前期收集的问题一一作出答复。遇到会议上提出的新问题应当详细解答，如果会议上不能立即解决的问题应当将其记录下来。在审查会议结束之后要将会议中解决了的问题、达成一致的问题和未解决的问题进行归档，并安排责任人对其进行跟踪，然后将以上归档和责任人的安排制成会议记录，再将会议的记录发送给与会者和其他相关人员等。

待所有审查中发现的缺陷都得到更正、所有问题都被解决以及各方的意见都达成一致之后，测试用例开发人员就可以将通过审查的测试用例文档定稿了。

7）测试用例的有效性验证

当新的测试用例文档定稿之后，还有必要对测试用例进行一次有效性验证。这个过程可以在软件的非正式测试版本上进行。由于测试结果并不作为任何正式测试轮次的报告，其作用只是验证测试用例与待测产品的一致性及测试用例中所描述的测试环境等的有效性，所以测试用例的有效性验证中并不要求将所有测试用例进行测试，只需要有代表性地挑选几个能体现产品特性和环境有效性的用例进行测试即可。

1.2.3　测试环境

测试环境 = 软件 + 硬件 + 网络 + 数据准备 + 测试工具

测试环境是指为了完成软件测试工作所必需的计算机硬件、软件、网络设备、历史数据的总称。毫无疑问，稳定和可控的测试环境，可以使测试人员花费较少的时间就完成测试用例的执行，也无须为测试用例、测试过程的维护花费额外时间，并且可以保证每个被提交的缺陷都可以在任何时候被准确地重现。经过良好规划和管理的测试环境，可以尽可能地减少环境的变动对测试工作的不利影响，并可以对测试工作的效率和质量的提高产生积极的作用。

去搭建测试环境是软件测试实施的一个重要阶段，测试环境适合与否会严重影响测试结果的真实性和正确性。测试环境包括硬件环境和软件环境，硬件环境指测试必需的服务器、客户端、网络连接设备，以及打印机/扫描仪等辅助硬件设备所构成的环境；软件环境指被测软件运行时的操作系统、数据库及其他应用软件构成的环境。

硬件：包括 PC、笔记本计算机、服务器、各种终端等。例如要测试 Photoshop 软件，是要在 PC 上测，还是笔记本计算机上测？是在 CPU 为酷睿的计算机上测，还是要在炫龙的 CPU 上测？不同的硬件环境下，Photoshop 的处理速度是不一样的。

软件：这里主要指的是软件运行的操作系统。例如测试 Photoshop，是在 Windows 7 下测试还是在 Windows 10 下测试？可能会有兼容性问题。软件环境还包括与其他软件共存同一系统时的兼容性问题。

一般来说，配置测试环境可遵循下列原则：

（1）真实：尽量模拟用户的真实使用环境。这里需要提一点，关于项目软件与产品软件需要不同对待。项目软件由于只针对某一群体的用户，所以测试的环境比较单一。但产品软件针对的是广大群众，所以测试环境比较复杂，要多方面考虑。

（2）干净：测试环境中尽量不要安装与被测软件无关的软件。笔者就遇到过这种事情，两台机器，针对一个功能，一台测试成功，另一台测试失败，最后根据调查发现，测试成功的机器上安装了客户根本不会安装的 VC++开发环境，测试失败的机器正因为没有安装 VC++，所以测试出了这个 Bug：软件中缺少必要的动态链接库支持。但这个干净也不是必需的，有时还要刻意去测试某个软件与其他软件并存时的兼容性问题。

测试环境搭建步骤：

（1）数据库服务器端测试环境安装步骤：①选择服务器；②安装操作系统；③安装数据库；④安装杀毒软件；⑤杀毒；⑥制作镜像文件；⑦安装软件数据库文件；⑧进行相关数据库配置；⑨杀毒；⑩制作镜像文件。

（2）应用服务器端测试环境安装步骤：①选择服务器；②安装操作系统；③安装杀毒软件；④安装服务器软件；⑤杀毒；⑥制作镜像文件；⑦安装软件数据库文件；⑧进行相关数据库配置；⑨杀毒；⑩制作镜像文件。

（3）客户端测试环境安装步骤：①选择 PC；②安装操作系统；③安装杀毒软件；④安装软件要求的浏览器版本；⑤测试与应用服务器的链接；⑥杀毒；⑦制作镜像文件。

1. 确定测试环境的组成

（1）所需要计算机的数量，以及对每台计算机的硬件配置要求，包括 CPU 的速度、内存和硬盘的容量、网卡所支持的速度、打印机的型号等。

（2）部署被测应用的服务器所必需的操作系统、数据库管理系统、中间件、Web 服务器以及其他必需组件的名称、版本，以及所要用到的相关补丁的版本。

（3）用来保存各种测试工作中生成的文档和数据的服务器所必需的操作系统、数据库管理系统、中间件、Web 服务器以及其他必需组件的名称、版本，以及所要用到的相关补丁的版本。

（4）用来执行测试工作的计算机所必需的操作系统、数据库管理系统、中间件、Web 服务器以及其他必需组件的名称、版本，以及所要用到的相关补丁的版本。

（5）是否需要专门的计算机用于被测应用的服务器环境和测试管理服务器环境的备份。

（6）测试中所需要使用的网络环境。例如，如果测试结果同接入 Internet 的线路的稳定性有关，那么应该考虑为测试环境租用单独的线路；如果测试结果与局域网内的网络速度有关，那么应该保证计算机的网卡、网线以及用到的集线器、交换机都不会成为瓶颈。

2. 管理测试环境

（1）设置专门的测试环境管理员角色。每个测试项目或测试小组都应当配备一名专门的测试环境管理员，其职责包括：测试环境的搭建。包括操作系统、数据库、中间件、Web 服务器等必需软件的安装、配置，并做好各项安装、配置手册的编写；记录组成测试环境的各台机器的硬件配置、IP 地址、端口配置、机器的具体用途，以及当前网络环境的情况；测试环境各项变更的执行及记录；测试环境的备份及恢复；操作系统、数据库、中间件、Web 服务器以及被测应用中所需的各用户名、密码以及权限的管理。

（2）记录好测试环境管理所需的各种文档。测试环境的各台机器的硬件环境文档，测试环境的备份和恢复方法手册，并记录每次备份的时间、备份人、备份原因以及所形成的备份文件的文件名和获取方式；用户权限管理文档，记录访问操作系统、数据库、中间件、Web 服务器以及被测应用时所需的各种用户名、密码以及各用户的权限，并对每次变更进行记录。

（3）测试环境访问权限的管理。为每个访问测试环境的测试人员和开发人员设置单独的用户名和密码。访问操作系统、数据库、Web 服务器以及被测应用等所需的各种用户名、密码、权限，由测试环境管理员统一管理；测试环境管理员拥有全部权限，开发人员只有对被测应用的访问权限和查看系统日志（只读），测试组成员不授予删除权限，用户及权限的各项维护、变更，需要记录到相应的“用户权限管理文档”中。

（4）测试环境的备份和恢复。测试环境必须是可恢复的，否则将导致原有的测试用例无法执行，或者发现的缺陷无法重现，最终使测试人员已经完成的工作失去价值。因此，应当在测试环境（特别是软件环境）发生重大变动时进行完整的备份，例如使用 Ghost 对硬盘或某个分区进行镜像备份。

1.2.4 测试缺陷

所谓软件缺陷，即为计算机软件或程序中存在的某种破坏正常运行能力的问题、错误，或者隐藏的功能缺陷。缺陷的存在会导致软件产品在某种程度上不能满足用户的需要。IEEE 729—1983 对缺陷有一个标准的定义：从产品内部看，缺陷是软件产品开发或维护过程中存在的错误、毛病等各种问题；从产品外部看，缺陷是系统所需要实现的某种功能的失效或违背。在软件开发生命周期的后期，修复检测到的软件错误的成本较高。

1. Bug 跟踪过程

在软件开发项目中，测试人员的一项最重要使命就是对所有已知 Bug 进行有效的跟踪和管理，保证产品中出现的所有问题都可以得到有效解决。一般地，项目组发现、定位、处理和最终解决一个 Bug 的过程包括 Bug 报告、Bug 评估和分配、Bug 处理、Bug 关闭四个阶段。

（1）测试工程师在测试过程中发现新的 Bug 后，应向项目组报告该 Bug 的位置、表现、当前状态等信息。项目组在 Bug 数据库中添加该 Bug 的记录。

（2）开发经理对已发现的 Bug 进行集中讨论，根据 Bug 对软件产品的影响来评估 Bug 的优先级，制定 Bug 的修正策略。按照 Bug 的优先级顺序和开发人员的工作安排，开发经理将所有需要立即处理的 Bug 分配给相应的开发工程师。

（3）开发工程师根据安排对特定的 Bug 进行处理，找出代码中的错误原因，修改代码，重新生成产品版本。

（4）开发工程师处理了 Bug 之后，测试人员需要对处理后的结果进行验证，经过验证确认已正确处理的 Bug 被标记为关闭（Close）状态。测试工程师既需要验证 Bug 是否已经被修正，也需要确定开发人员有没有在修改代码的同时引入新的 Bug。

平时所说的“系统死机是高级别，界面错误是低级别”之类。其实这些指的是缺陷的严重级别（Severity）。

当然，一般来说缺陷的严重级别也不是测试人员“主观判断”决定的，如果公司比较规范的话，会由测试经理、项目经理等组织制订这么一份相关的标准文档，文档是关于对应缺陷严重级别的定义。测试人员在测试时根据这份文档决定对应 Bug 的严重级别。

2. **产生原因**

在软件开发过程中，软件缺陷的产生是不可避免的。那么造成软件缺陷的主要原因有哪些？从软件本身、团队工作和技术问题等角度分析，就可以了解造成软件缺陷的主要因素。

软件缺陷的产生主要是由软件产品的特点和开发过程决定的。

1）软件本身

（1）需求不清晰，导致设计目标偏离客户的需求，从而引起功能或产品特征上的缺陷。

（2）系统结构非常复杂，而又无法设计成一个很好的层次结构或组件结构，结果导致意想不到的问题或系统维护、扩充上的困难；即使设计成良好的面向对象的系统，由于对象、类太多，很难完成对各种对象、类相互作用的组合测试，而隐藏着一些参数传递、方法调用、对象状态变化等方面的问题。

（3）对程序逻辑路径或数据范围的边界考虑不够周全，漏掉某些边界条件，造成容量或边界错误。

（4）对一些实时应用，要进行精心设计和技术处理，保证精确的时间同步，否则容易引起时间上的不协调、不一致性带来的问题。

（5）没有考虑系统崩溃后的自我恢复或数据的异地备份、灾难性恢复等问题，从而存在系统安全性、可靠性的隐患。

（6）系统运行环境复杂，不仅用户使用的计算机环境千变万化，包括用户的各种操作方式或各种不同的输入数据，容易引起一些特定用户环境下的问题；在系统实际应用中，数据量很大，从而会引起强度或负载问题。

（7）由于通信端口多、存取和加密手段的矛盾性等，会造成系统的安全性或适用性等问题。

（8）新技术的采用，可能涉及技术或系统兼容的问题，事先没有考虑到。

2）团队工作

（1）系统需求分析时对客户的需求理解不清楚，或者和用户的沟通存在一些困难。

（2）不同阶段的开发人员相互理解不一致。例如，软件设计人员对需求分析的理解有偏差，编程人员对系统设计规格说明书某些内容重视不够，或存在误解。

（3）对于设计或编程上的一些假定或依赖性，相关人员没有充分沟通。

（4）项目组成员技术水平参差不齐，新员工较多，或培训不够等原因也容易引起问题。

3）技术问题

（1）算法错误：在给定条件下没能给出正确或准确的结果。

（2）语法错误：对于编译性语言程序，编译器可以发现这类问题；但对于解释性语言程序，只能在测试运行时发现。

（3）计算和精度问题：计算的结果没有满足所需要的精度。

（4）系统结构不合理、算法选择不科学，造成系统性能低下。

（5）接口参数传递不匹配，导致模块集成出现问题。

4）项目管理的问题

（1）缺乏质量文化，不重视质量计划，对质量、资源、任务、成本等的平衡性把握不好，容易挤掉需求分析、评审、测试等时间，遗留的缺陷会比较多。

（2）系统分析时对客户的需求不是十分清楚，或者和用户的沟通存在一些困难。

（3）开发周期短，需求分析、设计、编程、测试等各项工作不能完全按照定义好的流程进行，工作不够充分，结果也就不完整、不准确，错误较多；周期短，还给各类开发人员造成太大的压力，引起一些人为的错误。

（4）开发流程不够完善，存在太多的随机性和缺乏严谨的内审或评审机制，容易产生问题。

（5）文档不完善，风险估计不足等。

3. **构成**

缺陷的表现形式不仅体现在功能的失效方面，还体现在其他方面。主要类型有：①软件没有实现产品规格说明所要求的功能模块；②软件中出现了产品规格说明指明不应该出现的错误；③软件实现了产品规格说明没有提到的功能模块；④软件没有实现虽然产品规格说明没有明确提及但应该实现的目标；⑤软件难以理解，不容易使用，运行缓慢，或从测试员的角度看，最终用户会认为不好。

以计算器开发为例。计算器的产品规格说明确定应能准确无误地进行加、减、乘、除运算。如果按下加法键，没什么反应，就是第一种类型的缺陷；若计算结果出错，也是第一种类型的缺陷。

产品规格说明书还可能规定计算器不会死机，或者停止反应。如果随意敲键盘导致计算器停止接受输入，这就是第二种类型的缺陷。

如果使用计算器进行测试，发现除了加、减、乘、除之外还可以求平方根，但是产品规格说明没有提及这一功能模块。这是第三种类型的缺陷——软件实现了产品规格说明书中未提及的功能模块。

在测试计算器时若发现没有加法功能，而消费者普遍认知是计算器至少有加、减、乘、除运算功能，从而发现第四种类型的错误。

软件测试员如果发现某些地方不对，比如测试员觉得按键太小、小数点键布置的位置不好按、看不清显示屏上的内容等，无论什么原因，都要认定为缺陷。而这正是第五种类型的缺陷。

4. **类型**

根据以上五种缺陷类型，在软件测试中可以区分不同类型的问题。

从软件测试观点出发，软件缺陷有以下五大类：

1）功能缺陷

（1）规格说明书缺陷：规格说明书可能不完全，有二义性或自身矛盾。另外，在设计过程中可能修改功能，如果不能紧跟这种变化并及时修改规格说明书，则产生规格说明书错误。

（2）功能缺陷：程序实现的功能与用户要求的不一致。这常常是由于规格说明书包含错误的功能、多余的功能或遗漏的功能所致。在发现和改正这些缺陷的过程中又可能引入新的缺陷。

（3）测试缺陷：软件测试的设计与实施发生错误。特别是系统级的功能测试，要求复杂的测试环境和数据库支持，还需要对测试进行脚本编写。因此软件测试自身也可能发生错误。另外，如果测试人员对系统缺乏了解，或对规格说明书做了错误的解释，也会发生许多错误。

（4）测试标准引起的缺陷：对软件测试的标准要选择适当，若测试标准太复杂，则导致测试过程出错的可能就大。

2）系统缺陷

（1）外部接口缺陷：外部接口是指如终端、打印机、通信线路等系统与外部环境通信的手段。所有外部接口之间、人与机器之间的通信都使用形式的或非形式的专门协议。如果协议有错，或太复杂，难以理解，致使在使用中出错。此外，还包括对输入/输出格式的错误理解，对输入数据不合理的容错等。

（2）内部接口缺陷：内部接口是指程序内部子系统或模块之间的联系。它所发生的缺陷与外部接口相同，只是与程序内实现的细节有关，如设计协议错误、输入/输出格式错误、数据保护不可靠、子程序访问错误等。

（3）硬件结构缺陷：与硬件结构有关的软件缺陷在于不能正确地理解硬件如何工作。如忽视或错误地理解分页机构、地址生成、通道容量、I/O 指令、中断处理、设备初始化和启动等而导致的出错。

（4）操作系统缺陷：与操作系统有关的软件缺陷在于不了解操作系统的工作机制而导致出错。当然，操作系统本身也有缺陷，但是一般用户很难发现这种缺陷。

（5）软件结构缺陷：由于软件结构不合理而产生的缺陷。这种缺陷通常与系统的负载有关，而且往往在系统满载时才出现。如错误地设置局部参数或全局参数；错误地假定寄存器与存储器单元初始化了；错误地假定被调用子程序常驻内存或非常驻内存等，都将导致软件出错。

（6）控制与顺序缺陷：如忽视了时间因素而破坏了事件的顺序；等待一个不可能发生的条件；漏掉先决条件；规定错误的优先级或程序状态；漏掉处理步骤；存在不正确的处理步骤或多余的处理步骤等。

（7）资源管理缺陷：由于不正确地使用资源而产生的缺陷。如使用未经获准的资源；使用后未释放资源；资源死锁；把资源链接到错误的队列中等。

3）加工缺陷

（1）算法与操作缺陷：是指在算术运算、函数求值和一般操作过程中发生的缺陷。如数据类型转换错误；除法溢出；不正确地使用关系运算符；不正确地使用比较运算符等。

（2）初始化缺陷：如忘记初始化工作区，忘记初始化寄存器和数据区；错误地对循环控制变量赋初值；用不正确的格式、数据或类型进行初始化等。

（3）控制和次序缺陷：与系统级同名缺陷相比，它是局部缺陷。如遗漏路径；不可达到的代码；不符合语法的循环嵌套；循环返回和终止的条件不正确；漏掉处理步骤或处理步骤有错等。

（4）静态逻辑缺陷：如不正确地使用 switch 语句；在表达式中使用不正确的否定（例如用“>”代替“<”的否定）；对情况不适当地分解与组合；混淆“或”与“异或”等。

4）数据缺陷

（1）动态数据缺陷：动态数据是在程序执行过程中暂时存在的数据，它的生存期非常短。各种不同类型的动态数据在执行期间将共享一个共同的存储区域，若程序启动时对这个区域未初始化，就会导致数据出错。

（2）静态数据缺陷：静态数据在内容和格式上都是固定的。它们直接或间接地出现在程序或数据库中，由编译程序或其他专门程序对其做预处理，但预处理也会出错。

（3）数据内容、结构和属性缺陷：数据内容是指存储于存储单元或数据结构中的位串、字符串或数字。数据内容缺陷就是由于内容被破坏或被错误地解释而造成的缺陷。数据结构是指数据元素的大小和组织形式。在同一存储区域中可以定义不同的数据结构。数据结构缺陷包括结构说明错误及数据结构误用的错误。数据属性是指数据内容的含义或语义。数据属性缺陷包括对数据属性不正确地解释，如错把整数当实数，允许不同类型数据混合运算而导致的错误等。

5）代码缺陷

包括数据说明错误、数据使用错误、计算错误、比较错误、控制流错误、界面错误、输入/输出错误，以及其他错误。

规格说明书是软件缺陷出现最多的地方，其原因是：

（1）用户一般是非软件开发专业人员，软件开发人员和用户的沟通存在较大困难，对要开发的产品功能理解不一致。

（2）由于在开发初期，软件产品还没有设计和编程，完全靠想象去描述系统的实现结果，所以有些需求特性不够完整、清晰。

（3）用户的需求总是不断变化，这些变化如果没有在产品规格说明书中得到正确描述，容易引起前后文、上下文的矛盾。

（4）对规格说明书不够重视，在规格说明书的设计和写作上投入的人力、时间不足。

（5）没有在整个开发队伍中进行充分沟通，有时只有设计师或项目经理得到比较多的信息。

1.2.5 测试报告

测试报告就是把测试的过程和结果写成文档，对发现的问题和缺陷进行分析，为纠正软件中存在的质量问题提供依据，同时为软件验收和交付打下基础。测试报告是测试阶段最后的文档产出物。优秀的测试经理或测试人员应该具备良好的文档编写能力；一份详细的测试报告包含足够的信息，包括产品质量和测试过程的评价，测试报告基于测试中的数据采集以及对最终的测试结果分析。

测试报告的内容总结如下：

1. 首页

（1）报告名称（软件名称＋版本号＋×××测试报告）。

（2）报告委托方、报告责任方、报告日期等。

（3）版本变化历史。

（4）密级。

2. 引言

（1）编写目的。本测试报告的具体编写目的，指出预期的读者范围。

例如：本测试报告为×××项目的测试报告，目的在于总结测试阶段的测试以及分析测试结果，描述系统是否符合需求（或达到×××功能目标）。预期参考人员包括用户、测试人员、开发人员、项目管理者、其他质量管理人员和需要阅读本报告的高层经理。

（2）项目背景。对项目目标和目的进行简要说明。必要时包括简史，这部分不需要脑力劳动，直接从需求或者招标文件中复制即可或作部分简单修改。

（3）系统简介。如果设计说明书有此部分，照抄。注意必要的框架图和网络拓扑图能更吸引眼球。

（4）术语和缩略语。列出设计本系统/项目的专用术语和缩写语约定。对于技术相关的名词和多义词一定要注明清楚，以便阅读时不会产生歧义。

（5）参考资料。包括需求、设计、测试用例、手册以及其他项目文档都是范围内可参考的内容；

还包括测试使用的国家标准、行业指标、公司规范和质量手册等。

3. **测试概要**

测试的概要介绍，包括测试的一些声明、测试范围、测试目的等，主要是测试情况简介。（其他测试经理和质量人员关注部分）

（1）测试方法和工具。简要介绍测试中采用的方法和工具。

提示：主要是黑盒测试，测试方法可以写上测试的重点和采用的测试模式，这样可以一目了然地知道是否遗漏了重要的测试点和关键块。工具为可选项，当使用到测试工具和相关工具时，要说明。注意要注明是自产还是厂商，版本号是多少，在测试报告发布后要避免测试工具的版权问题。

（2）测试范围（测试用例设计）。简要介绍测试用例的设计方法。例如，等价类划分、边界值、因果图，以及用这类方法。

提示：如果能够具体对设计进行说明，在其他开发人员、测试经理阅读时容易对用例设计有个整体的概念。顺便说一句，在这里写上一些非常规的设计方法也是有利的，至少在没有看到测试结论之前就可以了解到测试经理的设计技术，重点测试部分一定要保证有两种以上不同的用例设计方法。

（3）测试环境与配置。简要介绍测试环境及其配置。

提示：清单如下，如果系统/项目比较大，则用表格方式列出。

数据库服务器配置：

CPU：

内存：

硬盘：（可用空间大小）

操作系统：

应用软件：

机器网络名：

局域网地址：

应用服务器配置：

……

客户端配置：

……

对于网络设备和要求也可以使用相应的表格，对于三层架构的，可以根据网络拓扑图列出相关配置。

4. **测试结果与缺陷分析**

整个测试报告中这是最激动人心的部分，这部分主要汇总各种数据并进行度量，度量包括对测试过程的度量和能力评估、对软件产品的质量度量和产品评估。对于不需要过程度量或者相对较小的项目，例如用于验收时提交用户的测试报告、小型项目的测试报告，可省略过程方面的度量部分；而采用 CMM/ISO 或者其他工程标准过程的，需要提供过程改进建议和参考的测试报告；主要用于公司内部测试改进和缺陷预防机制，则过程度量需要列出。

1）测试执行情况与记录

描述测试资源消耗情况，记录实际数据。（测试、项目经理关注部分）

（1）测试组织。可列出简单的测试组架构图，包括：

测试组架构（如存在分组、用户参与等情况）

测试经理（领导人员）：

主要测试人员：

参与测试人员：

（2）测试时间。列出测试的跨度和工作量，最好区分测试文档和活动的时间。数据可供过程度量使用。

例如：×××子系统/子功能

实际开始时间——实际结束时间

总工时/总工作日

任务　开始时间　结束时间　总计

合计

对于大系统/项目来说最终要统计资源的总投入，必要时要增加成本一栏，以便管理者清楚地知道究竟花费了多少人力去完成测试。

测试类型　人员成本　工具设备　其他费用

总计

在数据汇总时可以统计个人的平均投入时间和总体时间、整体投入平均时间和总体时间，还可以算出每个功能点所花费的时/人。

用时人员　编写用例　执行测试　总计

合计

这部分用于过程度量的数据包括文档生产率和测试执行率。

生产率人员　用例/编写时间　用例/执行时间　平均

合计

（3）测试版本。给出测试的版本，如果是最终报告，可能要报告测试次数、回归测试次数。列出表格清单则便于知道那个子系统/子模块的测试频度，对于多次回归的子系统/子模块将引起开发者关注。

2）覆盖分析

（1）需求覆盖。需求覆盖率是指经过测试的需求/功能和需求规格说明书中所有需求/功能的比值，通常情况下要达到100%的目标。

需求/功能（或编号）　测试类型　是否通过　备注

根据测试结果，按编号给出每一测试需求通过与否的结论。P 表示部分通过；N/A 表示不可测试或者用例不适用。实际上，需求跟踪矩阵列出了一一对应的用例情况以避免遗漏，此表的作用是传达需求的测试信息以供检查和审核。

$$需求覆盖率计算 = Y 项 / 需求总数 \times 100\%$$

（2）测试覆盖。

需求/功能（或编号）　用例个数　执行总数　未执行　未/漏测分析和原因

实际上，测试用例已经记载了预期结果数据，测试缺陷上说明了实测结果数据和与预期结果数据的偏差；因此没有必要对每个编号在此包含更详细的说明的缺陷记录与偏差，列表的目的仅在于更好地查看测试结果。

测试覆盖率 = 执行数 / 用例总数 × 100%

3）缺陷的统计与分析

缺陷统计主要涉及被测系统的质量，因此，这部分成为开发人员、质量人员重点关注的部分。

（1）缺陷汇总：

被测系统　系统测试　回归测试　总计

合计

按严重程度：严重、一般、微小；

按缺陷类型：用户界面、一致性、功能、算法、接口、文档、用户界面、其他；

按功能分布

功能一　功能二　功能三　功能四　功能五　功能六　功能七

最好给出缺陷的饼状图和柱状图以便直观查看。俗话说一图胜千言，图表能够使阅读者迅速获得信息，尤其是各层面管理人员没有时间去逐项阅读文章。

图例

（2）缺陷分析。本部分对上述缺陷和其他收集数据进行综合分析。

缺陷综合分析：

缺陷发现效率 = 缺陷总数 / 执行测试用时

可根据具体人员得出平均指标：

用例质量 = 缺陷总数 / 测试用例总数 × 100%

缺陷密度= 缺陷总数 / 功能点总数

缺陷密度可以得出系统各功能或各需求的缺陷分布情况，开发人员可以在此分析基础上得出哪部分功能/需求缺陷最多，从而在今后的开发中注意避免，并在实施时给予关注。测试经验表明，测试缺陷越多的部分，其隐藏的缺陷也越多。

测试曲线图

描绘被测系统每工作日/周缺陷数情况，得出缺陷走势和趋向。

重要缺陷摘要

缺陷编号　简要描述　分析结果　备注

（3）残留缺陷与未解决问题：

残留缺陷

编号：（BUG 号）

缺陷概要：（该缺陷描述的事实）

原因分析：（如何引起缺陷，缺陷的后果，描述造成软件局限性和其他限制性的原因）

预防和改进措施：（弥补手段和长期策略）

未解决问题

功能/测试类型：

测试结果：（与预期结果的偏差）

缺陷：（具体描述）

评价：（对这些问题的看法，也就是这些问题如果发生了会造成什么样的影响）

5. **测试结论与建议**

（1）测试结论：

① 测试执行是否充分（可以增加对安全性、可靠性、可维护性和功能性描述）。

② 对测试风险的控制措施和成效。

③ 测试目标是否完成。

④ 测试是否通过。

⑤ 是否可以进入下一阶段项目目标。

（2）建议：

① 对系统存在问题的说明，描述测试所揭露的软件缺陷和不足，以及可能给软件实施和运行带来的影响。

② 可能存在的潜在缺陷和后续工作。

③ 对缺陷修改和产品设计的建议。

④ 对过程改进方面的建议。

6. **附录**

（1）缺陷列表。

（2）缺陷等级定义标准。

（3）测试通过标准。

1.3 测试岗位能力要求

测试行业由来已久，在传统行业中它一直是用来保证产品质量的一个重要手段，随着科技的不断进步，越来越多的新技术被应用到测试行业中。随着国民意识到品牌的力量，以及产品质量对品牌的影响，人们对质量检测和质量保证的投入越来越大。

同样，软件制造业是制造业中的一员，也需要对其质量进行把控。在计算机诞生的初期，编程语言较为初级且程序较为简单，这使得软件测试仅停留在一个程序调试阶段。此时只要程序能够正常运行即可，并不需要专职的测试人员。之后随着结构化高级语言 Fortran、Pascal、C 的出现，程序的规模随之变得愈来愈大，复杂度也变得愈来愈高。软件测试的重要性也逐渐显现出来，专职测试员开始走上舞台。C++等面向对象语言的出现使得软件规模产生了爆炸式的增长。动辄几十万、几百万行代码的软件产品给软件测试行业带来空前契机，各种软件测试理论雨后春笋般的出现，当然此时期的软件测试还是以手工测试为主。

到现在，PC 和互联网的普及以及多媒体技术的成熟和大规模的使用使得软件测试提高到了一个新的高度。软件测试不仅仅是单纯的测试软件，还要求对产品的缺陷趋势进行评估，还要对软件产品的测试和质量风险进行评估。同时软件的测试工作也开始渗透进了软件生产流程中的每个角落。随着软件产品规模的扩大，为了降低软件测试的成本，出现了一大批自动化测试工具。这些工具有的直接帮助测试人员开发（或录制）、执行测试用例；有的帮助测试人员管理测试用例、跟踪软件缺陷；有的帮助项目管理人员和测试人员分析测试结果，预测产品的缺陷数量走势。

从现阶段软件的发展来看，软件产品的规模在日益扩大，但人均生产率却没有提高。现今软件的生产还是主要依靠大量开发人员的手工编码和测试人员的手工测试，远没有实现软件的工业时代。

因此，软件行业留给测试人员的机会还很多，现有的自动化测试用例发现软件缺陷的能力也有限。

总的来说，软件测试行业在软件工业中的地位逐步提高。测试人员在软件开发项目中所占的比重也越来越大。同时对软件测试人员本身的素质要求也越来越高。

1.3.1 测试岗位需求

• 视频

测试岗位需求

随着中国软件业的迅猛发展，软件产品的质量控制与质量管理正逐渐成为企业生存与发展的核心。为了保证软件在出厂时的“健康状态”，几乎所有的IT企业在软件产品发布前都需要大量的质量控制工作。作为软件质量控制中的重要一环，软件测试工程师应运而生。国内软件业因对软件质量控制的重要作用认识较晚，尚未形成系统化的软件测试人才需求供应链，造成了目前企业欲招纳软件测试人才，却“千金难求”的尴尬局面。

判断一个职业是否有前途需要以发展的眼光分析，既要看到短期的工资待遇，更要看到未来的发展空间；既要看到短期市场需求，更要看到长远的社会需求；既要看到职业的地位，更要考虑到个人的职业兴趣。软件测试行业顺应全球化和信息化发展趋势，符合我国信息化与工业化发展目标，是新兴的朝阳职业。优秀的测试从业者依靠软件测试的专业技术，可以获得职业的不断提升，随着测试能力的提升，薪资待遇不断提升，成为受人尊敬的测试专家。

每个测试从业人员都希望通过努力，提高工作职位，实现个人价值。软件测试从业者有哪些岗位可以不断提高和发展呢？软件测试网的专家将软件测试职业进行全方位分析，提出了测试职业发展具有多级别、多层次、多方向、多职位的四多特征。软件测试人员职业发展的路线图如图 1-11 所示。

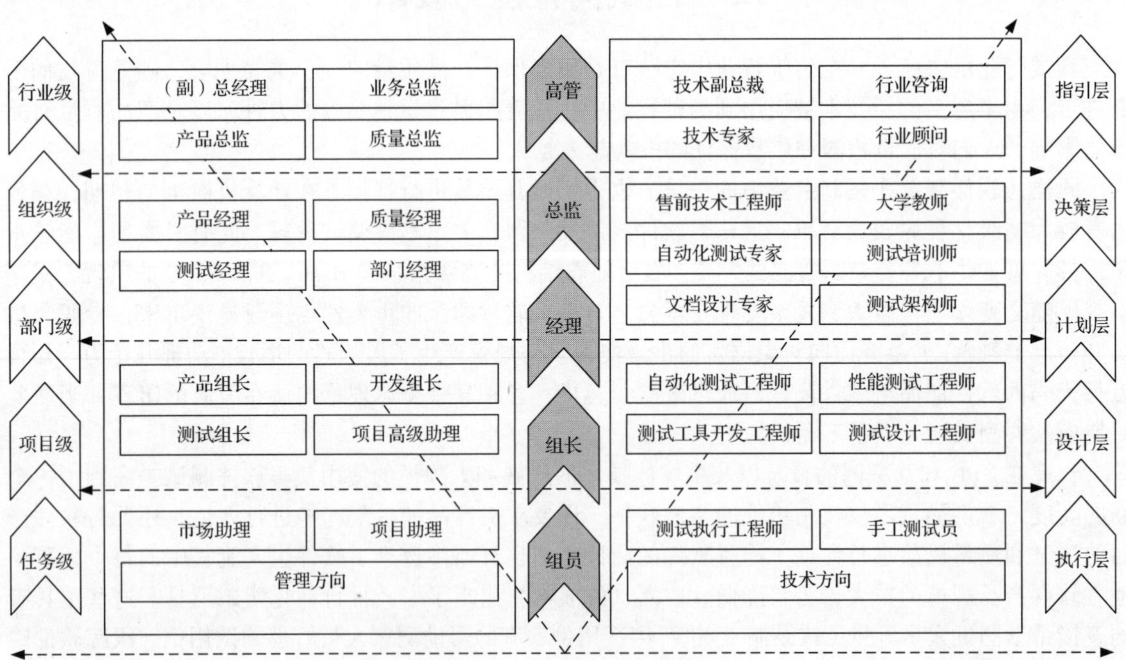

图 1-11　软件测试职业发展规划图

1）级别角度

描述了测试工作的影响范围，从小到大的各个级别分别是“任务级”“项目级”“部门级”“组织级”“行业级”。最小的测试工作影响范围只能影响到某个具体的测试任务，最高的测试工作可以影响到测试行业的发展趋势。

2）层次角度

描述了测试工作在组织结构中的所在地位，从低到高的各个层次分别是“执行层”“设计层”“计划层”“决策层”“指引层”。测试工作的底层是软件测试的具体执行工作。高层是测试工作可以指引测试行业的发展。

3）方向角度

描述了测试工作的技能发展倾向，可以分为“技术”“管理”两个方向。“技术”方向是在测试技术、领域技术和软件工程技术的广度和深度方面进行发展。“管理”方向是向提高组织能力、领导能力、沟通协调方面深入发展。

4）职位角度

描述了测试工作对应的具体岗位类别的名称，职位类别可以分为“组员”“组长”“经理”“总监”“高管”，每个类别分别对应许多具体的测试岗位。

测试工作的职业发展方向决定测试职业的职位发展，测试职业发展的不同职业级别和层次影响测试职位的类别，不同的组织具有不同的测试职位名称及职责要求。软件测试强调实践性和应用性，无论今后向哪个方向发展，达到哪个级别和层次，最好从最基础的测试组员做起。

1.3.2　职位描述

1. 按测试工程师水平划分

1）初级测试工程师

大多数人理解软件测试就是坐在计算机前寻找软件缺陷。确实，初级测试工程师一般只做黑盒测试，也就是按部就班地执行测试用例，当预期与结果不符时，就认为能找到至少一个软件缺陷，但往往不太关心缺陷后面的逻辑结构。

初级测试工程师往往刚毕业缺乏经验，或是经过短暂的职业培训，这种岗位不可能是企业的核心岗位，因此很多大型公司都把这种岗位外包出去，由外包公司派遣劳务人员从事此种工作。

而初级测试工程师没有太多开发经验，编程能力欠缺。例如，当出现两个软件缺陷现象不同，但根源相同的情况，由于可能缺乏对程序逻辑的背景知识，初级测试工程师往往就无法区分，这样就造成相当数量的重复报告，增加了开发人员重复劳动，造成了缺陷统计数据不准确。

2）中级测试工程师

中级测试工程师可能不如开发工程师在某个领域深入，但是知识面要宽阔一些。中级测试工程师通常具有一定的开发经验，而且对质量管理、网络、多种操作系统、多种脚本语言、数据库等领域都具有相当程度的知识。另外，中级测试工程师往往较普通开发人员对项目架构接口等细节有更深的了解，他们需要纵观全局并且注重细节才能设计出有效精彩的测试用例，经常需要见人所未见，还会对需求提出改进意见。

由于对项目了解是入木三分，中级测试工程师往往会负责一些涉及全局性的工作，例如写产品说明书以及向客户提供技术支持等，即使遇到公司裁员，这样的测试工程师也会被保留，普通的开发工程师可以再招聘，反正他们只了解软件的一小部分。而掌握细节和全局的测试工程师若被解聘，很多重要内容可能会丢失，项目失败的风险大大增加。

想成为中级测试工程师，需要在技术领域深加钻研，学好计算机专业课程知识，进行一定量的软件开发实践。

3）高级测试工程师

高级测试工程师需要具有丰富的开发知识和经验，既懂开发又懂测试，是复合型的通才，因为高级的测试需要强大的编程能力。这些高级测试工程师在国内数量非常少，年薪也较高。通常只有大公司才请得起这样的高新人才。

高级测试工程师的工作和开发结合得非常紧密，他们大多是由开发工程师成功转型而来，深刻理解开发领域与测试领域。

对于一线软件测试工程师（可独立完成测试任务的正式员工），工资发布一般从月薪 2 500 元起到年薪二三十万元，大致分布如表 1-14 所示。

表 1-14　测试岗位与薪资待遇表

测试岗位	薪资待遇（元/月）	工作年限
初级测试工程师	2 500～4 500	1 年或 2 年
中级测试工程师	4 500～8 000	3 年或 4 年
高级测试工程师	8 000～15 000	5～8 年
资深测试工程师	>15 000	>8 年

2. 按测试主要内容划分

1）黑盒测试

对于黑盒测试工程师，月薪从 2 000 元到 10 000 元不等。大公司给的高一些，对于大的外企，即使处于外包岗位，也能达到 6 000～7 000 元。

2）测试开发

测试和开发是软件工程师的两大类。从更深层次来看，测试中包含开发，开发中也包含测试。在交付给测试人员之前，开发人员会测试自己的程序。而测试人员经常需要开发一些小工具或程序来辅助测试。例如 Unit 系列单元测试工具需要编程，测试人员还需要写一些工具如 LoadRunner 的执行脚本。

开发用于测试的工具，无疑是测试工程师中薪水最高的领域之一。在国内这种职业的薪水保守估计在月薪 15 000 元以上。这样的工程师通常精通 C++、Java、C#中的至少一种，或者 UNIX Shell、Perl、Python、Ruby 中的至少一种。

3）性能测试

高水平的性能测试工程师通常精通 LoadRunner、JMeter 等性能测试工具，拥有深厚的网络知识及数据库知识，同时对系统的架构有着深刻理解。这种职位的工程师需要具备较深的开发背景，薪水保守估计也在月薪 15 000 元以上。

4）白盒测试

白盒测试工程师在国内比较少，其薪水较高，一般公司都是由开发工程师在开发阶段来做白盒测试。

5）安全测试

高级安全测试工程师的薪水也相当高，至少也在月薪 20 000 元左右。优秀的计算机基础和动手实践能力是高级安全测试工程师的必备能力。安全测试工程师可能精通反汇编，对 XSS（跨站脚本攻击）等攻击能力得心应手，擅长寻找安全漏洞。例如精通密码学知识，了解 PKI 体系架构。他们有能力拿掉 PE 上复杂的保护壳，并且在二进制文件中定位漏洞。

1.3.3 职业技能要求

一个测试工程师应该具备哪些职业技能，或者测试岗位有什么要求呢？通常需要具备以下几种能力。

1. 技术能力

作为一名测试工程师，不能仅仅从使用者的角度来测试软件产品，而且还要从技术的角度来设计测试用例，这里所说的技术包括基础的与专业的技术。

基础方面应学习的课程：编程语言、数据库理论、计算机网络技术、软件工程、数据结构、计算机组成原理等。

专业方面应掌握：软件测试基础、测试设计、自动化测试工具、软件质量管理、一门或多门外语等。

2. 编程经验

测试工程师需要对源码进行检查，特别是白盒测试工程师从程序结构的角度来测试软件，编写测试脚本，读懂源码对白盒测试人员来说是最基本的要求，而且如果有一定的编程经验的情况下，可以帮助测试人员对软件开发过程有较深入的理解，从编程人员的角度来正确地评价待测软件。

3. 做事风格

思维严密，什么问题都要考虑到，淡然处理。除了做事认真仔细，也要有承担责任的勇气，在漫长的项目实施过程中，或大或小的错误在所难免，要敢于承认错误。应该说软件测试是一种既烦琐又枯燥无味的工作，做多了测试人员会觉得似乎一成不变，对自己的能力没有提高，这时候就需要作自我督促，并经常做一些阶段性的总结，新的技术、新的方法、新的工具层出不穷，要让自己跟上技术发展的脚步，善于将新技术、新方法、新工具应用到测试工作当中。

4. 团队合作

多参加团队活动，提高自己的团队作战能力。

作为软件测试人员应不断提高自身技术与业务水平，具体如下所列：

- 规划测试能力（分配人力资源、设备资源、安排测试时间）。
- 熟练运用各种黑盒、白盒测试方法并设计测试用例。
- 熟练使用测试用例管理工具。
- 熟练使用缺陷管理、跟踪工具。
- 熟悉配置管理工具。
- 熟练使用黑盒、白盒自动化测试工具原理。
- 熟悉测试阶段、测试流程。

- 熟悉主流的操作系统（或手机操作系统）。
- 熟悉主流的数据库。
- 熟悉甚至熟练掌握一到两门高级编程语言（C++、C#、Java 等）。
- 熟练掌握一到两门脚本语言（VBScript、JavaScript、Perl、Python 等）。
- 熟悉网络知识。
- 精通所测软件产品的业务逻辑。
- 良好的中外文沟通能力。

1.3.4 职业素养要求

对于软件测试员而言，表面上看软件测试员的工作似乎比程序员要容易一些，因为分析代码并寻找软件缺陷看起来比从头编写代码简单。但是事实却并非如此，因为井井有条的软件测试所付出的努力并不亚于程序编写工作，尽管两者所需的技术极为相似。虽然一个优秀的程序测试员不必成为一个经验丰富的程序员，但是拥有良好的编程知识会给软件测试员带来极大的好处。

现在，大多数成熟的公司都把软件测试看作高级技术工程职位。在项目组当中配备经过良好培训的软件测试员，并在开发过程中早期投入工作，就可以生产出质量更优的软件产品。用户是不会购买带有缺陷的软件产品的，一个好的测试组织可以造就一个公司；相反，一个缺少测试的组织则能搞垮一个公司。

下面是本书归纳的大多数软件测试工程师需要具备的素质：

1. **适应新环境的能力**

软件测试人员与软件开发人员很大的不同就在于，软件测试人员在大多数情况下都会在不同技术背景的项目中穿梭，而软件开发人员则一般都会长期地在某一种技术或具有相似技术背景的项目上进行开发。这就注定了软件测试人员在新的项目、新的技术环境中需要有很强的适应能力，不会害怕进入陌生环境，且有兴趣在新的测试环境中探索新软件的功能，喜欢拿到新的软件，安装在自己的机器上并观察结果。

2. **沟通能力**

沟通能力通常表现为与需求、设计、开发相关的工作人员进行技术交流的能力，发现软件缺陷后详细准确地描述缺陷细节的能力。好的软件测试员知道以怎样的策略来沟通这些问题，他们也能够和有时不够冷静的程序员合作。当断定一个软件缺陷是一个重要、严重的缺陷，但被认为不重要且不用修复时，软件测试人员应具备清晰地表达并坚持自己观点，说服开发人员修改缺陷的能力，同时注重策略和交流。因为软件测试人员常常带来坏消息，所以与开发人员交往需要一定的技巧，开发人员开发的程序，测试人员需要“挑毛病”，双方在心理上经常处于一种敌对的态度，因此在说话的语气或讲述一个问题的出发点时特别注意。最终他们必须告诉程序员，软件缺陷为何需要修复，并推进缺陷的修复。

3. **善于发现问题的能力**

这是软件测试人员最应具备的能力之一，他们喜欢解谜，不放过蛛丝马迹。善于对软件的行为提出质疑、善于发现问题、仔细重现问题、确认问题症结是软件测试工程师入门的必经之路。软件测试工程师总在不停地尝试，他们可能会碰到转瞬即逝或者难以证实的软件缺陷，当然，他们不会当作是偶然而轻易放过，而会想尽一切可能去发现它们。

4. 善于分析问题、定位缺陷

软件测试过程中经常会出现多个软件缺陷有同样的根源。而如果测试人员多次提交根源相同的缺陷时势必会加重开发人员分析软件缺陷的压力。因此，软件测试人员应当具备初步的对软件缺陷的分析判断能力。软件测试员要判断测试内容、测试时间，以及看到的问题是否是真正的缺陷，并能定位软件缺陷出现的范围，提高复现概率。当然，这需要测试人员不断地提高自身的业务能力和具备更多的开发技术。这也是软件测试人员逐渐走向成熟的必经之路。

5. 耐性

有时软件缺陷就会出现在一些并不起眼的地方，人们甚至会觉得那个地方简单到根本不会出现缺陷，这时就需要有耐心的测试工程师，脚踏实地地逐个排查，不放过任何一个看似无价值的角落。软件测试工程师是追求完美者，但是当知道某些目标不可企及时，他们不去苛求，而是尽力接近目标。

6. 创新能力

测试人员不能总是以常规的思路来测试软件，要设计一些非常规的、相反的测试用例来不断地“折磨”软件产品，要破坏性地测试，并且不要停止自己的怀疑。这对测试是显而易见的，软件测试不是证明软件可以工作，而是不断找出新的办法，以及想出富有创意审视超常的手段，使软件的缺陷一一现形。

7. 沉着稳重

软件测试人员不可人云亦云，要有自己的分析。因为软件测试人员应当站在客户的立场上思考问题，所以当软件测试人员对业务不熟时应当仔细询问开发人员，并不断分析，然后以自己的判断来执行测试。

8. 从用户的角度看问题

在所有阶段的测试中都应当“想用户所想”，因为软件测试的目的就是验证软件的实现与需求文档一致并且确认软件产品满足客户的需求。因此，在遇上疑似缺陷时就可以通过多问自己几个来自于用户角度的问题来确定是否是缺陷及严重程度如何等。与客户要进行有效的沟通，处处为客户着想，客户就是上帝。如果你愿意，可以发挥一下你的想象，从用户的角度试着对一个水杯进行测试。

视频

面试题解析：水杯测试

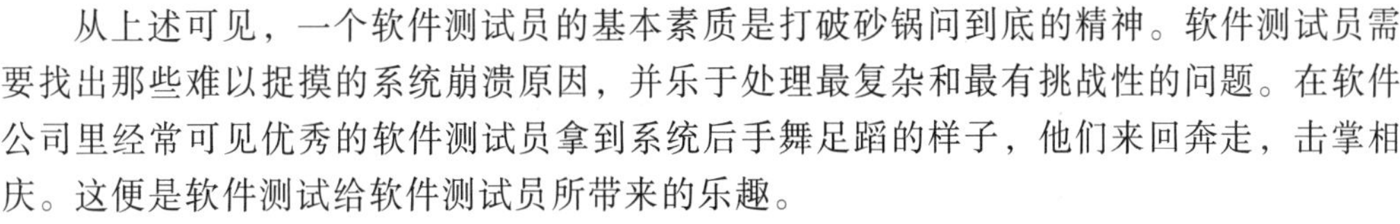

从上述可见，一个软件测试员的基本素质是打破砂锅问到底的精神。软件测试员需要找出那些难以捉摸的系统崩溃原因，并乐于处理最复杂和最有挑战性的问题。在软件公司里经常可见优秀的软件测试员拿到系统后手舞足蹈的样子，他们来回奔走，击掌相庆。这便是软件测试给软件测试员所带来的乐趣。

小　结

本章主要从软件测试的基础概念、软件测试的基准流程以及软件测试的岗位能力基本要求三方面描绘软件测试，让读者从多个角度了解软件测试，从而对软件测试有一个全面的认识。

软件测试是由一个程序的行为在有限测试集合上，针对期望的行为的动态验证组成，测试用例是从通常的无限执行域中适当选取的。软件测试可以尽早发现和改正软件中潜在的错误，不仅避免给用户造成可能的损失，更重要的是避免给开发方的信誉造成不良影响，即避免最终给开发方自己造成直接或间接的损失。

软件测试可以根据不同角度进行分类。随着软件技术不断地发展，软件测试专家也根据软件开发的模型提出了相应的更为有效的测试过程模型。有效的软件测试的开展提高了软件质量。

通过对软件生命周期中的软件测试、软件测试的基本流程、软件测试的组织三方面内容的介绍，将测试流程的全貌展现给读者。通过对测试用例的产生、测试环境的搭建、测试缺陷的捕捉和测试报告的编写等要素的剖析，把软件测试具体而又宏观地解剖给读者，让读者了解什么是软件测试，软件测试具体做些什么，大致怎么做。

最后对软件测试的发展，软件测试有哪些岗位，需要具备哪些技能和素养进行了探讨，使软件技术的介绍不仅仅停留在技术层面。也从实用和就业层面，让读者有进一步的认知。

习题与思考

1. 你在测试中发现了一个 Bug，但是开发经理认为这不是一个 Bug，你应该怎样解决？
2. 简述软件的概念和特点、软件复用的含义、构件包括哪些内容？
3. 软件生存周期及其模型是什么？
4. 什么是软件测试？简述软件测试的目的与原则。
5. 软件配置管理的作用有哪些？软件配置包括什么？
6. 什么是软件质量？
7. 软件测试的策略是什么？
8. 测试人员在软件开发过程中的任务是什么？
9. 你认为在测试人员同开发人员的沟通过程中，如何提高沟通的效率和改善沟通的效果？维持测试人员同开发团队中其他成员良好的人际关系的关键是什么？
10. 软件测试项目从什么时候开始？为什么？
11. 单元测试、集成测试、系统测试的侧重点是什么？

第2章 软件测试技术

学习目标：

1. 理解黑盒测试的概念。
2. 理解等价类划分测试法、边界值分析测试法、决策表分析测试法、因果图测试法。
3. 了解场景测试法、功能图测试法等其他黑盒测试方法。
4. 理解白盒测试的概念。
5. 掌握逻辑覆盖测试法、路径分析测试法。
6. 学会使用 Visio 等绘图工具绘制程序流程图、程序控制流图等图。
7. 学会针对具体问题，选择合适的测试方法，并设计相应的测试用例。

2.1 黑盒测试技术

1. 黑盒测试的概念

视频

黑盒测试技术

对于软件测试而言，黑盒测试法把程序看作一个黑盒子，完全不考虑程序的内部结构和处理过程。也就是说，黑盒测试是在程序接口进行的测试，它只检查程序功能是否按照规格说明书的规定正常使用，程序是否能适当地接收输入数据并产生正确的输出信息，程序运行过程中能否保持外部信息的完整性。从理论上讲，黑盒测试只有采用穷举输入测试，把所有可能的输入都作为测试情况考虑，才能查出程序中所有的错误。实际上测试情况有无穷多个，人们不仅要测试所有正常的输入，而且还要对那些不合法但可能的输入进行测试，因此要进行有针对性的测试，通过指定测试用例指导测试的实施，保证软件测试有组织，按步骤、有计划地进行。白盒测试法与黑盒测试法相反，它的前提是可以把程序看成装在一个透明的白盒子里，测试者完全知道程序的结构和处理算法。黑盒测试注重于测试软件的功能性需求，即黑盒测试使软件工程师派生出执行程序所有功能需求的输入条件，黑盒测试并不是白盒测试的替代品，而是用于辅助白盒测试发现其他类型的错误。

黑盒测试主要是通过将软件功能进行分解，然后再按照不同方法设计测试用例。功能分解是把软件分解为相对独立的功能单元，其目的是通过功能分解可以明确软件功能测试的内容，使软件功能测试可以度量，有利于测试的监督和管理。功能分解应把握好度，不能分解得过粗，也不能分解得过细，最好按照功能的需求程度进行分解，要求高的软件，应该分解得细致一点；要求低的软件，测试要求可以粗略一点。

通过黑盒测试可以检测每个功能是否都能正常运行，因此黑盒测试又称从用户观点和需求出发进行的测试。由于黑盒测试不考虑程序内部结构只关心软件的功能，所以许多高层的测试（如确认测试、系统测试、验收测试）都主要采用黑盒测试。设计黑盒测试用例可以和软件实现同时进行，因此可以缩短整个测试的时间。黑盒测试主要是为了发现以下错误：①待测软件/系统是否有不正确或遗漏了的功能；②数据的输入能否正确地接收；③能否输出正确的结果；④是否有数据结构错误或外部信息（如数据文件）访问错误。

2. 黑盒测试的优缺点

（1）黑盒测试的主要优点如下：

① 从产品功能角度测试可以最大限度地满足用户的需求；

② 相同动作可重复执行，最枯燥的部分可由机器完成，容易实现自动化测试；

③ 依据测试用例有针对性地寻找问题，定位更为准确，容易生成测试数据；

④ 将测试直接和待测程序或系统要完成的操作相关联。

（2）黑盒测试的主要缺点如下：

① 代码得不到测试；

② 如果需求规格说明设计有误，很难发现错误所在；

③ 测试不能充分地进行；

④ 结果的准确性取决于测试用例的设计。

由于黑盒测试只关心软件的外部功能和界面表现，不接触代码，为了保证测试工作顺利进行，应在合理的时间内完成测试工作，发现软件系统的缺陷，在对黑盒测试人员的选择和要求上也要符合一定的标准：通常要求掌握软件测试的基本思想和常规测试流程，了解产品的需求和功能，掌握测试用例的书写，有一定的软件开发和测试经验等。

黑盒测试对于整个测试工作有重要的意义：

① 黑盒测试有助于对被测产品的总体功能的需求进行验证；

② 从测试管理方面来说，黑盒测试是非常方便的，不需要对代码进行测试管理；

③ 黑盒测试是把所有可能的输入都作为测试数据使用，容易查出程序中的错误。

3. 黑盒测试用例设计的主要方法

黑盒测试用例设计主要分为等价类划分法、边界值分析法、决策表分析法、因果图法、错误推测法等。在本章中主要掌握等价类划分法、边界值分析法、决策表分析法等。下面对主要方法进行概述。

1）等价类划分法

等价类划分法是黑盒测试用例设计中一种常用的设计方法，它将不能穷举的测试过程进行合理分类，从而保证设计出来的测试用例具有完整性和代表性。在划分等价类的过程中，不但要考虑有效等价类的划分，同时也要考虑无效等价类的划分。

有效等价类是指对软件需求规格说明来说，合理、有意义的输入数据所构成的集合。

无效等价类则和有效等价类相反，即不满足程序输入要求或者无效的输入数据所构成的集合。

2）边界值分析法

边界值分析法是一种补充等价类划分法的测试用例设计技术，它不是选择等价类中的任意元素，而是选择等价类边界的元素形成测试数据。在测试过程中，测试人员往往容易忽略边界值的条件，实践证明大量的错误都是发生在输入、输出范围的边界上，而不是发生在输入、输出范围的内部。因此针对各种边界情况设计测试用例，可以检查出更多的错误。

3）决策表分析法

决策表分析法是分析和表达多逻辑条件下执行不同操作情况的方法。能够将复杂的问题按照各种可能的情况全部列举出来，从而避免遗漏。因此，利用决策表分析法能够设计出完整的测试用例集合。

4）因果图法

等价类划分法和边界值分析方法都是着重考虑输入条件，但没有考虑输入条件的各种组合、输入条件之间的相互制约关系。这样虽然各种输入条件可能出错的情况已经测试到了，但多个输入条件组合起来可能出错的情况却被忽视了。如果在测试时必须考虑输入条件的各种组合，则可能的组合数目将是天文数字，因此必须考虑采用一种适合于描述多种条件的组合、相应产生多个动作的形式来进行测试用例的设计，这就需要利用因果图法。

5）错误推测法

基于经验和直觉推测程序中所有可能存在的各种错误，从而有针对性地设计测试用例的方法。

2.1.1　等价类划分法

【案例 2-1】假设有如下 Java 语言程序，功能是计算两个 1～100 之间整数的乘积。源代码如图 2-1 所示。

```
import java.util.Scanner;
public class Test1 {
  public static void main(String args[])
  {
      int a;
      int b;
      int c;
      Scanner in=new Scanner(System.in);
      a=in.nextInt();
      b=in.nextInt();
      if((a>=1&&a<=100)&&(b>=1&&b<=100))
      {
        c=a*b;
        System.out.println("两个数的乘积为"+c);
      }
  }
}
```

图 2-1　乘法器源代码

在黑盒测试时一般不看源代码，只根据需求设计测试用例，如采用穷举的思想，可以设计如表 2-1 所示的用例表。

表 2-1　乘法器测试用例

用例编号	乘　数　1	乘　数　2	乘　　积
1	1	1	1
2	1	2	2
3	1	3	3
4	1	4	4
…	…	…	…

乘数 1 有 1～100 共计 100 个取值，乘数 2 也有 1～100 共计 100 个取值，所以它们的组合为 10 000 种可能，这只是在测试的正常范围的取值，如果考虑不合法的取值，可以看出穷举测试是不可行的。由于穷举测试工作量太大，以至于无法实际完成，促使人们在大量的可能数据中选取其中的一部分作为测试用例。例如，在不了解等价分类技术的前提下，在做计算器程序的乘法测试时，测试了 1×1、1×2、1×3 和 1×4 之后，还有必要测试 1×5 和 1×6 吗？能否放心地认为它们是正确的？感觉 1×5 和 1×6，与前面的 1×1 和 1×2 都是很类似的简单乘法。因此引入等价类的思想。

等价类划分法是一种重要的、常用的黑盒测试方法，它将不能穷举的测试过程进行合理分类，从而保证设计出来的测试用例具有完整性和代表性。

1. 等价区间

等价区间是指被测对象的输入和输出范围划分成一些区间，被测试软件对一个特定区间的任何输入数据都是等价的。形成测试区间的数据可以是函数或过程的参数，也可以是程序可访问的全局变量、系统资源等，这些变量或资源可以是以时间形式存在的数据，或以状态形式存在的输入或输出序列。

等价类划分法的原理是把所有可能的输入数据，即程序的输入域划分成若干等价区间（子集），然后从每个子集中选取少量具有代表性的数据作为测试用例。并合理地假定：测试某等价类的代表值就等于对这一类其他值的测试。因此，可以把全部输入数据合理地划分为若干等价类，在每个等价类中取一个数据作为测试的输入条件，就可以使用少量有代表性的测试数据取得较好的测试结果。

通常设计测试用例时，在需求说明的基础上首先划分等价区间；其次在等价区间中选取等价类，列出等价类表；最后确定测试用例。

2. 等价类的分类

等价类按照其有效性可以分为两种：有效等价类和无效等价类。

（1）有效等价类：对需求规格说明而言，有意义、合理的输入数据所组成的集合。用来检验程序是否实现了需求规格说明书中预先规定的功能。

（2）无效等价类：对需求规格说明而言，无意义的、不合理、不符合规范的输入数据所组成的集合。用来检查被测程序的功能是否有不符合需求规格说明书中要求的地方。

在设计测试用例时，要同时考虑这两种等价类。因为，软件不仅要能接收合理的数据，也要能经受意外的考验。这样的测试才能确保软件具有更高的可靠性。

3. 如何划分等价类

先从程序的需求规格说明书中找出各个输入条件，再为每个输入条件划分等价类，形成若干互不相交的子集。常见的划分原则如下：

（1）在输入条件规定了取值范围或值的个数的情况下，则可以确立一个有效等价类和若干个无效等价类。

（2）在输入条件规定了输入值的集合或者规定了“必须如何”的条件的情况下，可确立一个有效等价类和一个无效等价类。

（3）在输入条件是一个布尔量的情况下，可确定一个有效等价类和一个无效等价类。

（4）在规定了输入数据的一组值（假定 *n* 个），并且程序要对每一个输入值分别处理的情况下，可确立 *n* 个有效等价类和一个无效等价类。

（5）在规定了输入数据必须遵守的规则的情况下，可确立一个有效等价类（符合规则）和若干个无效等价类（从不同角度违反规则）。

（6）在确知已划分的等价类中各元素在程序处理中的方式不同的情况下，则应再将该等价类进一步地划分为更小的等价类。

在确立了等价类之后，建立等价类表，列出所有划分出的等价类，如表 2-2 所示。

表 2-2　等价类表示例

输入条件	有效等价类	无效等价类	输入条件	有效等价类	无效等价类
…	…	…	…	…	…

在这个程序中，应如何划分等价类呢？可以根据输入的要求将输入区间划分为三个等价类，如图 2-2 所示。

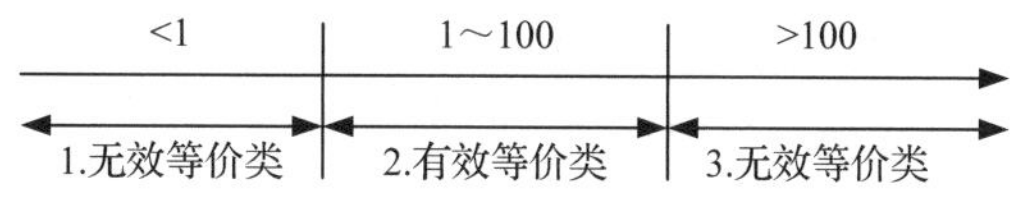

图 2-2　乘法器等价类

4. 测试用例的设计

在确立了等价类后，可建立等价类表，列出所有划分出的等价类。

等价类划分法设计测试用例的步骤如下：

（1）分析并确定等价类；

（2）建立等价类表（或等价类图），列出所有划分出的等价类；

（3）从划分出的等价类中按以下 3 个原则设计测试用例。

① 为每个等价类规定唯一的编号。

② 设计一个新的测试用例，使其尽可能多地覆盖尚未被覆盖的有效等价类，重复这一步，直到所有有效等价类都被覆盖为止。

③ 设计一个新的测试用例，使其仅覆盖一个尚未被覆盖的无效等价类，重复这一步，直到所有无效等价类都被覆盖为止。

将输入域分成了一个有效等价类（1～100）和两个无效等价类（<1、>100）。现在就是制作如表 2-3 所示的测试用例。

表 2-3　乘法器测试用例（等价类划分）

用例编号	所属等价类	乘　数　1	乘　数　2	乘　　积
test1	2.	9	11	99
test2	1.	−10	2	提示“请输入 1～100 之间的整数”
test3	3.	121	3	提示“请输入 1～100 之间的整数”

细心的读者可能会说，刚才输入的数据都是整数，如果输入小数，甚至字母怎么办？这说明刚才的等价类的划分还不是很完善，因为只是考虑了输入数据的范围，没有考虑输入数据的类型，最终用户的输入是什么类型都有可能。因此还要考虑输入为非数值类型的情况，非数值类型的输入中又要细分为字母、特殊字符、空格、空白这几种情况。

在两数相乘的用例中，测试 28×13 和 28×99 999 999 似乎有点不同。这是一种直觉，一个是普通乘法，而另一个似乎有些特殊，必须处理溢出情况。因为软件操作可能不同，所以这两个用例属于不同的等价区间。

如果具有编程经验，就会想到更多可能导致软件操作不同的“特殊”数值。如果不是程序员，也不用担心，你很快就会学到这种技术，无须了解代码细节就可以运用。

【案例 2-2】测试学生成绩管理系统中的学生成绩录入模块，要求成绩的取值范围为 0～100 之间的整数。

在本例中如果使用黑盒测试方法测试该模块时，如果采用穷举测试的方式，可以采用的测试数据有很多，只要是整数值就可以，如 1、4、32、−68、103 等。测试人员如果不采用相关的测试方法减少测试数据数量的话，将造成测试时间的浪费，并且测试效果不明显，间接地提高了测试的成本。

采用黑盒测试中的等价类划分法，可以大量减少测试数据的数量。先根据取值范围确定有效等价类和无效等价类。按照上述划分等价类的原则，本例中成绩的取值范围为 0～100 之间的整数，所以可以划分一个有效等价类和两个无效等价类。等价类图如图 2-3 所示。

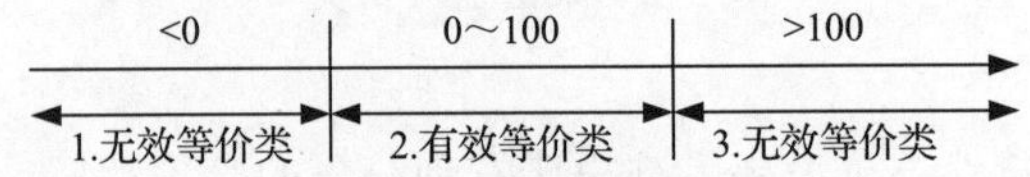

图 2-3　成绩取值范围等价类图

划分等价类后，假设每个等价类只包括一个等价区间，则分别在各个等价类的等价区间中选取一组测试数据就可以完成对该模块的测试，如−8、49、108。有效等价类的数据应该能正确录入到学生成绩中，并提示“成绩录入成功”。无效等价类的数据录入时，系统应该做相应的错误验证，提示“输入成绩有误”。最后形成的等价类测试如表 2-4 所示。

表 2-4　成绩取值范围等价类测试

用例编号	所属等价类	成　绩	结　果
test1	1.	−8	提示“输入成绩有误”
test2	2.	49	提示“成绩录入成功”
test3	3.	108	提示“输入成绩有误”

5. 其他常见等价类划分形式

根据是否对无效数据进行测试，可以将等价类测试分为两种：标准等价类和健壮等价类。

1）标准等价类

标准等价类不考虑无效数据值，测试用例使用每个等价类中的一个值；通常，标准等价类测试用例的数量和有效等价类中元素的数目相等。

标准等价类按照其等价区间的覆盖程度，又可以分为弱标准等价类和强标准等价类。

（1）弱标准等价类。对有效等价区间进行划分，形成若干个等价区间，每个等价区间不相交，所有等价区间的并为整个有效等价区间。每个等价区间作为一个标准等价类出现，从中选取一组测试数据代表整个等价区间中的其他测试数据，要求测试数据覆盖整个有效范围。

【案例 2-3】假设某待测模块要求输入两个数据，分别用两个变量 x_1、x_2 接受输入的值。要求两个输入变量的有效取值范围如下：

$a \leqslant x_1 \leqslant d$，区间为$[a, b]$、$(b, c)$、$[c, d]$。

$e \leqslant x_2 \leqslant g$，区间为$[e, f]$、$(f, g]$。

则无效范围为：

$x_1<a$、$x_1>d$；$x_2<e$、$x_2>g$。

弱标准等价类图如图 2-4 所示。

说明：图中深色区域代表两个变量共同的有效取值范围。根据每个变量划分的等价区间，把深色区域细化为六部分（即六个标准等价类）。根据弱标准等价类的划分原则，分别选取三个黑点所对应的 x_1 和 x_2 的值作为测试数据。这三组数据即覆盖了 x_1 的三个有效区间，又覆盖了 x_2 的两个有效区间。

（2）强标准等价类。每个标准等价类中要至少选择一个测试用例，测试数据覆盖整个有效区间。强标准等价类图如图 2-5 所示。

说明：六个点所对应的测试数据覆盖了整个有效区间。

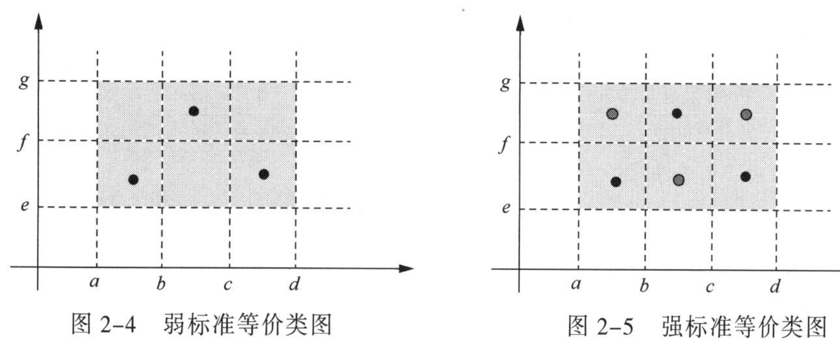

图 2-4　弱标准等价类图　　图 2-5　强标准等价类图

2）健壮等价类

健壮等价类对有效输入而言，测试用例从每个有效等价类中取一个值；对无效输入而言，一个测试用例有一个无效值，其他值均取有效值。通常，需求规格说明往往没有定义测试用例的期望输出，因此需要定义这些测试用例的期望输出。

健壮等价类按照其等价区间的覆盖程度，又可以分为弱健壮等价类和强健壮等价类。

（1）弱健壮等价类。对于有效输入，使用每个有效类的一个值；对于无效输入，使用一个无效值，并保持其余的值都有效。弱健壮等价类图如图 2-6 所示。

说明：在深色区域中的 3 个黑点所对应的测试数据，覆盖了 x_1 的三个有效区间，又覆盖了 x_2 的两个有效区间；同时四个浅色点在保证只有一个变量取值为无效值，其余变量取值为有效值。

●视频

等价类法示例一

（2）强健壮等价类。每个有效等价类和无效等价类都至少要选择一个测试用例。强健壮等价类图如图 2-7 所示。

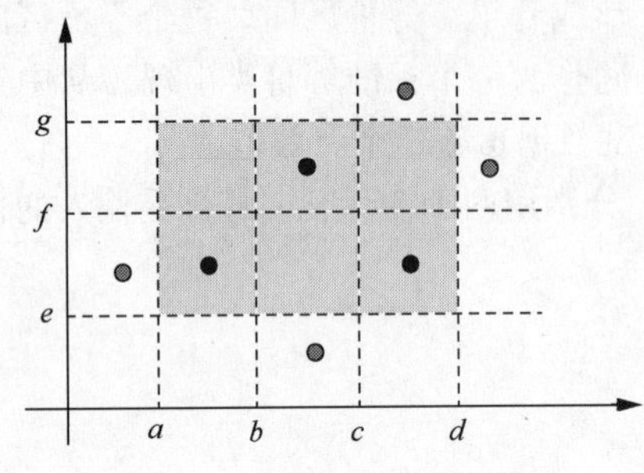

图 2-6　弱健壮等价类图

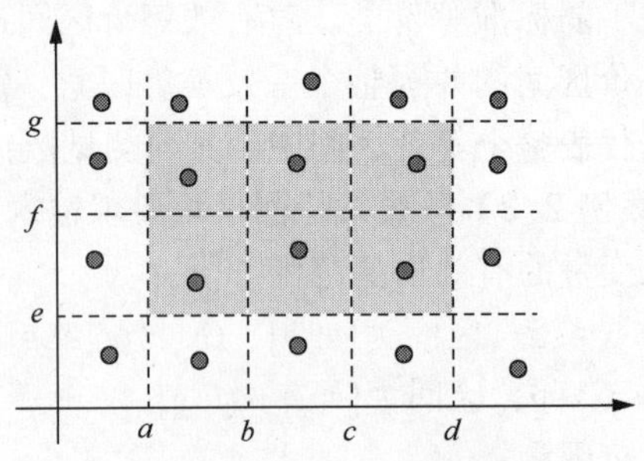

图 2-7　强健壮等价类图

●视频

等价类法示例二

【案例 2-4】图 2-8 所示是复制的多种方法，给出了选中编辑菜单后显示“复制”和“粘贴”命令的计算器程序。每一项功能（即“复制”和“粘贴”）有 4 种执行方式。如要想复制，可以单击“复制”命令，或输入 C；或按【Ctrl+C】组合键；或按【Ctrl+Shift+C】组合键。任何一种输入途径都会把当前数值复制到剪贴板中，一一执行同样的输出操作，产生同样的结果。

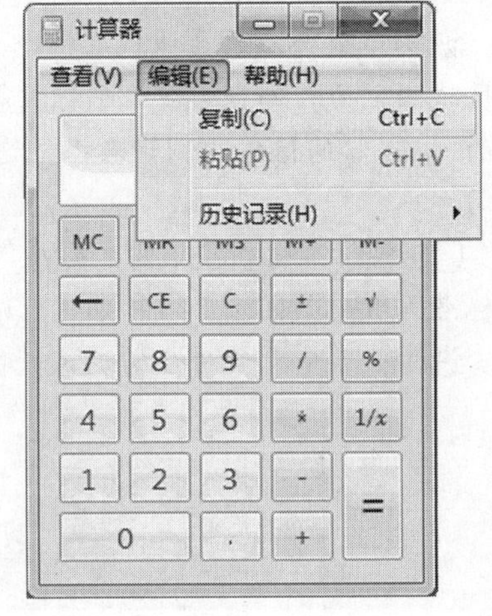

图 2-8　显示“复制”菜单项的计算器

如果要测试复制命令，可以把这 4 种输入途径划分减为 3 个：单击“复制”命令，输入 C 和按【Ctrl+C】组合键。对软件质量有了信心之后，知道无论以何种方式激活复制功能都工作正常，甚至可以进一步缩减为 1 个区间，如按【Ctrl+C】组合键。

再看一个例子。看一下在标准的“另存为”对话框中输入文件名称的情形。

Windows 文件名可以包含除了“、”“/”“：”“.”“？”“<>”“\”之外的任意字符。文件名长度是 1～255 个字符。如果为文件名创建测试用例，等价区间有合法字符、非法字符、合法长度的名称、过长名称和过短名称。

【案例 2-5】根据下面给出的规格说明，利用等价类划分的方法，给出足够的测试用例。“一个程序读入三个整数，把这三个数值看作一个三角形的三条边的长度值。这个程序要打印出信息，说明这个三角形是普通的、是等腰的、还是等边的。”

可以设三角形的三条边分别为 A、B、C。如果它们能够构成三角形的三条边，必须满足：

$A>0$，$B>0$，$C>0$，且 $A+B>C$，$B+C>A$，$A+C>B$。

如果是等腰的，还要判断 $A=B$，或 $B=C$，或 $A=C$。

如果是等边的，则需判断是否 $A=B$，且 $B=C$，且 $A=C$。

列出等价类表，如表 2-5 所示。

表 2-5　三角形等价类划分

输入条件	有效等价类		无效等价类	
是否是三角形的三条边	$A>0$	1.	$A\leqslant 0$	7.
	$B>0$	2.	$B\leqslant 0$	8.
	$C>0$	3.	$C\leqslant 0$	9.
	$A+B>C$	4.	$A+B\leqslant C$	10.
	$B+C>A$	5.	$B+C\leqslant A$	11.
	$A+C>B$	6.	$A+C\leqslant B$	12.
是否是等腰三角形	$A==B$	13.	$A\neq B$ && $B\neq C$ && $C\neq A$	16.
	$B==C$	14.		
	$C==A$	15.		
是否是等边三角形	$A==B$ && $B==C$ && $C==A$	17.	$A\neq B$	18.
			$B\neq C$	19.
			$C\neq A$	20.

设计测试用例：输入顺序是 A，B，C，如表 2-6 所示。

等价分配的目标是把可能的测试用例组合缩减到仍然足以满足软件测试需求为止。因为选择了不完全测试，就要冒一定的风险，所以必须仔细选择分类。理论上如果等价类中的一个数值能够发现缺陷，那么该等价类中的其他数值也能够发现该缺陷。但是在实际测试过程中，由于测试人员的能力和经验所限，有时会导致等价类的划分就是错误的，因此也得不到正确的结果。

表 2-6　三角形测试用例（等价类划分）

用例编号	A,B,C	覆盖等价类	输　出
test1	3,4,5	1.、2.、3.、4.、5.、6.	普通三角形
test2	0,1,2	7.	不构成三角形
test3	1,0,2	8.	
test4	1,2,0	9.	
test5	1,2,3	10.	
test6	1,3,2	11.	
test7	3,1,2	12.	
test8	3,3,4	1.、2.、3.、4.、5.、6.、13.	等腰三角形
test9	3,4,4	1.、2.、3.、4.、5.、6.、14.	
test10	3,4,3	1.、2.、3.、4.、5.、6.、15.	
test11	3,3,3	1.、2.、3.、4.、5.、6.、17.	等边三角形

2.1.2　边界值分析法

视频

边界值分析法

边界值分析法是对等价类划分法的补充，其测试用例来自等价类的边界。“错误隐含在角落”（errors hide in the corner），大量的测试实践经验表明，边界值是最容易出现问题的地方，也是测试的重点，而不是在其内部。因此，针对各种边界情况设计测试用

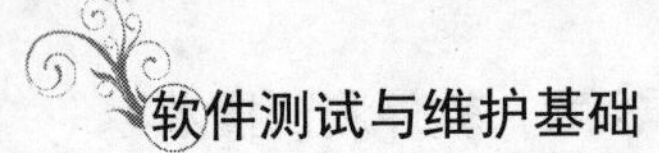

例，通常会取得很好的测试效果。

在做三角形计算时，要输入三角形的三条边长 A、B 和 C。这三个数值应当满足 $A>0$、$B>0$、$C>0$、$A+B>C$、$A+C>B$、$B+C>A$，才能构成三角形。但如果把 6 个不等式中的任何一个大于号“>”错写成大于或等于号“≥”，那就不能构成三角形。问题恰恰出现在容易被疏忽的边界附近。

1. 边界值分析法与等价类划分法的区别

（1）边界值分析法不是从某个等价类中随便挑一个元素作为测试数据，而是使用该等价类的每个边界值作为测试数据出现。

（2）边界值分析不仅考虑输入条件，还要考虑输出空间产生的测试情况。

2. 如何用边界值分析法设计测试用例

（1）确定边界情况。

（2）选取正好等于、刚刚大于或刚刚小于边界，以及一个正常的值作为测试数据。

3. 边界值分析法的分类

按照测试数据的有效性，可以将边界值分析法分为：标准边界值测试和健壮边界值测试。

（1）标准边界值测试只考虑有效数据范围内的边界值。对于一个有 n 个变量的程序，标准边界值分析测试程序会产生 $4n+1$ 个测试用例。

（2）健壮边界值测试会考虑有效和无效数据范围内的边界值。对于一个有 n 个变量的程序，健壮边界值分析测试程序会产生 $6n+1$ 个测试用例。

通常情况下，软件测试所包含的边界检验有如下几种类型：数字、字符、位置、质量、大小、速度、方位、尺寸、空间等。相应的，以上类型的边界应该在：最大（最小）、首位（末位）、上（下）、最快（最慢）、最高（最低）、最短（最长）、空（满）等情况下利用边界值作为测试数据。

4. 边界值分析法测试用例的设计原则

其实边界值和等价类的联系是很紧密的，边界值是怎么产生的？就是在划分等价类的过程中产生的。由于边界的地方最容易出错，所以在从等价类中选取测试数据时也经常选取边界值。

（1）如果输入条件规定了值的范围，则应该取刚达到这个范围的边界值，以及刚刚超越这个范围边界的值作为测试输入数据。

（2）如果输入条件规定了值的个数，则用最大个数、最小个数、比最小个数少一、比最大个数多一、正常值的数作为测试数据。

（3）将规则（1）和（2）应用于输出条件，即设计测试用例使输出值达到边界值及其左右的值。

（4）如果程序的规格说明给出的输入域或输出域是有序集合，则应选取集合的第一个元素和最后一个元素作为测试用例。

（5）如果程序中使用了一个内部数据结构，则应当选择这个内部数据结构的边界上的值作为测试用例。

（6）分析需求规格说明书，找出其他可能的边界条件。

1）边界条件

【案例 2-6】 使用边界值分析法对学生成绩管理系统中的学生成绩录入模块测试用例。本例中成绩的取值范围为 0～100 之间的整数，成绩的边界为 0 或者 100。

按照标准边界值分析所设计出的一组测试数据如表 2-7 所示。

表 2-7 成绩标准边界值测试用例表

用例编号	所属等价类	成　　绩	结　　果
test1	2.	0	提示“成绩录入成功”
test2	2.	1	提示“成绩录入成功”
test3	2.	49	提示“成绩录入成功”
test4	2.	99	提示“成绩录入成功”
test5	2.	100	提示“成绩录入成功”

按照健壮边界值分析所设计出的一组测试数据如表 2-8 所示。

表 2-8 成绩健壮边界值测试用例表

用例编号	所属等价类	成　　绩	结　　果
test1	1.	-1	提示“输入成绩有误”
test2	2.	0	提示“成绩录入成功”
test3	2.	1	提示“成绩录入成功”
test4	2.	49	提示“成绩录入成功”
test5	2.	99	提示“成绩录入成功”
test6	2.	100	提示“成绩录入成功”
test7	3.	101	提示“输入成绩有误”

说明：从两张测试用例表中可以看出，对于本例中只有一个输入数据，分别得到 5 个和 7 个测试用例，满足 $4n+1$ 和 $6n+1$ 的设计规律。

【案例 2-7】使用边界值分析法测试一个函数 Test(int x, int y)，该函数有两个变量 x 和 y，x、y 的取值范围分别是：$5 \leqslant x \leqslant 20$，$5 \leqslant y \leqslant 15$。

标准边界值测试用例图如图 2-9 所示。

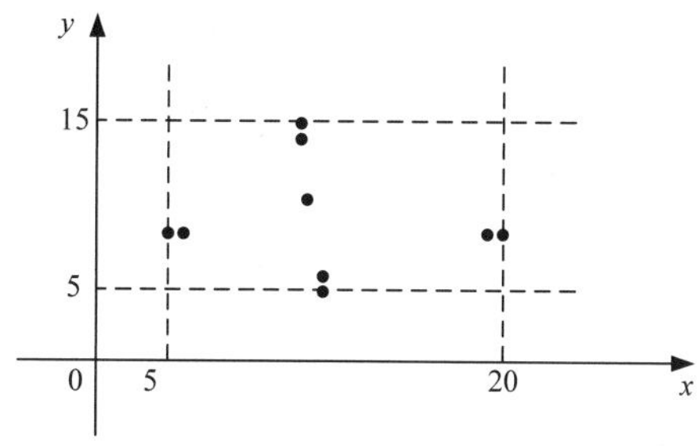

图 2-9 标准边界值测试用例图

根据上图分析设计出的测试用例表如表 2-9 所示。

表 2-9　标准边界值测试用例表

用例编号	所属区间	输　　入	结　　果
test1	x 为 min，y 为正常值	(5, 10)	输入正常
test2	x 略大于 min，y 为正常值	(6, 10)	输入正常
test3	x 略小于 max，y 为正常值	(19, 10)	输入正常
test4	x 为 max，y 为正常值	(20, 10)	输入正常
test5	x 为正常值，y 为 min	(15, 5)	输入正常
test6	x 为正常值，y 略大于 min	(15, 6)	输入正常
test7	x 为正常值，y 略小于 max	(15, 14)	输入正常
test8	x 为正常值，y 为 max	(15, 15)	输入正常
test9	x 为正常值，y 为正常值	(16, 11)	输入正常

健壮边界值测试用例图如图 2-10 所示。

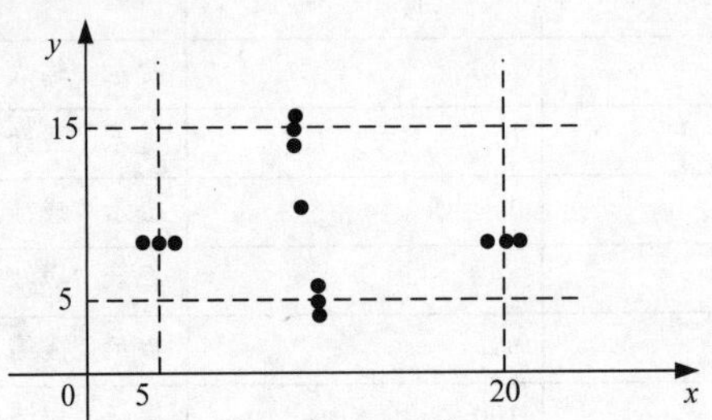

图 2-10　健壮边界值测试用例图

根据图 2-10 分析设计出的测试用例表如表 2-10 所示。

表 2-10　健壮边界值测试用例表

用例编号	所属区间	输　　入	结　　果
test1	x 为 min，y 为正常值	(5, 10)	输入正常
test2	x 略大于 min，y 为正常值	(6, 10)	输入正常
test3	x 略小于 max，y 为正常值	(19, 10)	输入正常
test4	x 为 max，y 为正常值	(20, 10)	输入正常
test5	x 为正常值，y 为 min	(15, 5)	输入正常
test6	x 为正常值，y 略大于 min	(15, 6)	输入正常
test7	x 为正常值，y 略小于 max	(15, 14)	输入正常
test8	x 为正常值，y 为 max	(15, 15)	输入正常
test9	x 为正常值，y 为正常值	(16, 11)	输入正常
test10	x 略小于 min，y 为正常值	(4, 10)	输入异常
test11	x 略大于 max，y 为正常值	(21, 10)	输入异常
test12	x 为正常值，y 略小于 min	(15, 4)	输入异常
test13	x 为正常值，y 略大于 max	(15, 16)	输入异常

说明：从两张测试用例表中可以看出，对于本例中有两个输入数据，分别得到 9 个和 13 个测试用例，满足 $4n+1$ 和 $6n+1$ 的设计规律。

可以想象一下，如果在悬崖峭壁边可以自信地安全行走，平地就不在话下了。如果软件在能力达到极限时能够运行，那么在正常情况下一般也就不会有什么问题。

边界条件是特殊情况，因为编程从根本上说不怀疑边界有问题。奇怪的是，程序在处理大量中间数值时都是对的，但是可能在边界处出现错误。下面的一段源代码说明了在一个常见的程序中是如何产生边界条件问题的。

【案例 2-8】图 2-11 所示是 Java 的一段使用冒泡法对数组进行排序的程序代码。冒泡排序的基本概念是：依次比较相邻的两个数，将大数放在前面，小数放在后面。即首先比较第 1 个和第 2 个数，将大数放前，小数放后。然后比较第 2 个数和第 3 个数，将大数放前，小数放后，如此继续，直至比较最后两个数，将大数放前，小数放后。此时第一趟结束，在最后的数必是所有数中的最小数。重复以上过程，仍从第一对数开始比较（因为可能由于第 2 个数和第 3 个数的交换，使得第 1 个数不再大于第 2 个数），将大数放前，小数放后，一直比较到最小数前的一对相邻数，将大数放前，小数放后，第二趟结束，在倒数第二个数中得到一个新的最小数。如此下去，直至最终完成排序。

```
import java.util.Scanner;
public class Test2{
    static void Swap(Integer a, Integer b)
    {
        int temp;
    }
    static void BubbleSort(int A[], int n)
    {
        int i,j,temp;
        boolean flag=false;
        for(i=0; i<n-1; i++)          //外层循环控制：排序趟数(n-1)
        {
            System.out.println("第"+(i+1)+"次排序结果为：");
            for(j=0;j<n-i-1; j++)     //内层循环控制：当前趟排序次数(n-i)
            {
                if(A[j]>A[j+1])
                {
                    temp=A[j];
                    A[j]=A[j+1];
                    A[j+1]=temp;
                }
            }
        }
    }
    public static void main(String args[])
    {
        int a[]={9,8,7,6,5,4,3,2,1};
        BubbleSort(a,a.length);
        for(int i=0;i<a.length;i++)
        System.out.print(a[i]+" ");
    }
}
```

图 2-11 排序算法源码

有过编程经验的程序员会发现，冒泡排序的方法中，最容易出错的地方就是内外层循环次数的确定。最小循环次数和最大循环次数就是两个边界值。还需要注意 a[9]的值是多少呢？是 1 还是 0？在 Java 中，含有 9 个元素的数组的最大下标为 8，a[9]显然已经超出数组的范围了，但可以使用 a[9]，例如上面在 return 0;语句之前添加“int b= a[9]”，程序并不会报错，但 b 的结果却是不确定的值。诸如此类的问题很常见，在复杂的大型软件中，可能导致极其严重的软件缺陷。

2）次边界条件

上面讨论的普通边界条件是最容易找到的。它们在产品说明书中有定义，或者在使用软件的过程中确定。而有些边界在软件内部，最终用户几乎看不到，但是软件测试仍有必要检查。这样的边界条件称为次边界条件或者内部边界条件。

寻找这样的边界不要求软件测试员具有程序员那样阅读源代码的能力，但是要求大体了解软件的工作方式。

【案例 2-9】一个常见的次边界条件是 ASCII 字符表。如表 2-11 所示是部分 ASCII 值表的清单。

表 2-11　部分 ASCII 值表

字符	ASCII 值	字符	ASCII 值	字符	ASCII 值	字符	ASCII 值
NUL	0	2	50	B	66	a	97
Space	32	9	57	Y	89	b	98
/	47	:	58	Z	90	y	121
0	48	@	64	[	91	z	122
1	49	A	65	‘	96	{	123

注意：表 2-11 不是结构良好的连续表。0～9 的后面 ASCII 值是 48～57。斜杠字符（/）在数字 0 的前面，而冒号字符（:）在数字 9 的后面。大写字母 A～Z 对应 65～90。小写字母 a～z 对应 97～122。这些情况都代表次边界条件。

如果测试进行文本输入或文本转换的软件，在定义数据区间包含哪些值时，参考一下 ASCII 表是相当明智的。例如，如果测试的文本框只接受用户输入字符 A～Z 和 a～z，就应该在非法区间中包含 ASCII 表中这些字符前后的值@、[和{。

3）其他一些边界条件

另一种看起来很明显的软件缺陷来源是当软件要求输入时（如在文本框中），不是没有输入正确的信息，而是根本没有输入任何内容，只按了【Enter】键。这种情况在产品说明书中常常被忽视，程序员也可能经常遗忘，但是在实际使用中却时有发生。程序员总会习惯性地认为用户要么输入信息，不管是看起来合法的或非法的信息，要么就会选择 Cancel 键放弃输入，如果没有对空值进行好的处理，恐怕程序员自己都不知道程序会引向何方。

正确的软件通常应该将输入内容默认为合法边界内的最小值，或者合法区间内的某个合理值，否则，返回错误提示信息。因为这些值通常在软件中进行特殊处理，所以不要把它们与合法情况和非法情况混在一起，而要建立单独的等价区间。

边界值分析法不仅重视输入条件边界，而且也适用于输出域测试用例。

2.1.3　决策表分析法

在一些数据处理问题当中，某些操作的实施依赖于多个逻辑条件的组合，即：针对不同逻辑条件的组合值，分别执行不同的操作。决策表分析法就是分析和表达多逻辑条件下执行不同操作情况的黑盒测试方法。

1. 决策表的组成

决策表通常由四部分组成：条件桩、条件项、动作桩、动作项。决策表组成图如图 2-12 所示。

（1）条件桩：列出问题的所有条件。

（2）条件项：针对条件桩给出的条件列出所有可能的取值。

（3）动作桩：列出问题规定的可能采取的操作。

（4）动作项：指出在条件项的各组取值情况下应采取的动作。

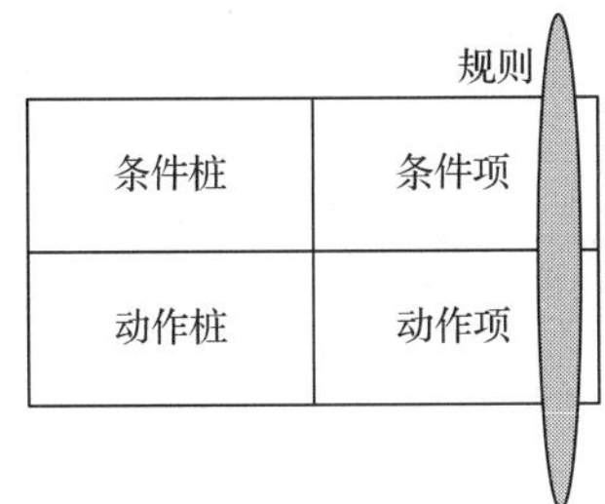

图 2-12　决策表组成图

2. 规则

任何一个条件组合的特定取值及其相应要执行的动作称为规则。

3. 决策表的产生规则

决策表的产生规则如下：

（1）列出所有的条件桩和动作桩。

（2）根据条件桩确定规则的个数。有 n 个条件的决策表有 2^n 个规则（每个条件取真、假值）。

（3）填入条件项。

（4）填入动作项，得到初始决策表。

（5）简化决策表，合并相似规则。

若表中有两条以上规则具有相同的动作，并且在条件项之间存在极为相似的关系，便可以考虑合并。合并后的条件项用符号“—”表示，说明执行的动作与该条件的取值无关，称为“无关条件”。

4. 适合使用决策表设计测试用例的情况

（1）规格说明以判定表（即给出条件进行判断）形式给出，或是很容易转换成判定表。

（2）条件的排列顺序不会影响执行哪些动作。

（3）规则的排列顺序不会影响执行哪些动作。

（4）每当某一规则的条件已经满足，并确定要执行的动作后，不必检验别的规则。

（5）如果某一规则得到满足要执行多个动作，这些动作的执行顺序无关紧要。

【案例 2-10】某生产决策系统会根据上个月的销售情况以及库存情况进行生产的决策分析。如果某产品销售好并且库存低，则增加该产品的生产；如果该产品销售好，但库存不低，则继续生产；若该产品销售不好，但库存量低，则继续生产；若该产品销售不好，且库存不低，则停止生产。

根据题目可以知道决定继续生产的条件有两个：销售情况和库存情况。生产企业所能采取的动作有三个：增加生产、继续生产和停止生产。

销售情况可以有两个取值：好与不好。库存情况也有两个取值：低与不低。这里用 T 代表好和低，F 代表不好和不低。由于只有两个条件，所以该决策表中共有 $2^2=4$ 个规则。生产决策系统所对应的决策表如表 2-12 所示。

说明：决策表最突出的优点是能够将复杂的问题按照各种可能的情况全部列举出来，简单明了并且可以避免遗漏。因此，利用决策表能够设计出完整的测试用例集合。运用决策表设计测试用例，可以将条件作为输入，将动作作为输出。

表 2-12　生产决策表

条　件　桩	条　件　项			
	规则 1	规则 2	规则 3	规则 4
销售好？	T	T	F	F
库存低？	T	F	T	F
动　作　桩	动　作　项			
增加生产	√			
继续生产		√	√	
停止生产				√

【案例 2-11】使用决策表分析法判断三个整数是否构成三角形（*a*、*b*、*c* 分别代表三个整数）。三角形有很重要的定理就是“两边之和大于第三边”。从这个原理出发，可以得到三个条件：$a+b>c$，$a+c>b$，$b+c>a$。只要不满足其中的任意一个条件，都不是三角形。由于三角形有以下几种情况：不等边三角形、等腰三角形、等边三角形。它们的判断与三条边有直接的关系。如不等边三角形三条边都不相等，等腰三角形要求两条边相等，等边三角形要求三条边都相等。从中可以得到判断三角形具体情况的三个条件：*a* 是否等于 *b*，*b* 是否等于 *c*，*c* 是否等于 *a*。

分析得出了六个条件，所以该决策表中共有 $2^6=64$ 个规则。

经过分析，得到决策表中的动作桩有：不是三角形、普通三角形、等腰三角形、等边三角形和不可能（不可能是由于 $a=b$，$b=c$，而 $a!=c$ 这种组合情况引起的，由于决策表是所有条件的任意组合，所以这种不可能发生的情况却发生了。决策表分析法可以进行完备测试）。

在决策表中分别填写条件桩、动作桩、条件项以及动作项，规则共 64 条。在填写的过程中，发现当某个条件不满足时，其他条件就算取任意 T 或者 F，对动作项没有影响。决策表初始情况表如表 2-13 所示。

表 2-13　决策表初始情况表

条　件　桩	条　件　项							
	规则 1	规则 2	规则 3	规则 4	规则 5	规则 6	规则 7	…
$a<b+c$?	F	T	F	F	F	F	F	…
$b<a+c$?	F	F	T	F	F	F	F	…
$c<a+b$?	F	F	F	T	F	F	F	…
$a==b$?	F	F	F	F	T	F	F	…
$b==c$?	F	F	F	F	F	T	F	…
$c==a$?	F	F	F	F	F	F	T	…
动　作　桩	动　作　项							
非三角形	√	√	√	√	√	√	√	…
普通三角形								…

续表

动　作　桩	动　作　项							
等腰三角形								…
等边三角形								…
不可能								…

说明：当条件 C1：$a<b+c$ 不满足时，剩下 5 个条件不起决定作用，所对应的动作项全部为 A1：非三角形。这时候可以将相似规则进行合并。

规则合并后的决策表如表 2-14 所示。

表 2-14　规则合并后的决策表

条　件　桩	条　件　项										
	1	2	3	4	5	6	7	8	9	10	11
$a<b+c$?	F	T	T	T	T	T	T	T	T	T	T
$b<a+c$?	—	F	T	T	T	T	T	T	T	T	T
$c<a+b$?	—	—	F	T	T	T	T	T	T	T	T
$a==b$?	—	—	—	T	T	T	T	F	F	F	F
$b==c$?	—	—	—	T	T	F	F	T	T	F	F
$c==a$?	—	—	—	T	F	T	F	T	F	T	F
动　作　桩	动　作　项										
非三角形	√	√	√								
普通三角形											√
等腰三角形							√		√	√	
等边三角形				√							
不可能					√	√		√			

说明：原本 64 条规则，经过合并后，得到有效规则 11 条。

针对这 11 条规则分别设计测试用例如表 2-15 所示。

表 2-15　决策表分析法测试用例表

用例编号	预期输入	预期输出
test1	a=4, b=1, c=2	非三角形
test2	a=1, b=4, c=2	非三角形
test3	a=1, b=2, c=4	非三角形
test4	a=6, b=6, c=6	等边三角形
test5	x, x, x	不可能
test6	x, x, x	不可能
test7	a=5, b=5, c=6	等腰三角形
test8	x, x, x	不可能
test9	a=5, b=6, c=5	等腰三角形
test10	a=6, b=5, c=5	等腰三角形
test11	a=3, b=4, c=5	普通三角形

2.1.4 因果图法

视频
因果图法

前面介绍的等价类划分方法和边界值分析法都是着重考虑输入条件，并没有考虑到输入情况的各种组合，也没考虑到各个输入情况之间的相互制约关系。如果在测试时必须考虑输入条件的各种组合，可能的组合数将是天文数字。因此必须考虑描述多种条件的组合，相应地产生多个动作的形式来考虑设计测试用例，这就需要利用因果图。在软件工程中，有些程序的功能可以用判定表的形式来表示，并根据输入条件的组合情况规定相应的操作。

很自然，应该为判定表中的每一列设计一个测试用例，以便保证测试程序在输入条件的某种组合下，操作是正确的。

1. 因果图设计方法

因果图法是从用自然语言书写的程序规格说明的描述中找出原因（输入条件）和结果（输出或程序状态的改变），通过因果图转换为判定表。

利用因果图导出测试用例需要经过以下几个步骤。

（1）分析程序规格说明的描述中，哪些是原因，哪些是结果。原因常常是输入条件或是输入条件的等价类，而结果是输出条件。

（2）分析程序规格说明的描述中语义的内容，并将其表示成连接各个原因与各个结果的“因果图”。

（3）标明约束条件。由于语法或环境的限制，有些原因和结果的组合情况是不可能出现的。为表明这些特定的情况，在因果图上使用若干个标准的符号标明约束条件。

（4）把因果图转换成判定表。

（5）为判定表中每一列表示的情况设计测试用例。

因果图生成的测试用例（局部，组合关系下的）包括所有输入数据的取 True 与取 False 的情况，构成的测试用例数目达到最少，且测试用例数目随输入数据数目的增加而增加。事实上，在较为复杂的问题中，这个方法常常是十分有效的，它能有力地帮助人们确定测试用例。当然，如果某个开发项目在设计阶段就采用了判定表，也就不必再画因果图了，而是可以直接利用判定表设计测试用例。

通常在因果图中，用 c_i 表示原因，e_i 表示结果，其基本符号如图 2-13 所示。各结点表示状态，可取“0”或“1”值。“0”表示某状态不出现，“1”表示某状态出现。

① 恒等：若原因出现，则结果出现；若原因不出现，则结果也不出现。

② 非（～）：若原因出现，则结果不出现；若原因不出现，则结果出现。

③ 或（∨）：若几个原因中有一个出现，则结果出现；若几个原因都不出现，则结果不出现。

④ 与（∧）：若几个原因都出现，结果才出现；若其中有一个原因不出现，则结果不出观。

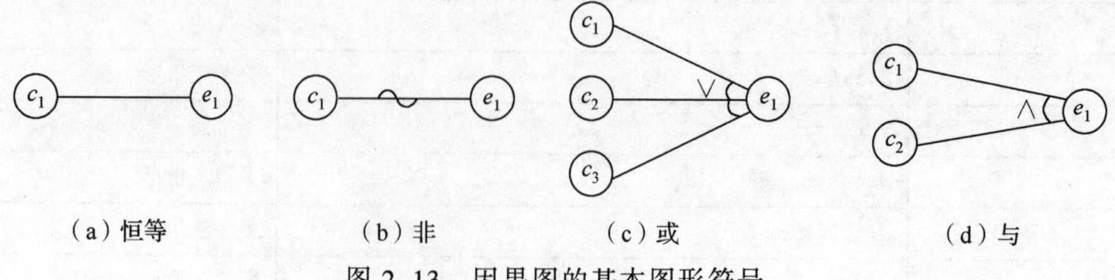

图 2-13 因果图的基本图形符号

为了表示原因与原因之间、结果与结果之间可能存在的约束条件，在因果图中可以附加一些表示约束条件的符号。从输入（原因）考虑，有 4 种约束，如图 2-14（a）～图 2-14（d）所示。从输出（结果）考虑，还有一种约束，如图 2-14（e）所示。

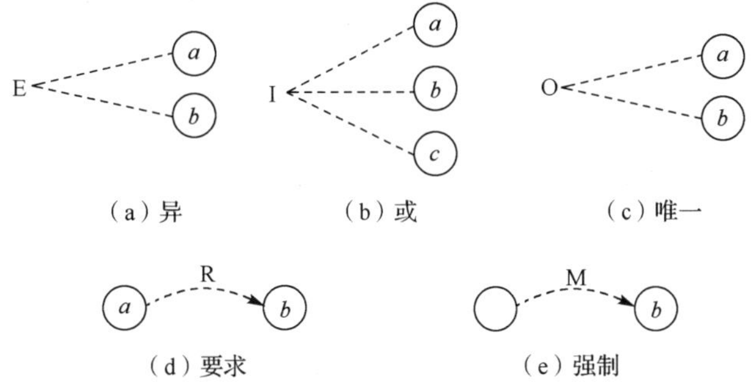

图 2-14　因果图的约束符号

① E（互斥/异）：表示 a、b 两个原因不会同时成立，两个中最多有一个可能成立。

② I（包含/或）：表示 a、b、c 三个原因中至少有一个必须成立。

③ O（唯一）：表示 a 和 b 当中必须有一个，且仅有一个成立。

④ R（要求）：表示当 a 出现时，b 必须也出现。a 出现时不可能 b 不出现。

⑤ M（屏蔽/强制）：表示当 a 是 1 时，b 必须是 0；而当 a 是 0 时，b 的值不定。

2. **因果图测试用例设计**

视频

因果图法示例讲解

【案例 2-12】软件需求规格说明如下：第一列字符必须是 A 或 B，第二列字符必须是一个数字，在此情况下进行文件的修改。但如果第一列字符不正确，则给出信息 L；如果第二列字符不是数字，则给出信息 M。

分析程序规格说明书，识别哪些是原因，哪些是结果，原因往往是输入条件或者输入条件的等价类，而结果常常是输出条件。

原因：

c_1：第一列字符是 A；

c_2：第一列字符是 B；

c_3：第二列字符是一个数字。

结果：

a_1：修改文件；

a_2：给出信息 L；

a_3：给出信息 M。

根据原因和结果产生因果图，如图 2-15 所示。

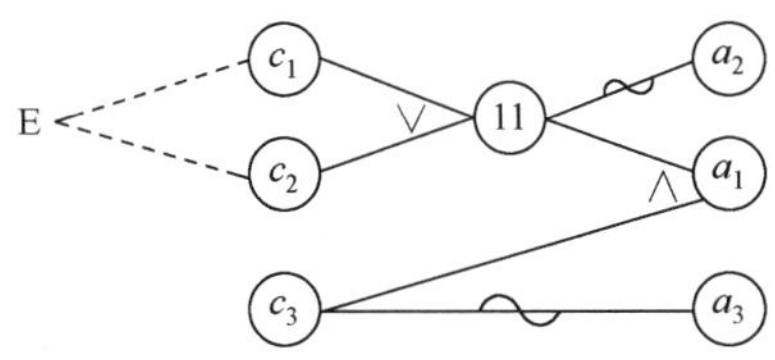

图 2-15　案例 2-12 因果图

状态 c_1 和状态 c_2 不能同时为 1，输入 3 个状态只有 6 种取值，如表 2-16 所示。

表 2-16 案例 2-12 决策表

		1	2	3	4	5	6	7	8
条件	c_1	0	0	0	0	1	1	1	1
	c_2	0	0	1	1	0	0	1	1
	c_3	0	1	0	1	0	1	0	1
中间状态	11	0	0	1	1	1	1	1	1
结果	a_1	0	0	0	1	0	1		
	a_2	1	1	0	0	0	0		
	a_3	1	0	1	0	1	0		
测试用例		*Xy*	C_3	*Yb*	B_2	*Ap*	A_6		

【案例 2-13】有一个处理单价为 1 元 5 角钱的盒装饮料的自动售货机软件。若投入 1 元 5 角硬币，按下“可乐”“雪碧”“红茶”按钮，相应的饮料就送出来。若投入的是 2 元硬币，在送出饮料的同时退还 5 角硬币。

分析这一段说明，可以列出原因和结果，如表 2-17 所示。

根据原因和结果，可以设计这样一个因果图，如图 2-16 所示。

表 2-17 状态表

原因	c_1：投入 1 元 5 角硬币 c_2：投入 2 元硬币 c_3：按“可乐”按钮 c_4：按“雪碧”按钮 c_5：按“红茶”按钮
中间状态	11：已投币 12：已按按钮
结果	a_1：退还 5 角硬币 a_2：送出“可乐”饮料 a_3：送出“雪碧”饮料 a_4：送出“红茶”饮料

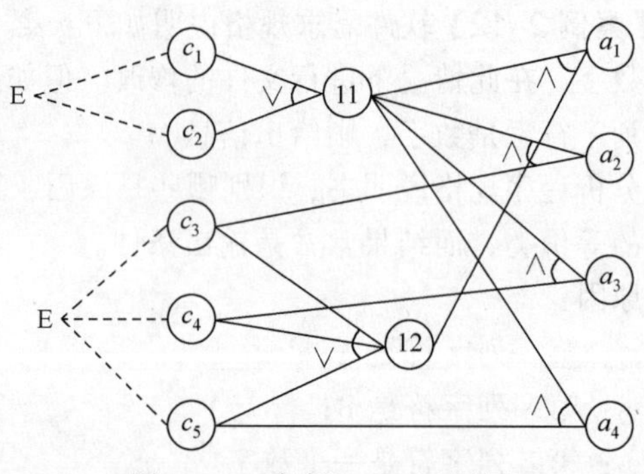

图 2-16 案例 2-13 因果图

转换决策表，如表 2-18 所示，每一列可作为确定测试用例的依据。

表 2-18 案例 2-13 决策表

		01	02	03	04	05	06	07	08	09	10	11	12	13	14	15	16
条件	c_1	0	0	0	0	0	0	0	0	0	0	0	0	0	0	0	0
	c_2	0	0	0	0	0	0	0	0	1	1	1	1	1	1	1	1
	c_3	0	0	0	0	1	1	1	1	0	0	0	0	1	1	1	1
	c_4	0	0	1	1	0	0	1	1	0	0	1	1	0	0	1	1
	c_5	0	1	0	1	0	1	0	1	0	1	0	1	0	1	0	1

续表

		01	02	03	04	05	06	07	08	09	10	11	12	13	14	15	16
中间状态	11		0	0		0				1	1	1		1			
	12		1	1		1				0	1	1		1			
结果	a_1		0	0		0				0	1	1		1			
	a_2		0	0		0				0	0	0		1			
	a_3		0	0		0				0	0	1		0			
	a_4		0	0		0				0	1	0		0			
		17	18	19	20	21	22	23	24	25	26	27	28	29	30	31	32
测试用例			Y	Y		Y				Y	Y	Y		Y			
条件	c_1	1	1	1	1	1	1	1	1	1	1	1	1	1	1	1	1
	c_2	0	0	0	0	0	0	0	0	1	1	1	1	1	1	1	1
	c_3	0	0	0	0	1	1	1	1	0	0	0	0	1	1	1	1
	c_4	0	0	1	1	0	0	1	1	0	0	1	1	0	0	1	1
	c_5	0	1	0	1	0	1	0	1	0	1	0	1	0	1	0	1
中间状态	11	1	1	1		1											
	12	0	1	1		1											
结果	a_1	0	0	0		0											
	a_2	0	0	0		1											
	a_3	0	0	1		0											
	a_4	0	1	0		0											
测试用例		Y	Y	Y		Y											

通过决策表可以设计相关的测试用例，如表 2-19 所示。

表 2-19　自动售货机测试用例

02	只按下“红茶”按钮不投币	系统不做任何处理
03	只按下“雪碧”按钮不投币	系统不做任何处理
05	只按下“可乐”按钮不投币	系统不做任何处理
09	只投入 2 元硬币不按按钮	系统不做任何处理
10	投入 2 元硬币并按下“红茶”按钮	找回 5 角硬币并送出“红茶”饮料
11	投入 2 元硬币并按下“雪碧”按钮	找回 5 角硬币并送出“雪碧”饮料
13	投入 2 元硬币并按下“可乐”按钮	找回 5 角硬币并送出“可乐”饮料
17	只投入 1 元 5 角硬币不按按钮	系统不做任何处理
18	只投入 1 元 5 角硬币并按下“红茶”按钮	送出“红茶”饮料
19	只投入 1 元 5 角硬币并按下“雪碧”按钮	送出“雪碧”饮料
21	只投入 1 元 5 角硬币并按下“可乐”按钮	送出“可乐”饮料

2.1.5　正交试验法

在将因果图转换成决策表生成测试用例时，若要进行全面测试，其得到的测试用例数目多得惊人。例如，对于由 n 个原因导致一个结果的因果图，如果每个原因的取值有两种：存在或不存在，则进行全面测试需要为此设计 2^n 种测试用例，再考虑到其他因果图，最后得出的测试用例数量无法想象，这给软件测试带来了沉重的负担，为了有效、合理地减少测试工时与费用，可利用正交试验法进行测试用例的设计。

正交试验法是从大量的试验数据中挑选适量的、具有代表性的点，合理安排测试的设计方法。日本著名的统计学家田玄一将正交试验选择的水平组合列成表格，称为正交表。例如，做一个三因素三水平的试验，按全面实验要求，须进行 $3^3=27$ 种组合的试验，且尚未考虑每一组合的重复数。若按 $L_9(3^3)$正交表安排实验，只需试验 9 次，按 $L_{18}(3^7)$正交表也只需进行 18 次试验，显然大大减少了工作量，因而正交试验设计在很多领域的研究中已经得到广泛应用。正交表的形式为：

$$L_{\text{行数}}(\text{水平数}^{\text{因素数}})$$

其中，“行数”表示正交表中行的个数，即试验次数，也是通过正交试验法设计的测试用例个数。因素数是正交表中列的个数，即要测试的功能点。水平数是任何单个因素能够取得的值的最大个数。正交表中包含的值为从 0 到“水平数-1”或从 1 到“水平数”，即要测试功能点的输入条件。

正交表具有以下两项性质：

（1）每一列中，不同数字出现的次数相等。例如，在二水平正交表中，任何一列都有数码“1”与“2”，且任何一列中它们出现的次数是相等的；如在三水平正交表中，任何一列都有数码“1”“2”“3”，且它们在任一列中的出现次数均相等。

（2）任意两列中数字的排列方式齐全且均衡。例如，在二水平正交表中。任何两列（同一横行内）有序对共有 4 种：(1,1)、(1,2)、(2,1)、(2,2)。每种对数的出现次数相等。在三水平情况下，任何两列（同一横行内）有序对共有 9 种：(1,1)、(1,2)、(1,3)、(2,1)、(2,2)、(2,3)、(3,1)、(3,2)、(3,3)，且每队出现次数也相等。

以上两点充分体现了正交表的两个优越性，即均匀分散性、整齐可比性。通俗地说，每个因素的每个水平与另一个因素的每个水平各碰到一次，这就是正交性。

下面以一个用户注册功能为例，展示正交试验法设计测试用例的方法。该用户注册页面有 7 个输入框，分别是用户名、密码、确认密码、真实姓名、地址、手机号、电子邮箱。假设每个输入框只有填与不填两种状态，则可以设计 $L_8(2^7)$的正交表，如表 2-20 所示。其中因素 C_1～C_7 分别表示上述 7 个输入值。表中“1”表示该输入框填，“0”表示不填。

根据表 2-20 可以得到 8 个测试用例，读者可以根据各因素代表的输入框含义生成测试用例。

表 2-20　$L_8(2^7)$正交表

因素 / 行号	C_1	C_2	C_3	C_4	C_5	C_6	C_7
1	1	1	1	1	1	1	1
2	1	1	1	0	0	0	0
3	1	0	0	1	1	0	0

续表

行号＼因素	C_1	C_2	C_3	C_4	C_5	C_6	C_7
4	1	0	0	0	0	1	1
5	0	1	0	1	0	1	0
6	0	1	0	0	1	0	1
7	0	0	1	1	0	0	1
8	0	0	1	0	1	1	0

2.1.6　场景法

现在的软件很多都是用事件的触发来控制流程，事件触发时的情形变形成场景，而同一事件不同的触发顺序和处理结果就形成了事件流。这种在软件设计中的思想也可以应用到软件测试中，可生动地描绘出事件触发时的情形，有利于测试者执行测试用例，同时测试用例也更容易得到理解和执行。

用例场景是通过描述流经用例的路径来确定的过程，这个流经过程要从用例开始到结束，遍历其中所有的基本流和备选流，如图 2–17 所示。

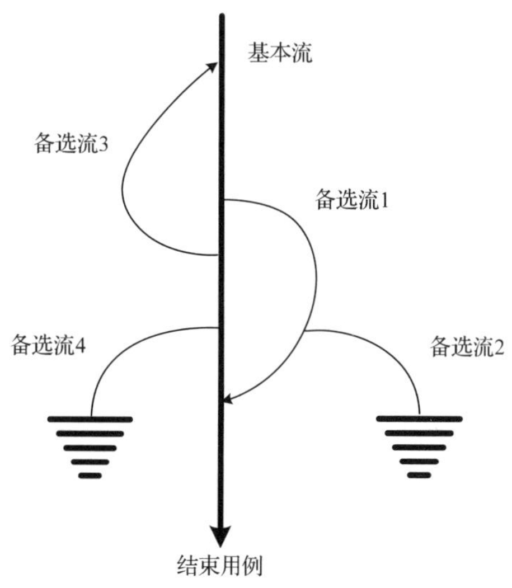

图 2–17　基本流和备选流

（1）基本流。采用黑色粗线表示，是经过用例的最简单路径，表示无任何差错，程序从开始执行到结束。

（2）备选流。采用黑色细线表示，一个备选流可以从基本流开始，在某个特定条件下执行，然后重新加入基本流中（如备选流 1 和 3）；也可以起源于另一个备选流（如备选流 2）；或终止用例，不再加入基本流中（如备选流 2 和 4）。

应用场景法进行黑盒测试的步骤如下：

（1）根据规格说明，描述出程序的基本流和各个备选流。

（2）根据基本流和各个备选流生成不同的场景。

（3）对每一个场景生成相应的测试用例。

（4）对生成的所有测试用例进行复审，去掉多余的测试用例，对每一个测试用例确定测试数据。

【案例 2–14】以经典的 ATM 为例，介绍使用场景法设计测试用例的过程。ATM 取款流程场景法分析如图 2–18 所示，其中灰色底纹框构成的流程为基本流。

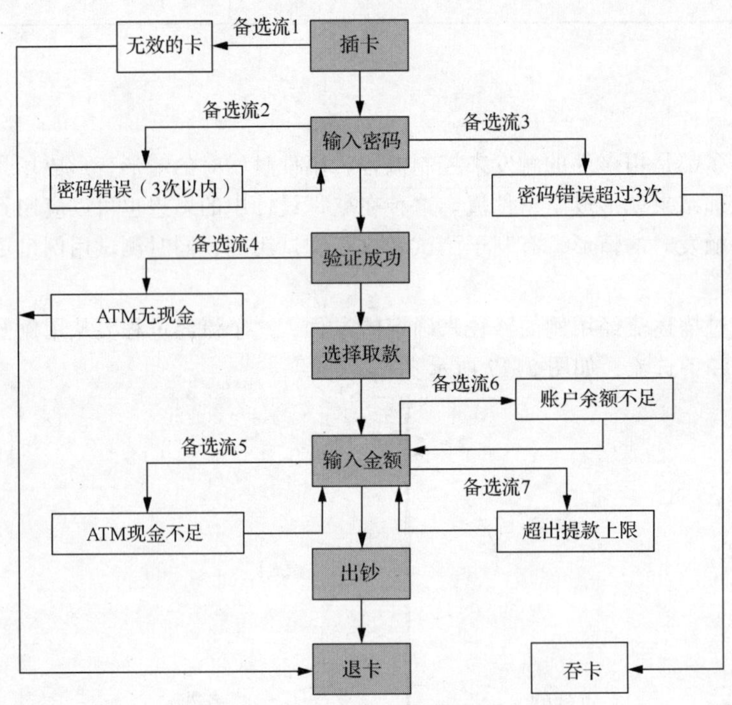

图 2–18　ATM 取款流程场景法分析

得到该程序用例场景如表 2–21 所示。相应测试用例如表 2–22 所示。

表 2–21　用例场景

场景 1	成功提款	基本流	
场景 2	无效卡	基本流	备选流 1
场景 3	密码错误 3 次以内	基本流	备选流 2
场景 4	密码错误超过 3 次	基本流	备选流 3
场景 5	ATM 无现金	基本流	备选流 4
场景 6	ATM 现金不足	基本流	备选流 5
场景 7	账户余额不足	基本流	备选流 6
场景 8	超出提款上限	基本流	备选流 7

表 2-22　场景法测试用例

用例编号	场景号	账　　号	密　　码	操　　作	预期结果
1	场景 1	621226××××××3481	123456	插卡，取 500 元	成功取款 500 元
2	场景 2	–	–	插入一张无效卡	系统退卡，显示该卡无效
3	场景 3	621226××××××3481	123456	插卡，输入密码 111111	系统提示密码错误，请求重新输入
4	场景 4	621226××××××3481	123456	插卡，输入密码 111111 超过 3 次	系统提示密码输入错误超过 3 次，卡被吞掉
5	场景 5	621226××××××3481	123456	插卡，选择取款	系统提示 ATM 无现金，退卡
6	场景 6	621226××××××3481	123456	插卡，取款 2 000 元	系统提示现金不足，返回输入金额界面
7	场景 7	621226××××××3481	123456	插卡，取款 3 000 元	系统提示账户余额不足，返回输入金额界面
8	场景 8	621226××××××3481	123456	插卡，取款 3 500 元	系统提示超出取款上限（3 000 元），返回输入金额界面

2.1.7　功能图法

一个程序的功能说明通常由动态说明和静态说明组成。动态说明描述了输入数据的次序或转移的次序。静态说明描述了输入条件与输出条件之间的对应关系。对于较复杂的程序，由于存在大量的组合情况，因此，仅用静态说明组成的规格说明对于测试来说往往是不够的，必须用动态说明来补充功能说明。

1. 功能图设计方法

功能图法是用功能图形象地表示程序的功能说明，并机械地生成功能图的测试用例。功能图模型由状态迁移图和逻辑功能模型构成。

（1）状态迁移图用于表示输入数据序列以及相应的输出数据。在状态迁移图中，由输入数据和当前状态决定输出数据和后续状态。

（2）逻辑功能模型用于表示在状态中输入条件和输出条件之间的对应关系。逻辑功能模型只适合于描述静态说明，输出数据仅由输入数据决定。测试用例则是由测试中经过的一系列状态和在每个状态中必须依靠输入/输出数据满足的一对条件组成。

功能图法实际上是一种黑盒、白盒混合用例设计方法。功能图法中要用到逻辑覆盖和路径测试的概念和方法，属白盒测试方法中的内容。逻辑覆盖是以程序内部的逻辑结构为基础的测试用例设计方法，该方法要求测试人员清楚程序的逻辑结构。由于覆盖测试的目标不同，逻辑覆盖可分为：语句覆盖、判定覆盖、判定—条件覆盖、条件组合覆盖及路径覆盖。

【案例 2-15】下面所指的逻辑覆盖和路径是功能或系统水平上的，以区别于白盒测试中的程序内部的，如图 2-19 及表 2-23 所示。

自动取款机 ATM 的状态图：

（1）当插入磁卡后，ATM 显示“请输入密码”。

（2）ATM 检查输入的密码与文件中保存的密码。若相同，则 ATM 显示“请输入金额”；若不同，ATM 检查是否 3 次都输入错了：如果是，则 ATM 显示“停止处理”，消去这条记录，重新显示“请插入卡片”；若未达到 3 次，则 ATM 显示“请输入密码”。

（3）输入一个金额后 ATM 检查它是否小于或等于余额，若大于余额，ATM 显示“请输入金额”，等待再次输入金额；否则 ATM 付给要求的现金，报告余额，显示“请插入卡片”。

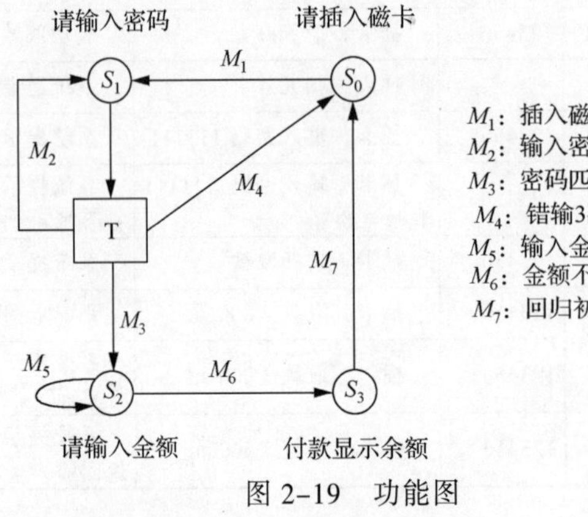

图 2–19　功能图

表 2–23　部分判定表

输入	密码=记录	Y	N	N
	错输入=3 次	N	Y	N
输出	M_2			—
	M_3	—		
	M_4		—	
状态	S_0		←	
	S_1			←
	S_2	←		

2. **功能图法生成测试用例**

功能图由状态迁移图和布尔函数组成。状态迁移图用状态和迁移来描述一个状态，指出数据输入的位置（或时间），而迁移则指明状态的改变，同时要依靠判定表和因果图表示的逻辑功能。

采用什么样的方法生成测试用例？从功能图生成测试用例，得到的测试用例数是可接受的。问题的关键是如何从状态迁移图中选取测试用例。若用结点代替状态，用弧线代替迁移，则状态迁移图就可转化成一个程序的控制流程图形式。问题就转化为程序的路径测试问题（白盒测试范畴概念）了。

测试用例生成规则：为了把状态迁移（测试路径）的测试用例与逻辑模型的测试用例组合起来，从功能图生成实用的测试用例，需定义下面的规则。一个结构化的状态迁移中，定义三种形式的循环：顺序、选择和重复。但分辨一个状态迁移中的所有循环是有困难的。

从功能图生成测试用例的过程如下：

（1）生成局部测试用例：在每个状态中，从因果图生成局部测试用例。局部测试库由原因值（输入数据）组合与对应的结果值（输出数据或状态）构成。

（2）测试路径生成：利用上面的规则生成从初始状态到最后状态的测试路径。

（3）测试用例合成：合成测试路径与功能图中每个状态的局部测试用例。结果是初始状态到最后状态的一个状态序列，以及每个状态中输入数据与对应输出数据组合。

（4）测试用例的合成算法：采用条件构造树。

2.1.8　其他黑盒测试方法

1. **错误推测法**

1）概念

错误推测法是基于测试人员的经验和直觉来推测系统中可能存在的各种缺陷，有针对性地设计测试用例的方法。这里经验和直觉来自测试人员对待测试软件系统特性的了解和以往在测试工作中的总结。错误推测法的基本思想是列举出系统中所有可能的缺陷和容易发生缺陷的特殊情况，并根据它们选择测试用例。可以利用不同测试阶段的经验和对被测试软件系统的认识来设计测试用例。例如，用一些非法、错误、不正确和无意义的数据进行输入测试，针对程序代码中的内存分配、内存泄漏等问题展开测试等。一般来说，可以从以下几个方面进行错误推测：软件产品以前版本中存在的问题；受到语言、操作系统、浏览器等环境的限制而可能带来的问题。

2）原理

常常可以看到这种情况，有些人似乎天生就是做测试的能手。这些人没有用到任何特殊的方法，如因果图法、边界值分析法等，却似乎有着发现错误的诀窍。对此的一个解释是这些人更多的是在下意识中，实践着一种称为错误猜测的测试用例设计技术。接到具体的程序之后，他们利用直觉和经验猜测出错的可能类型，然后编写测试用例来暴露这些错误。

3）方法

由于错误猜测主要是一项依赖于直觉的非正规的过程，因此很难描述出这种方法的规程。其基本思想是列举可能犯的错误或易发错误情况的清单，然后依据清单编写测试用例。例如，程序输入中出现 0 这个值就是一种易发的错误。因此，可以编写测试用例，检查特定的输入中有 0，或特定的输出值被强制为 0 的情况。同样，在出现输入/输出的数量不定的地方（如某个被搜索列表的条目数量），数量为“没有”和“一个”（对应空列表、仅包含一个条目的列表）也是错误易发生情况。另一个思想是，在阅读规格说明时，联系程序员可能做的假设来确定测试用例（即规格说明中的一些内容会被忽略，要么是由于偶然因素，要么是程序员认为其显而易见）。

4）实例

由于无法给出一个规程来，次优的选择就是讨论错误猜测的实质，最好的做法是列举出实例。例如，测试一个对线性表进行排序的程序，利用错误猜测法要特别测试如下情况：输入的线性表是空的；输入列表仅包含一个条目；输入列表中部分或所有条目的值都相同；输入列表已经按逆序排好；输入的线性表已经排好序。这里列举出的情况可能在程序设计时被忽略。

2. **状态转换测试**

1）概念

状态转换测试，根据测试对象的规格说明，将测试对象抽象为一个状态转换图，根据状态转换图设计测试用例系统检测状态转换过程中可能存在的问题。测试的有效程度取决于状态转换图是否正确反映了测试对象的规格说明。

2）目标

状态转换测试用于系统检测软件系统中各种状态对于测试对象功能的影响，测试对象的功能会因为测试对象的状态不同而受影响。已有的测试方法不具备这个特点，它们不能有效检测函数在不同状态下会有不同的行为。

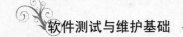

3）原理

很多情况下，测试对象的输出和行为不仅受当前输入数据的影响，同时还与测试对象之前的执行情况，或者之前的事件或以前的输入数据等有关。为了说明测试对象和历史数据之间的关系引入状态图，状态图是进行状态转换、测试设计的基础。

状态转换模型包括状态、转换、事件、动作和它们之间的关系，状态是互不相交的、可辨识的，且数量有限；事件是由输入产生的，可导致状态之间发生转换，转换可以回到其起始状态；转换过程中产生动作或输出。

状态转换测试中，测试对象可以是一个具有不同系统状态的完整系统，也可以是一个面向对象系统中具有不同状态的类。假如由于历史的原因会导致系统不同的表现，就需要用状态转换测试。

4）方法

设计测试用例执行状态图中的转换。一个测试用例可以执行多个转换。对于每个测试用例要指定：软件的起始状态、软件的输入、预期输出和预期的最终状态。对于该测试用例执行的每个转换要指定以下信息：起点状态、触发状态转换的事件、预期的状态转换发生时的动作和预期的下一个状态。测试用例可以用来测试软件中有效的转换，也可以测试那些无法推测的转换。

对于状态转换测试，同样可以定义测试强度和完成准则：①每个状态至少执行一次；②每个状态转换至少执行一次；③所有不符合规格说明的状态转换都已检查。

对于一些要求比较高的应用程序，可能还需要声明以下状态转换测试准则：①所有的状态和输入的组合；②所有状态转换的组合；③所有状态的任意顺序的所有转换，也可以是重复的或连续的。

覆盖对象是状态转换模型中的单个转换或多个转换的序列。对于单个转换，转换覆盖率是测试中执行的有效转换占所有转换的百分比，亦称 0-切换覆盖率（0-switch）；对于 *n* 个转换序列，转换覆盖率是测试中执行的有效 *n* 转换占所有 *n* 转换的百分比，亦称 *n*-1-切换覆盖率（*n*-1-switch）。状态转换覆盖测试统称 *k*-切换覆盖（*k*-switch，*k*≥0）。

【案例 2-16】一个时间日期显示软件有 4 个状态模式，即显示时间模式（DISPLAYING TIME（S1））、显示日期模式（DISPLAYING DATE（S2））、设置时间模式（CHANGING TIME（S3））和设置日期模式（CHANGING DATE（S4）），如图 2-20 所示；可以接受 4 个输入，即改变模式（'Change Mode'（CM））、重置（'Reset'（R））、时间设置（'Time Set'（TS））和日期设置（'Date Set'（DS））。同时，在不同输入条件下，它有 4 个预期输出动作，即显示时间（display Time（T））、显示日期（display Date（D））、改变时间（Alter Time（AT））和改变日期（Alter Date（AD））。

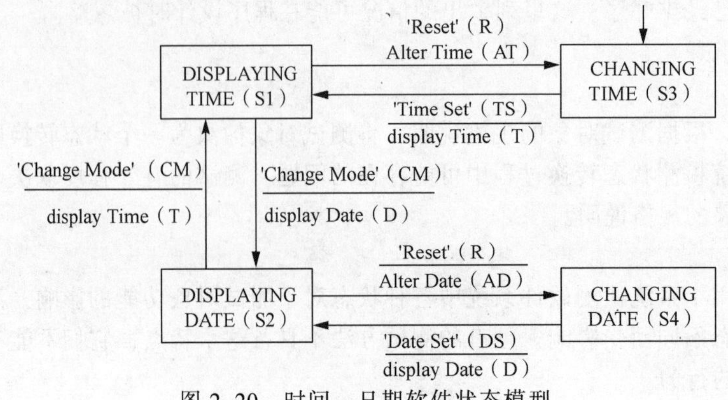

图 2-20　时间、日期软件状态模型

表 2-24 是覆盖所有单个转换的测试用例集合（0-switch 覆盖测试用例集）。例如，第 1 个测试用例起始状态是 S1，输入是 CM，预期输出是 D，终止状态是 S2。这种测试方法检测各种转换中可能存在的错误，但不能发现转换序列中可能存在的问题。

表 2-24　0-switch 覆盖测试用例集

测试用例	1	2	3	4	5	6
起始状态	S1	S1	S3	S2	S2	S4
输入	CM	R	TS	CM	R	DS
预期输出	D	AT	TS	T	AD	DS
终止状态	S2	S3	S1	S1	S4	S2

表 2-25 给出了 10 个测试用例，可以覆盖所有两个转换之间的有效组合（1-switch 覆盖测试用例集）。例如，第 1 个测试用例从 S1 出发，输入 CM 进入 S2，再输入 CM，进入 S1 状态。测试的转换序列长度越长，测试覆盖程度就越高，测试就越彻底。

表 2-25　1-switch 覆盖测试用例集

测试用例	1	2	3	4	5	6	7	8	9	10
起始状态	S1	S1	S1	S3	S3	S2	S2	S2	S4	S4
输入	CM	CM	R	TS	TS	CM	CM	R	DS	DS
预期输出	D	D	AT	T	T	T	T	AD	D	D
下个状态	S2	S2	S3	S1	S1	S1	S1	S4	S2	S2
输入	CM	R	TS	CM	R	CM	R	DS	CM	R
预期输出	T	AD	T	D	AT	D	AT	D	T	AD
终止状态	S1	S4	S1	S2	S3	S2	S3	S2	S1	S4

表 2-26 给出的是时间/日期软件状态表，符号 N 表示无预期输出。图中第 1 列是 4 个状态，第 1 行是 4 个输入，中间每个单元格元素是在相应行状态下对应相应列的输入时，系统的预期输出和最后状态。例如，表 2-25 中右下方最后一个单元格对应状态 S4，输入是 DS，预期输出是 D 并进入状态 S2。

一个更为有效的方法是根据状态表逐一设计测试用例（见表 2-27），可以为时间日期软件生成 16 个测试用例（见表 2-28）。这种设计方法覆盖了系统状态和系统输入之间的全部组合。

表 2-26　时间/日期软件状态表

状态＼输入	CM	R	TS	DS
S1	S2/D	S3/AT	S1/N	S1/N
S2	S1/T	S4/AD	S2/N	S2/N
S3	S3/N	S3/N	S1/T	S3/N
S4	S4/N	S4/N	S4/N	S2/D

表 2-27　根据状态表逐一设计测试用例

状态＼输入	CM	R	TS	DS
S1	S2/D（测试用例 1）	S3/AT（测试用例 2）	S1/N（测试用例 3）	S1/N（测试用例 4）
S2	S1/T（测试用例 5）	S4/AD（测试用例 6）	S2/N（测试用例 7）	S2/N（测试用例 8）
S3	S3/N（测试用例 9）	S3/N（测试用例 10）	S1/T（测试用例 11）	S3/N（测试用例 12）
S4	S4/N（测试用例 13）	S4/N（测试用例 14）	S4/N（测试用例 15）	S2/D（测试用例 16）

表 2-28　覆盖状态表的测试用例集

测试用例	1	2	3	4	5	…	…	…	12	13	14	15	16
起始状态	S1	S1	S1	S1	S2	…	…	…	S3	S4	S4	S4	S4
输入	CM	R	TS	DS	CM	…	…	…	DS	CM	R	TS	DS
预期输出	D	AT	N	N	T	…	…	…	N	N	N	N	D
终止状态	S2	S3	S1	S1	S1	…	…	…	S3	S4	S4	S4	S2

5）优缺点

状态转换测试适用于那些状态起着重要作用的测试对象，测试对象的功能会因为测试对象的状态不同而受影响。已有的测试方法不具备这个特点，它们不能有效检测函数在不同状态下会有不同的行为。

在面向对象系统中，对象可以有不同的状态，操作对象的方法必须能根据不同的状态作出相应的反应，所以状态转换测试技术尤为重要，因为它们考虑面向对象的特征。

当系统的状态数量比较大，状态转换的组合就更大，采用状态转换测试方法，测试用例的数量就会过大，得到足够的覆盖率就不大可能了。

3. 语法测试

1）概念

语法测试是一种不同的测试方法，它基于输入接口的语法变异生成测试用例，因此特别适合在对输入进行确认时发现不足之处。通过语法测试，可以确定合法输入串被接受，非法输入串被拒绝，并且没有输入串会引起系统失效。

2）目标

语法测试主要针对 3 种类型的错误，即软件不识别正确的串；软件接收不正确的串；软件在接收一个串时崩溃。

3）原理

语法测试中的测试用例，也就是软件输入，可以基于软件接口能理解的语言规格说明来创建。自动语法测试需要一个机器可读格式的输入语言形式化描述。如果语言是隐式的，测试人员就必须为语言创建规格说明。规格说明最通用的形式是 BNF 范式和正则表达式，它们都可以用来定义上下文无关语言。句子是一个字节序列，按照语言的规则进行排列。上下文无关语言一般用于各种编译器，为输入句子创建语法分析器。上下文无关语言是产生句子的基础，然后把这些句子注入被测软件中，观察软件接收/拒绝这些句子，或是处理过程中发生失效。

语法测试的有效性取决于建立的语法规格说明是否符合需求。

4）方法

语法测试一般遵循的原则如下：①识别目标语言或格式；②形式化地定义语言语法（如 BNF 范式）；③通过覆盖输入语言的 BNF 语法图测试正常条件；④通过执行非法数据测试异常条件。

通过对下面的策略进行相应的改造，为语法测试生成测试用例：

（1）每次产生一个错误，同时保持输入串的其他部分正确。

（2）一旦为单个错误定义了一组完整的测试用例，那么对两个错误的组合也同样处理，然后是三个错误的组合，等等。

（3）每次只关注一个层次，同时尽可能保持更高和更低层次正确。

语法测试没有确定的测试覆盖度量，任何一种覆盖度量都取决于产生有效语法选项的规则和无效语法选项的列表，这些规则和列表都不是十分明确，针对具体语法可能有所不同。

5）实例

浮点数输入测试，浮点数的 BNF 范式可以表示为：

```
float=int "e" int
int=[ "+" | "-" ] nat
nat={ dig }
dig="0" | "1" | "2" | "3" | "4" | "5" | "6" | "7" | "8" | "9"
```

其中，int 可有 3 个选择，即 nat[opt_1]、+nat[opt_2]、-nat[opt_3]；nat 有 2 个选择，即单个数字[opt_4]、多个数字[opt_5]；dig 有 10 个数字选择[opt_6]～[opt_15]。因此，可以设计表 2-29 所示的测试用例覆盖这些可能的选项。

表 2-29　依据语法产生的测试用例

用例编号	浮点数输入	执行的选项	检查结果
1	3e2	opt_1	'valid'
2	+2e+5	opt_2	'valid'
3	-6e-7	opt_3	'valid'
4	6e-2	opt_4	'valid'
5	1234567890e3	opt_5	'valid'
6	0e0	opt_6	'valid'
7	1e1	opt_7	'valid'
8	2e2	opt_8	'valid'
9	3e3	opt_9	'valid'
10	4e4	opt_10	'valid'
11	5e5	opt_11	'valid'
12	6e6	opt_12	'valid'
13	7e7	opt_13	'valid'
14	8e8	opt_14	'valid'
15	9e9	opt_15	'valid'

另一个方面是设计语法的非法测试用例。对语法的 BNF 做变异，主要有以下 4 种变异方式：

- m1 为 BNF 的元素引入一个无效值；
- m2 将 BNF 的元素替换为另一个已定义的值；
- m3 丢失 BNF 的一个元素值；
- m4 增加一个额外元素值。

将这些一般的变异方式应用到具体语法中，就形成一个具体的变异。例如，对于浮点数的 BNF，每个元素用 e1_1、e1_2 等表示，原先的 BNF 就可以表示成下面右边的形式：

```
float=int "e" int                              e1_1=e1_2  e1_3  e1_4
int=[ "+" | "-" ] nat                          e1_5=e1_6  e1_7
nat={ dig }                                    e1_8=e1_9
dig="0" | "1" | "2" | "3" | "4" | "5" | "6" | "7" | "8" | "9"   e1_10 = e1_11
```

分别对上面右边的 BNF 做变异，可以产生表 2-30 所示的测试用例。例如，在表 2-30 中测试用 1 是对元素 e1_2 做变异 m1，即引入一个无效值 x。

表 2-30　依据语法产生的变异测试用例

测试用例	浮点输入	变　异	元　素	检查结果
1	xeo	m1	x for e1_2	'invalid'
2	oxo	m1	x for e1_3	'invalid'
3	oex	m1	x for e1_4	'invalid'
4	xoeo	m1	x for e1_6	'invalid'
5	+xeo	m1	x for e1_7	'invalid'
6	eeo	m2	e1_3 for e1_2	'invalid'
7	+eo	m2	e1_6 for e1_2	'invalid'
8	ooo	m2	e1_2 for e1_3	'invalid'
9	o+o	m2	e1_6 for e1_3	'invalid'
10	oee	m2	e1_3 for e1_4	'invalid'
11	oe+	m2	e1_6 for e1_4	'invalid'
12	eoeo	m2	e1_3 for e1_6	'invalid'
13	+eoo	m2	e1_3 for e1_7	'invalid'
14	++eo	m2	e1_6 for e1_7	'invalid'
15	eo	m3	e1_2	'invalid'
16	oo	m3	e1_3	'invalid'
17	oe	m3	e1_4	'invalid'
18	yoeo	m4	y in e1_1	'invalid'
19	oyeo	m4	y in e1_1	'invalid'
20	oeyo	m4	y in e1_1	'invalid'
21	oeoy	m4	y in e1_1	'invalid'
22	y+oeo	m4	y in e1_5	'invalid'
23	+yoeo	m4	y in e1_5	'invalid'
24	+oyeo	m4	y in e1_5	'invalid'

2.1.9　黑盒测试方法的比较与选择

测试用例的设计方法不是单独存在的，具体到每个测试项目中都会用到多种方法，每种类型的软件有各自的特点，每种测试用例设计的方法也有各自的特点，针对不同软件如何利用这些黑盒方法是非常重要的，在实际测试中，往往是综合使用各种方法才能有效地提高测试效率和测试覆盖度，这就需要认真掌握这些方法的原理，积累更多的测试经验，以有效提高测试水平。

以下是各种测试方法选择的综合策略，可供读者在实际应用过程中参考。

（1）首先进行等价类划分，包括输入条件和输出条件的等价划分，将无限测试变成有限测试，这是减少工作量和提高测试效率最有效的方法。

（2）在任何情况下都必须使用边界值分析法。经验表明，用这种方法设计出的测试用例发现程序错误的能力最强。

（3）可以用错误推测法追加一些测试用例，这需要依靠测试工程师的智慧和经验。

（4）对照程序逻辑，检查已设计出的测试用例的逻辑覆盖程度。如果没有达到要求的覆盖标准，应当再补充足够的测试用例。

（5）如果程序的功能说明中含有输入条件的组合情况，则一开始就可选用因果图法和判定表驱动法。

（6）对于参数配置类的软件，要用正交试验法选择较少的组合方式达到最佳效果。

（7）功能图法也是很好的测试用例设计方法，可以通过不同时期条件的有效性设计不同的测试数据。

（8）对于业务流清晰的系统，可以利用场景法贯穿整个测试案例过程，在案例中综合使用各种测试方法。

2.2　白盒测试技术

1. 白盒测试概念

白盒测试又称结构测试、透明盒测试、逻辑驱动测试或基于代码的测试。

白盒测试法是穷举路径测试。在使用这一方案时，测试者必须检查程序的内部结构，从检查程序的逻辑着手，得出测试数据。白盒测试中盒子指的是被测试的软件，白盒指的是盒子是可视的，测试者能够看清盒子内部的东西以及里面是如何运作的。

白盒测试的特点是依据软件设计说明书进行测试、对程序内部细节的严密检验、针对特定条件设计测试用例、对软件的逻辑路径进行覆盖测试。

白盒测试的目的是通过检查软件内部的逻辑结构，对软件中的逻辑路径进行覆盖测试；在程序不同地方设立检查点，检查程序的状态，以确定实际运行状态与预期状态是否一致。

在测试中，要求保证一个模块中的所有独立路径至少被使用一次，对所有逻辑值均需测试 true 和 false，在上下边界及可操作范围内运行所有循环，检查内部数据结构以确保其有效性。

白盒测试工具是对源代码进行的测试，测试的主要内容包括词法分析与语法分析、静态错误分析、动态检测等。但是对于不同的开发语言，测试工具实现的方式和内容差别是较大的。测试工具主要支持的开发语言包括：标准 C、C++、Visual C++、Java 和 Visual J++等。

由于白盒测试是工作量巨大并且枯燥的工作，可视化的设计对于测试来说是十分重要的。在选购白盒测试工具时，应当考虑该款测试工具的可视化是否良好。例如，测试过程中是否可以显示覆盖率的函数分布图和上升趋势图，是否使用不同的颜色区分已执行和未执行的代码段显示分配内存情况实时图表等，这些对于测试效率和测试质量的提高是具有很大作用的。

2. **白盒测试的优缺点及局限性**

1）白盒测试的优缺点

白盒测试的主要优点如下：①迫使测试人员仔细思考软件的实现；②可以检测代码中的每条分支和路径；③揭示隐藏在代码中的错误；④对代码的测试比较彻底；⑤最优化。

白盒测试的主要缺点如下：①昂贵；②无法检测代码中遗漏的路径和数据敏感性错误；③不验证规格的正确性。

2）白盒测试的局限性

即使每条路径都测试了，仍然可能有错误。可能出现的情况如下：

（1）穷举路径测试决不能查出程序违反了设计规范，即程序本身是个错误的程序。

（2）穷举路径测试不可能查出程序中因遗漏路径而出错。

（3）穷举路径测试可能发现不了一些与数据相关的错误。

2.2.1 覆盖方式

白盒测试的测试方法有代码检查法、静态结构分析法、静态质量度量法、逻辑覆盖法、基本路径测试法、域测试、符号测试、路径覆盖和程序变异。

白盒测试法的覆盖标准包括逻辑覆盖、循环覆盖和基本路径测试。其中逻辑覆盖包括语句覆盖、判定覆盖、条件覆盖、判定/条件覆盖、条件组合覆盖和路径覆盖。

逻辑覆盖标准发现错误的能力呈由弱到强的变化如下：

（1）语句覆盖：每条语句至少执行一次。

（2）判定覆盖：每个判定的每个分支至少执行一次。

（3）条件覆盖：每个判定的每个条件应取到各种可能的值。

（4）判定/条件覆盖：同时满足判定覆盖、条件覆盖。

（5）条件组合覆盖：每个判定中各条件的每一种组合至少出现一次。

（6）路径覆盖：使程序中每一条可能的路径至少执行一次。

2.2.2 覆盖深度

从覆盖源程序语句的详尽程度分析，逻辑覆盖标准包括以下不同的覆盖标准：语句覆盖、判定覆盖、条件覆盖、多条件覆盖和修正条件判定覆盖。

（1）语句覆盖。为了暴露程序中的错误，程序中的每条语句至少应该执行一次。因此语句覆盖（Statement Coverage）的含义是：选择足够多的测试数据，使被测程序中每条语句至少执行一次。语句覆盖是很弱的逻辑覆盖。

（2）判定覆盖。比语句覆盖稍强的覆盖标准是判定覆盖（Decision Coverage），其含义是：设计足够的测试用例，使得程序中的每个判定至少都获得一次“真值”或“假值”，或者说使得程序中的每个取“真”分支和取“假”分支至少经历一次，因此判定覆盖又称分支覆盖。

（3）条件覆盖。在设计程序中，一个判定语句是由多个条件组合而成的复合判定。为了更彻底地实现逻辑覆盖，可以采用条件覆盖（Condition Coverage）的标准。条件覆盖的含义是：构造一组测试用例，使得每一判定语句中每个逻辑条件的可能值至少满足一次。

（4）多条件覆盖。多条件覆盖又称条件组合覆盖，其含义是：设计足够的测试用例，使得每个判定中条件的各种可能组合都至少出现一次。显然满足多条件覆盖的测试用例是一定满足判定覆盖、条件覆盖和条件判定组合覆盖的。

（5）修正条件判定覆盖。修正条件判定覆盖是由欧美的航空/航天制造厂商和使用单位联合制定的“航空运输和装备系统软件认证标准”，在国外的国防、航空航天领域应用广泛。这个覆盖度量需要足够的测试用例来确定各个条件能够影响到包含的判定的结果。它要求满足两个条件：首先，每个程序模块的入口和出口点都要考虑至少要被调用一次，每个程序的判定到所有可能的结果值要至少转换一次；其次，程序的判定被分解为通过逻辑操作符（and、or）连接的布尔条件，每个条件对于判定的结果值是独立的。

不同的测试工具对于代码的覆盖能力也是不同的，通常能够支持修正条件判定覆盖的测试工具价格是极其昂贵的。

2.2.3　测试方法

白盒测试中运用最为广泛的是基本路径测试法。

基本路径测试法是在程序控制流图的基础上，通过分析控制构造的环路复杂性，导出基本可执行路径集合，从而设计测试用例的方法。设计出的测试用例要保证在测试中程序的每个可执行语句至少执行一次。

在程序控制流图的基础上，通过分析控制构造的环路复杂性，导出基本可执行路径集合，从而设计测试用例。包括以下 4 个步骤：

（1）程序的控制流图：描述程序控制流的一种图示方法。

（2）程序圈复杂度：McCabe 复杂性度量。从程序的环路复杂性可导出程序基本路径集合中的独立路径条数，这是确定程序中每个可执行语句至少执行一次所必需的测试用例数目的上界。

（3）导出测试用例：根据圈复杂度和程序结构设计用例数据输入和预期结果。

（4）准备测试用例：确保基本路径集中的每一条路径的执行。

2.2.4　实施方法

白盒测试中主要使用以下几种方法实施设计：

（1）图形矩阵：是在基本路径测试中起辅助作用的软件工具，利用它可以实现自动地确定一个基本路径集。

（2）程序的控制流图：描述程序控制流的一种图示方法。

（3）圆圈：控制流图的一个结点，表示一个或多个无分支的语句或源程序语句。

流图只有两种图形符号：

（1）图中的每个圆称为流图的结点，代表一条或多条语句。

（2）流图中的箭头称为边或连接，代表控制流，任何过程设计都要被翻译成控制流图。

程序流程图见图 2-21，控制流图见图 2-22。在将程序流程图简化成控制流图时，应注意：

（1）在选择或多分支结构中，分支的汇聚处应有一个汇聚结点。

（2）边和结点圈定的区域称为区域，当对区域计数时，图形外的区域也应记为一个区域。

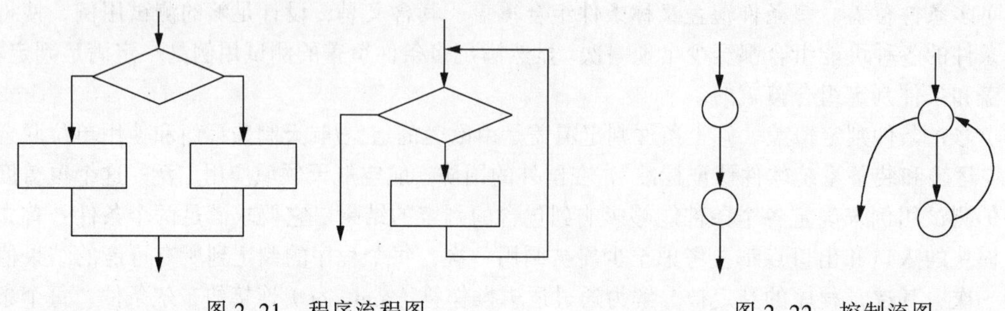

图 2-21　程序流程图　　图 2-22　控制流图

2.2.5　基本路径测试

基本路径测试法的步骤包括画出控制流图、计算圈复杂度和导出测试用例。

1. 画出控制流图

流程图用来描述程序控制结构。可将流程图映射到一个相应的流图（假设流程图的菱形决策框中不包含复合条件）。在流图中，每个圆称为流图的结点，代表一个或多个语句。一个处理方框序列和一个菱形决策框可被映射为一个结点，流图中的箭头称为边或连接，代表控制流，类似于流程图中的箭头。一条边必须终止于一个结点，即使该结点并不代表任何语句（例如：if-else-then 结构）。由边和结点限定的范围称为区域。计算区域时应包括图外部的范围。

2. 计算圈复杂度

圈复杂度是一种为程序逻辑复杂性提供定量测度的软件度量，该度量用于计算程序基本的独立路径数目，为确保所有语句至少执行一次的测试数量的上界。独立路径必须包含一条在定义之前不曾用到的边。

有以下 3 种方法计算圈复杂度：

（1）流图中区域的数量对应于环的复杂性。

（2）给定流图 G 的圈复杂度 $V(G)$，定义为 $V(G)=E-N+2$，E 是流图中边的数量，N 是流图中结点的数量。

（3）给定流图 G 的圈复杂度 $V(G)$，定义为 $V(G)=P+1$，P 是流图 G 中判定结点的数量。

3. 导出测试用例

根据上面的计算方法，可得出独立的路径（一条独立路径是指，和其他的独立路径相比，至少引入一个新处理语句或一个新判断的程序通路。$V(G)$值正好等于该程序的独立路径的条数）。根据列出的独立路径，设计输入数据，使程序分别执行到每条路径。

2.2.6　循环测试

从本质上说，循环测试的目的就是检查循环结构的有效性。事实上，循环是绝大多数软件算法的基础。但是由于其测试的复杂性，在测试软件时却往往未对循环结构进行足够的测试。

循环测试是一种白盒测试技术，它专注于测试循环结构的有效性。在结构化的程序中通常使用的有 3 种循环，即简单循环、串接循环和嵌套循环。此外，在某些可跳转的编程语言中，存在无结构循环。

下面分别讨论在结构化的程序中常用的 3 种循环的测试方法。

1. 简单循环

简单循环如图 2-23 所示，应该使用下列测试集来测试简单循环，其中 n 是允许通过循环的最大次数。

（1）跳过循环。

（2）只通过循环一次。

（3）通过循环两次。

（4）通过循环 m 次，其中 $m<n-1$（通常取 $m=2$）。

（5）通过循环 $n-1$、n、$n+1$ 次。

2. 嵌套循环

嵌套循环如图 2-24 所示，如果把测试简单循环的方法直接应用到嵌套循环，可能的测试数就会随嵌套层数的增加按几何级数增长，这会导致不切实际的测试数目。B.Beizer 提出了一种能减少测试数的方法：

（1）从最内层循环开始测试，把所有其他循环都设置为最小值。

（2）对最内层循环使用简单循环测试方法，而使外层循环的迭代参数（如循环计数器）取最小值，并为越界值或非法值增加一些额外的测试。

（3）由内向外，对下一个循环进行测试，但确保所有其他外层循环为最小值，其他嵌套循环为“典型”。继续进行下去，直到测试完所有循环。

3. 串接循环

如果串接循环的各个循环都彼此独立，则可以使用前述测试简单循环的方法测试串接循环。但是，如果两个循环串接，而且第一个循环的循环计数器值是第二个循环的初始值，则这两个循环并不是独立的。当循环不独立时，建议使用测试嵌套循环的方法测试串接循环。串接循环如图 2-25 所示。

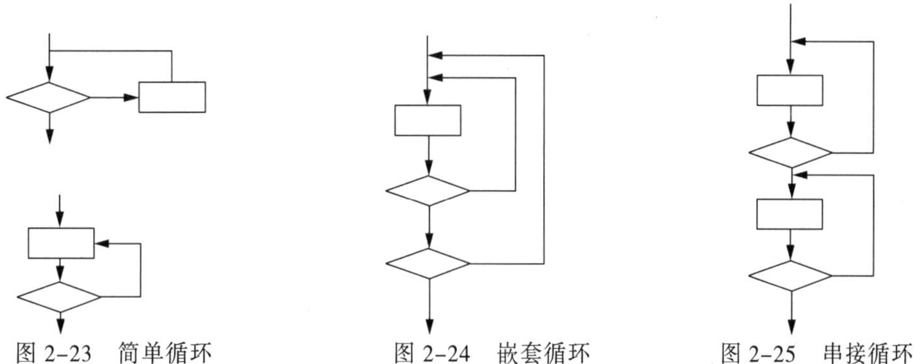

图 2-23　简单循环　　图 2-24　嵌套循环　　图 2-25　串接循环

2.2.7　白盒测试综合案例

如下所列，有一段用 Java 语言编写的选择排序代码，现在需用白盒测试的基本路径测试法和循环测试法对其进行测试。代码如下：

```
public void select_sort(int a[]){
  int i,j,k,t,n;
  n=a.length;
  for(i=0;i<n-1;i++){
     k=i;
     for(j=i+1;j<n;j++){
        if(a[j]<a[k]){
           k=j;
        }
     }
     if(i!=k){
        t=a[k];
        a[k]=a[i];
        a[i]=t;
     }
  }
}
```

（1）根据代码可以画出程序流程图，如图 2-26 所示。图 2-27 所示为根据上述程序行号标注的程序流程图简化图，图 2-28 所示为控制流图。

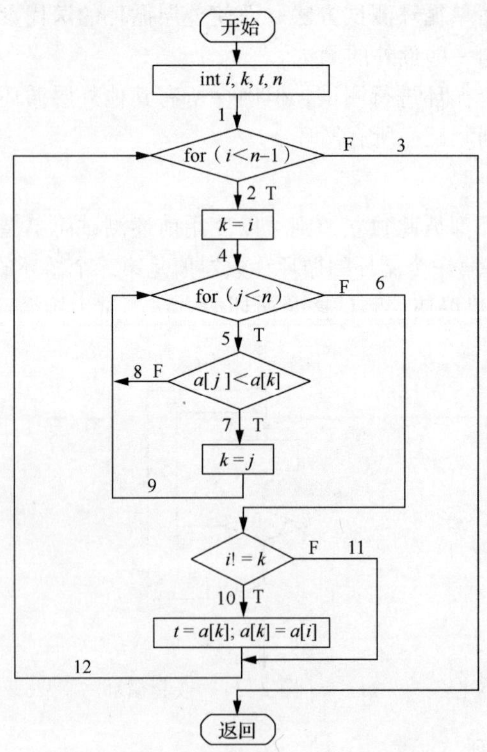

图 2-26 选择排序算法程序流程图

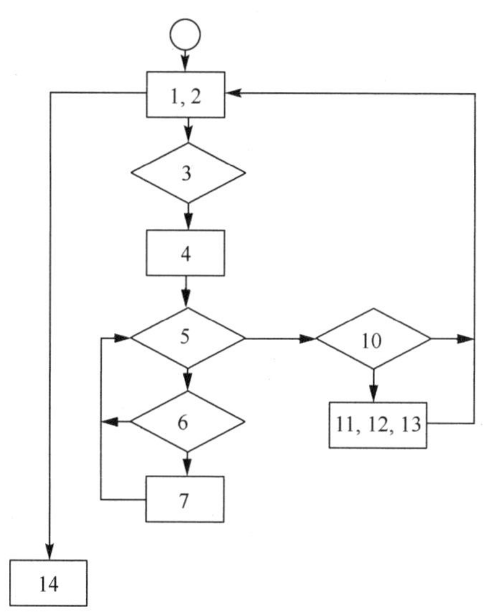

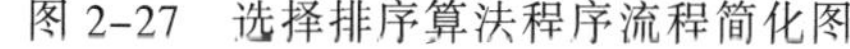
图 2-27　选择排序算法程序流程简化图

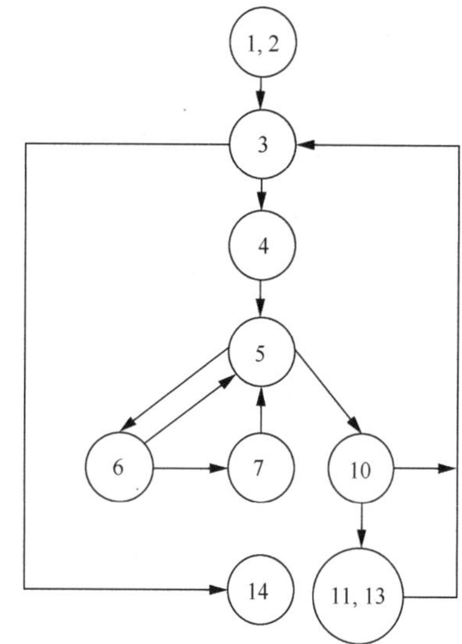

图 2-28　选择排序算法控制流图

（2）计算圈复杂度：

方法一：圈复杂度=封闭区域数量+1 个开放区域=4+1=5。

方法二：圈复杂度=流图中边的数量-流图中结点的数量+2=12-9+2=5。

方法三：圈复杂度=流图中判断节点的数量+1=4+1=5。

（3）计算独立路径：

由于结点 10 对于结点 6 存在依赖关系，即从结点 6 出发的路径如果经过结点 7，则结点 10 会经过 11-13，否则结点 10 就直接去结点 14，因此独立路径为三条。

- 1-2-3-14。
- 1-2-3-4-5-6-7-5-10-11-12-13-14。
- 1-2-3-4-5-6-5-10-14。

（4）根据以上分析得出针对该算法的测试用例，该算法如果运行，外层循环的循环次数必须大于 1，而第一条独立路径中循环次数为 0，无须测试。其他两条独立路径的测试用例如表 2-31 所示。

表 2-31　测试用例

序　号	路　径	输入与操作
1	1-2-3-14	忽略
2	1-2-3-4-5-6-7-5-10-11-12-13-14	输入 a[]={7,6,5,4,3,2}
3	1-2-3-4-5-6-5-10-14	输入 a[]={1,2,3,4,5,6}

循环测试用例的编写，通过分析程序代码，其中具有一个嵌套循环。

首先观察内层循环：内层循环的循环次数必然大于或等于 1，不可能测到内层循环为 0 的情况，且内层循环的循环次数取决于输入的数是否符合规则，具有不确定性。因此，内层循环的测试仅能取循环 1 次、循环 2 次和循环正常次数，这里取 5 次。

然后观察外层循环，外层循环的循环次数取决于参数 i，当 $i=0$ 时，不执行循环体；当 $i>1$ 时，将进入循环体。考虑各种循环次数都能测试到，取 $i=10$，此时最大循环变量数 i 为 9。根据以上分析，可得出针对该循环测试的测试用例如表 2-32 所示，测试数组数据为 a[]={9,15,6,51,2,36,42,18,89,24}。

表 2-32　循环测试用例

测　试　项		输　　入	预期结果
内层循环	循环 1 次	a[]	$k=0$
	循环 2 次		$k=2$
	循环 3 次		$k=4$
外层循环	循环 1 次，$i=0$	a[]	a[]={9,15,6,51,2,36,42,18,89,24}
	循环 2 次，$i=1$		a[]={2,15,6,51,9,36,42,18,89,24}
	循环 3 次，$i=2$		a[]={2,6,15,51,9,36,42,18,89,24}
	循环 4 次，$i=3$		a[]={2,6,9,51,15,36,42,18,89,24}
	循环 5 次，$i=4$		a[]={2,6,9,15,51,36,42,18,89,24}
	循环 6 次，$i=5$		a[]={2,6,9,15,18,36,42,51,89,24}
	循环 7 次，$i=6$		a[]={2,6,9,15,18,24,42,51,89,36}
	循环 8 次，$i=7$		a[]={2,6,9,15,18,24,36,51,89,42}
	循环 9 次，$i=8$		a[]={2,6,9,15,18,24,36,42,89,51}
	循环 10 次，$i=9$		a[]={2,6,9,15,18,24,36,42,51,89}

2.3　白盒与黑盒测试的比较

2.3.1　策略及方法对比

黑盒测试是在已知产品所应具有的功能，通过测试来检测每个功能是否都能正常使用。黑盒测试着眼于程序外部结构、不考虑内部逻辑结构、针对软件界面和软件功能进行测试。在测试时，测试者在程序接口进行测试，把程序看作一个不能打开的黑盒子。在完全不考虑程序内部结构和内部特性的情况下，它只检查程序功能是否按照需求规格说明书的规定正常使用，程序是否能适当地接收输入数据而产生正确的输出信息，并且保持外部信息（如数据库或文件）的完整性。

黑盒测试是穷举输入测试，只有把所有可能的输入都作为测试情况使用，才能以这种方法查出程序中所有的错误。实际上测试情况有无穷多个，人们不仅要测试所有合法的输入，而且还要对那些不合法但是可能的输入进行测试。

白盒测试又称结构测试或逻辑驱动测试，它是知道产品内部工作过程，可通过测试来检测产品内部动作是否按照规格说明书的规定正常进行，按照程序内部的结构测试程序，检验程序中的每条通路是否都有能按预定要求正确工作，而不顾它的功能。白盒测试的主要方法有逻辑驱动、基路测试等，主要用于软件验证。

白盒测试全面了解程序内部逻辑结构、对所有逻辑路径进行测试。白盒测试是穷举路径测试。软件人员使用白盒测试方法，主要想对程序模块进行如下检查：

（1）对程序模块的所有独立的执行路径至少测试一次。

（2）对所有的逻辑判定，取“真”与取“假”的两种情况都至少测试一次。

（3）在循环的边界和运行界限内执行循环体。

（4）测试内部数据结构的有效性等。

具体包含的逻辑覆盖有：语句覆盖、判定覆盖、条件覆盖、判定/条件覆盖、条件组合覆盖与路径覆盖。

黑盒测试的优点有：比较简单，不需要了解程序内部的代码及实现；与软件的内部实现无关；从用户角度出发，能很容易地知道用户会用到哪些功能，会遇到哪些问题；基于软件开发文档，所以也能知道软件实现了文档中的哪些功能；在做软件自动化测试时较为方便。

黑盒测试的缺点有：不可能覆盖所有的代码，覆盖率较低，大概只能达到总代码量的30%；自动化测试的复用性较低。

白盒测试的优点有：帮助软件测试人员增大代码的覆盖率，提高代码的质量，发现代码中隐藏的问题。

白盒测试的缺点有：程序运行会有很多不同的路径，不可能测试所有的运行路径；测试基于代码，只能测试开发人员做的对不对，而不能知道设计的正确与否，可能会漏掉一些功能需求；系统庞大时，测试开销会非常大。

2.3.2　黑盒测试与白盒测试之争

对于这两种构造测试用例集合的基本方法来说，哪一种更好呢？如果研读了大量相关文献，就会发现每种方法都有许多“追随者”。Robert Poston 曾对白盒测试方法提出质疑：“从 20 世纪 70 年代以来，此类测试工具就是在浪费测试人员的时间……它根本就不能有效支持软件测试活动，就不应该保留在软件测试人员的工具箱中。”但也有许多学者支持白盒测试方法，代表人物 Edward Miller 在书中写道：“对分支覆盖率（一种测试覆盖指标）来说，如果能保证 85%或更高的水平，找出的故障就能够达到‘直觉’（或功能）测试方法的两倍。”

这两种方法的根本出发点都是要构造测试用例。黑盒测试方法只利用规格说明来构造测试用例，而白盒测试方法则把程序源代码（具体实现）作为构造的依据。由前面的论述得出这样的结论：单独使用任何一种方法都是不够全面的。从程序行为来看：即使所有的规定行为都没有实现，白盒测试也发现不了这个问题。反过来也是如此，如果程序实现了未规定行为，黑盒测试过程也发现不了（特洛伊木马病毒就是此种未规定行为的例证）。结论是这两种测试方法都必不可少。经验丰富的测试专家会很明智地把两种方法结合起来，既能够获得通过黑盒测试法所提供的可信度，也能获得白盒测试法所提供的明确的覆盖指标。前面已提过黑盒测试法常常受到冗余与测试不足的双重困扰，现在将在黑盒测试过程中引入白盒测试方法的测试覆盖指标，那么这两个问题就都迎刃而解了。

测试用例集合，是由采用的测试用例构造方法所决定的。在此，一个重要问题是这个方法在多大程度上是适当的（或有效的）?再回顾一下前面的讨论，审视一下从错误到故障、到失效、再到事故的因果链。如果能够了解易犯的错误都是什么，也知道在待测程序中容易出现什么样的故障，那么就完全可以利用这些信息选用更恰当的测试用例构造方法。这就是测试之所以成为一种技艺的关键所在。

小　结

本章主要介绍了软件测试中按是否需要查看代码划分的黑盒测试与白盒测试这两大策略，以及各自的特点，并对它们作了简单的比较。

常见的黑盒测试方法有：等价类划分法、边界值分析法、决策表分析法、因果图法、正交试验法、场景法、功能图法以及其他方法。

白盒测试的测试方法有代码检查法、静态结构分析法、静态质量度量法、逻辑覆盖法、基本路径测试法、域测试、符号测试、路径覆盖和程序变异。白盒测试中运用最为广泛的是基本路径测试法。

白盒测试法的覆盖标准有逻辑覆盖、循环覆盖和基本路径测试。其中逻辑覆盖包括语句覆盖、判定覆盖、条件覆盖、判定/条件覆盖、条件组合覆盖和路径覆盖。逻辑覆盖标准发现错误的能力呈由弱到强的变化：

（1）语句覆盖：每条语句至少执行一次。

（2）判定覆盖：每个判定的每个分支至少执行一次。

（3）条件覆盖：每个判定的每个条件应取到各种可能的值。

（4）判定/条件覆盖：同时满足判定覆盖、条件覆盖。

（5）条件组合覆盖：每个判定中各条件的每一种组合至少出现一次。

（6）路径覆盖：使程序中每一条可能的路径至少执行一次。

习题与思考

1. 如何快速校验划分出的等价类是否能真正体现“等价”？

2. 黑盒测试和白盒测试是软件测试的两种基本方法，请分别说明各自的优点和缺点。

3. 黑盒测试的测试用例常见设计方法有哪些？请分别以具体的例子说明这些方法在测试用例设计工作中的应用。

4. 现有三角形判断程序，输入三条边，数值为整数，取值在 1～100。请写出三角形问题的等价类表，并使用等价类法、边界值法及决策表法分别设计判断三角形问题的测试用例。

5. 现有 nextDate()函数，有三个参数 month、day 和 year，输入 1000 年到 3000 年之间的任何一天，输出为后一天的日期。请写出等价类表，并使用等价类法、边界值法及决策表法分别设计判断日期的测试用例。

6. 下面这段程序需使用逻辑覆盖法进行测试，请写出（a,b,c）的输入值以达到条件覆盖。

```
int test(int a,b,c){
   int s=0;
   if((a<0)||(b>0)||(a+c>0)) s=a+b+c;
   else s=b-a;
   if(c==0) s=a+b;
   return s;
}
```

7. 下面这段程序需使用逻辑覆盖法进行测试，请写出（a,b,c）的输入值以达到判定覆盖。

```
int test(int a,b,c){
    int s=0;
    if((a<0)&&(b>0)&&(a+c>0)) s=a+b+c;
    else s=b-a;
    if(c==0) s=a+b;
    return s;
}
```

8. 下面这段程序需使用逻辑覆盖法进行测试，请写出（a,b,c）的输入值以达到判定条件覆盖。

```
int test(int a,b,c){
    int s=0;
    if((a<0)||(b>0)||(a+c>0)) s=a+b+c;
    else s=b-a;
    if(c==0) s=a+b;
    return s;
}
```

9. 下面是一段求最大值的程序，其中形参 arr 是数据表。

```
int getMaxIndex(int arr[ ]){
  int k=0;
  for(int i=1;i<arr.length();i++)
      if(arr[i]>arr[k]) k=i;
  return k;
}
```

（1）画出该程序的控制流图，并计算其环路复杂性。

（2）用基本路径覆盖法给出测试路径。

（3）为各测试路径设计测试用例。

10. 下面是一段插入排序的程序。

```
static void insertSort(int[] unsorted){
    for(int i=1; i<unsorted.Length;i++){
         if(unsorted[i-1]>unsorted[i]){
              int temp=unsorted[i];
              int j=i;
              while(j>0&&unsorted[j-1]>temp){
                  unsorted[j]=unsorted[j-1];
                  j--;
              }
              unsorted[j]=temp;
         }
    }
 }
```

（1）画出该程序的控制流图，并计算其环路复杂性。

（2）用基本路径覆盖法给出测试路径。

（3）为各测试路径设计测试用例。

第3章

测试的跟踪与管理

学习目标：

1. 了解测试的概念和测试用例的管理。
2. 掌握集成测试的测试目标、测试环境和评估。
3. 掌握测试用例报告的撰写、测试用例的组织与跟踪。
4. 了解缺陷管理的概念。
5. 掌握缺陷的跟踪与管理。
6. 学会撰写测试用例报告。
7. 学会使用 Bugzilla 进行基本的缺陷管理。

3.1 缺陷的生命周期

软件缺陷（Bug）是发生在软件中的会导致软件产生质量问题的不被接受的偏差。根据传统的定义，只要符合下面 5 种情况中的一种，就可以称其为软件缺陷。这 5 种情况是：

（1）软件未达到软件规格说明书中规定的功能。

（2）软件超出了软件规格说明书中指明的范围。

（3）软件未达到软件规格说明书中应达到的目标。

（4）软件运行出现错误。

（5）软件测试人员认为软件难于理解，不易使用，运行速度慢，或者最终用户认为软件使用效果不好。

所以在整个软件的开发过程中对缺陷进行跟踪管理是一项十分重要的任务，缺陷的跟踪管理是提高软件测试工作效率的重要手段。测试人员若能熟练使用相关测试工具对缺陷进行跟踪管理，不仅可以使团队的工作流程得到规范，使其以缺陷为核心并记录和控制软件的进展情况，从而把握产品质量，而且可以有效地跟踪项目开发的状态，简化和加速变更请求的协调过程，从而大大提高工作效率并节约各种资源。

缺陷存在于软件生命周期的各个阶段，并且在某一阶段产生的缺陷可能是由于上一阶段中的工作失误所造成的。缺陷的生命周期由各种状态组成，这些状态从一个 Bug 被发现到这个 Bug 被关闭这一段时间，缺陷可能会有以下状态：New（新建），Open（打开），Assign（指派），Test（测试），Verified（已核实），Deferred（延期），Reopened（重新打开），Duplicate（重复提交），Rejected（拒绝）和 Closed（关闭）。需要注意这里有很多种状态，测试人员需要根据不同情况来决定是否需要跟开发人员沟通以及怎样与开发人员沟通，以便于及时跟踪和管理软件缺陷。

下面就对这几种状态进行简单解释：

New（新建）：当某个 Bug 被发现时（第一次），测试人员需要与项目负责人沟通以确认发现的的确是一个 Bug，如果被确认是一个 Bug，就将其记录下来，并将 Bug 的状态设这为 New。

Open（打开）：一旦开发人员开始处理 Bug 时，就将这个 Bug 的状态设置为 Open，这表示开发人员正在处理这个 Bug。

Assign（指派）：当一个 Bug 被指认为 New 之后，将其交给开发人员，开发人员将确认这是否是一个 Bug，如果是，开发组的负责人就将这个 Bug 指定给某位开发人员处理，并将 Bug 的状态设定为 Assign。

Test（测试）：当开发人员修复缺陷后，他会把缺陷提交给测试组进行新一轮的测试。在开发人员公布已修复缺陷的程序之前，他会把缺陷状态设定为 Test。这时表明缺陷已经修复并且已经交给了测试组。

Verified（已核实）：一旦缺陷被修复它就会被设定为 Test，测试员会进行测试。如果缺陷不再出现，这就证明缺陷被修复了同时其状态被设定为 Verified。

Deferred（延期）：有些情况下，一些特殊的 Bug 显得不那么重要，同时也是可以消除的，这时可以将 Bug 的状态设定为 Deferred。

Reopened（重新打开）：如果经过再次测试发现 Bug（指 Bug 本身而不是包括因修复而引发的新 Bug）仍然存在的话，测试人员将 Bug 再次传递给开发组，并将 Bug 的状态设定为 Reopened。

Duplicate（重复提交）：如果同一个缺陷被重复提交或者两个缺陷表明的意思相同，那么这个缺陷状态会被设定为 Duplicate。

Rejected（拒绝）：测试组的负责人接到上述 Bug 时，如果发现这是产品说明书中定义的正常行为或者经过与开发人员的讨论之后认为这并不能算作 Bug 时，开发组负责人就将这个 Bug 的状态设定为 Rejected。

Closed（关闭）：如果测试人员经过再次测试之后确认 Bug 已经被解决，就将 Bug 的状态设定为 Closed。

缺陷在走完其生命周期最终会关闭，确定的生命周期保证了过程的标准化。由于缺陷在其生命周期中会处于许多不同的状态，图 3-1 展示了上述生命周期各种状态的过程。

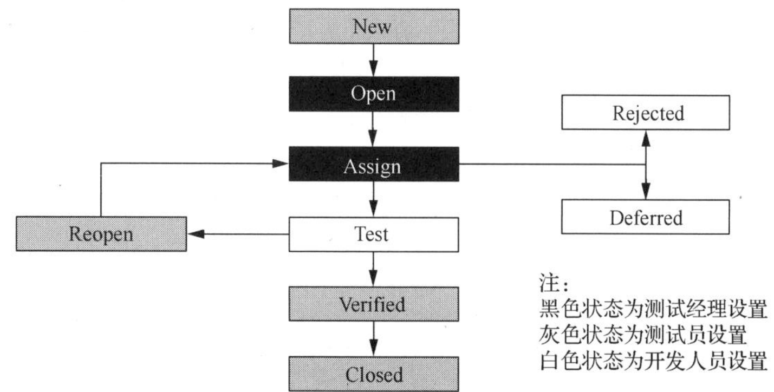

图 3-1　标准缺陷生命周期图

然而在现实的软件测试工作中，上述状态并不是全部都需要或者一成不变的，根据软件项目的复杂度不同，图 3-2 和图 3-3 所示两种状态图是国内很多测试人员适时使用的。

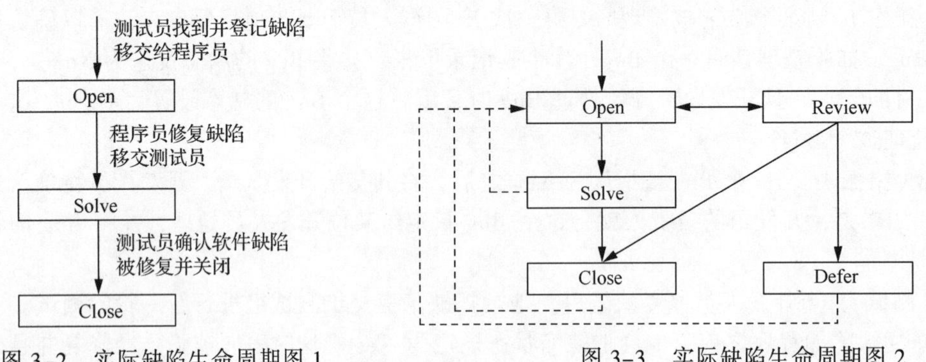

图 3-2　实际缺陷生命周期图 1　　图 3-3　实际缺陷生命周期图 2

3.2　管理测试内容

管理测试需要对测试过程中的多个方面进行详细跟踪，这些内容包括：测试管理文档、测试估算、测试计划制订、测试过程监控、测试商业价值、测试外包、基于风险的测试、失效模式、缺陷管理和影响分析和测试管理难题等。下面着重对测试计划、测试组织和缺陷管理进行阐述。

3.2.1　测试计划

软件项目的测试计划是描述测试目的、范围、方法和软件测试的重点等的文档。对于验证软件产品的可接受程度、编写测试计划文档是一种有用的方式。详细的测试计划可以帮助测试项目组之外的人了解为什么和怎样验证产品。它非常有用但是测试项目组之外的人却很少去读它。软件测试计划作为软件项目计划的子计划，在项目启动初期是必须规划的。在越来越多公司的软件开发中，软件质量日益受到重视，测试过程也从一个相对独立的步骤越来越紧密地嵌套在软件整个生命周期中，这样，如何规划整个项目周期的测试工作；如何将测试工作上升到测试管理的高度都依赖于测试计划的制订。测试计划因此也成为测试工作赖以展开的基础。《ANSI/IEEE 软件测试文档标准 829—1983》将测试计划定义为："一个叙述了预定的测试活动的范围、途径、资源及进度安排的文档。它确认了测试项、被测特征、测试任务、人员安排，以及任何偶发事件的风险。"软件测试计划是指导测试过程的纲领性文件，包含了产品概述、测试策略、测试方法、测试区域、测试配置、测试周期、测试资源、测试交流、风险分析等内容。借助软件测试计划，参与测试的项目成员，尤其是测试管理人员，可以明确测试任务和测试方法，保持测试实施过程的顺畅沟通，跟踪和控制测试进度，应对测试过程中的各种变更。

当今任何商业软件都包含了丰富的功能，因此，软件测试的内容千头万绪，如何在纷乱的测试内容之间提炼测试的目标，是制订软件测试计划时首先需要明确的问题。测试目标必须是明确的，可以量化和度量的，而不是模棱两可的宏观描述。另外，测试目标应该相对集中，避免罗列出一系列目标，从而轻重不分或平均用力。根据对用户需求文档和设计规格文档的分析，确定被测软件的质量要求和测试需要达到的目标。编写软件测试计划的重要目的就是使测试过程能够发现更多的软件缺陷，因此软件测试计划的价值取决于它如何帮助管理测试项目，并且找出软件潜在的缺陷。因此，软件测试计划中的测试范围必须高度覆盖功能需求，测试方法必须切实可行，测试工具具有较高的实用性，便于使用，生成的测试结果直观、准确。

一个好的测试计划可以起到使测试工作和整个开发工作融合起来的作用，以及将资源和变更事先作为一个可控制的风险。图 3-4 所示为常用软件测试计划关系图。

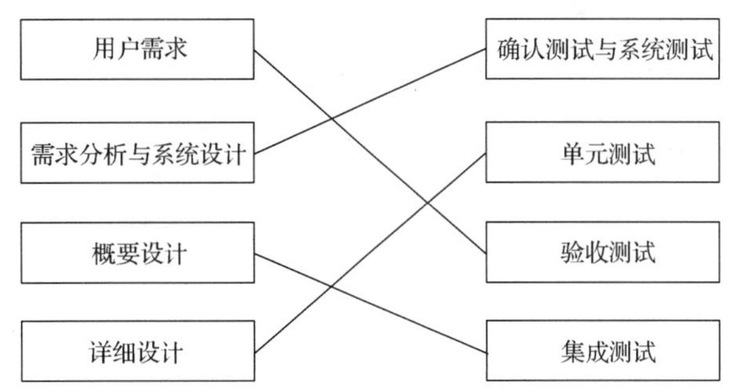

图 3-4　常用软件测试计划关系图

测试计划通常需要包括以下内容：

（1）需要测试什么：包括测试类型，比如功能和性能测试，需要测试的特性，如果产品是继承了之前的产品，哪些新功能，哪些受新功能影响的功能需要测试，都需要说明。

（2）不需要测试什么：如果这个产品是继承了之前的产品，哪些原来的功能不受新功能的影响，不需要测试。

（3）测试日程安排：测试的时间安排，什么时候开始什么测试。做这个计划的前提是发行日程安排（Release Schedule）已经做好了，什么新功能在哪个版本集成是确定下来的事情。

（4）测试资源：测试人员是否准备好了，测试需要的硬件或者环境是否准备就绪。

（5）风险：可能出现的问题，知道了这些问题，才能提前预防问题的出现；如果问题真的出现了，才能有相应的对策降低风险。

（6）输入与输出：测试需要什么样的输入、会给出什么样的输出。

（7）相关的人员列表：让大家看到这个测试计划知道这个项目的大致人员结构，通常包括：项目主管（Project Leader）、项目市场部经理（Project Marketing Manager）、关键开发工程师（Key Developers）、关键测试工程师（Key Test Engineers）、测试经理（Test Manager）等。

（8）参考文档：很多时候测试计划需要和其他文档联系起来看，或者测试计划还有一些子计划文档，这些文档都需要添加到测试计划的参考文档列表中。

（9）测试计划版本信息：通常测试计划需要更改好多遍，这就需要版本信息跟踪测试计划的状态，是 Draft（起草），还是 Approved（批准）。

（10）作者：谁做的这个测试计划，通常是测试经理。为了更好地跟踪，需要把作者加进来。

（11）保密级别：很多公司的文档都是有保密级别的，有的只能本项目的人看，有的全公司的人都可以看，有的外部的人也可以看。加上这个保密级别，阅读这个测试计划的人就知道可以把这个测试计划转发给哪些人，不可以转发给哪些人。

（12）更新的Log：记录谁什么时候对这个测试计划做了哪些改动。

（13）测试计划简介：在测试计划的最前面通常会对这个测试计划有一个简单的介绍，说明这个测试计划的功效。

（14）目录：大部分文档都有，如果测试计划内容比较多，必须做个目录。

编写软件测试计划时，要避免测试计划的“大而全”，无所不包，篇幅冗长，长篇大论，重点不突出，既浪费写作时间，也浪费测试人员的阅读时间。“大而全”的一个常见表现就是测试计划文档包含详细的测试技术指标、测试步骤和测试用例。最好的方法是把详细的测试技术指标包含到独立创建的测试详细规格文档，把用于指导测试小组执行测试过程的测试用例放到独立创建的测试用例文档或测试用例管理数据库中。测试计划、测试详细规格、测试用例之间是战略和战术的关系，测试计划主要从宏观上规划测试活动的范围、方法和资源配置，而测试详细规格、测试用例是完成测试任务的具体战术。第1章中介绍的W模型是对软件项目进行测试的常规计划。

测试人员还可以结合使用5W规则来编写测试计划，5W指的What（做什么）、Why（为什么做）、When（何时做）、Where（在哪里）、How（如何做）。利用5W规则创建软件测试计划，可以帮助测试团队理解测试的目的（Why），明确测试的范围和内容（What），确定测试的开始和结束日期（When），指出测试的方法和工具（How），给出测试文档和软件的存放位置（Where）。为了使5W规则更具体化，需要准确理解被测软件的功能特征、应用行业的知识和软件测试技术，在需要测试的内容中突出关键部分，可以列出关键及风险内容、属性、场景或者测试技术。对测试过程的阶段划分、文档管理、缺陷管理、进度管理给出切实可行的方法。

就通常软件项目而言，基本上采用“瀑布型”开发方式，这种开发方式下，各个项目主要活动比较清晰，易于操作。整个项目的生命周期为“需求－设计－编码－测试－发布－实施－维护”。然而，在制订测试计划时，有些测试经理对测试的阶段划分还不是十分明晰，经常性遇到的问题是把测试单纯理解成系统测试，或者把各类型测试设计（测试用例的编写和测试数据准备）全部放入生命周期的“测试阶段”，这样造成的问题是浪费了开发阶段可以并行的项目日程，另一方面造成测试不足。相应阶段可以同步进行相应的测试计划编制，而测试设计也可以结合在开发过程中实现并行，测试的实施（执行测试的活动）即可连贯在开发之后。值得注意的是：单元测试和集成测试往往由开发人员承担，因此这部分的阶段划分可能会安排在开发计划而不是测试计划中。

测试计划写作完成后需要启动评审机制，如果没有经过评审，直接发送给测试团队，测试计划内容可能不准确或遗漏测试内容，或者软件需求变更引起测试范围的增减，而测试计划的内容没有及时更新，误导测试执行人员。测试计划包含多方面的内容，编写人员可能受自身测试经验和对软件需求的理解所限，而且软件开发是一个渐进的过程，所以最初创建的测试计划可能是不完善的、需要更新的。需要采取相应的评审机制对测试计划的完整性、正确性、可行性进行评估。例如，在创建完测试计划后，提交到由项目经理、开发经理、测试经理、市场经理等组成的评审委员会审阅，根据审阅意见和建议进行修正和更新。测试计划改变了已往根据任务进行测试的方式，因此，为使测试计划得到贯彻和落实，测试组人员必须及时跟踪软件开发的过程，对产品提交测试做准备，测试计划的目的，本身就是强调按规划的测试战略进行测试，淘汰以往以任务为主的临时性。在这种情况下，测试计划中强调对变更的控制显得尤为重要。变更来源于以下几个方面：项目计划的变更，需求的变更和测试产品版本的变更。

测试计划同样必须面对风险。测试阶段的风险主要是对上述变更所造成的不确定性，有效的应对这些变更就能降低风险发生的概率。要想计划本身不成为空谈和空白无用的纸质文档，对不确定因素的预见和事先防范必须做到心中有数。对于项目计划的变更，除了测试人员及时跟进项目以外，项目经理必须认识到测试组也是项目成员，因此必须把这些变更信息及时通知到项目组，使得整个项目得到顺延。项目计划变更一般涉及的都是日程变更，令人遗憾的是，往往为了进度的原因，交付期限是既定的，项目经理不得不减少测试的时间，这样，执行测试的时间就被压缩了。在这种情况下，测试经理常常固执地认为进度缩减的唯一方法就是向上级通报并主观认为产品质量一定会下降，这种做法和想法不一定是正确的。

由于测试计划本身具有一定的风险性，规避风险成为软件测试人员必须考虑的问题。规避风险的办法可以有：项目组的需求分析人员和实施人员参与系统测试；抽调不同模块开发者进行交叉系统测试或借用其他项目开发人员做测试；组织客户方进行确认测试或发布 β 版本。

总之，再完美的测试计划也会存在对测试计划的管理和监控问题。一份计划投入再多的时间去做也不能保证按照这份计划实施。好的测试计划是成功的一半，另一半是对测试计划的执行。对小项目而言，一份更易于操作的测试计划更为实用，对中型乃至大型项目来看，测试经理的测试管理能力就显得格外重要，要确保计划不折不扣地执行下去，测试经理的人际协调能力，项目测试的操作经验、公司的质量现状都能够对项目测试产生足够的影响。另外，计划也是“动态的”。不需要将所有可能因素都囊括进去，也不必针对这种变化额外制订“计划的计划”，测试计划制订不能在项目开始后被束之高阁，而是紧追项目的变化，实时进行思考和贯彻，根据现实修改，然后成功实施，这才能实现测试计划的最终目标——保证项目最终产品的质量。

3.2.2 测试组织

软件测试是在有关测试组织领导下进行的具体工作，对组织结构、人员和团队等有具体要求。

1. 对组织结构的要求

软件测试是由组织和人员进行的测试工作，具体的组织结构图如图 3-5 所示。

测试工作的有关人员结构如图 3-6 所示。

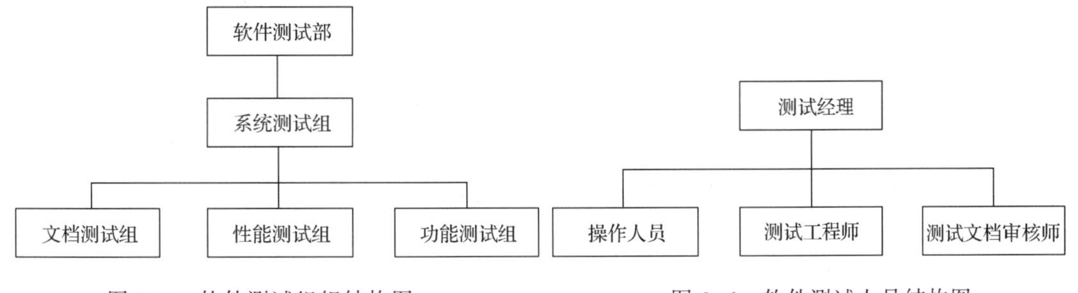

图 3-5 软件测试组织结构图　　图 3-6 软件测试人员结构图

2. 对人员的要求

软件测试人员最好具有软件开发经验，理解软件工程的知识。软件测试过程中，必须要合理地组织人员。将软件测试人员分成三部分：一部分为上机测试人员（测试执行者），一部分为测试结果检查核对人员（测试工具软件开发工程师），还有一部分是测试数据制作人员（高级软件测试工程师）。这三部分人员应该紧密配合，互相协调，保证软件测试工作的顺利进行。具体人员分类如下：

1）上机测试人员

上机测试人员负责理解产品的功能要求，然后根据测试规范和测试案例对其进行测试，检查软件有没有错误，确定软件是否具有稳定性，承担最低级的执行角色。

2）测试结果核对人员

测试结果检查核对人员负责编写测试工具代码，并利用测试工具对软件进行测试，或者开发测试工具为软件测试工程师服务。

3）测试数据制作人员

测试数据制作人员要具备编写程序的能力。因为不同产品的特性不一样，对测试工具的要求也是不同的，就像 Windows 的测试工具不能用于 Office，Office 的测试工具也不能用于 SQL Server，微软的很多测试工程师就是专门负责为某个产品写测试程序的。

4）测试经理

测试经理主要负责测试内部管理以及与其他外部人员、客户的交流等，测试经理需要具备项目经理所具备的知识和技能。同时，项目经理在测试工作开始前需要书写《测试计划书》，在测试结束时需要书写《测试总结报告》。

3. 对团队的要求

一个优秀的测试团队是测试组织工作的前提条件，测试团队的建立需要考虑以下方面：

1）团队的规模

可根据测试任务或者软件开发人员与软件测试人员的比例决定软件测试团队的规模。理想的测试团队成员的数量与代码开发人员的数量是 1∶1 的关系。

2）团队成员有明确的角色任务

各成员在测试团队中都有明确的角色，负担的任务也要明确。在软件测试过程中“灰色任务划分”是最为忌讳的。往往会因为职责的不明确而导致软件中某些功能点遗漏测试，给软件质量带来隐患。所以在测试任务开始前，团队领导者应做好详细的任务划分，形成明确的书面文档后，再将任务分派给组内各成员。成员的分工也是如此，例如一个软件测试团队中会由技术开发人员来负责自动化测试开发的工作，软件测试设计人员负责测试用例、方法、工具的提供，测试执行人员依据现有测试用例或标准执行并在执行过程中创新测试执行的方法。

3）团队成员的类型

组建软件测试团队时也要考虑到团队成员的技能、个性以及经验的多样性的因素。如果整个队伍的技术和性格构成很合理那么将会大大提高这个团队的整体实力，让 1+1>2 成为可能。其次团队成员类型的多样性也会有助于提高团队的应变能力。下面列出几个具有代表性的类型：

（1）具有创新精神的测试人员：这类测试人员往往会较快地接受新生事物，他们喜欢探求从未使用过的新奇工具、技术等。这些新的测试工具或新技术的发现会带动整个测试团队技术上的推陈出新，让本来墨守成规的测试工作充满新鲜的体验。大家在交流新技能的同时也会带动起较高的学习热情。

（2）有测试欲望并能够持之以恒的测试人员：充满测试热情、善于发现隐藏的软件缺陷、较真是这类软件测试人员的共性。往往枯燥的工作会让人失去耐心，但这类测试人员会始终抱着最大的热情投入到测试工作中。对于这样的成员来说发现软件缺陷是他们最大的乐趣，工作上的每一个发现都会带给他们源源不断的自信。团队中也正是有这样的成员存在，正是有他们在关键时刻发现软件产品的隐患，才能避免事后补救造成的不必要的人力、物力资源的浪费。

（3）富有经验的软件测试人员：不管情况如何他们都可以找到正确的位置来运行程序，以发现关键的缺陷。这正是富有经验的软件测试人员的宝贵之处。在很多情况下，根据对相似类型的项目的经验，一个软件测试工程师可能会准确知道在哪里找“致命缺陷”。

（4）具有远见性的测试人员：与具有创新精神的测试人员不同的是具有远见的软件测试工程师往往会发现更高级的策略性问题的解决方案。团队需要一个能看清团队发展方向的人——对如何进行软件测试有广泛认识，而且对团队成员在测试项目中所处的位置和作用有深入认识的人。这类测试人员会推动整个团队的不断进步。

4）团队的连续性

（1）人员的稳定性：一个有效的软件测试团队是由不同类型的测试人员组成的，确保团队的持续性为未来做好准备非常重要。在长期的共同过程中，成员间培养出了工作上的默契，这种默契往往是提高测试效率必不可少的条件。团队成员的缺失不仅会打破这种长期合作的格局，也会给项目团队带来工作上的损失。好的测试人员所具备的专业技能和对项目的理解需要很长时间的磨炼和培养，不会在一朝一夕间迅速成长。

（2）人员交叠培养：软件测试团队应该为未来作出同样的计划培养并交叠下一代软件测试人才，这将保证团队保持它的成功。即使在短期的资源缺失情况下甚至在他们辞职的情况下也不会受严重影响。

5）完善的工作记录机制

制定好软件测试工作中各项标准是保证测试质量的重要环节，没有标准的工作将很难产生出高效、正确的工作成果。所以在执行某项工作之前花些功夫制定出各项标准是很必要的。为团队打造短期、长期目标。短期目标可以用于当前所要完成的任务，长期目标适用于测试团队的长远发展。

6）良好的管理制度

完善的管理制度不仅会起到约束的作用，还会有助于软件测试人员的自我管理。例如，汇报制度、工作总结、计划制度、奖惩制度、审核制度、会议制度等。好的制度会激励测试人员的工作热情和持续工作下去的决心。

3.2.3 缺陷管理

1. 软件开发过程中容易出现的问题

测试的最终目的是发现软件中存在的缺陷，当软件的缺陷被发现后，最困难的往往不是如何去记录，缺陷的解决和跟踪是测试过程中最难以控制和解决的。对缺陷进行管理就可以确保每个被发现的缺陷能够被及时处理，也就保证了测试工作的有效性。没有进行缺陷跟踪管理，软件开发过程中就很容易出现下列问题：

（1）对测试中发现的问题，随手记录或依靠记忆的方式来记录，能记录的数量有限，并且常常会被遗忘。

（2）测试过程中发现的缺陷需要反馈给开发人员进行修改，没用详细的跟踪记录很难保证缺陷全部被解决。

（3）缺乏记录缺陷状态的文档，对于开发人员不知道修改后的程序是否通过测试，而对于测试人员也不知道缺陷是否已经被修改，需不需要再进行测试。

（4）没有直观的图表，项目管理人员不能够及时了解测试工作的进展，影响整个项目的进展。

（5）软件提交的测试报告缺乏过程性的文件，用户不确定软件的质量，一旦使用中出现问题，测试人员和开发人员的责任很难划分。

（6）没有相关缺陷记录，团队研发的经验教训得不到继承，在开发的过程中就会重复同样的错误。当这些问题频繁地出现在开发过程中后，项目管理过程中就引入了缺陷跟踪管理来解决这些问题。

2. 软件缺陷的分类

软件缺陷可以通过以下标准进行详细分类：

1）缺陷属性

缺陷的属性包括以下8项。

（1）缺陷标识（Identifier）：缺陷标识是标记某个缺陷的一组符号。每个缺陷必须有唯一的标识。

（2）缺陷类型（Type）：缺陷类型是根据缺陷的自然属性划分的缺陷种类。

（3）缺陷严重程度（Severity）：缺陷严重程度是指因缺陷引起的故障对软件产品的影响程度。

（4）缺陷优先级（Priority）：缺陷的优先级指缺陷必须被修复的紧急程度。

（5）缺陷状态（Status）：缺陷状态指缺陷通过一个跟踪修复过程的进展情况。

（6）缺陷起源（Origin）：缺陷来源指缺陷引起的故障或事件第一次被检测到的阶段。

（7）缺陷来源（Source）：缺陷来源指引起缺陷的起因。

（8）缺陷根源（Root Cause）：缺陷根源指发生错误的根本因素。

2）缺陷类型（Type）

（1）F——Function：影响了重要的特性、用户界面、产品接口、硬件结构接口和全局数据结构。并且设计文档需要正式变更。如逻辑、指针、循环、递归、功能等缺陷。

（2）A——Assignment：需要修改少量代码，如初始化或控制块。如声明、重复命名、范围、限定等缺陷。

（3）I——Interface：与其他组件、模块或设备驱动程序、调用参数、控制块或参数列表相互影响的缺陷。

（4）C——Checking：提示的错误信息，不适当的数据验证等缺陷。

（5）B——Build/package/merge：由于配置库、变更管理或版本控制引起的错误。

（6）D——Documentation：影响发布和维护，包括注释。

（7）G——Algorithm：算法错误。

（8）U——User Interface：人机交互特性：屏幕格式、确认用户输入、功能有效性、页面排版等方面的缺陷。

（9）P——Performance：不满足系统可测量的属性值。如执行时间、事务处理速率等。

（10）N——Norms：不符合各种标准的要求，如编码标准、设计符号等。

3）缺陷严重等级（Severity）

严重性顾名思义就是软件缺陷对软件质量的破坏程度，即此软件缺陷的存在将对软件的功能和性能产生怎样的影响。

在软件测试中，软件缺陷严重性的判断应该从软件最终用户的观点做出判断，即判断缺陷的严重性要为用户考虑，考虑缺陷对用户使用造成的恶劣后果的严重性。

一旦发现软件缺陷，就要设法找到引起这个缺陷的原因，分析对产品质量的影响，然后确定软件缺陷的严重性和处理这个缺陷的优先级。各种缺陷所造成的后果是不一样的，有的仅仅是不方便，有的可能是灾难性的。一般问题越严重，其处理优先级就越高。

（1）Critical：不能执行正常工作功能或重要功能，或者危及人身财产安全。

（2）Major：严重地影响系统要求或基本功能的实现，且没有办法更正。（重新安装或重新启动该软件不属于更正办法）

（3）Minor：严重地影响系统要求或基本功能的实现，但存在合理的更正办法。（重新安装或重新启动该软件不属于更正办法）

（4）Cosmetic：使操作者不方便或遇到麻烦，但它不影响执行工作功能或重要功能。

（5）Other：其他错误。

4）缺陷优先级（Priority）

优先级是表示处理和修正软件缺陷的先后顺序的指标，即哪些缺陷需要优先修正，哪些缺陷可以稍后修正。

确定软件缺陷优先级，更多的是站在软件开发工程师的角度考虑问题，因为缺陷的修正顺序是个复杂的过程，有些不是纯粹技术问题，而且开发人员更熟悉软件代码，能够比测试工程师更清楚修正缺陷的难度和风险。

（1）Resolve Immediately：缺陷必须被立即解决。

（2）Normal Queue：缺陷需要正常排队等待修复或列入软件发布清单。

（3）Not Urgent：缺陷可以在方便时被纠正。

5）缺陷严重级与优先级

严重性和优先级是表征软件测试缺陷的两个重要因素，它们影响软件缺陷的统计结果和修正缺陷的优先顺序，特别在软件测试的后期，将影响软件是否能够按期发布。

对于软件测试初学者而言，或者没有软件开发经验的测试工程师，对于这两个概念的理解，对于它们的作用和处理方式往往理解的不彻底，实际测试工作中不能正确表示缺陷的严重性和优先级。这将影响软件缺陷报告的质量，不利于尽早处理重要的软件缺陷，可能影响软件缺陷的处理时机。

缺陷的严重性和优先级是含义不同但相互联系密切的两个概念。它们都从不同的侧面描述了软件缺陷对软件质量和最终用户的影响程度和处理方式。

一般地，严重性程度高的软件缺陷具有较高的优先级。严重性高说明缺陷对软件造成的质量危害性大，需要优先处理，而严重性低的缺陷可能只是软件不太尽善尽美，可以稍后处理。

但是，严重性和优先级并不总是一一对应。有时候严重性高的软件缺陷，优先级不一定高，甚至不需要处理，而一些严重性低的缺陷却需要及时处理，具有较高的优先级。

修正软件缺陷不是一件纯技术问题，有时需要综合考虑市场发布和质量风险等问题。例如，如果某个严重的软件缺陷只在非常极端的条件下产生，则没有必要马上解决。另外，如果修正一个软件缺陷，需要重新修改软件的整体架构，可能会产生更多潜在的缺陷，而且软件由于市场的压力必须尽快发布，此时即使缺陷的严重性很高，是否需要立刻修正，需要全盘考虑。

另一方面，如果软件缺陷的严重性很低，例如，界面单词拼写错误，但是如果是软件名称或公司名称的拼写错误，则必须尽快修正，因为这关系到软件和公司的市场形象。

正确处理缺陷的严重性和优先级不是件非常容易的事情，对于经验不是很丰富的测试和开发人员而言，经常犯的错误有以下几种情形：

（1）将比较轻微的缺陷报告成较高级别的缺陷和高优先级，夸大缺陷的严重程度，经常给人“狼来了”的错觉，将影响软件质量的正确评估，也耗费开发人员辨别和处理缺陷的时间。

（2）将很严重的缺陷报告成轻微缺陷和低优先级，这样可能掩盖了很多严重的缺陷。如果在项目发布前，发现还有很多由于不正确分配优先级造成的严重缺陷，将需要投入很多人力和时间进行修正，影响软件的正常发布。或者这些严重的缺陷成了“漏网之鱼”，随软件一起发布出去，影响软件的质量和用户的使用信心。

因此，正确处理和区分缺陷的严重性和优先级，是软件测试人员和开发人员，以及全体项目组人员的一件大事。处理严重性和优先级，既是一种经验技术，也是保证软件质量的重要环节，应该引起足够的重视。

6）缺陷起源（Origin）

（1）Requirement：在需求阶段发现的缺陷。

（2）Architecture：在构架阶段发现的缺陷。

（3）Design：在设计阶段发现的缺陷。

（4）Code：在编码阶段发现的缺陷。

（5）Test：在测试阶段发现的缺陷。

7）缺陷来源

（1）Requirement：由于需求的问题引起的缺陷。

（2）Architecture：由于构架的问题引起的缺陷。

（3）Design：由于设计的问题引起的缺陷。

（4）Code：由于编码的问题引起的缺陷。

（5）Test：由于测试的问题引起的缺陷。

（6）Integration：由于集成的问题引起的缺陷。

8）影响缺陷产生的因素

影响缺陷产生的因素有很多，将这些因素按来源方分成以下几类，如表 3-1 所示。

表 3-1　影响缺陷产生的因素

影响缺陷因素	描　述
目标	错误的范围，错误了解目标，超越能力的目标等
过程（工具与方法）	无效的需求收集过程、过时的风险管理过程、不适用的项目管理方法、没有估计规程、无效的变更控制过程等
人	项目团队职责交叉、缺乏培训、没有经验的项目团队、缺乏士气和动机不纯等
组织与通信	缺乏用户参与、职责不明确、管理失败等
硬件	处理器缺陷导致计算精度丢失、内存溢出等
软件	操作系统错误导致无法释放资源，如软件的错误，编译器的错误，千年虫问题等
环境	组织机构调整、预算改变、罢工、噪声、中断、工作环境恶劣等

以上各种缺陷分类标准的适用范围如表 3-2 所示。

表 3-2　缺陷分类适用范围表

缺陷属性	软件测试	同行评审
缺陷标识（Identifier）	●	●
缺陷类型（Type）	●	●
缺陷严重程度（Severity）	●	●
缺陷优先级（Priority）	●	□
缺陷状态（Status）	●	□
缺陷起源（Origin）	●	●
缺陷原因（Cause）	■	■
缺陷根源（Root Cause）	□	□
●：需要记录　□：不考虑　■：可以不考虑，也可以记录		

9）制作缺陷报告时需遵守的规范

缺陷报告是缺陷管理的重要组成部分，目的是保证修复错误的人员可以重复报告的错误，从而有利于分析错误产生的原因，定位错误，然后修正。因此，报告软件测试错误的基本要求是准确、简洁、完整、规范。

（1）报告软件缺陷的原则如下：

- 尽快报告软件缺陷。
- 尽可能提交有说服力的缺陷。
- 有效描述软件缺陷：短小、单一、明显和通用、再现。
- 根据缺陷或错误类型，选择图像捕捉方式。
- 在报告软件缺陷时不作评价。
- 补充完善软件缺陷报告。

（2）更好地报告缺陷的原则：

- 只有当你确信你已经发现一个 Bug 时，开始起草 Bug Report，不要在测试结束或每天结束之后。那样，你可能会遗忘掉一些东西。更糟的情况是，可能会忘掉那个 Bug。
- 花一些时间去诊断你正在报告的缺陷，想想可能存在的原因，可能到最后你会发现更多的缺陷。在你的 Bug Report 中说说你的发现。
- 不要在 Bug Report 中夸大缺陷。同样，也不要太轻描淡写。
- 不管 Bug 是多么的令人讨厌，别忘了是 Bug 令人讨厌，而不是开发人员。永远不要冒犯开发人员的努力，使用委婉些的说法。“混乱的 UI”可以改为“不正确的 UI”，这样开发人员的努力将会得到尊重。
- 保持简单诚实。Bug Report 不是在写散文或文章，因此使用简单的语言。
- 在编写 Bug Report 时记住自己的目标读者。他们可能是开发人员、其他测试人员、经理，或者在一些情况下，甚至是客户。Bug Report 需要被所有人理解。
- “可重现的步骤”的流程应该是合乎逻辑的。

- 清楚地列出前提条件。
- 写下平常的步骤。例如，如果一个步骤要求用户创建文件并且为它命名，不要要求用户命名为“Mike's file”。最好命名为“Test File”等文件名。
- “可重现的步骤”应该详尽。例如，如果想让用户在Word中保存一个文件，可以要求用户选择 File→Save 命令，也可以只说“保存文件”。但是记住，并不是所有人都知道如何在 Word 中保存文件。因此最好遵守第一种方法。
- 在一个干净的系统中测试“可重现的步骤”，可能会发现有些步骤被遗漏或是毫无关系的。
- 如果 Bug 是和一组特定的测试数据相关，在 Bug Report 上附带它。
- 如果要在 Bug Report 中附带截屏，要确保那些图片不要太大，使用 jpg 或 gif 格式，不要使用 bmp 格式。
- 在截屏上添加注释以指出问题所在。这将帮助开发人员快速定位问题。
- 在设置 Bug Report 的严重程度之前应该全面分析缺陷的影响程度。如果认为 Bug 具有很高的优先级应该被修复，在 Bug Report 中证明这一点。应该在 Bug Report 的描述部分指出这个理由。
- 如果 Bug 是来自上个内部小版本或版本回归的结果，那么发出警报。像这种 Bug 的严重程度可能比较低，但是优先级别应该比较高。

（3）截取缺陷图像的规则：

缺陷报告中的屏幕截图处理在缺陷管理中也非常重要，截取缺陷的图像可以使用 Windows 操作系统的快捷键，但是更多的是使用屏幕捕捉工具（Capturing Tools）。虽然截取并附上缺陷图像不太复杂，但是关于截图的类型、工具、编辑、存储格式、命名规则，有不少值得注意的事项，为了准确、有效地截取和编辑缺陷图像，需要测试工程师遵守相同的处理规则。

- 截取缺陷的图像，通常分为截取全屏幕、当前活动窗口、局部图像三种形式。实际测试过程中，根据下列两条原则选择合适的类型：
  - 可以最大限度地表现缺陷的特征。
  - 尽可能减小图像的大小，以便于传输和查看。
- 最常见的是截取当前活动窗口，例如包含缺陷的对话框。截取全屏幕用得较少，而且消耗很多的文件存储空间。
- 如果截图运行在 Windows 操作系统下的软件缺陷，可以使用 Windows 操作系统自带的快捷键，但是最经常使用的是利用各种截图工具直接截取。
- 截图工具有很多种，截取静态图像最常使用的是 HyperSnap，它的优点是支持各种截图类型，而且截图后可以在 HyperSnap 中直接编辑。
- 缺陷截图的编辑内容包括：
  - 圈出缺陷的典型表现特征。
  - 添加描述性文字。
  - 利用箭头将圈出的特征和描述性文字相连接。
  - 仅圈选最能表示缺陷特征的区域。
- 比较规范的截图命名形式如下：[语言]_[操作系统]_[类型]_[编号].GIF。
- 同一个测试项目中，截图的编辑方式、命名规则、存储类型等信息要保持一致。

10）缺陷管理中的其他注意事项

（1）不是所有的软件缺陷都能修复的，这是因为以下原因造成的：

- 没有足够的时间
- 不算真正的软件缺陷
- 修复的风险太大
- 不值得修复
- 软件缺陷报告不够有效

（2）分离和再现软件缺陷也是缺陷管理中的组成部分：

- 分离和再现软件缺陷是非常技巧性的工作
- 不存在随机软件缺陷的事情
- 分离和再现软件缺陷的建议

（3）不要想当然地接受任何假设；查找时间依赖和竞争条件的问题；检查与压迫和负荷相关的边界条件；关注事件发生的次序；考虑资源依赖性和内存、网络、硬件共享的相互作用；不要忽视硬件偶然性不可重现的 Bug 的出现时，测试人员可以做如下工作：

- 尽力去查找出错的原因，比如有什么特别的操作，或者一些操作环境等。
- 程序员对程序比测试人员熟悉的多，也许你提交了，即使无法重现，程序员也会了解问题所在。
- 无法重现的问题再次出现后，可以直接叫程序员来看看问题。
- 对于测试人员来说，没有操作错误这条。既然遇到，就是问题。即使真的操作错了，也要推到程序员那里，既然测试人员犯错误，用户也可能会犯同样的错误。

（4）软件测试人员在 Bug 的追踪过程中需要注意的问题：

- 尽量减少重现的步骤以达到用最少的步骤来重现问题；这可以帮助编程人员发现问题的根源。
- 最好由报 Bug 的人验证 Bug 是否可以关闭。任何人都可以修复 Bug，但只有那个发现 Bug 的人才能够确信 Bug 是否真正的已被修复。
- 在将 Bug 解决时要分清楚解决的方式。一般的 Bug 系统允许通过如 fixed（已修复）、won't fix（不打算修复）、postponed（以后修复）、not repro（不可重现）、duplicate（重复）或 by design（设计如此）方式解决 Bug。同时最好写上解决的方式或非正常解决问题的原因。
- 仔细追踪版本信息。给测试人员的每个 build（标号）都应该有一个 build ID 编号。
- 当 Bug 报告以 not repro（不可重现）返回时，先检查每个步骤是否有遗漏、是否清晰，再去找编程人员。
- 如果知道 Bug 出现模块的负责人员或将解决 Bug 的开发人员，请在标题中明确指出，例如你发现的 Bug 是有关增加人员的，那么在标题中可以指出“增加人员时出现 xx 错误”。
- 如果用英文报 Bug，最好使用现在时或过去时，例如用“appears”而不是“will appear”。
- 不要使用完全的大写形式，那样会让人感觉像控诉。不要使用感叹号或其他表现个人感情色彩的词语或符号。
- 一个好的 Bug Report 是不可以细分的，换句话说就是这个 Bug 是不会让他人觉得你还有些地方需要再测试一下，或许还有问题。

3.3 测试管理工具简介

对于项目管理，缺陷跟踪是很重要的一个环节，它除了可以对需求的完成度进行控制，同时也可以对软件本身的质量进行控制，以保证软件开发迭代的顺利进行。

3.3.1 软件缺陷报告和跟踪

1. 手工软件缺陷报告和跟踪

图 3-7 所示为手工表单报告图。

WIDGETS SOFTWARE INC BUG REPORT BUG:

SOFTWARE: RELEASE: VERSION:

TESTER: DATE: ASSIGNED TO:

SEVERITY: 1 2 3 4 PRIORITY: 1 2 3 4 REPRODUCIBLE: Y N

TITLE:

DESCRIPTION:

RESOLUTION: FIXED DUPLICATE NO REPRO CAN'T FIX DEFERRED WON'T FIX

DATE RESOLVED: RESOLVED BY: VERSION:

RESOLUTION COMMENT:

RETESTED BY: VERSION TESTED: DATE TESTED:

RETEST COMMENT:

SIGNATURES:

ORIGINATOR: TESTER:

PROGRAMMER: PROJECT MANAGER:

MARKETING: PRODUCT SUPPORT:

图 3-7 手工表单报告图

手工表单报告方式的主要优缺点如下：

（1）表单可以容纳标识和描述软件缺陷的必要信息。

（2）书面表单的问题在于效率比较低。

2. 自动软件缺陷报告和跟踪

原来的软件项目开发中的缺陷跟踪通常都是通过 Excel 表格的形式完成的，这种表格虽然也可以进行项目管理和项目执行度的交互，但效率与实时性不高，同时也不好维护和统计，因此就出现了缺陷跟踪系统，通过软件技术来解决软件项目的管理问题。目前缺陷跟踪系统还是比较多的，比较有名的像 Mercury 的 Quality Center、Seapine 的 Test Track Pro、TechExcel 的 DevTrack、Atlassian 的 JIRA 以及 IBM 的 ClearQuest 等。

3.3.2 Bugzilla 的安装和使用

下面着重介绍一款软件缺陷追踪工具——Bugzilla。它是 Mozilla 公司推出的一款开源的免费 Bug 追踪系统，用来帮助使用者管理软件开发，建立完善的 Bug 跟踪体系。起初是针对 Linux 系统的，但是在 Windows 平台下依然可以成功安装使用。Bugzilla 是一个搜集缺陷的数据库。它让用户报告软件的缺陷从而把它们转给合适的开发者。开发者能使用 Bugzilla 保持一个要做事情的优先表，还有时间表和跟踪相关性。Bugzilla 作为一个产品缺陷的记录及跟踪工具，它能够建立一个完善的 Bug 跟踪体系，包括报告 Bug、查询 Bug 记录并产生报表、处理解决、管理员系统初始化和设置四部分。

1. Bugzilla 的优点

Bugzilla 具有的优点如下：

（1）基于 Web 方式，安装简单、运行方便快捷、管理安全。

（2）有利于缺陷的清楚传达。系统使用数据库进行管理，提供全面详尽的报告输入项，产生标准化的 Bug 报告。能根据各种条件组合进行 Bug 统计。当错误在它的生命周期中变化时，开发人员、测试人员以及管理人员将及时获得动态的变化信息，允许用户获取历史记录。

（3）系统灵活，具有强大的可配置能力。Bugzilla 工具可以对软件产品设定不同的模块，并针对不同的模块设定开发人员和测试人员；这样可以实现提交报告时自动发给指定的责任人；并可设定不同的小组，权限也可划分。允许设定不同的严重程度和优先级，使注意力集中在优先级和严重程度高的错误上。

（4）自动发送 Email，通知相关人员，有效地帮助测试人员和开发人员进行沟通。

2. 安装 Bugzilla 的前期准备

（1）安装环境：操作系统为 Windows 平台。

（2）Bugzilla：4.2 版或以上。

（3）数据库：MySQL v5.5.21 For Windows 或以上。

（4）Web 服务器：IIS 服务器或者 Web Server Apache 2.2.22 或以上。

（5）Perl 解析器：ActivePerl-5.14.2.1402-MSWin32-x86-295342.msi 或以上。

注意：此处假定用户计算机中已安装 SMTP 邮件服务器，若没有可以通过网络下载该服务。或者使用 Windows 搭建一个 POP3 SMTP 邮件服务器。

3. Bugzilla 的安装步骤

1）安装 MySQL 数据库

双击 MySQL 数据库安装软件，进入图 3-8 所示界面。

单击 Next 按钮，界面如图 3-9 所示。

此处选择 Custom 单选按钮，单击 Next 按钮，打开界面如图 3-10 所示。

在此改变 MySQL 的安装目录，单击 Change 按钮，打开界面如图 3-11 所示。

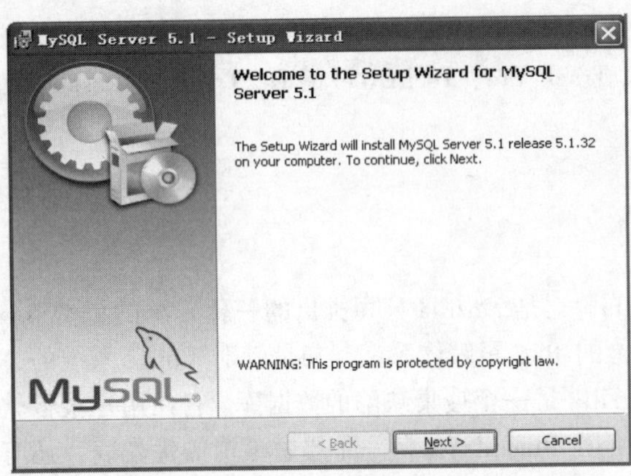

图 3-8　MySQL 安装 1

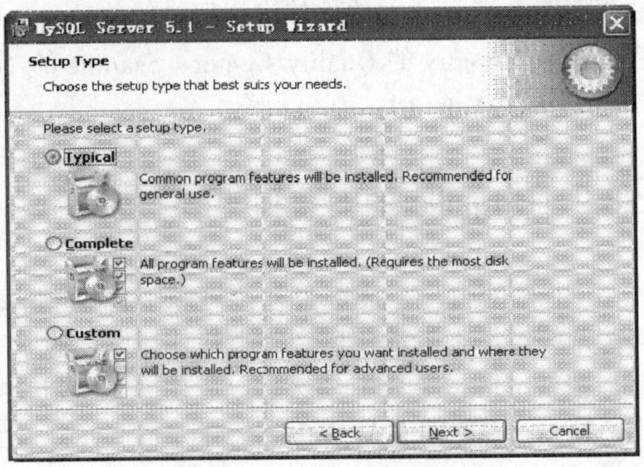

图 3-9　MySQL 安装 2

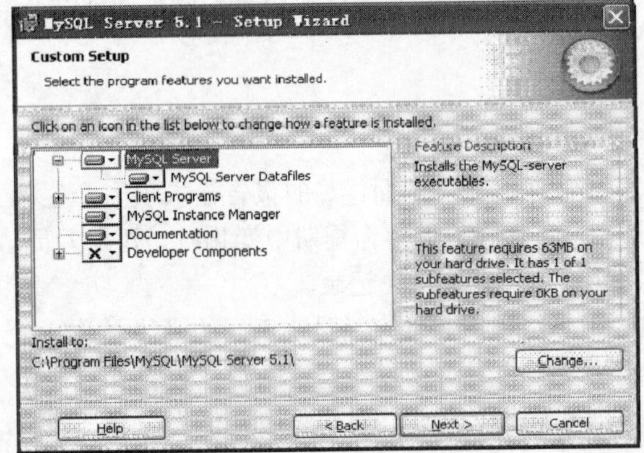

图 3-10　MySQL 安装 3

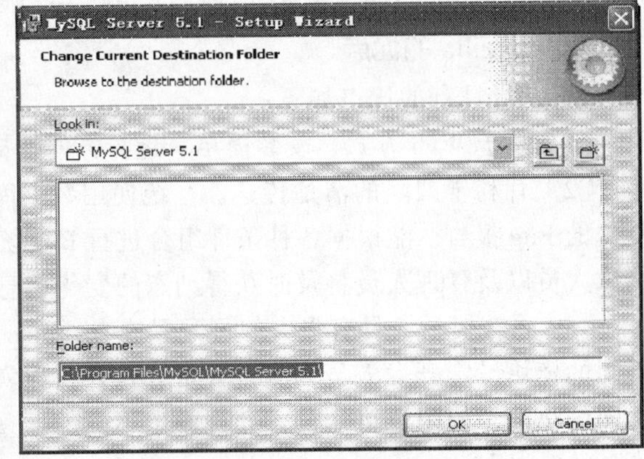

图 3-11　MySQL 安装 4

将 Folder name 中的路径改为“C:\MySQL”，单击 OK 按钮，打开界面如图 3-12 所示。

单击 Next 按钮，检查改变的路径是否正确，界面如图 3-13 所示。

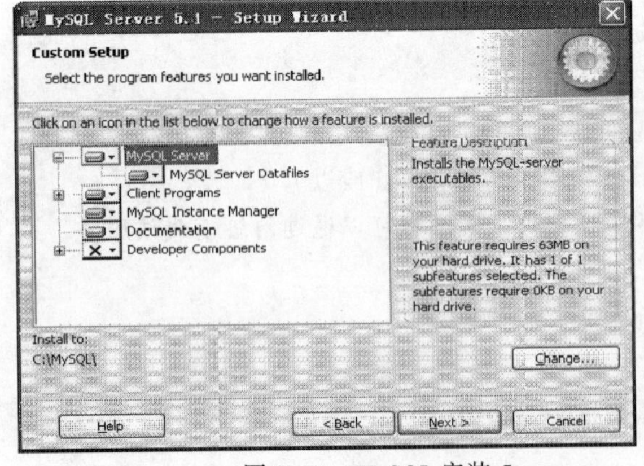

图 3-12　MySQL 安装 5

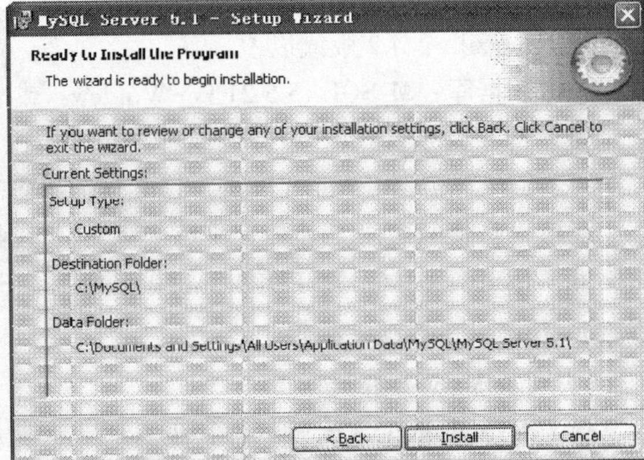

图 3-13　MySQL 安装 6

单击 Install 按钮，安装数据库完成后打开图 3-14 所示界面。

连续单击 Next 按钮，直到打开图 3-15 所示界面。

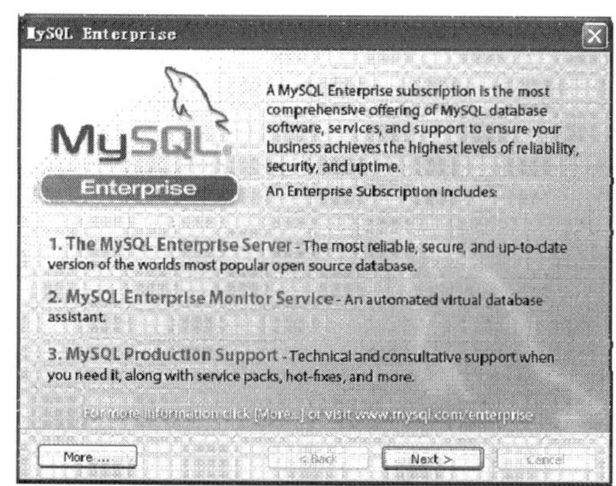

图 3-14　MySQL 安装 7

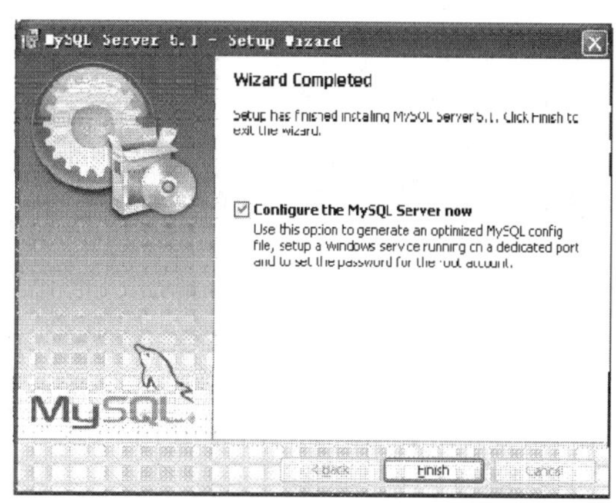

图 3-15　MySQL 安装 8

单击 Finish 按钮，此时 MySQL 数据库安装成功，显示图 3-16 所示界面，对 MySQL 进行配置。单击 Next 按钮，打开图 3-17 所示界面。

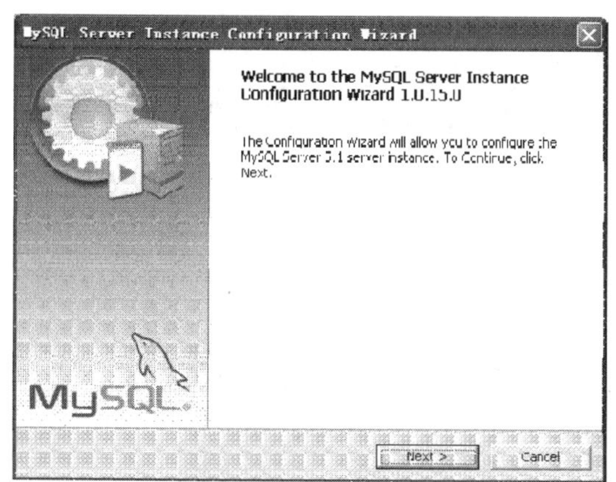

图 3-16　MySQL 安装 9

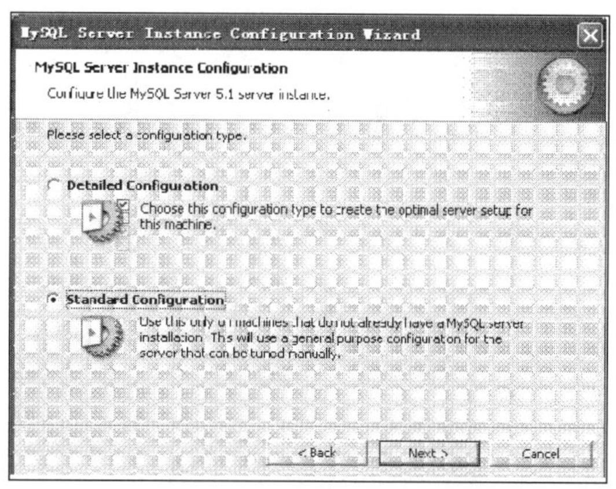

图 3-17　MySQL 安装 10

选择 Standard Configuration 单选按钮，单击 Next 按钮，打开图 3-18 所示界面。

选中 Include Bin Directory in Windows PATH 复选框，单击 Next 按钮，在打开的界面中设置 root 用户密码，并选中 Enable Root Access from Remote Machines，并且选中 Create an Anonymous Account 选项创建一个匿名用户，单击 Next 按钮，打开图 3-19 所示界面。

单击 Execute 按钮，成功后打开图 3-20 所示界面。

单击 Finish 按钮，MySQL 安装完成。

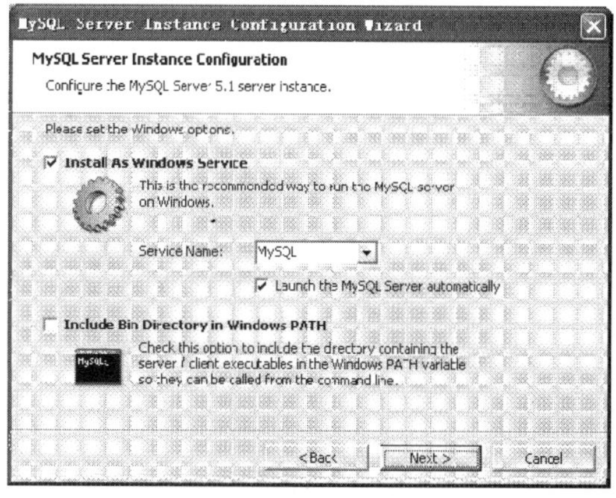

图 3-18　MySQL 安装 11

2）设置 MySQL 数据库

单击【开始】→【所有程序】→MySQL→MySQL Service 5.1→MySQL Command Line Client 命令，打开图 3-21 所示界面。

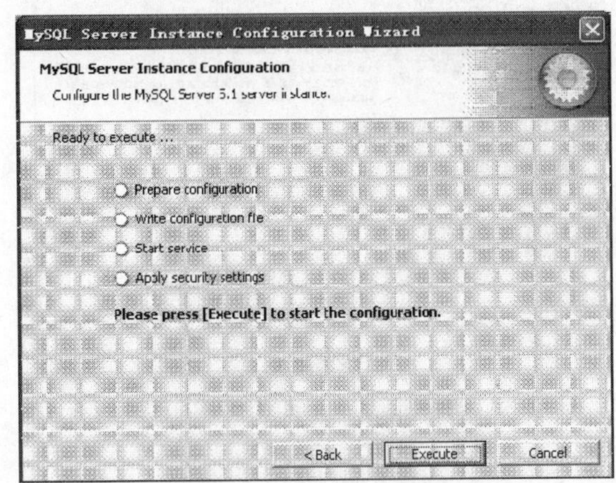

图 3-19　MySQL 安装 12

图 3-20　MySQL 安装 13

图 3-21　MySQL 设置图 1

在此输入刚才配置 MySQL 时输入的 root 密码，若正确将会打开图 3-22 所示界面。

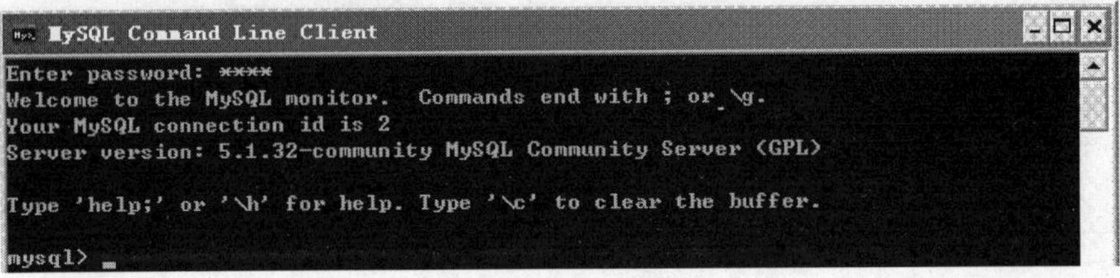

图 3-22　MySQL 设置图 2

注意：若输入密码后，听到一声警报，并且退出命令行界面，很有可能是 MySQL 服务没有启动，此时只要在计算机管理的服务选项中启动 MySQL 服务即可。接着在 MySQL 服务器中创建一个 bugs 数据库，和一个 bugs 用户，以及为该用户授予相应的权限，命令如下：

```
create database bugs;                           //创建一个数据库 bugs
create user bugs@localhost ;                    //创建一个用户 bugs
grant all on bugs.* to bugs@'localhost';        //为用户 bugs 授权
flush privileges;                               //刷新用户权限
```

若成功则显示图 3-23 所示界面。

输入 quit 命令退出命令行，此时 Bugzilla 与 MySQL 有关的联系已经完成。

3）安装 ActivePerl

双击 ActivePerl 安装界面，一直单击 Next 按钮，直至完成安装，ActivePerl 的选项都是默认的，依照默认值安装。如果只能选择前两项，后面几项是灰色不可选状态，请核实系统是否安装了 IIS。

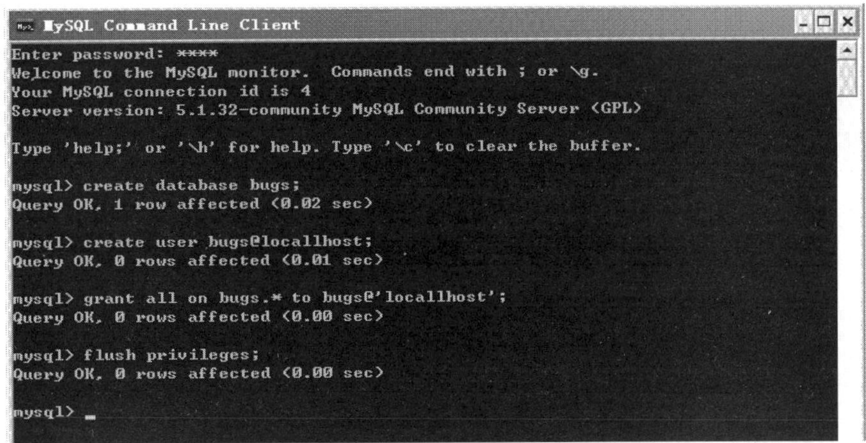

图 3-23 MySQL 设置图 3

4）安装 Bugzilla

将 Bugzilla 安装包解压，使用 Bugzilla 自带的 checksetup.pl 文件安装 Bugzilla 所需的 perl 模块，如图 3-24 所示。

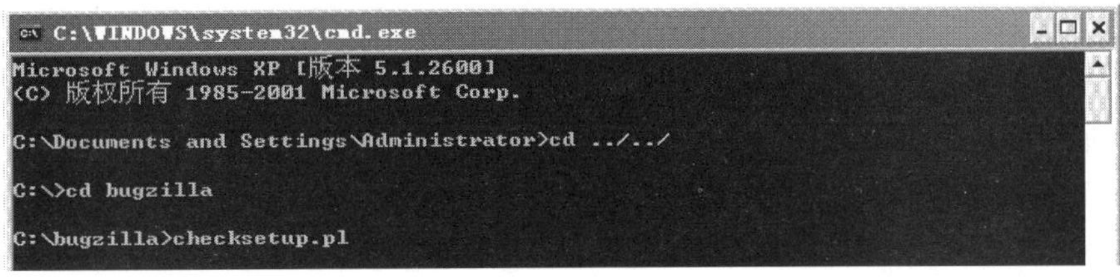

图 3-24 Bugzilla 安装图 1

在此命令行下安装 Bugzilla 所需的 perl 模块，用 checksetup.pl 可以找到需要安装的 perl 模块，安装方法如图 3-25 所示。

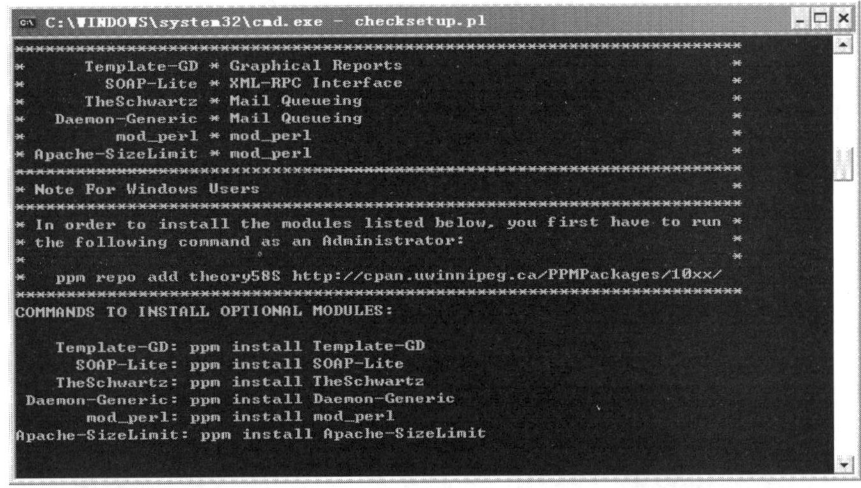

图 3-25 Bugzilla 安装图 2

若安装 Template-CD 模块，右击后选中标记，然后选中图 3-25 中的 ppm install Template-CD 选项，复制名称，右击后按【Enter】键即可完成该模块的安装。用上面的方法完成所有缺失模块的安装，完成安装的界面如图 3-26 所示。

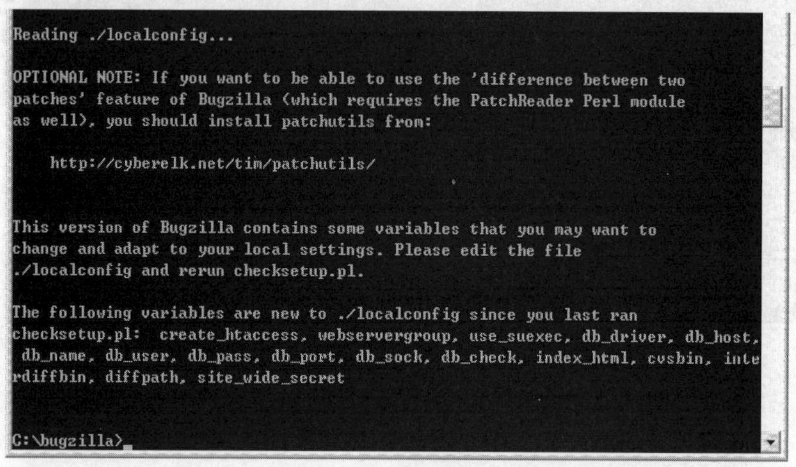

图 3-26　Bugzilla 安装图 3

注意：

（1）一定要检查是否安装完成了所有的 perl 模块，因为有的 perl 模块是要基于已经安装的 perl 模块的，所以第一次安装完成后最好再运行一次 checksetup.pl；第二次运行 checksetup.pl 模块时，有些模块仍然无法安装，没关系，因为其中有些模块并不会影响 Bugzilla 的安装。若安装成功将会在 Bugzilla 目录下生成一个 localconfig 文件。

（2）生成的 localconfig 文件没有扩展名，打开 localconfig 文件，将其中的“$db_port = 0;”改为“$db_port = 3306;”；将“$index_html = 0;”改为“$index_html = 1;”。在命令行中再次运行 checksetup.pl，将会生成和数据库有关的数据表，生成数据表后会要求填入主机的地址服务器地址、管理员名称和账号（该账号是一个 E-mail 地址）以及管理员登录的密码和确认密码，如图 3-27 ~ 图 3-31 所示。

```
C:\WINDOWS\system32\cmd.exe - checksetup.pl
configuration file.

Creating ./data directory...
Creating ./data/attachments directory...
Creating ./data/extensions directory...
Creating ./data/mining directory...
Creating ./data/webdot directory...
Creating ./graphs directory...
Creating ./skins/custom directory...
Creating ./data/extensions/additional...
Creating ./data/mailer.testfile...
Creating index.html...
Creating ./Bugzilla/.htaccess...
Creating ./data/.htaccess...
Creating ./data/attachments/.htaccess...
Creating ./data/webdot/.htaccess...
Creating ./graphs/.htaccess...
Creating ./lib/.htaccess...
Creating ./template/.htaccess...
Creating contrib/.htaccess...
Creating t/.htaccess...
Creating xt/.htaccess...

Bugzilla requires an SMTP server to function on Windows.
Please enter your SMTP server's hostname: _
```

图 3-27　bugzilla 安装图 4

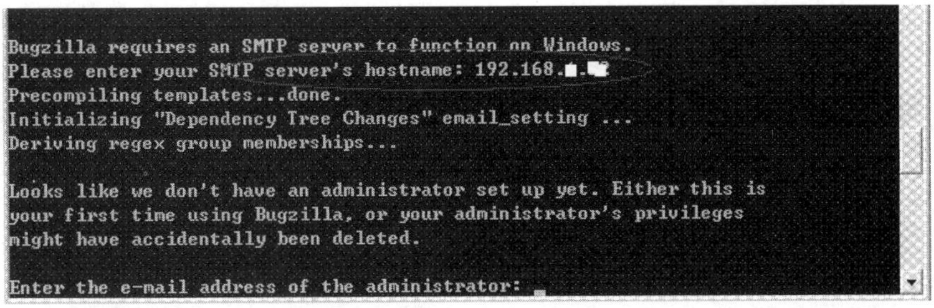

```
Bugzilla requires an SMTP server to function on Windows.
Please enter your SMTP server's hostname: 192.168.
Precompiling templates...done.
Initializing "Dependency Tree Changes" email_setting ...
Deriving regex group memberships...

Looks like we don't have an administrator set up yet. Either this is
your first time using Bugzilla, or your administrator's privileges
might have accidentally been deleted.

Enter the e-mail address of the administrator: _
```

图 3-28　Bugzilla 安装图 5

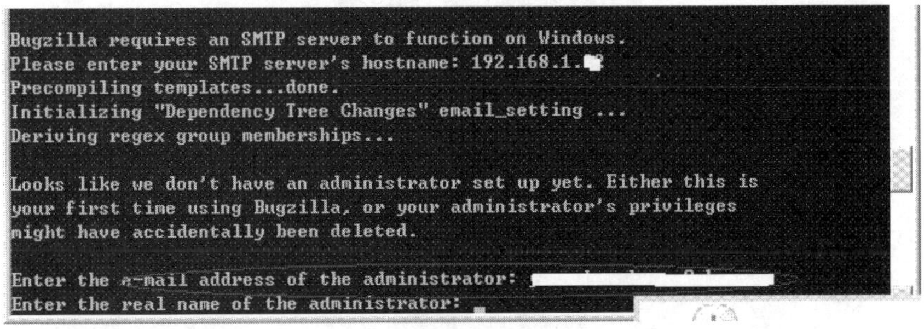

```
Bugzilla requires an SMTP server to function on Windows.
Please enter your SMTP server's hostname: 192.168.1.
Precompiling templates...done.
Initializing "Dependency Tree Changes" email_setting ...
Deriving regex group memberships...

Looks like we don't have an administrator set up yet. Either this is
your first time using Bugzilla, or your administrator's privileges
might have accidentally been deleted.

Enter the e-mail address of the administrator:
Enter the real name of the administrator: _
```

图 3-29　Bugzilla 安装图 6

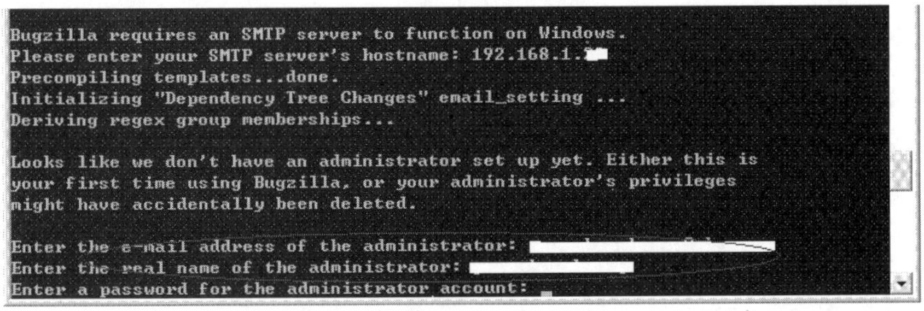

```
Bugzilla requires an SMTP server to function on Windows.
Please enter your SMTP server's hostname: 192.168.1.
Precompiling templates...done.
Initializing "Dependency Tree Changes" email_setting ...
Deriving regex group memberships...

Looks like we don't have an administrator set up yet. Either this is
your first time using Bugzilla, or your administrator's privileges
might have accidentally been deleted.

Enter the e-mail address of the administrator:
Enter the real name of the administrator:
Enter a password for the administrator account: _
```

图 3-30　Bugzilla 安装图 7

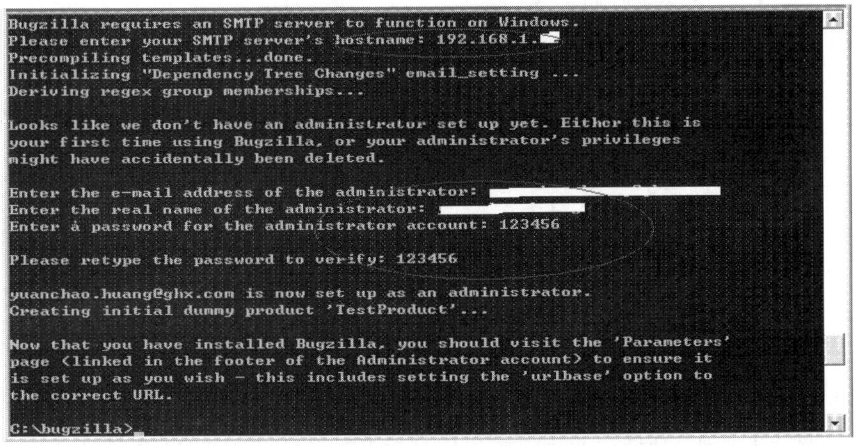

```
Bugzilla requires an SMTP server to function on Windows.
Please enter your SMTP server's hostname: 192.168.1.
Precompiling templates...done.
Initializing "Dependency Tree Changes" email_setting ...
Deriving regex group memberships...

Looks like we don't have an administrator set up yet. Either this is
your first time using Bugzilla, or your administrator's privileges
might have accidentally been deleted.

Enter the e-mail address of the administrator:
Enter the real name of the administrator:
Enter a password for the administrator account: 123456

Please retype the password to verify: 123456

yuanchao.huang@ghx.com is now set up as an administrator.
Creating initial dummy product 'TestProduct'...

Now that you have installed Bugzilla, you should visit the 'Parameters'
page (linked in the footer of the Administrator account) to ensure it
is set up as you wish - this includes setting the 'urlbase' option to
the correct URL.

C:\bugzilla>_
```

图 3-31　Bugzilla 安装图 8

此时，Bugzilla 安装配置就全部完成了，下面即可登录 Bugzilla 的页面。打开浏览器，输入配置的服务器地址 http://192.168.1.1/Bugzilla 即可登录 Bugzilla，如图 3-32 所示。

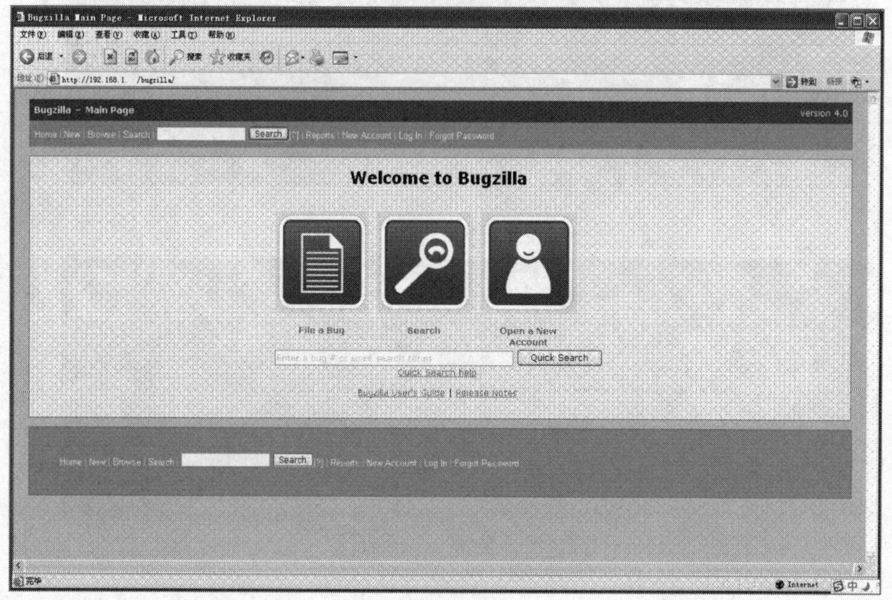

图 3-32　Bugzilla 安装图 9

5）配置 IIS

虽然 IIS 是 Windows 自带的组件，若在安装系统时没有安装，首先要安装 IIS。然后创建虚拟目录：单击【开始】→【管理工具】→【Internet 信息服务】选项，进入 IIS 管理器，如图 3-33 所示。

图 3-33　IIS 创建虚拟目录图 1

右击【默认网站】选项，在弹出的快捷菜单中选择【虚拟目录】命令（见图 3-34），打开图 3-35 所示界面。

图 3-34　IIS 创建虚拟目录图 2

单击【下一步】按钮，在【别名】文本框中输入 bugzilla，如图 3-36 所示。

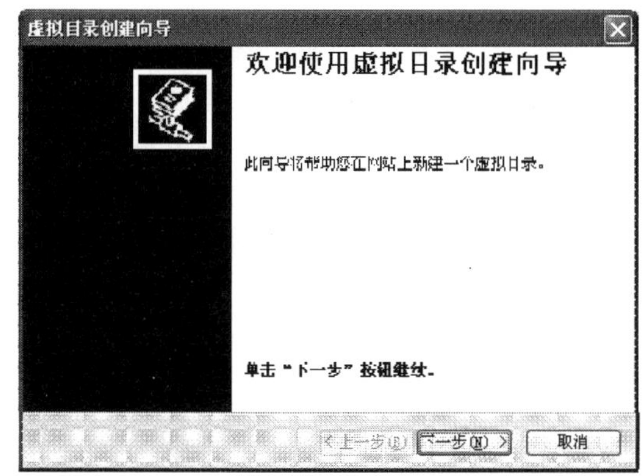

图 3-35　IIS 创建虚拟目录图 3

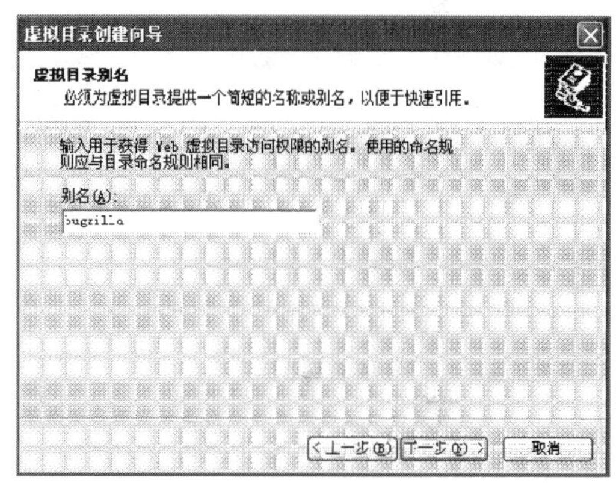

图 3-36　IIS 创建虚拟目录图 4

单击【下一步】按钮，打开图 3-37 所示界面。

单击【浏览】按钮，弹出【浏览文件夹】对话框，如图 3-38 所示。

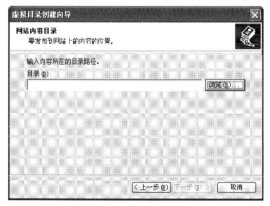

图 3-37　IIS 创建虚拟目录图 5

图 3-38　IIS 创建虚拟目录图 6

选中【bugzilla】的路径，如图 3-39 所示。

单击【确定】按钮，打开图 3-40 所示界面。

图 3-39　IIS 创建虚拟目录图 7

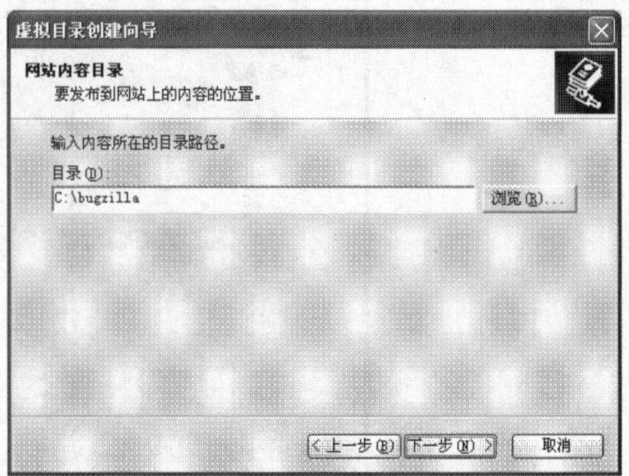

图 3-40　IIS 创建虚拟目录图 8

单击【下一步】按钮，打开图 3-41 所示界面。选中【读取】、【运行脚本】两个复选框，单击【下一步】按钮，打开图 3-42 所示界面。

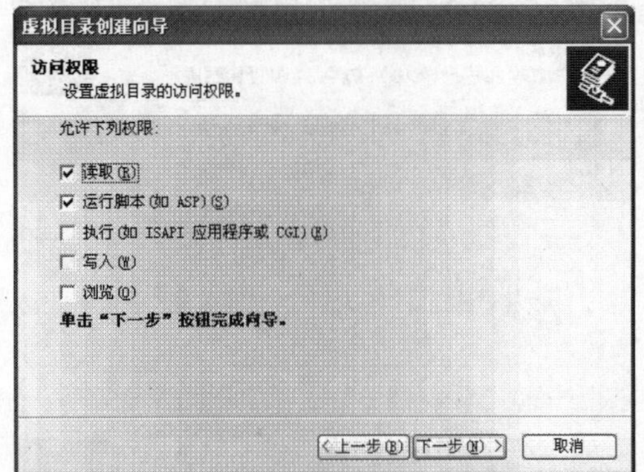

图 3-41　IIS 创建虚拟目录图 9

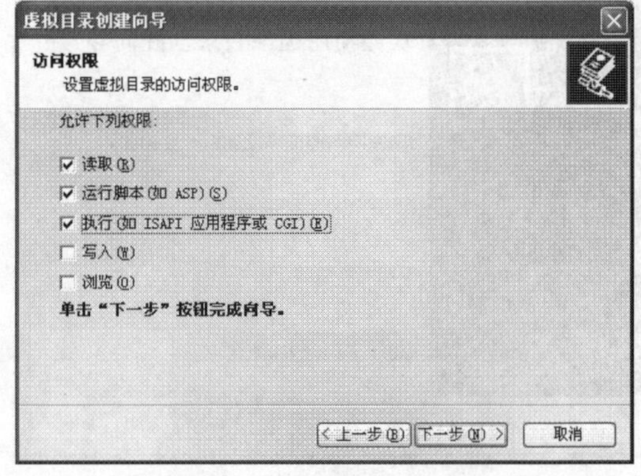

图 3-42　IIS 创建虚拟目录图 10

单击【下一步】按钮，打开图 3-43 所示界面。

单击【完成】按钮，在 IIS 中会显示图 3-44 所示文件。

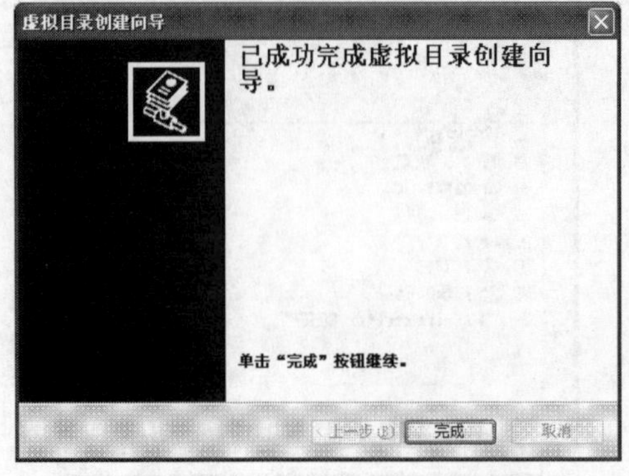

图 3-43　IIS 创建虚拟目录图 11

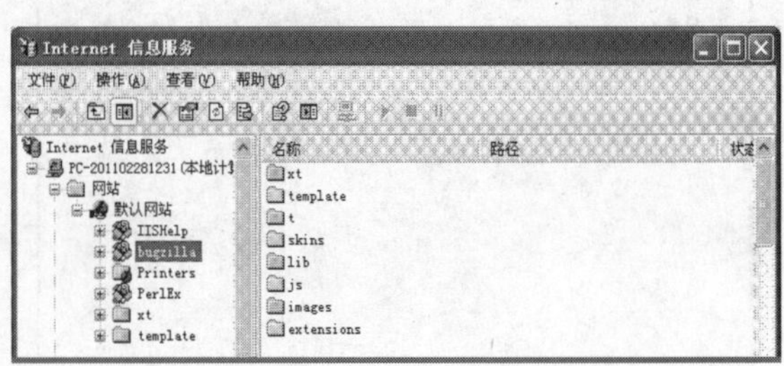

图 3-44　IIS 创建虚拟目录图 12

创建完虚拟目录后，需要对 IIS 进行配置，右击 bugzilla，在弹出的快捷菜单中选择【属性】命令（如图 3-45），弹出【bugzilla 属性】对话框，如图 3-46 所示。

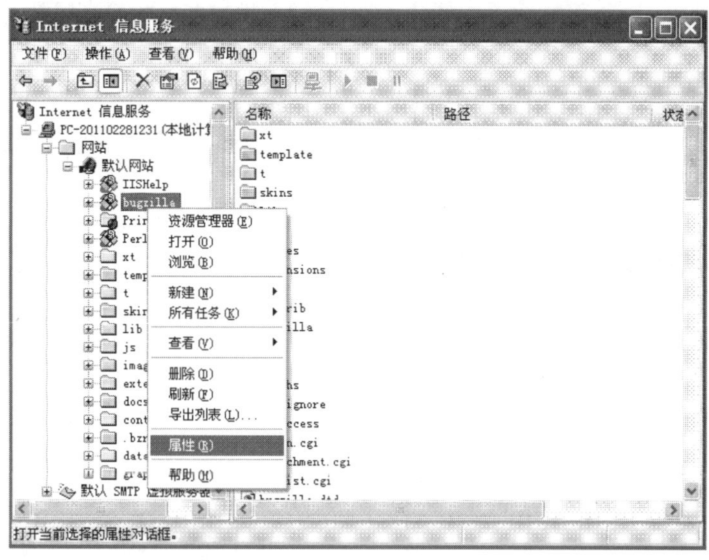

图 3-45 IIS 配置图 1

单击【配置】按钮弹出【应用程序配置】对话框，如图 3-47 所示。

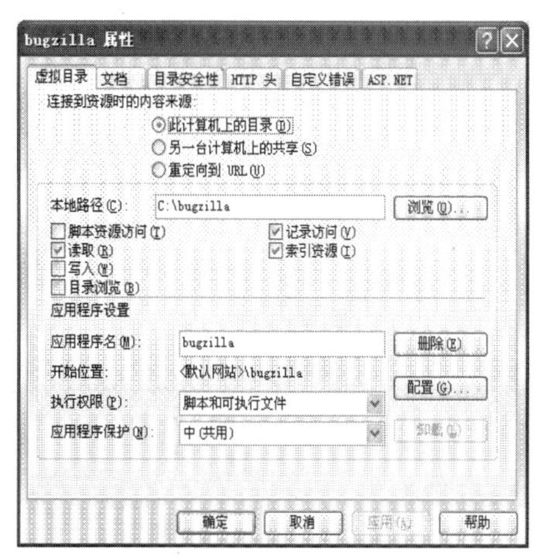

图 3-46 IIS 配置图 2

图 3-47 IIS 配置图 3

单击【添加】按钮，打开图 3-48 所示界面。

在【可执行文件】文本框中输入“C:\Perl\bin\perl.exe %s %s”，在【扩展名】文本框中输入“.cgi”，在【动作】区域选中【限制为】单选按钮，并在其后的文本框中输入“GET,HEAD,POST”，如图 3-49 所示。

单击【确定】按钮，返回到【bugzilla 属性】对话框，选择【文档】选项卡（见图 3-50），在【启用默认文档】区域单击【添加】按钮，弹出【添加默认文档】对话框，如图 3-51 所示。

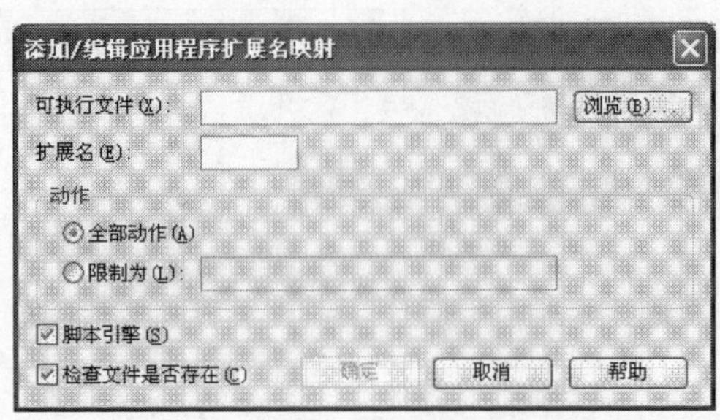

图 3-48　IIS 配置图 4

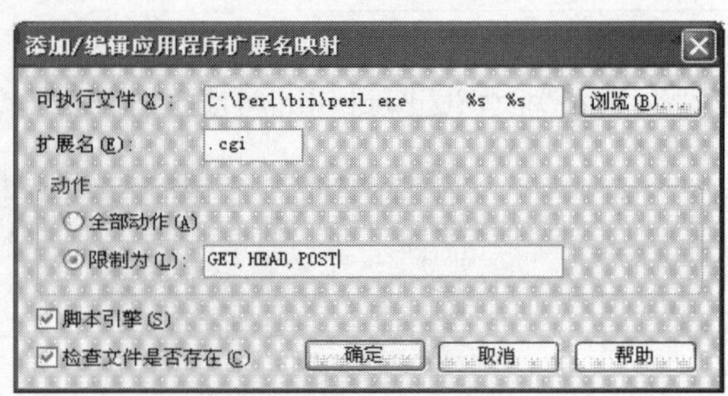

图 3-49　IIS 配置图 5

图 3-50　IIS 配置图 6

图 3-51　IIS 配置图 7

在【添加默认文档】对话框的【默认文档名】文本框中输入“index.cgi”，如图 3-52 所示。

单击【确定】按钮，返回到【bugzilla 属性】对话框。再单击【bugzilla 属性】对话框中的【确定】按钮，如图 3-53 所示。在 web 服务扩展中将 perl CGI extension 设置为允许。在 web 服务扩展中选择允许所有未知的 CGI 扩展和所有未知的 ISAPI 扩展。修改 bugzilla 目录下所有的 cgi 文件，将文件中的“#!/usr/bin/perl -wT”替换为“#!/usr/bin/perl -w”，到此 IIS 服务设置完成。

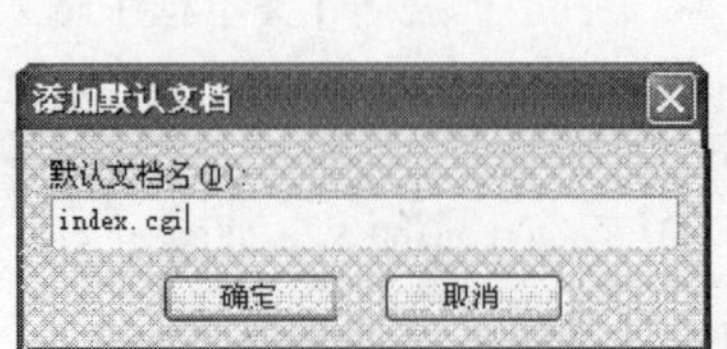

图 3-52　IIS 配置图 8

图 3-53　IIS 配置图 9

4. bugzilla 的使用说明

1）用户登录及设置

（1）用户登录步骤：用户输入服务器地址 http://192.168.1.6/bugzilla/；进入主页面后，单击 Forget the currently stored login 按钮，再单击 Login in 按钮进入；进入注册页面，输入用户名和密码即可登录，用户名为 E-mail 地址，初始密码为用户名缩写；如忘记密码，输入用户名，单击 Submit request 按钮，根据收到的邮件进行重新设置。

（2）修改密码及设置如下：登录后，选择 Edit prefs→Accout settings 选项进行密码修改；选择 Edit prefs→Email settings 选项进行邮件设置；选择 Edit prefs→Permissions 选项进行权限查询。

2）Bug 的处理过程

（1）报告 Bug：

① 测试人员报告 Bug：

a. 请先进行查询，确认要提交的 Bug 报告不在原有记录中存在，若已经存在，不要提交，若有什么建议，可在原有记录中增加注释，告知其属主，让 Bug 的属主自己去修改。

b. 若 Bug 不存在，创建一份有效的 Bug 报告后进行提交。

c. 操作：单击 New，选择产品后，填表。

d. 填表注意：

- Assigned to:为空则默认为设定的 owner，也可手工指定。
- CC 可为多人，需用“,”隔开。
- Description 中要详细说明下列情况：发现问题的步骤；执行上述步骤后出现的情况；期望应出现的正确结果。选择 Group 设置限定此 Bug 对应组的权限，若为空，则为公开。

e. 操作结果：Bug 状态（status）可以选择 Initial state 为 New 或 Unconfirmed。系统将自动通过 E-mail 通知项目组长或直接通知开发者。

f. 帮助：Bug writing guidelines。

② 开发人员报告 Bug：

a. 具体方法同测试人员报告。

b. 区别：Bug 初始状态将自动设为 Unconfirmed，待测试人员确定后变为 New。

（2）Bug 的不同处理情况：

① Bug 的属主（owner）处理问题后，提出解决意见及方法：

a. 给出解决方法并填写 Additional Comments，还可创建附件（如更改提交单）。

b. 具体操作，填表。

c. 填表注意：

- FIXED：描述的问题已经修改。
- INVALID：描述的问题不是一个 Bug（输入错误后，通过此项来取消）。
- WONTFIX：描述的问题将永远不会被修复。
- LATER 描述的问题将不会在产品的这个版本中解决。
- DUPLICATE：描述的问题是一个存在的 Bug 复件。
- WORKSFORME：附件所有要重新产生这个 Bug 的企图是无效的。

如果有更多的信息出现，请重新分配这个 Bug，而现在只把它归档。

② 项目组长或开发者重新指定 Bug 的属主：

a．若此 Bug 不属于自己的范围，可置为 Assigned，等待测试人员重新指定。

b.若此 Bug 不属于自己的范围,但知道谁应该负责,直接输入被指定人的 E-mail,进行 Reassigned。

c．操作：（可选项如下）

- Accept bug (change status to ASSIGNED)。//接受 bug(状态置为 Assigned)。
- Reassign bug to。//指定 bug 给 XX 测试员。
- Reassign bug to own and QA contact of selected component。//重新把 bug 指定给 bug 所在组的负责人和 QA 联系人。

d．操作结果：此时 Bug 状态又变为 New，此 Bug 的 owner 变为被指定的人。

③ 测试人员验证已修改的 Bug：

a．测试人员查询开发者已修改的 Bug，即 Status 为 Resolved，Resolution 为 Fixed，进行重新测试。（可创建 test case 附件）

b．经验证无误后，修改 Resolution 为 VERIFIED。待整个产品发布后，修改为 CLOSED。若还有问题，REOPENED 状态重新变为 New，并发邮件通知。

c．具体操作（可选择项）：

– Leave as RESOLVED FIXED。//保留已修复解决的状态。

– Reopen bug;　　　　　　//重新打开 bug 处理流程。

– Mark bug as VERIFIED;　　//标记 bug 为 VERIFIED。

– Mark bug as CLOSED。　　//标记 bug 为 CLOSED。

④ Bug 报告者（reporter）或其他有权限的用户修改及补充 Bug：

a．可以修改 Bug 的各项内容。

b．可增加建立附件，增加了相关性，并加一些评论来解释你正在做些什么和你为什么做。

c．操作结果：每当一些人修改了 Bug 报告或加了一个评论，他们将会被加到 CC 列表中，Bug 报告中的改变会显在要发给属主、写报告者和 CC 列表中的人的电子邮件中。

⑤ 测试人员确认开发人员报告的 Bug 是否存在：

a．查询状态为 Unconfirmed 的 Bug。

b．测试人员对开发人员提交的 Bug 进行确认，确认 Bug 存在。

c．具体操作：选中“Confirm bug(change status to New)”后，进行 commit。

d．操作结果：状态变为 New。

（3）查询 Bug：

① 直接输入 Bug Id，单击 find 查询。可以查看 Bug 的活动记录。

② 单击 Query，输入条件进行查询。

③ 查询 Bug 活动的历史。

④ 产生报表。

⑤ 帮助：单击 Clue。

3）关于权限的说明

（1）组内成员对 Bug 具有查询的权限，但不能进行修改。

（2）Bug 的 owner 和 reporter 具有修改的权利。

（3）具有特殊权限的用户具有修改的权利。

4）Bug 处理流程

（1）测试人员或开发人员发现 Bug 后，判断属于哪个模块的问题，填写 Bug 报告后，通过 E-mail 通知项目组长或直接通知开发者。

（2）项目组长根据具体情况，重新 reassigned 分配给 Bug 所属的开发者。

（3）开发者收到 E-mail 信息后，判断是否为自己的修改范围。若不是，重新 reassigned 分配给项目组长或应该分配的开发者。若是，进行处理，resolved 并给出解决方法。

（4）测试人员查询开发者已修改的 Bug，进行重新测试。经验证无误后，修改状态 VERIFIED。待整个产品发布后，修改为 CLOSED。还有问题，REOPENED，状态重新变为 NEW，并发邮件通知。

（5）如果这个 Bug 一周内一直没被处理过。bugzilla 就会一直用 E-mail 通知其属主，直到采取行动。

3.3.3 建设高效测试团队

1. 分清 SQA、SQC 和 SQM

目前广泛认可的衡量软件质量的标准是“软件产品能否较好地满足用户相关的各类需求”。然而用户对软件的需求往往包罗万象，如功能需求、性能需求、约束性需求、潜在需求，甚至包括相互冲突的需求以及技术上不可实现的需求等。这就导致等软件产品生产出来再验证“产品是否满足用户需求”容易成为一件引发供需双方争执的麻烦事，而且对于软件企业而言，这种质量工作未免代价过高、风险太大。一旦查出严重问题毫无补救措施。鉴于此情况，目前业内解决这个问题的核心策略是控制软件工程的品质以及软件产品，包括阶段性产品本身的品质。前者主要涉及企业在工程过程中选用什么样的质量体系以及如何监督标准的执行，称为 SQA。后者主要涉及验证产品在各个阶段具体品质如何、有无偏离用户需求等，称为 SQC。软件测试应是 SQC 的核心内容和重要组成部分。它更贴近质量工作本来的要义，应受到更多关注。SQA 和 SQC 各司其职，相辅相成，统一于软件质量管理——SQM。

拿一部汽车来作比喻，质量控制（QC）就是所有那些告诉你汽车当前运动状态的仪器仪表；质量保证（QA）包括各类标准是告诉你所有部件操作方法的用户手册；而质量管理（QM）则是你要追求的目标，比如希望能平安、高速地驾驶汽车。可以看出为了实现质量管理的目标，质量保证和质量控制都是不可或缺的部分。

2. 建设高效测试团队的方法

俗话说“工欲善其事必先利其器”，要做好测试工作首先需要建立并维护一个高效的测试团队。然而许多小型软件企业却将测试作为产品面临发布时的一个小“插曲”，往往临时抽调几名程序员对产品的功能粗略测试一下即交付客户，甚至在进度滞后或成本不足时首先砍掉这一块。这种仓促完成的产品通常质量问题很多，所以首先应抛弃小企业惯常的思维模式，不计较一时一地之利益，立足长远，着手组建高效测试团队。建设高效的测试团队主要有以下几个步骤：

1）招募测试人员

首先测试人员要具备良好的沟通能力、自信心、外交能力、迁移能力以及怀疑精神。其中沟通能力是指测试者必须能够同测试涉及的所有人进行沟通，具有与技术人员、开发者、非技术人员、客户、管理人员进行交流的能力。自信心是指测试者必须对测试工作的价值具有足够信心不会因开发者指责测试结果没有意义甚至反唇相讥而影响工作情绪。外交能力是指测试人员在与其他人员交流的时候要注意自己的辞令和行为方式不要刻意夸大错误的严重性，也不要碍于面子替开发人员掩饰重大程序错误。迁移能力是指测试人员应能将以前曾经遇到过的类似错误从记忆中挖掘出来并迁移到当前测试活动中。怀疑精神是指测试人员对任何可能出错的地方都亲自测试一番，不听信开发人员毫无意义的保证，坚持以事实说话的工作作风。

测试组成员应具备良好的专业技能或者技术学习能力。由于测试组各个岗位需要的技能各有差异，所要掌握的测试技术也千差万别。比如测试管理人员需要对测试管理工作的内容及相关辅助工具的使用胸有成竹；自动化测试人员需要对相关自动化测试工具炉火纯青；测试脚本撰写人员需要对脚本语言的领悟了然于胸；手工测试人员应对相关测试中最易发现问题的地方如数家珍；而测试团队负责人则必须既熟悉被测软件系统的概念模型、设计模型，又要掌握开发过程中涉及的相关开发工具。除此之外，测试经理还必须深刻掌握测试流程的裁剪、测试环境的搭建、测试计划的撰写、测试活动的组织与开展以及测试效果的评价等必备技能。

2）测试团队制度建设

汇报制度：团队成员汇报本周工作情况及下周工作计划、遇到的问题以及需要提供的帮助，培养团队成员的汇报及计划习惯。

工作总结制度：成员每个阶段汇报上阶段工作经验和教训并在部门例会上交流、分享经验及教训，避免同样的问题重复出现。

奖惩制度：对于贡献突出的成员予以奖励，对于业绩差的提出批评，有效地保持测试团队的工作热情。

测试件审核制度：对测试件进行审核去粗存精，鼓励测试人员使用和提出改进，保证提交到测试团队知识库的测试件的质量。

会议制度：定期召开部门例会讨论、解决工作中的问题，并提供部门内的学习平台。目前已有不少软件企业推行给测试人员区分级别的制度——奖优罚劣，这无疑是一个好的做法。但成员业绩的具体考评办法目前尚无可供参考的标准文件，所以应尽量做到公正客观，以免挫伤团队成员的工作积极性。

3）测试团队内部的职责分工

明确测试团队内部各类测试人员的职责分工可以使测试团队内部各类测试人员能集中精力在较短时间内完成特定岗位必需的知识储备和经验积累，同时也使得测试团队的管理更科学，真正做到“用其所长，避其所短”。这里列出一种可行的测试团队内部职责分工方案，如表 3-3 所示。

表 3-3　内部角色分工及对应职责

角　色	职　责
测试经理	负责测试项目的管理 测试过程的处理与反馈 测试组织/计划（含性能测试） 测试过程状态报告

续表

角　　色	职　　责
测试设计员	描述测试需求，设计测试用例 性能测试方案的设计 测试环境搭建情况的检查 测试脚本的审核
测试执行员	根据需求开发测试脚本 按照测试用例、测试脚本执行测试 创建并维护测试工具、环境 项目测试工作指导
测试监督与测量员	测试测量 测试过程问题的汇总与反馈 开发产品的质量抽检与评定

4）测试流程建设

测试流程如图 3-54 所示。

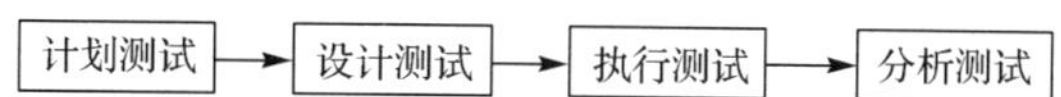

注：在“计划测试”环节中，包含对测试需求的描述

图 3-54　测试流程图

其中，计划测试阶段是根据对测试需求的分析制定测试大纲、测试计划并对具体要采用的测试技术做大致剪裁；设计测试阶段是对测试大纲、测试计划作进一步细化，从而形成更为细致全面的测试用例集、具体测试活动安排以及相应的测试进度；执行测试阶段是执行相关测试用例（包括自由测试）、具体落实各项测试活动；分析测试阶段是对计划测试、设计测试、执行测试阶段的工作做出评价，评估测试的有效性。

5）团队成员能力的逐步提高

有了明确、合理的职责分工后需要针对这些分工对团队成员进行有意识的引导，稳步提升团队成员的技能。测试团队负责人需要负起监督和促进员工能力提升的任务。

小　　结

本章主要讲述了软件测试过程中需要完成的跟踪和管理过程。由于软件开发过程中必定存在各种缺陷，根据这些缺陷的生命周期进行标准化的跟踪完善是测试工作的重要使命。在测试工作的内容管理上针对测试计划、测试组织和缺陷管理这三方面进行了详细描述，力求较为完美地完成对测试内容的管理并形成相应的测试报告。此外，还介绍了几种软件测试过程中用于缺陷管理的工具，通过使用这些工具能够手动或者自动地对软件开发中的 Bug 进行动态管理。

习题与思考

1. 缺陷的生命周期是如何划分的？请对各个状态进行简要论述。

2. 测试计划包含哪些内容？如何建立一个完善的测试计划？

3. 测试过程中对测试人员如何进行分类？这样分类的意义是什么？

4. 缺陷报告的原则是什么？如何根据原则完成一份更好的缺陷报告？

5. 常用的软件测试工具有哪些？请简要进行说明。

6. 一般情况下，一条软件缺陷（或者叫 Bug）记录应包含哪些内容？如何提交高质量的软件缺陷（Bug）记录？

7. 测试计划工作的目的是什么？测试计划文档的内容应该包括什么？其中哪些是最重要的？

8. 简述 Bug 管理工具的跟踪过程（以 bugzilla 例）。

软件维护

学习目标：

1. 了解软件维护的概念。
2. 掌握软件维护的特点与过程。
3. 掌握提高软件可维护性的手段。
4. 了解预防性维护和软件再工程过程。

4.1 软件维护概述

在软件产品开发完成，交付用户使用之后，就进入了软件生命周期的最后一个阶段，软件的运行维护阶段。为了保证软件在运行期间正常运行，延长软件的使用寿命，发挥良好的社会效益和经济效益，软件维护必不可少。软件维护的基本任务就是保证软件在一个相当长的时期能够正常运行。

软件维护需要的工作量很大，平均说来，大型软件的维护成本高达开发成本的 4 倍。目前，国外许多软件开发组织把 60%以上的人力用于维护已有的软件，而且随着软件数量增多和使用寿命延长，这个百分比还在持续上升。

如何提高软件的可维护性，减少软件维护所需要的工作量，降低软件系统的总成本，成为软件维护研究的重要内容。

4.1.1 软件维护定义

从软件交付使用，即发布之日起，到软件被废止使用，整个运行期间为软件维护阶段。根据 IEEE 610.12—1990 对软件维护的定义，所谓软件维护就是在软件已经交付使用之后，为了改正错误或满足新的需要而修改软件的过程。

4.1.2 软件维护类型

在软件维护阶段，要求进行维护的情况很多，归纳起来有 3 类维护需求。

（1）在特定的使用条件下暴露出来一些潜在的程序错误和设计缺陷，需要改正。

（2）软件经过用户和数据处理人员使用了一段时间后，提出改进现有功能，或增加新功能，或改善总体性能的一些要求。为了满足这些变更要求，需要修改软件，把这些要求纳入到软件产品中。

（3）在软件使用过程中数据环境发生变化。例如，一个事务处理代码发生改变；处理环境发生变化；安装了新的硬件或操作系统，需要修改软件以适应相应的环境变化。

根据维护工作的特征，软件维护活动可以归纳为改正性维护、适应性维护、完善性维护和预防性维护。

1. 改正性维护

在软件交付使用后，由于开发时测试的不彻底、不完全，会有一部分隐藏的错误被带到运行阶段来，所以必然会有第一项维护活动：在任何大型程序的使用期间，用户必然会发现程序错误，并且把他们遇到的问题报告给维护人员。把诊断和改正错误的过程称为改正性维护。

在软件维护阶段最初1～2年内，改正性维护量较大。随着错误发现率急剧降低，并趋于稳定，改正性维护量也趋于减少，软件就进入了正常的使用期。

要生成100%可靠的软件成本太高，但通过使用新技术，可大大提高可靠性，减少进行改正性维护的需要。例如，利用数据库管理系统、软件开发环境、程序自动生成系统或第 4 代高级语言等方法可产生更加可靠的代码。此外，还可以采用以下技术：

- 利用应用软件包，可开发出比由用户完全自己开发的系统可靠性更高的软件。
- 结构化技术，用它开发的软件易被理解和测试。
- 防错性程序设计，把自检能力引入程序，通过非正常状态的检查，提供审查跟踪。
- 通过周期性维护审查，在形成维护问题之前就可确定质量缺陷。

2. 适应性维护

计算机科学技术领域的各个方面都在迅速进步，大约每过 36 个月就有新一代的硬件宣告出现，经常推出新操作系统或旧系统的修改版本，时常增加或修改外围设备和其他系统部件；另一方面，应用软件的使用寿命却很容易超过 10 年，远远长于最初开发这个软件时的运行环境的寿命。因此，适应性维护，也就是为了和变化了的环境适当地配合而进行的修改软件的活动。适应性维护可以是为现有的某个应用问题实现一个数据库；对某个指定的事务编码进行修改，增加字符个数；调整两个程序，使它们可以使用相同的记录结构；修改程序，使其适用于另外一种终端。这一类维护不可避免，但可以控制。

- 在配置管理时，把硬件、操作系统和其他相关环境因素的可能变化考虑在内，可以减少某些适应性维护的工作量。
- 把与硬件、操作系统，以及其他外围设备有关的程序归到特定的程序模块中，可把因环境变化而必须修改的程序局部于某些程序模块之中。
- 使用内部程序列表、外部文件，以及处理的例行程序包，可为维护时修改程序提供方便。

3. 完善性维护

在使用软件的过程中用户往往提出增加新功能或修改已有功能的建议，还可能提出一般性的改进意见。为了满足日益增长的新要求，需要修改或再开发软件，以扩充软件功能，增强软件性能，改进加工效率，提高软件的可维护性，这些维护活动称为完善性维护。

完善性维护的目标是使软件产品具有更高效率。可以认为，完善性维护是有计划的一种软件“再开发”活动，不仅维护活动过程复杂，而且这些维护活动还可能引入新的错误。

利用数据库管理系统、程序生成器、应用软件包，可减少系统或程序员的维护工作量。此外，建立软件系统的原型，把它在实际系统开发之前提供给用户。用户通过研究原型，进一步完善它们的功能要求，可以减少以后完善性维护的需求。

4. **预防性维护**

通常除了以上 3 类正常维护活动之外，还有一类为了提高软件的可维护性或可靠性，或为了给未来的改进奠定更好的基础而进行的维护活动。这项维护活动通常称为预防性维护，目前这项维护活动相对比较少。

预防性维护主要是采用先进的软件工程方法对已经过时的，很可能需要维护的软件系统，或者软件系统中的某一部分重新设计、编码和测试，以期达到软件的更新。这种维护活动有一些软件“再工程”的含义。

从上述关于软件维护的类型中不难看出，软件维护绝不仅限于纠正使用中发现的错误，事实上在全部维护活动中一半以上是完善性维护，如图 4–1 所示。

国外的统计数字表明，完善性维护占全部维护活动的 50%～66%，改正性维护占 17%～21%，适应性维护占 18%～25%，其他维护活动只占 4%左右。

应该注意，上述 4 类维护活动都必须应用于整个软件配置，维护软件文档和维护软件的可执行代码是同样重要的。

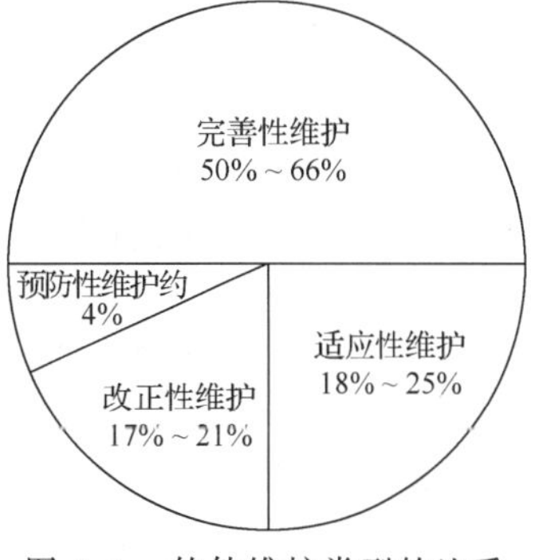

图 4–1　软件维护类型的比重

4.2　软件维护的特点

4.2.1　结构化维护与非结构化维护差别巨大

1. **非结构化维护**

如果软件配置的唯一成分是程序代码，那么维护活动从艰苦地评价程序代码开始，而且常常由于程序内部文档不足而使评价更困难，对于软件结构、全程数据结构、系统接口、性能和（或）设计约束等经常会产生误解，而且对程序代码所做的改动的后果也是难于估量的：因为没有测试方面的文档，所以不可能进行回归测试（即指为了保证所做的修改没有在以前可以正常使用的软件功能中引入错误而重复过去做过的测试）。非结构化维护需要付出很大代价（浪费精力并且遭受挫折的打击），这种维护方式是没有使用良好定义的方法学开发出来的软件的必然结果。

2. **结构化维护**

如果有一个完整的软件配置存在，那么维护工作从评价设计文档开始，确定软件重要的结构特点、性能特点以及接口特点；估量要求的改动将带来的影响，并且计划实施途径。然后修改设计并且对所做的修改进行仔细复查。接下来编写相应的源程序代码；使用在测试说明书中包含的信息进行回归测试；最后，把修改后的软件再次交付使用。

刚才描述的事件构成结构化维护，它是在软件开发的早期应用软件工程方法学的结果。虽然软件的完整配置并不能保证维护中没有问题，但是确实能减少精力的浪费并且能提高维护的总体质量。

4.2.2 维护的代价高昂

在过去的几十年中，软件维护的费用稳步上升。1970 年用于维护已有软件的费用只占软件总预算的 35%～40%，1980 年上升为 40%～60%，1990 年上升为 70%～80%。

维护费用只不过是软件维护的最明显的代价，其他一些现在还不明显的代价将来可能更为人们所关注。因为可用的资源必须供维护任务使用，以致耽误甚至丧失了开发的良机，这是软件维护的一个无形的代价。其他无形的代价还包括

- 当看来合理的有关改错或修改的要求不能及时满足时将引起用户不满。
- 由于维护时的改动，在软件中引入了潜伏的错误，从而降低了软件的质量。
- 当必须把软件工程师调去从事维护工作时，将在开发过程中造成混乱。

软件维护的最后一个代价是生产率的大幅度下降，这种情况在维护旧程序时常常遇到。

用于维护工作的劳动可以分成生产性活动（如分析评价、修改设计和编写程序代码等）和非生产性活动（如理解程序代码的功能，解释数据结构、接口特点和性能限度等）。下述表达式给出维护工作量的一个模：

$$M=P+K\times e^{(c-d)}$$

其中：M 是维护用的总工作量，P 是生产性工作量，K 是经验常数，c 是复杂程度（非结构化设计和缺少文档都会增加软件的复杂程度），d 是维护人员对软件的熟悉程度。

上面的模型表明，如果软件的开发途径不好（即没有使用软件工程方法学），而且原来的开发人员不能参加维护工作，那么维护工作量和费用将呈指数式增加。

4.2.3 维护的问题很多

与软件维护有关的绝大多数问题，都可归因于软件定义和软件开发的方法有缺点。在软件生命周期的头两个时期没有严格而又科学的管理和规划，几乎必然会导致在最后阶段出现问题。下面列出和软件维护有关的部分问题：

（1）理解别人写的程序通常非常困难，而且困难程度随着软件配置成分的减少而迅速增加。如果仅有程序代码没有说明文档，则会出现严重的问题。

（2）需要维护的软件往往没有合格的文档，或者文档资料显著不足。认识到软件必须有文档仅仅是第一步，容易理解的并且和程序代码完全一致的文档才真正有价值。

（3）当要求对软件进行维护时，不能指望由开发人员给我们仔细说明软件。由于维护阶段持续的时间很长，因此，当需要解释软件时，往往原来写程序的人已经不在附近了。

（4）绝大多数软件在设计时没有考虑将来的修改。除非使用强调模块独立原理的设计方法学，否则修改软件既困难又容易发生差错。

（5）软件维护不是一项吸引人的工作。形成这种观念很大程度上是因为维护工作经常遭受挫折。

上述种种问题在现有的没有采用软件工程思想开发出来的软件中，都或多或少地存在着。不应该把一种科学的方法学看作万应灵药，但是，软件工程至少部分地解决了与维护有关的每个问题。

4.3 软件维护过程

软件维护过程本质上是修改和压缩了的软件定义和开发过程，而且事实上远在提出一项维护要求之前，与软件维护有关的工作已经开始了。

为了有效地进行软件维护，首先必须建立一个维护组织（见图 4-2），确定维护申请报告及评价的过程，而且必须为每个维护要求规定一个标准化的事件序列。此外，还应该建立一个适用于维护活动的记录保管过程，并且规定复审标准。

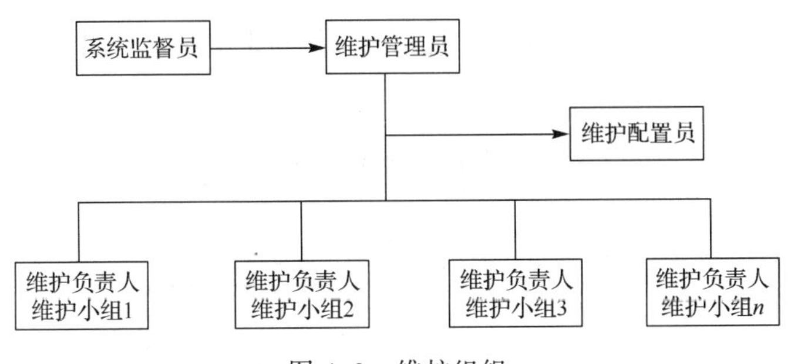

图 4-2 维护组织

4.3.1 维护组织

除了较大的软件开发公司外，一般软件开发团体不会设立专门的维护机构。虽然不需要建立一个正式的维护机构，但是在开发部门确立一个非正式的维护机构则是非常必要的。

维护需求往往是在没有办法预测的情况下发生的。随机的维护申请提交给维护管理员，他把申请交给系统监督员去评价。系统监督员是技术人员，他必须熟悉产品程序的全部细节。一旦作出评价，由修改负责人确定如何修改。在维护人员对程序进行修改的过程中，由配置管理员严格把关，控制修改的范围，对软件配置进行审计。修改负责人、系统监督员、维护管理员等均具有维护工作的某个职责范围。

在维护活动开始之前就明确维护责任是十分必要的，这样做可以大大减少维护过程中可能出现的混乱。

4.3.2 维护报告

应该用标准化的格式表达所有软件维护要求。软件维护人员通常给用户提供空白的维护要求表——有时称为软件问题报告表，这个表格由要求一项维护活动的用户填写。如果遇到了一个错误，那么必须完整描述导致出现错误的环境（包括输入数据、全部输出数据以及其他有关信息）。对于适应性或完善性的维护要求，应该提出一个简短的需求说明书。如前所述，由维护管理员和系统管理员评价用户提交的维护要求表。

维护要求表是一个外部产生的文件，它是计划维护活动的基础。软件组织内部应该制定出一个软件修改报告，给出下列信息：

（1）满足维护要求表中提出的要求所需要的工作量。

（2）维护要求的性质。

（3）这项要求的优先次序。

（4）与修改有关的事后数据。

在拟定进一步的维护计划之前，把软件修改报告提交给变化授权人审查批准。

4.3.3 维护的工作流程

软件维护的主要工作是确认维护类型，实施相应维护和维护评审。图 4-3 描述了软件维护的主要工作流程。

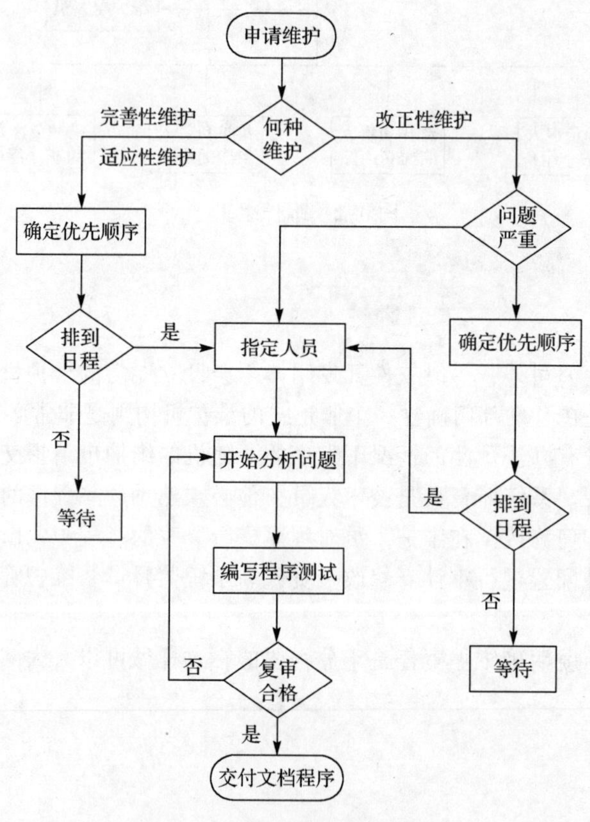

图 4-3 维护阶段的事件流

1. **确认维护类型**

确认维护类型需要维护人员与用户反复协商，确认错误情况和对业务影响的大小，以及用户的修改要求，并将这些情况保存到维护数据库。然后由维护管理员判断维护的类型。

对改正性维护申请，从评价错误的严重性开始。如果存在严重错误，则必须安排人员，在系统监督员的指导下，立即进行问题分析，寻找错误发生的原因，进行救火式紧急维护；对于不严重的错误，可根据任务性质、即时情况和轻重缓急程度，统一安排改正性维护。

对于适应性维护和完善性维护，应该首先确定每个维护要求的优先次序。如果一项维护要求的优先次序非常高，可能立即开始维护工作；否则，维护申请和其他开发工作一样，进行优先排除，统一安排时间。并不是所有这些类型的维护申请都必须承担，因为这些维护通常等于对软件项目做二次开发，工作量很大。所以需要根据商业需要、可利用资源情况、目前和将来软件的发展方向以及其他的考虑，决定是否承担相应的软件维护工作。

2. **实施维护**

尽管维护申请的类型有所不同，但是维护的流程基本相同，都有以下步骤：①修改软件需求说明；②修改软件设计；③设计评审；④对源程序做必要的修改；⑤单元测试；⑥集成测试（回归测试）；⑦确认测试；⑧软件配置评审。

3. **维护评审**

在完成软件维护任务之后，进行处境复查常常是有好处的。一般说来，这种复查试图回答下述问题：

（1）在当前处境下设计、编码或测试的哪些方面能用不同方法进行？

（2）哪些维护资源是应该有而事实上却没有的？

（3）对于这项维护工作什么是主要的（以及次要的）障碍？

（4）要求的维护类型中有预防性维护吗？

处境复查对将来维护工作的进行有重要影响，而且所提供的反馈信息对有效地管理软件组织十分重要。

4.3.4 保存软件维护文档

为了评估软件维护的有效性，提高软件产品的质量，同时确定软件维护的实际开销，需要在维护过程中做好软件维护文档记录。那么哪些数据是值得记录的？加州大学 Swanson 提出了下述内容：①程序名称；②使用的程序设计语言；③源语句数；④机器指令条数；⑤程序安装的日期；⑥自从安装以来程序运行的次数；⑦自从安装以来程序失效的次数；⑧程序变动的层次和标识；⑨因程序变动而增加的源语句数；⑩因程序变动而删除的源语句数；⑪每个改动耗费的人时数；⑫程序改动的日期；⑬软件工程师的姓名；⑭维护要求表的标识；⑮维护类型；⑯维护开始和完成的日期；⑰累计用于维护的人时数；⑱与完成的维护相联系的纯效益。

应该为每项维护工作都收集上述数据。可以利用这些数据构成一个维护数据库的基础，并且像下面介绍的那样对它们进行评价。

4.3.5 评价维护活动

缺乏有效的数据就无法评价维护活动。如果已经开始保存维护记录了，则可以对维护工作做一些定量度量。至少可以从下述 7 个方面度量维护工作：①每次程序运行平均失效的次数；②用于每一类维护活动的总人时数；③平均每个程序、每种语言、每种维护类型所做的程序变动数；④维护过程中增加或删除一条源语句平均花费的人时数；⑤维护每种语言平均花费的人时数；⑥一张维护要求表的平均周转时间；⑦不同维护类型所占的百分比。

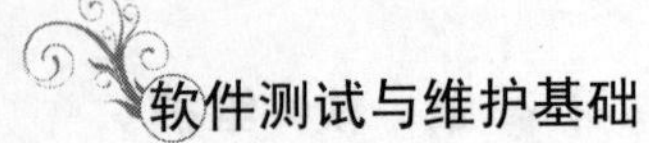

根据对维护工作定量度量的结果，可以作出关于开发技术、语言选择、维护工作量规划、资源分配及其他许多方面的决定，而且可以利用这样的数据分析评价维护任务。

4.4 软件的可维护性

可以把软件的可维护性定性地定义为：维护人员理解、改正、改动或改进这个软件的难易程度。在前面的章节中曾经多次强调，提高可维护性是支配软件工程方法学所有步骤的关键目标。

4.4.1 决定软件可维护性的因素

维护就是在软件交付使用后进行的修改，修改之前必须理解待修改的对象，修改之后应该进行必要的测试，以保证所做的修改是正确的。如果是改正性维护，还必须预先进行调试以确定错误的具体位置。因此，决定软件可维护性的因素主要有下列 5 项。

1. **可理解性**

软件可理解性表现为外来读者理解软件的结构、功能、接口和内部处理过程的难易程度。模块化（模块结构良好，高内聚，低耦合）、详细的设计文档、结构化设计、程序内部的文档和良好的高级程序设计语言等，都对提高软件的可理解性有重要贡献。

对于可理解性，经常使用“90-10 测试”方法来衡量。即把一份待测试的源程序清单拿给一位有经验的程序员阅读 10 min，然后把源程序清单拿开。如果这位程序员能够凭自己的理解和记忆，写出该程序的 90%，则认为这个程序具有可理解性，否则这个程序要重新编写。

2. **可测试性**

诊断和测试的容易程度取决于软件容易理解的程度。良好的文档对诊断和测试是至关重要的，此外，软件结构、可用的测试工具和调试工具，以及以前设计的测试过程也都是非常重要的。维护人员应该能够得到在开发阶段用过的测试方案，以便进行回归测试。在设计阶段应该尽力把软件设计成容易测试和容易诊断的。

对于程序模块来说，可以用程序复杂度度量其可测试性。模块的环形复杂度越大，可执行的路径就越多，因此，全面测试它的难度就越高。

3. **可修改性**

可修改性表明程序修改的难易程度。耦合、内聚、信息隐藏、局部化、控制域与作用域的关系等，都影响软件的可修改性。

测试可修改性的一种定量方法是修改练习。其基本思想是通过做几个简单的修改，来评价修改的难度。设 C 是程序中各个模块的平均复杂性，A 是必须修改的模块数，D 是要修改的模块的平均复杂性，则修改的难度由下式计算：

$$D=\frac{A}{C}$$

对于简单的修改，若 $D>1$，说明该程序修改困难。A 和 C 可用任何一种度量程序复杂性的方法计算。

4. 可移植性

软件可移植性指的是，把程序从一种计算环境（硬件配置和操作系统）转移到另一种计算环境的难易程度。把与硬件、操作系统以及其他外围设备有关的程序代码集中放到特定的程序模块中，可以把因环境变化而必须修改的程序局限在少数程序模块中，从而降低修改的难度。

5. 可重用性

所谓重用（reuse）是指同一事物不做修改或稍加改动就在不同环境中多次重复使用。大量使用可重用的软件构件来开发软件，可以从下述两个方面提高软件的可维护性：

（1）通常可重用的软件构件在开发时经过了很严格的测试，可靠性比较高，且在每次重用过程中都会发现并清除一些错误，随着时间推移，这样的构件将变成实质上无错误的。因此，软件中使用的可重用构件越多，软件的可靠性越高，改正性维护需求越少。

（2）很容易修改可重用的软件构件，使之再次应用在新环境中。因此，软件中使用的可重用构件越多，适应性和完善性维护也就越容易。

4.4.2　文档

文档是影响软件可维护性的决定因素。由于长期使用的大型软件系统在使用过程中必然会经受多次修改，所以文档比程序代码更重要。

软件系统的文档可以分为用户文档和系统文档两类。用户文档主要描述系统功能和使用方法，并不关心这些功能是怎样实现的；系统文档描述系统设计、实现和测试等各方面的内容。总的说来，软件文档应该满足下述要求：

- 必须描述如何使用这个系统，没有这种描述时即使是最简单的系统也无法使用；
- 必须描述怎样安装和管理这个系统；
- 必须描述系统需求和设计；
- 必须描述系统的实现和测试，以便使系统成为可维护的。

下面分别讨论用户文档和系统文档。

1. 用户文档

用户文档是用户了解系统的第一步，它应该能使用户获得对系统准确的初步印象。文档的结构方式应该使用户能够方便地根据需要阅读有关的内容。

用户文档至少应该包括下述 5 方面的内容：

（1）功能描述，说明系统能做什么。

（2）安装文档，说明怎样安装这个系统以及怎样使系统适应特定的硬件配置。

（3）使用手册，简要说明如何着手使用这个系统（应该通过丰富例子说明怎样使用常用的系统功能，还应该说明用户操作错误时怎样恢复和重新启动）。

（4）参考手册，详尽描述用户可以使用的所有系统设施以及它们的使用方法，还应该解释系统可能产生的各种出错信息的含义（对参考手册最主要的要求是完整，因此通常使用形式化的描述技术）。

（5）操作员指南（如果需要有系统操作员的话），说明操作员应该如何处理使用中出现的各种情况。

上述内容可以分别作为独立的文档，也可以作为一个文档的不同分册，具体做法应该由系统规模决定。

2. **系统文档**

所谓系统文档指从问题定义、需求说明到验收测试计划这样一系列和系统实现有关的文档。描述系统设计、实现和测试的文档对于理解程序和维护程序来说是极其重要的。和用户文档类似，系统文档的结构也应该能把读者从对系统概貌的了解，引导到对系统每个方面、每个特点的更具体的认识。本书前面各章已经较详细地介绍了各个阶段应该产生的文档，此处不再重复。

4.4.3 可维护性复审

可维护性是所有软件都应该具备的基本特点，必须在软件开发阶段保证软件具有 4.4.1 节中提到的那些可维护因素。在软件工程过程的每个阶段都应该考虑并努力提高软件的可维护性，在每个阶段结束前的技术审查和管理复审中，应该着重对可维护性进行复审。

在需求分析阶段的复审过程中，应该对将来要改进的部分和可能会修改的部分加以注意并指明；应该讨论软件的可移植性问题，并且考虑可能影响软件维护的系统界面。

在正式的和非正式的设计复审期间，应该从容易修改、模块化和功能独立的目标出发，评价软件的结构和过程；设计中应该对将来可能修改的部分预做准备。

代码复审应该强调编码风格和内部说明文档这两个影响可维护性的因素。

在设计和编码过程中应该尽量使用可重用的软件构件，如果需要开发新的构件，也应该注意提高构件的可重用性。

每个测试步骤都可以暗示在软件正式交付使用前，程序中可能需要做预防性维护的部分。在测试结束时进行最正式的可维护性复审，这个复审称为配置复审。配置复审的目的是保证软件配置的所有成分是完整的、一致的和可理解的，而且为了便于修改和管理已经编目归档了。

在完成了每项维护工作之后，就应该对软件维护本身进行仔细认真的复审。维护应该针对整个软件配置，不应该只修改源程序代码。当对源程序代码的修改没有反映在设计文档或用户手册中时，就会产生严重的后果。

每当对数据、软件结构、模块过程或任何其他有关软件特点做了改动时，必须立即修改相应的技术文档。不能准确反映软件当前状态的设计文档可能比完全没有文档更坏。在以后的维护工作中很可能因文档不完全符合实际而不能正确理解软件，从而在维护中引入过多的错误。

用户通常根据描述软件特点和使用方法的用户文档来使用、评价软件。如果对软件的可执行部分的修改没有及时反映在用户文档中，则必然会使用户因为受挫折而产生不满。

如果在软件再次交付使用之前，对软件配置进行严格的复审，则可大大减少文档的问题。事实上，某些维护要求可能并不需要修改软件设计或源程序代码，只是表明用户文档不清楚或不准确，因此只需要对文档做必要的维护。

4.4.4 提高软件的可维护性

提高软件的可维护性对于延长软件的生存期具有决定性的意义，因此必须考虑如何才能提高软件的可维护性。提高软件的可维护性，可以从两个方面来考虑：一方面，在软件开发期的各个阶段，各项开发活动进行的同时，应该时时处处努力提高软件的可维护性，保证软件产品在发布之日具有高水准的可维护性；另一方面，在软件维护期进行维护活动的同时，也要兼顾提高软件的可维护性，更不能对可维护性产生负面影响。具体的提高软件可维护性的技术途径主要有以下四个方面。

1. 建立明确的软件质量目标和优先级

一个可维护的程序应是可理解的、可靠的、可测试的、可修改的、可移植的、高效率的和可使用的。但要实现这些目标，需要付出很大的代价，而且有时也很难做到。因为某些质量特性是相互促进的，例如可理解性和可测试性、可理解性和可修改性。但也有一些质量特性是相互抵触的，例如，效率和可移植性，效率和可修改性等。尽管可维护性要求每种质量特性都要得到满足，但它们的相对重要性，应该随软件产品的用途，以及计算环境的不同而不同。例如，对于编译程序来说，可能强调效率，但对于管理信息系统来说，则可能强调可使用性和可修改性。因此，对于软件的质量特性，应当在提出目标的同时还必须规定它们的优先级。这样做，实际上有助于提高软件的质量，并对整个软件生命周期的开发和维护工作都有指导作用。

2. 建立完整的文档

文档是影响软件可维护性的决定因素。由于文档是对软件的总目标、程序各组成部分之间的关系、程序设计策略以及程序实现过程的历史数据等的说明和补充，因此，文档对提高程序的可理解性有着重要作用。即使一个十分简单的程序，要想高效率地维护它就需要编制文档来解释其目的及任务。

对于程序维护人员来说，要想对程序编制人员的意图重新改造，并对今后变化的可能性进行估计，也必须建立完整的维护文档。

文档必须随着软件的演化过程，时刻保持与软件产品一致。

3. 采用易于维护的技术和工具

为了提高软件的可维护性，应采用易于维护的技术和工具。

采用面向对象软件等先进的开发技术，可大大提高软件的可维护性。

模块化是软件开发过程中提高可维护性的有效技术，它的最大优点是模块的独立性特征。如果要改变一个模块，则对其他模块影响很小；如果需要增加模块的某些功能，则仅需要增加完成这些功能的新模块或模块层；程序的测试与重复测试比较容易；程序错误易于定位和修正。因此，采用模块化技术有利于提高软件的可维护性。

结构化程序设计不仅使得模块结构标准化，而且将模块间的相互作用也标准化了，因而把模块化又向前推进了一步。采用结构化程序设计可以获得良好的程序结构。

选择可维护的程序设计语言。程序设计语言的选择，对程序的可维护性影响很大。低级语言（即机器语言和汇编语言）很难理解和掌握，因此很难维护。高级语言比低级语言容易理解，具有更好的可维护性。非过程化的第四代语言，用户不需要指出实现的算法，仅需向编译程序或解释程序提出自己的要求，由编译程序或解释程序自己作出实现用户要求的职能假设。例如，自动选择报表格式，选择字符类型和图形显示方式等。总之，从维护角度来看，第四代语言比其他语言更容易维护。

4. 加强可维护性复审

在软件工程的每个阶段、每项活动的复审环节中，应该着重对可维护性进行复审，尽可能提高可维护性，至少保证不降低可维护性。

4.5 预防性维护

几乎所有历史比较悠久的软件开发组织，都有一些十几年前开发出的“老”程序。目前，某些老程序仍然在为用户服务，但是，当初开发这些程序时并没有使用软件工程方法学来指导，因此，这些程序的体系结构和数据结构都很差，文档不全甚至完全没有文档，对曾经做过的修改也没有完整记录。

怎样满足用户对上述这类老程序的维护要求呢？为了修改这类程序以适应用户新的或变更的需求，有以下几种做法可供选择：

（1）反复多次地做修改程序的尝试，与不可见的设计及源代码“顽强战斗”，以实现所要求的修改。

（2）通过仔细分析程序尽可能多地掌握程序的内部工作细节，以便更有效地修改它。

（3）在深入理解原有设计的基础上，用软件工程方法重新设计、重新编码和测试那些需要变更的软件部分。

（4）以软件工程方法学为指导，对程序全部重新设计、重新编码和测试，为此可以使用 CASE 工具（逆向工程和再工程工具）帮助理解原有的设计。

第一种做法很盲目，通常人们采用后 3 种做法。其中第 4 种做法称为软件再工程，这样的维护活动也就是 4.1 节中所说的预防性维护，而第 3 种做法实质上是局部的再工程。

预防性维护方法是由 Miller 提出来的，他把这种方法定义为：“把今天的方法学应用到昨天的系统上，以支持明天的需求。”

粗看起来，在一个正在工作的程序版本已经存在的情况下重新开发一个大型程序，似乎是一种浪费。其实不然，下述事实很能说明问题：

（1）维护一行源代码的代价可能是最初开发该行源代码代价的 14～40 倍。

（2）重新设计软件体系结构（程序及数据结构）时使用了现代设计概念，它对将来的维护可能有很大的帮助。

（3）由于现有的程序版本可作为软件原型使用，开发生产率可大大高于平均水平。

（4）用户具有较多使用该软件的经验，因此，能够很容易地搞清新的变更需求和变更的范围。

（5）利用逆向工程和再工程的工具，可以使一部分工作自动化。

（6）在完成预防性维护的过程中可以建立起完整的软件配置。

4.6 软件再工程过程

典型的软件再工程过程模型如图 4-4 所示，该模型定义了 6 类活动。在某些情况下这些活动以线性顺序发生，但也并非总是这样。例如，为了理解某个程序的内部工作原理，可能在文档重构开始之前必须先进行逆向工程。

在图 4-4 中显示的再工程范型是一个循环模型。这意味着作为该范型的组成部分的每个活动都可能被重复，而且对于任意一个特定的循环来说，过程可以在完成任意一个活动之后终止。下面简要地介绍该模型所定义的 6 类活动。

1. **库存目录分析**

每个软件组织都应该保存其拥有的所有应用系统的库存目录。该目录包含关于每个应用系统的基本信息（如应用系统的名称、最初构建它的日期、已做过的实质性修改次数、过去 18 个月报告的错误、用户数量、安装它的机器数量、它的复杂程度、文档质量、整体可维护性等级、预期寿命、在未来 36 个月内的预期修改次数、业务重要程度等）。

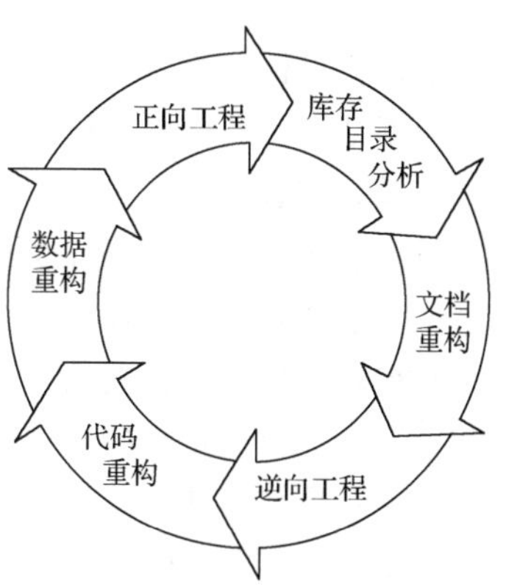

图 4–4　软件再工程过程模型

每个大的软件开发机构都拥有上百万行老代码，它们都可能是逆向工程或再工程的对象。但是，某些程序并不频繁使用而且不需要改变，此外，逆向工程和再工程工具尚不成熟，目前仅能对有限种类的应用系统执行逆向工程或再工程，代价十分高昂。因此，对库中每个程序都做逆向工程或再工程是不现实的。下述 3 类程序有可能成为预防性维护的对象：

（1）预定将使用多年的程序；

（2）当前正在成功地使用着的程序；

（3）在最近的将来可能要做重大修改或增强的程序。

应该仔细分析库存目录，按照业务重要程度、寿命、当前可维护性、预期的修改次数等标准，把库中的应用系统排序，从中选出再工程的候选者，然后明智地分配再工程所需要的资源。

2. **文档重构**

老程序固有的特点是缺乏文档。具体情况不同，处理这个问题的方法也不同：

（1）建立文档非常耗费时间，不可能为数百个程序都重新建立文档。如果一个程序是相对稳定的，正在走向其有用生命的终点，而且可能不会再经历什么变化，那么，让它保持现状是一个明智的选择。

（2）为了便于今后的维护，必须更新文档，但是由于资源有限，应采用“使用时建文档”的方法，也就是说，不是一下子把某应用系统的文档全部都重建起来，而是只针对系统中当前正在修改的那些部分建立完整文档。随着时间的流逝，将得到一组有用的和相关的文档。

如果某应用系统是完成业务工作的关键，而且必须重构全部文档，则仍然应该设法把文档工作减少到必需的最小量。

3. **逆向工程**

软件的逆向工程是分析程序以便在此源代码更高的抽象层次上创建出程序的某种表示的过程，也就是说，逆向工程是一个恢复设计结果的过程，逆向工程工具从现存的程序代码中抽取有关数据、体系结构和处理过程的设计信息。

4. **代码重构**

代码重构是最常见的再工程活动。某些老程序具有比较完整、合理的体系结构，但是，个体模块的编码方式却是难于理解、测试和维护的。在这种情况下，可以重构可疑模块的代码。

为了完成代码重构活动，首先用重构工具分析源代码，标注出和结构化与程序设计概念相违背的部分。然后重构有问题的代码（此项工作可自动进行）。最后，复审和测试生成的重构代码（以保证没有引入异常）并更新代码文档。

通常，重构并不修改整体的程序体系结构，它仅关注个体模块的设计细节以及在模块中定义的局部数据结构。如果重构扩展到模块边界之外并涉及软件体系结构，则重构变成了正向工程。

5. 数据重构

对数据体系结构差的程序很难进行适应性修改和增强，事实上，对许多应用系统来说，数据体系结构比源代码本身对程序的长期生存力有更大影响。

与代码重构不同，数据重构发生在相当低的抽象层次上，它是一种全范围的再工程活动。在大多数情况下，数据重构始于逆向工程活动，分解当前使用的数据体系结构，必要时定义数据模型，标识数据对象和属性，并从软件质量的角度复审现存的数据结构。

当数据结构较差时，应该对数据进行再工程。

由于数据体系结构对程序体系结构及程序中的算法有很大影响，对数据的修改必然会导致体系结构或代码层的改变。

6. 正向工程

正向工程又称革新或改造，这项活动不仅从现有程序中恢复设计信息，而且使用该信息去改变或重构现有系统，以提高其整体质量。

正向工程过程应用软件工程的原理、概念、技术和方法来重新开发某个现有的应用系统。在大多数情况下，被再工程的软件不仅重新实现现有系统的功能，而且加入了新功能和提高了整体性能。

小　结

维护是软件生命周期的最后一个阶段，也是持续时间最长、代价最大的一个阶段。软件工程学的主要目的就是提高软件的可维护性，降低维护代价。

软件维护通常包括 4 类活动：为了纠正在使用过程中暴露出来的错误而进行的改正性维护；为了适应外部环境的变化而进行的适应性维护；为了改进原有的软件而进行的完善性维护；以及为了改进将来的可维护性和可靠性而进行的预防性维护。

软件的可理解性、可测试性、可修改性、可移植性和可重用性，是决定软件可维护性的基本因素。

软件生命周期每个阶段的工作都和软件可维护性有密切关系，每一阶段都要进行软件可维护性复审。良好的设计，完整准确易读易理解的文档资料，以及一系列严格的复审和测试，使得一旦发现错误时比较容易诊断和纠正，当用户有新要求或外部环境变化时软件能较容易地适应，并且能够减少维护引入的错误。因此，在软件生命周期的每个阶段都必须充分考虑维护问题，并且为软件维护做准备。

要提高软件的可维护性，要确定软件质量标准和优先级，建立完整的文档，采用易于维护的技术和工具，加强可维护性复审。

文档是影响软件可维护性的决定因素，因此，文档甚至比可执行的程序代码更重要。文档可分为用户文档和系统文档两大类。不管是哪一类文档都必须和程序代码同时维护，只有和程序代码完全一致的文档才是真正有价值的文档。

虽然由于维护资源有限，目前预防性维护在全部维护活动中仅占很小比例，但是不应该忽视这类维护活动，在条件具备时应该主动地进行预防性维护。

预防性维护实质上是软件再工程。典型的软件再工程过程模型定义了库存目录分析、文档重构、逆向工程、代码重构、数据重构和正向工程等 6 类活动。在某些情况下，以线性顺序完成这些活动，但也并不总是这样，可以是一个循环模型，这意味着每项活动都可能被重复，而且对于任意一个特定的循环来说，再工程过程可以在完成任意一个活动之后终止。

习题与思考

1. 软件测试结束的标准是什么？

2. 下面关于软件维护的叙述中，不正确的是________。

   A. 软件维护是在软件交付之后为保障软件运行而要完成的活动

   B. 软件维护是软件生命周期中的一个完整部分

   C. 软件维护包括更正性维护、适应性维护、完善性维护和预防性维护等几种类型

   D. 软件维护活动可能包括软件交付后运行的计划和维护计划，以及交付后的软件修改、培训和提供帮助资料等

3. 随着软硬件环境变化而修改软件的过程是________。

   A. 校正性维护　B. 适宜性维护　C. 完善性维护　D. 预防性维护

4. 为了提高软件的可维护性，在编码阶段应注意________。

   A. 保存测试用例和数据　B. 提高模块的独立性

   C. 养成好的程序设计风格　D. 文档的副作用

5. 为提高系统性能而进行的修改属于________。

   A. 纠正性维护　B. 适应性维护　C. 完善性维护　D. 测试性维护

6. 软件生命周期中，________所占的工作量最大。

   A. 分析阶段　B. 设计阶段　C. 编码阶段　D. 维护阶段

7. 系统维护中要解决的问题来源于________。

   A. 系统分析阶段　B. 系统设计阶段

   C. 系统实施阶段　D. A、B、C 3 个阶段

8. 软件维护的副作用是指________。

   A. 开发时的错误　B. 隐含的错误

   C. 因修改软件而造成的错误　D. 运行时的误操作

9. 维护申请报告是一种由用户产生的文档，它用作计划维护任务的基础。（　）

10. 维护阶段是软件生存周期中时期最短的阶段，也是花费精力和费用最少的阶段。（　）

11. 在软件维护中，因修改软件而导致出现错误或其他情况称为维护的副作用。（　）

12. 为了提高软件的可维护性和可靠性而对软件进行的修改称为适应性维护。（　）

13. 维护的副作用有编码副作用、数据副作用、文档副作用 3 种。（　）

14. 为什么说软件维护是不可避免的？ ( )
15. 软件可维护性与哪些因素有关？采用哪些因素能提高软件可维护性？ ( )
16. 简述软件文档与软件可维护性的关系。 ( )
17. 为什么说软件维护过程是一个简单的软件开发过程？ ( )
18. 什么是软件维护的副作用？如何防止软件维护的副作用？ ( )
19. 如何保证和提高软件维护的质量和效率？ ( )
20. 软件的维护活动包含哪些需要提供软件支持的活动？ ( )
21. 软件的维护一般分为哪 4 种？ ( )

管理系统的功能测试

学习目标：

1. 熟悉等价类划分测试法、边界值分析测试法。
2. 熟悉决策表分析测试法、因果图测试法。
3. 掌握错误推测法、正交试验法、场景测试法等其他黑盒测试方法。
4. 熟悉功能测试的流程。

5.1 测试准备

当接到一个项目任务，不要立即去执行测试用例，而是要先做好充分的准备工作。例如，一个全新的项目，可能会碰到如下一系列的问题。

- 针对需求需要了解哪些业务知识、准备哪些资料？
- 如何快速准确地理解需求？
- 如何评估人力、物力？
- 如何发现更多深度的缺陷？
- 如何和开发人员一起做出用户真正需要的东西？

1. 了解相关项目背景及其相关技术

项目启动，我们首先要了解做什么、为什么要做、用了什么新技术等问题。虽然测试人员不需要去写代码，但对新技术了解得越深，对发现更多缺陷、出现问题时进行有效分析将有很大帮助。例如，对于本项目应首先了解旅店住宿的基本知识，用户、客房和资金的基本参数。同时，去参考有类似功能的软件项目，做到心中有数，在项目设计过程中提出好的建议。

2. 尽早发现问题、提出问题

以用户需求到产品需求说明书，再到用户接口规格说明书、概要设计、详细设计说明书等，一步步地深入下去。实际上，从来都没有完善的需求。如何应对不完善的需求？开发人员和测试人员的不同理解，造成了一定的隔阂。因此测试人员要尽可能地在开始编程之前找出需求中所有不明确、有遗漏的地方。特别是在写测试计划、设计测试用例时，对产品的理解也更深入，往往要精确到每个按钮的行为、每个页面的实现，因此若能在测试之前，甚至在讨论需求时就提出问题，比报缺陷时再和开发人员吵得不可开交、牵动项目经理/产品经理要好得多。总之，问题发现得越早越好，早发现问题，可以减少不必要的麻烦，同时能更好地保证质量。

3. 画出功能图

分析业务功能点、画出功能图，方便理解需求、确定范围。例如，本项目根据产品需求说明书描述，简单地画出旅店住宿管理系统功能的模块功能图，如图 5-1 所示。

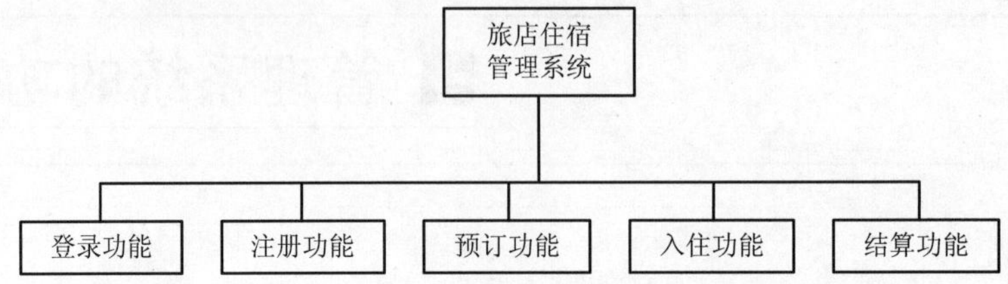

图 5-1　旅店住宿管理系统功能示意图

通过分析，针对项目功能模块的测试，可以细分为以下几个测试方面。

（1）开始使用前需要登录，使用正确的用户名、密码才能进入管理系统，实现后续功能。根据登录情况，进入相应功能模块，并给予提示。

（2）对于新用户，需要完成注册操作，按要求填写相应数据。通过验证，方可成为用户。

（3）作为注册旅客根据需要以及实际情况完成预定。

（4）旅客来到酒店完成入住手续。

（5）住宿结束后实现费用结算。

4. 用数据流程图描述业务过程

功能图描述了完成的主要功能点，而各功能点又有着一定的联系。可以通过流程图抽象出功能点之间的数据流动及端到端的业务过程，例如在此项目中，一个旅店住宿预订的数据流程图如图 5-2 所示。

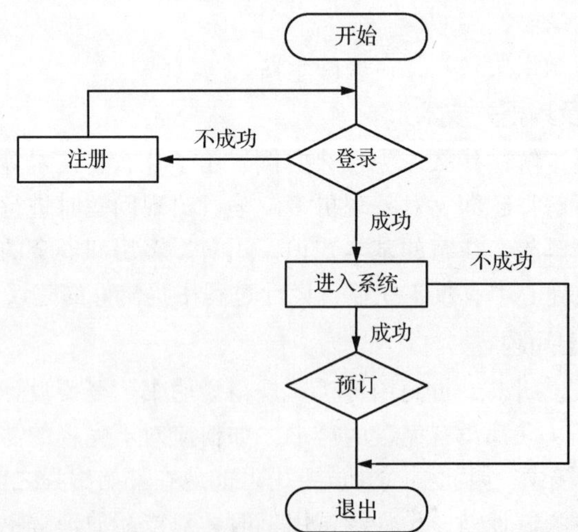

图 5-2　旅店住宿预订的数据流程图

5. 根据项目需求熟悉和掌握相关的系统信息

要充分了解有关功能所涉及的信息数据，如怎么去和检查客房状况和计算消费金额、测试过程中哪些系统设置和实现的功能有关？还要了解目前旅店预定流程、住宿流程等。然后，才知道为测试要准备数据，例如：

- 是住宿提供方及管理员？还是住宿使用方及客户？客户是老用户及会员还是临时用户？
- 住宿需要什么类型的房间？住多长时间？是否需要存放行李？行李有多少件？

也要考虑，每个测试人员需要测试哪些测试点，如表 5-1 所示。

表 5-1　项目测试需要覆盖的测试点

C/S 版	B/S 版	使用人员类型	操　　作
Windows 7 Windows 8 Windows 10	Internet Explorer Edge Chrome Firefox Safari	管理员	在不同操作系统下用不同版本的浏览器登录管理系统
		旅客	

5.2　测 试 计 划

根据项目相关文档，需要定义测试范围、测试策略、人员分配、测试环境、进度表以及测试过程每个阶段需要达到的目标。例如，本项目计划样例如下所示。

旅店住宿管理系统测试计划

1. 项目名称

旅店住宿管理系统。

2. 项目介绍

旅店住宿管理系统是一款针对旅店住宿管理的应用型软件，用它旅店经营者可进行客房管理、费用结算，旅客可进行客房预订等。

3. 项目相关文档

（1）产品规格说明书编号：#####

（2）产品需求说明文档编号：#####

4. 项目的软硬件需求

（1）硬件：PC，Mac 机。

（2）软件：

- Windows 7 / Windows 8 / Windows 10。
- Internet Explorer / Edge / Chrome / Firefox / Safari。

5. 测试范围

（1）各功能点介绍：

- 登录。
- 注册。
- 预订房间。
- 入住旅店。
- 费用结算。

（2）测试检查点。

（3）性能测试。

（4）安全测试点。

6. 测试策略

（1）新功能验证。

- 用户界面。
- 逻辑功能。
- 性能测试。
- 异常用例验证。

（2）回归测试。

- 和其他功能的交互。
- 遗留问题的解决。

7. 测试时间和人员安排

8. 项目风险分析

9. 各测试阶段目标和提交成果

5.3 功能测试用例的设计

测试人员要进行测试，测试用例作为执行测试时的重要参照标准，其重要性就不多说了。下面详细介绍如何写好测试用例、如何写出有价值的测试用例。

首先，测试用例必须使测试人员能够明确理解，并能够依据测试用例的描述执行测试。其次，测试之前必须明确功能逻辑，熟知每个测试用例的场景。基于这个前提，下面以该项目中如何检测注册为例，来说明如何设计出良好的测试用例。

例如，有这样一个场景，在一台机器上，用户通过浏览器，在网上注册旅客账户，用户输入注册用户名和初始密码后，记不清初始密码了，用户只能凭记忆输入确认密码，但实际这个确认密码和初始密码不一致，系统根据该情况弹出警告对话框，提示该用户密码前后不一致，用户只好重设初始密码和确认密码。一个测试用例见表 5-2。

表 5-2　测试用例示例

用例编号	用例描述	前提条件	输入数据	测试步骤	期望结果
000001	旅客用户设置注册账户信息中的确认密码	旅客用户注册账户信息中除密码外的其他信息设置都符合要求，并且登录密码设置完成	设置确认密码	用户进入注册界面，完成除确认密码以外的注册信息的填写，最后输入与登录密码不同的确认密码	弹出警告对话框，提示输入的确认密码与设置的登录密码不匹配

从测试用例可以看出，测试用例主要包含用例编号、用例描述、前提条件、输入数据、测试步骤和期望结果 6 项关键内容。

1. 用例编号

一个软件项目拥有一定数量的测试用例。用例的组织要方便测试人员执行测试用例，软件测试部门应设计一套良好的用例编号体系。通过用例编号，可以快速定位测试用例，查询时事半功倍，也可以通过和每个用例编号关联的缺陷多少来衡量一个用例的价值。测试用例编号可以按一定的规则编写，也可以通过测试用例管理系统自动生成。

2. 用例描述

用例描述应使用精简的文字，描绘出用例的全貌。让测试人员不用看详细测试步骤，只看这个描述就可以知道这个用例描述的是哪个场景、哪个功能点。好的用例描述如同书籍的大纲，能够帮助阅读者整理思路，全局了解用例。

3. 前提条件

一个测试用例一般是针对一个特定的场景，而需要测试的场景发生时通常会有一些铺垫场景，也就是要明确当前这个测试用例的前提，如软硬件环境的配置、权限的设置、数据的准备等。

4. 输入数据

输入数据是测试步骤执行过程的一个重要参数，犹如做衣服时，裁缝量的肩宽、腰围等数据，它的正确与否直接影响到用例的执行结果。一个测试用例可以有一个或多个输入数据，当然也可以无输入数据。

5. 测试步骤

测试步骤是测试用例的主体，也是非常重要的部分。测试用例中，每个操作或紧密联系的一系列动作均可设计为一个步骤。一个测试用例由一个或多个测试步骤组成。每个步骤之间有一定的前后关系，任何人按照测试步骤都可以完成同样的操作。因此每个步骤必须表述详细，描述清晰，用语规范、严谨而又客观。最基本的要求是能够使其他人理解，并能正确地执行编写者期望的操作。

6. 期望结果

期望结果是执行测试时对执行结果进行对比的标尺，是一个测试是否通过的判断依据。期望结果必须要保证其正确性。

5.4 用例执行的窍门

工作中会发现，不同的人执行相同的测试用例，其结果是不一样的。赵一执行这个测试用例，只发现一个缺陷，而钱二执行时却发现了多个缺陷；孙三发现的缺陷都是无关大局的，而李四发现的却是造成系统崩溃、用户抓狂的缺陷。差别如此之大，究其原因，是和测试用例的执行有关的。

1. 不要离开测试用例，但不依赖

测试用例在测试过程中的重要性是毋庸置疑的。测试用例应该说是经过设计、思考的，力图涵盖所有的测试点，所以它是测试执行的依据。但是，因为测试的深度有限，很难覆盖所有路径，加上需求变更，测试用例很难及时更新，而且只生搬硬套测试用例来执行，效果不好。手工测试时，仅仅把测试用例作为一个参考即可，不要过分依赖它，我们可以进行更多的发散测试，加上不断地思考，测试的效果就要好得多。

例如，这个项目有这样一个测试用例，单击“注册”按钮，可以发送注册请求。关于这条用例，一般描述会是“单击注册按钮期望结果提示是否注册成功”，很难把用户的每种操作行为都写上。因此我们测试时，可以依据测试用例的这个功能点，考虑如果单击两次，是什么行为？鼠标移到“注册”按钮上，按下鼠标不松开，然后移到按钮外再松开，会发生什么现象？这是关于一个控件测试的简单扩展。

2. 测试执行时，学会从测试用例中生成测试用例

由于时间和人力资源限制，功能测试用例一般是比较简单、基本的路径描述，对于复杂操作的程序模块，各功能的操作是相互影响、紧密相关的，可以演变出数量繁多的变化。没有严密的逻辑分析，产生遗漏在所难免。如果简单地按测试用例进行测试，一定会遗漏，所以测试时要思考一下和这个测试点可能存在联系的模块是哪些？先操作或后操作其中一个模块会给其他功能带来哪些影响？从不同路径进行端到端的操作，结果一样吗？

测试用例的描述，有个基本原则是不要写得太复杂，所以功能交叉的测试用例，一般不会写得太复杂。但测试执行时，要特别注意多种条件的组合及其逻辑先后顺序。例如，本项目也许会分别写多条预订房间、登录账户、注册账户等测试用例，而对于这几个功能的组合不会写太多，那测试时我们应如何考虑？例如甲登录账户 A、乙也登录账户 A，查看甲那边显示的画面是否正常，这是一个基本用例，可以考虑以下几个问题。

- 登录账户时是否可以用一个相同的账号？
- 发送注册信息过程中再拔掉网线是什么结果？
- 甲先登录预订房间，以后登录预订相同类型房间，当只剩一间此类型客房时，谁最后预订成功？

也就是说，要学会从多个单一的测试用例中，基于整体考虑而生成更多的测试用例，这也是熟悉业务的测试人员经常比不熟悉业务的测试人员发现更多测试点的原因之一。

5.5 功能测试的三步曲

功能测试执行一般可以分为三步曲（走查、基本功能验证、回归测试），当然，视项目情况可能有所不同，而变成二步曲或四步曲。

1. 走查

当正式测试之前，先走查一遍开发提交的测试版本。由于开发人员的编码水平和单元测试的深度，完成的质量可能千差万别，因此正式测试之前可以安排少量熟悉需求的人员进行走查。把基本需求、主要功能等走查一遍。如果有很多影响测试的问题，可以拒绝测试，让开发人员继续进行单元测试。因为如果提交给测试人员的版本问题太多，一定会浪费人力、财力。

对于本项目的具体做法，检查以下几个主要测试用例。

（1）旅客甲单击【注册新用户】按钮，进入注册界面，界面是否显示正常。依次输入相应信息数据时，甲是否及时收到系统发出的填写是否符合要求的提示，提示信息是否显示完整。甲注册成功后，是否得到系统确认信息。

（2）用户甲登录，查看客房剩余情况，哪些类型房间有剩余，剩余多少。根据需求及查询结果，预订房间，并显示付费方式。通过付费方式的选择，确认后完成房间的预订。整个过程中用户甲是否获得系统提供的提示信息。

（3）在甲预订过程中，用户乙是否可以抢先预订同类型的房间，是否有相关提示信息。

（4）甲住宿结束后，丙在确认甲住宿的信息后，输入入住天数、行李数、房间数，以及是否是会员等信息。丙根据有无预付订金的情况，最终得到甲应付费用。

如果以上用例能够通过，就可以提交给测试人员按照测试用例进行详细测试。

2. **基本功能验证**

参照测试用例，适时地查找相关文档来测试，在此测试过程中，可以由表及里，由局部到整体进行测试。

由表及里，“表”就是先看基本的界面，如字符内容、图像、颜色、大小等是否和需求一致，比如，注册用户的按钮大小、颜色：单击鼠标后，按钮的颜色变化，按钮上图标、文字和要求是否一样？“里”是指逻辑功能，例如单击【提交】按钮或者按键盘上的【Enter】键，能不能成功提交注册信息；单击想要预订的房型，确认是否有剩余。是否能成功注册，注册的信息和输入的是否一致，诸如此类。

由局部到整体，“局部”是指模块的某个子功能，“整体”是指一个点到点的过程。例如分别注册正常、登录正常、预订正常、入住正常、结算正常；然后到整体，例如从注册到登录、预订、入住、结算，是否能顺利完成等一系列相关的整体过程。

3. **回归测试**

基于主要功能点和项目整个阶段、特别是最近修复的严重缺陷，反复验证测试用例。例如有这样一个问题，查看注册会员信息时，发现信息有误，修复这个缺陷。首先要分析这个缺陷的原因，可能会影响的功能。就像这个问题，先分析是数据库链接造成的错误，还是数据查询语句造成的错误。如果确定了一方就把和这个功能有联系的组合用例都要测试一下。比如这个问题是任何查询的用户信息都显示不完整，就要考虑把其他数据查询有关的操作都检查一遍，并查看哪些字段有问题，比如时间类型的或查询语句中字段下标错误造成这个问题，然后分类总结，根据根源找出所有类似的问题。

5.6　查找遗漏问题的七大招

缺陷遗漏是令领导、客户、所有项目人员头痛的问题。虽然缺陷是永远报不完的，也就是说，在产品发布前不能将全部缺陷都找出来。但应尽可能地减少缺陷遗漏，是一件很有意义的事情，我们该怎么去做？下面以此项目为例说明具体的方法。

1. Spec（Specification：规格、规范、规格书）**是标准和基础**

测试的执行，通常按测试用例来进行，但测试用例的设计编写是依据产品规格说明书、需求规格说明书、界面设计样式等进行的。写测试用例的时候难免有考虑不到的地方，因此要反复阅读，尽可能多地练习各种功能，综合起来，也许有一些新的思路和启发。还有在项目后期，回归测试阶段，容易形成思维定势、疲惫，这时可以把这些文档拿来，再测试一下基本功能。

例如在本项目中，参照项目的需求、设计文档，再看一下功能点是否覆盖到，覆盖到的是不是和需求一致、有没有偏差等。

2. **相关变动邮件，讨论记录**

一个项目如果把最终产品和最初的设计比较起来，总会有一些不同，也就是说，变动是一个项目过程中必不可少的部分，而这些变动，通常是通过讨论、讨论、再讨论，最终定下的，因此，会有一些邮件和文档记录。反复阅读这些邮件和文档记录，可以更深入地理解项目，例如某个功能为什么这样实现、某个行为逻辑是怎样设计的等。越是复杂的测试用例，理解得越深，越容易使思路简单清晰。

3. 不定期地阅读别人的缺陷

每个人都或多或少地阅读过别人的缺陷，不知道会不会有这样的感想：

- 为什么我没有这么想？
- 为什么同样的功能我没有这么操作？

因为每个人的思路、考虑的角度和操作习惯各不相同，因此发现的问题就会不一样。多阅读别人的缺陷可以拓宽思路，看多了，也会不自觉地把多种思路集中到一起，慢慢地应用到测试实践中。

4. 多和开发人员沟通

项目接近尾声了，特别是在缺陷不多的情况下，和开发人员沟通可以说是一个很好的时机，他们可以放松地回答我们的问题，因为功能测试对 QA 来说大多是黑盒测试，只有开发人员最清楚哪个函数调用哪个函数、哪个单元测试不够充分、哪个逻辑结构比较复杂，因此和他们多交流，可以知道哪里还需要多关注一下。

5. 有选择地重新验证以前的缺陷

特别是在回归测试、验收测试阶段，除了要重新验证前面发现的缺陷外，还要重视那些与缺陷相关的模块，这样的教训在项目中是经常遇到的，所以千万不能忽视。一个底层的参数变动，可能会引起不同操作系统、不同浏览器的连环缺陷，继而造成缺陷的遗漏。

6. 关注变化

一段代码的改动，需要开发人员与测试人员去识别。开发人员熟知代码，知道改动的地方会被哪些模块调用或者会引起哪些模块变化，但由于时间紧、任务重，很难做好单元测试，因此开发人员要通知测试人员需要关注的测试点。如果开发人员与测试人员无隔阂地合作，这种缺陷的遗漏就会减少很多。

7. 简单思维方式，以主线为主，减少大遗漏

我们知道，一个项目的成功并不是把缺陷全报出来，而是在有限的代价下，达到预期的质量。因此按计划进行的项目，主要功能的质量在一定程度上决定了产品的好坏。特别是在后期，那么多测试用例都一个一个地走完是很难的，俗话说，行百里者半九十，前期付出那么多，后期更要细心，不能放松，以基本功能为主线，做好相关测试用例的执行，这样就不会发生大的质量事故，自己心里也踏实。

5.7 测试用例设计

5.7.1 基于等价类划分法的用例设计

【任务 5-1】 旅店住宿管理系统用户名字段测试用例设计。

需求： 旅店住宿管理系统的注册页面（见图 5-3）中，用户名限制为 6～10 位自然数。

问题：采用等价类划分法进行测试用例设计。

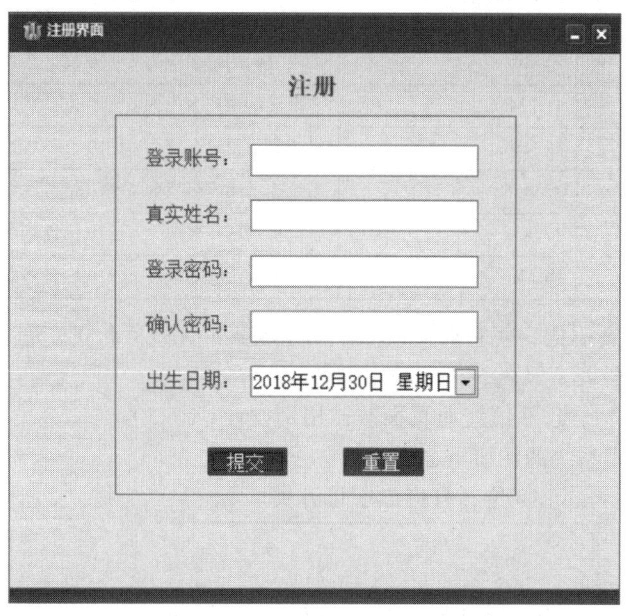

图 5-3 旅店住宿管理系统注册界面

第 1 步：依据常用方法划分等价类。

第 2 步：为等价类表中的每个等价类分别规定唯一的编号，如表 5-3 所示。

表 5-3 用户名等价类划分_编号

输　　入	有效等价类	无效等价类
用户名	长度在 6～10 位之间（1）	长度小于 6（3）
		长度大于 10（4）
	类型是 0～9 的自然数（2）	负数（5）
		小数（6）
		英文字母（7）
		字符（8）
		中文（9）
		空（10）

第 3 步：设计一个新用例，使它能够尽量多地覆盖尚未覆盖的有效等价类。重复该步骤，直到所有的有效等价类均被用例覆盖，如表 5-4 中的用例 1。

表 5-4 用户名等价类划分法_设计用例

用例编号	覆盖用例	输　　入	预期结果
1	（1）、（2）	1234567	系统提示输入正确
2	（3）	123	系统提示用户名应为 6～10 位自然数
3	（4）	12345678910	系统提示用户名应为 6～10 位自然数

续表

用例编号	覆盖用例	输　　入	预期结果
4	（5）	-1234567	系统提示用户名应为6～10位自然数
5	（6）	1.1234567	系统提示用户名应为6～10位自然数
6	（7）	123456a	系统提示用户名应为6～10位自然数
7	（8）	123456%	系统提示用户名应为6～10位自然数
8	（9）	123456中	系统提示用户名应为6～10位自然数
9	（10）	NULL	系统提示用户名应为6～10位自然数

第4步：设计一个新用例，使它仅覆盖一个尚未覆盖的无效等价类。重复该步骤，直到所有的无效等价类均被用例所覆盖，如表5-4中的用例2～9。

【任务5-2】旅店住宿管理系统注册页面测试用例设计。

需求：旅店住宿管理系统的注册页面需符合如下需求。

① 登录账号：长度为3～19位，且应以字母开头。

② 真实姓名：必填项。

③ 登录密码：必填项。

④ 确认密码：确认密码应和登录密码完全一致。

⑤ 出生日期：年份应为4位数字，月份应在1～12之间，日期应在1～31之间。

问题：采用等价类划分法进行测试用例设计。

第1步：依据常用方法划分等价类。

第2步：为等价类表中的每一个等价类分别规定一个唯一的编号，如表5-5所示。

表5-5　注册功能等价类划分_编号

输　　入	有效等价类	无效等价类
登录账号	长度为3～15位（1）	长度小于3（2）
		长度大于15（3）
	以字母开头（4）	以非字母开头（5）
真实姓名	必须填写（6）	为空（7）
登录密码	必须填写（8）	为空（9）
确认密码	值和密码值相同（10）	值和密码值不同（11）
出生日期（年）	1900～2100（12）	年份小于1900（13）
		年份大于2100（14）
		年份中有字母或其他非数字符号（15）
出生日期（月）	1～12（16）	月份小于1（17）
		月份大于12（18）
		月份中有字母或其他非数字符号（19）
出生日期（日）	1～31（20）	日期小于1（21）
		日期大于31（22）
		日期中有字母或其他非数字符号（23）

注意：隐含需求，年份不仅为 4 位数字，还应为合理范围内的数字，可设定最小值和最大值，如 1900～2100。

第 3 步：设计一个新用例，使它能够尽量多地覆盖尚未覆盖的有效等价类。重复该步骤，直到所有有效等价类均被用例所覆盖，如表 5-6 中的用例 1。

第 4 步：设计一个新用例，使它仅覆盖一个尚未覆盖的无效等价类。重复该步骤，直到所有的无效等价类均被用例所覆盖，如表 5-6 中的用例 2～16。

表 5-6　注册功能等价类划分法_设计用例

用例编号	覆盖用例	输入					预期结果
		登录账号	真实姓名	登录密码	确认密码	出生日期	
1	1、4、6、8、10、12、16、20	A123	abcde	1	1	2019-5-6	系统提示注册成功
2	2	A1	abcde	1	1	2019-5-6	系统提示“登录账号长度应为 3～15 位，且应以字母开头”
3	3	A12345678901234B	abcde	1	1	2019-5-6	系统提示“登录账号长度应为 3～15 位，且应以字母开头”
4	5	1123	abcde	1	1	2019-5-6	系统提示“登录账号长度应为 3～15 位，且应以字母开头”
5	7	A123	abcde	1	1	2019-5-6	系统提示“真实姓名必须填写”
6	9	A123	abcde		1	2019-5-6	系统提示“登录密码必须填写”
7	11	A123	abcde	1	2	2019-5-6	系统提示“确认输入与登录密码不一致”
8	13	A123	abcde	1	1	1899-5-6	系统提示“出生日期输入有误”
9	14	A123	abcde	1	1	2101-5-6	系统提示“出生日期输入有误”
10	15	A123	abcde	1	1	201B-5-6	系统提示“出生日期输入有误”
11	17	A123	abcde	1	1	2019-0-6	系统提示“出生日期输入有误”
12	18	A123	abcde	1	1	2019-15-6	系统提示“出生日期输入有误”
13	19	A123	abcde	1	1	2019-a1-6	系统提示“出生日期输入有误”
14	21	A123	abcde	1	1	2019-5-0	系统提示“出生日期输入有误”
15	22	A123	abcde	1	2	2019-5-89	系统提示“出生日期输入有误”
16	23	A123	abcde	1	1	2019-5-a1	系统提示“出生日期输入有误”

注意：以上为“某一整体页面”（页面中包含多个字段）采用等价类划分进行用例设计的步骤。请回顾等价类划分法的步骤。

【任务 5-3】旅店住宿管理系统结算功能测试用例设计。

任务 5-1 主要是针对“页面中某一个字段”进行的用例设计，而任务 5-2 主要是针对“某一整体页面”（页面中包含多个字段）进行的用例设计。但是，通常一些企业项目的《需求规格说明书》中，往往仅给出一段一段的文字需求，而并未对界面原型进行参照。针对此类情况，显然给测试人员增加了测试用例设计的难度。下面结合此类实例进行等价类划分法的应用讲解。

需求：旅店住宿管理系统的房费结算有一定的规则限制，当游客入住旅店后在进行住宿费用结算时可依据房间价格、入住天数、入住人是否有会员账户等情况的不同给予折扣结算。具体房费计算方式为：房费=房间单价 × 折扣率。

其中，折扣率根据住宿人住宿天数（最多 30 天）、会员（是、否）、入住次数（3 次及以下、3 次以上）和物品寄存个数的不同而有所不同，体现在不同的上述条件下对应的积分不同，10 分及以上且是会员折扣率为 7 折，10 分及以上且非会员折扣率为 8 折，10 分以下且是会员折扣率为 9 折，10 分以下且非会员不打折，具体规则如表 5-7 所示。

表 5-7　旅店住宿房费结算规则表

分类	入住天数（天）			会　员		入住次数		物品寄存
	2～10	11～30	1	Y	N	3 次以下	3 次及以上	
积分（分）	4	6	2	4	1	1	3	1 件扣 1 分，最多扣 6 分，最多可寄存 9 件物品

问题：采用等价类划分法进行测试用例设计。

第 1 步：分析需求说明，提取有用信息。

经分析可知，存在如下关系：条件→积分数→折扣率→房费；结合得出的关系，思考以下几个问题，旨在加深对需求的理解。

设计测试用例，首先要清楚何为输入、何为输出。

① 何为输入？

通过“房费=房间单价 × 折扣率”可知，输入为房间单价和折扣率。同时，折扣率受到入住天数、会员账户的有无、入住次数及物品寄存情况的影响。

所以，输入实质为房间单价、入住天数、会员账户的有无、入住次数及物品寄存。

旅店住宿管理系统结算界面如图 5-4 所示。

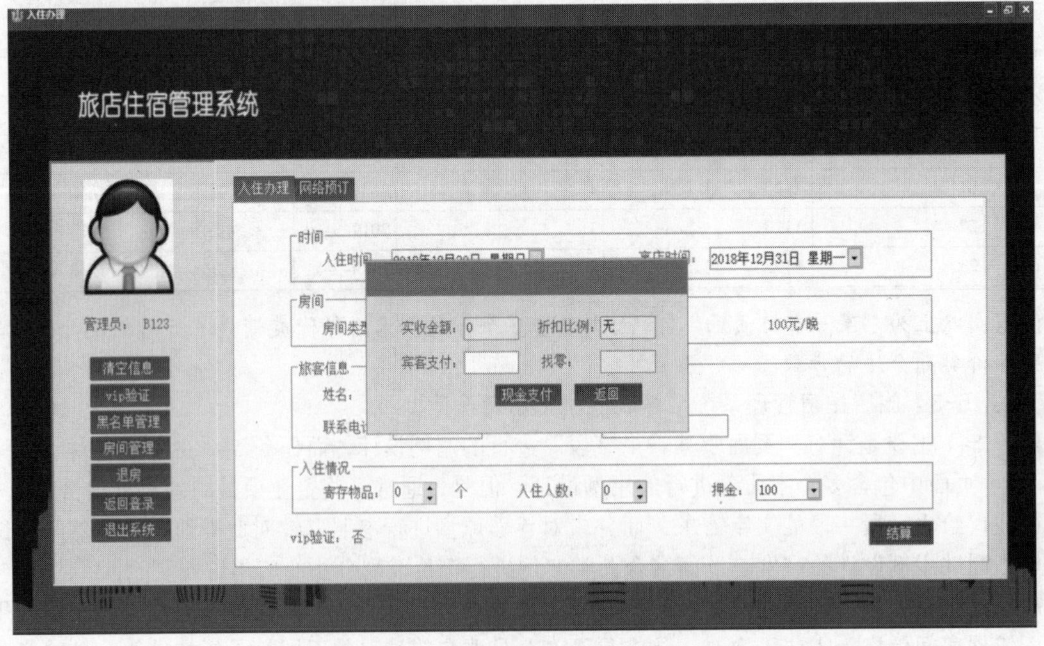

图 5-4　旅店住宿管理系统结算界面

② 何为输出？

经分析得知，折扣率应为一个中间输出结果，而最终输出应为房费。

③ 输入有哪些条件限制（含题目中给出的或隐含的需求）？

入住天数：取值的有效范围为 1～30（可再细分成 3 类）。

会员：Y 代表是会员；N 代表不是会员。

入住次数：以 3 次为界，分为“3 次及以下”或“3 次以上”。

寄存物品个数：0 或字符“无”或“一位非零整数（1～9）”。

综上所述，为需求的详细分析过程。

第 2 步：结合第 1 步的分析，划分等价类。

第 3 步：为等价类表中的每个等价类分别规定唯一的编号，如表 5-8 所示。

表 5-8　结算功能等价类划分_编号

输　　入	有效等价类	无效等价类
入住天数	2～10 天（1）	
	11～30 天（2）	
	1 天（3）	小于 1（12）
		大于 30（13）
会员账户	Y（4）	除 Y、N 之外的其他字符（14）
	N（5）	
入住次数	3 次及以下（6）	除“3 次及以下”和“3 次以上”之外的其他字符（15）
	3 次以上（7）	
寄存物品个数	0（8）	除 0 和“无”之外的其他字符（16）
	无（9）	
	1～6 件（10）	小于 1（17）
	7～9 件（11）	大于 9（18）

第 4 步：设计一个新用例，使它能够尽量使所有有效等价类均被用例所覆盖，如表 5-9 中的用例 1～4 和表 5-10 中的用例 1～4。

第 5 步：设计一个新用例，使它仅覆盖一个尚未覆盖的无效等价类。重复该步骤，直到所有无效等价类均被用例所覆盖，如表 5-9 和表 5-10 中的用例 5～11。

表 5-9　结算功能等价类划分法_用例设计（缺少预期结果）

用例编号	覆盖用例	输　　入			
		入住天数	会员	入住次数	寄存物品个数
1	1、4、6、8	3	Y	3	空白
2	2、5、7、9	12	N	5	无
3	3、4、6、10	1	Y	3	1
4	1、5、7、11	3	N	5	7
5	12	0	Y	3	空白
6	13	35	N	5	无

续表

用例编号	覆盖用例	输　入			
		入住天数	会员	入住次数	寄存物品个数
7	14	3	是	3	4
8	15	3	Y	三	7
9	16	3	N	3	没有
10	17	3	Y	5	0
11	18	3	N	3	10

表 5-10　结算_等价类划分法_用例设计（带有预期结果）

用例编号	覆盖用例	输　入					预期结果（积分值）	预期结果（房费）
		入住天数	会员	入住次数	寄存物品个数	房间单价		
1	1、4、6、8	3	Y	3	0	500	4+4+3-0>10，会员，取 7 折	350
2	2、5、7、9	12	N	5	无	500	6+1+3-0=10，非会员，取 8 折	400
3	3、4、6、10	1	Y	3	1	500	2+4+1-1<10，会员，取 9 折	450
4	1、5、7、11	3	N	5	7	500	4+1+3-6<10，非会员，不打折	500
5	12	0	Y	3	空白	500		提示“入住天数应在 1～30 天之间，请重新输入”
6	13	35	N	5	无	500		提示“入住天数应在 1～30 天之间，请重新输入”
7	14	3	是	3	4	500		提示“会员请输入 Y 或 N，请重新输入”
8	15	3	Y	三	7	500		提示“入住次数请填写阿拉伯数字，请重新输入”
9	16	3	N	3	没有	500		提示“寄存物品请填写 0 或无或 1～9 之间整数，请重新输入”
10	17	3	Y	5	NULL	500		提示“寄存物品请填写 0 或无或 1～9 之间整数，请重新输入”
11	18	3	N	3	10	500		提示“寄存物品请填写 0 或无或 1～9 之间整数，请重新输入”

注意：

（1）以上为“涉及实际业务的项目需求”采用等价类划分进行用例设计的步骤。

（2）在涉及实际业务的用例设计时，应具备输入、输出分析的能力；且在设计用例中，千万不可丢失预期结果。例如，有的读者仅将表 5-8 作为最终测试用例是错误的。

（3）在涉及计算相关的用例设计时，往往需要花较多时间放在预期结果上。

（4）请回顾等价类划分法的步骤。

（5）请对比任务 5.1～任务 5.3 中的实例，进行等价类划分法的应用。

5.7.2 基于边界值分析法的用例设计

【任务 5-4】旅店住宿管理系统用户名字段测试用例设计。

需求：旅店住宿管理系统的注册页面中，用户名限制为 6～10 位自然数。

问题：采用边界值分析法进行测试用例设计。

前提条件：在任务 5-1 中已完成了等价类划分法的测试用例设计，如表 5-3 所示为等价类划分表。

第 1 步：针对表 5-3 中的“长度在 6～10 位之间”有效等价类进行边界值选取。边界值为 5 位、6 位、10 位、11 位，故需针对上述边界值进行测试用例设计，以补充等价类划分法测试用例设计。

第 2 步：针对边界值进行测试用例设计，如表 5-11 所示。

表 5-11 用户名边界值_测试用例

用例编号	覆盖边界值	输 入	预期结果
1	5 位	12345	系统提示用户名应为 6～10 位自然数
2	6 位	123456	系统提示输入正确
3	10 位	1234567890	系统提示输入正确
4	11 位	12345678901	系统提示用户名应为 6～10 位自然数

注意：

（1）边界值分析法往往是在等价类划分法基础上采用，进行等价类划分法测试用例的追加和扩充。基于经验得知，采用边界值分析法更易发现系统缺陷。

（2）使用边界值分析法补充测试用例过程中，若追加的用例在等价类划分法中恰巧已经设计过，则该用例可省略不编写或不执行。

思考：上述题目的边界值确定中，是否有必要针对“0～9 的自然数”进行边界值的选取？

【任务 5-5】旅店住宿管理系统注册页面测试用例设计。

需求：旅店住宿管理系统的注册页面需符合如下各条需求。

① 登录账号：长度为 3～19 之间，且应以字母开头。

② 真实姓名：必填项。

③ 登录密码：必填项。

④ 确认密码：确认密码应和登录密码完全一致。

⑤ 出生日期：年份应为 4 位数字，月份应在 1～12 之间，日期应在 1～31 之间。

问题：采用边界值分析法进行测试用例设计。

前提条件：在任务 5-2 中已完成了等价类划分法设计用例，表 5-5 所示为等价类划分表。

第 1 步：针对表 5-5 中的“登录账号长度”“出生日期（年）”“出生日期（月）”“出生日期（日）”进行边界值选取，如表 5-12 所示。

表 5-12 注册功能边界值_选取

输 入	等 价 类	边 界 值
登录账号	长度 3～15 位（1）	2 位、3 位、15 位、16 位
出生日期（年）	1900～2100（12）	1899、1900、2100、2101
出生日期（月）	1～12（16）	0、1、12、13
出生日期（日）	1～31（20）	0、1、31、32

第 2 步：针对边界值进行测试用例设计，如表 5-13 所示。

表 5-13 注册功能边界值_测试用例

用例编号	覆盖边界值	输入					预期结果
		登录账号	真实姓名	登录密码	确认密码	出生日期	
1	登录账号长度 2 位	A1	xpw	1	1	2011-5-6	系统提示“登录账号长度应为 3 -15 之间，且应以字母开头”
2	登录账号长度 3 位	A12	xpw	1	1	2011-5-6	系统提示注册成功
3	登录账号长度 15 位	A12345678901234	xpw	1	1	2011-5-6	系统提示注册成功
4	登录账号长度 16 位	A12345678901234B	xpw	1	1	2011-5-6	系统提示“登录账号长度应为 3 -15 之间，且应以字母开头”
5	出生日期（年）边界	A123	xpw	1	1	1899-5-6	系统提示“出生日期输入有误”
6	出生日期（年）边界					1900-5-6	系统提示注册成功
7	出生日期（年）边界					2100-5-6	系统提示注册成功
8	出生日期（年）边界					2101-5-6	系统提示“出生日期输入有误”
9	出生日期（月）边界	A123	xpw	1	1	2011-0-6	系统提示“出生日期输入有误”
10	出生日期（月）边界					2011-1-6	系统提示注册成功
11	出生日期（月）边界					2011-12-6	系统提示注册成功
12	出生日期（月）边界					2011-13-6	系统提示“出生日期输入有误”
13	出生日期（日）边界	A123	xpw	1	1	2011-5-0	系统提示“出生日期输入有误”
14	出生日期（日）边界					2011-5-1	系统提示注册成功
15	出生日期（日）边界					2011-5-31	系统提示注册成功
16	出生日期（日）边界					2011-5-32	系统提示“出生日期输入有误”

注意：

（1）表 5-13 中的某些用例（如用例 2、6、10 等）依据等价类划分法中“设计一个新用例，使它能够尽量多覆盖尚未覆盖的有效等价类。重复该步骤，直到所有有效等价类均被用例所覆盖”的思想，实质可同等价类划分法得出的测试用例进行合并。在此于表 5-13 中再次列出，旨在让读者对边界值分析法有更清晰的理解。

（2）针对“年月日”组合不合理的日期情况（如 2020 年 2 月 30 日），本次用例设计未进行考虑，读者可针对该方面进行用例扩充。

【任务 5-6】旅店住宿管理系统结算功能测试用例设计。

需求：旅店住宿管理系统的房费结算有一定的规则限制，当游客入住旅店后在进行住宿费用结算时可依据房间价格、入住天数、入住人是否有会员账户等情况的不同给予折扣结算。具体房费计算方式为：房费=房间单价 × 折扣率。

其中，折扣率根据住宿人住宿天数（最多 30 天）、会员（是、否）、入住次数（3 次及以下、3 次以上）和物品寄存个数的不同而有所不同，体现在不同的上述条件下对应的积分不同，10 分及以上且是会员折扣率为 7 折，10 分及以上且非会员折扣率为 8 折，10 分以下且是会员折扣率为 9 折，10 分以下且非会员不打折，具体规则参见表 5–7。

问题：采用边界值分析法进行测试用例设计。

前提条件：在任务 5–3 中已完成了等价类划分法设计用例，表 5–8 所示为等价类划分表。

第 1 步：针对表 5–8 中的“入住天数”“入住次数”“寄存物品件数”进行边界值选取，如表 5–14 所示。

表 5–14　结算功能边界值_选取

输　入	等　价　类	边　界　值
入住天数	2～10 天（1）	1、2、10、11
	11～30 天（2）	10、11、30、31
	1 天（3）	0、1、2
入住次数	3 次及以下（6）	0、3、4
	3 次以上（7）	3、4
寄存物品件数	1～6 件（10）	0、1、6、7
	7～9 件（11）	6、7、9、10

注意：对于同一输入条件的两个相同边界值，设计测试用例时仅针对该边界值开展一次即可。例如，入住天数为“11”。

第 2 步：针对边界值进行测试用例设计，如表 5–15 所示。

表 5–15　结算功能边界值_测试用例

用例编号	覆盖用例	输　入					预期结果（积分值）	预期结果（房费）
		入住天数	会员	入住次数	寄存物品个数	房间单价		
1	入住 0 天	0	Y	3	0	500		提示“入住天数应在 1～30 天之间，请重新输入”
2	入住 1 天	1	Y	3	0	500	2+4+1–0<10，取 9 折	450
3	入住 2 天	2	Y	4	0	500	4+4+3–0>10，取 7 折	350
4	入住 10 天	10	Y	3	0	500	4+4+1–0<10，取 9 折	450
5	入住 11 天	11	Y	3	0	500	6+4+1–0>10，取 7 折	350
6	入住 30 天	30	Y	3	0	500	6+4+1–0>10，取 7 折	350
7	入住 31 天	31	Y	3	0	500		提示“入住天数应在 1～30 天之间，请重新输入”
8	入住 0 次	3	Y	0	0	500	4+4+1–0<10，取 9 折	450

续表

用例编号	覆盖用例	输入					预期结果（积分值）	预期结果（房费）
		入住天数	会员	入住次数	寄存物品个数	房间单价		
9	入住 3 次	3	Y	3	0	500	4+4+1−0<10，取 9 折	450
10	入住 4 次	3	Y	4	0	500	4+4+3−0>10，取 7 折	350
11	寄存 0 件物品	3	Y	6	0	500	4+4+3−0>10，取 7 折	350
12	寄存 1 件物品	12	N	4	1	500	6+1+3−1<10，取 9 折	450
13	寄存 6 件物品	12	Y	4	6	500	6+4+3−6<10，取 9 折	450
14	寄存 7 件物品	12	Y	4	7	500	6+4+3−7<10，取 9 折	450
15	寄存 9 件物品	12	Y	4	9	500	6+4+3−9<10，取 9 折	450
16	寄存 10 件物品	12	Y	4	10	500		提示“寄存物品在 1～9 件，请重新输入”

思考：任务 5-6 中边界值点是否已经考虑充分？

提示：对于 10 分及以上且是会员折扣率为 7 折，10 分及以上且非会员折扣率为 8 折，10 分以下且是会员折扣率为 9 折，10 分以下且非会员不打折中的“10 分”同样需要进行边界值的分析和用例设计。请读者结合上述提醒继续完成后续用例填充。

5.7.3 基于决策表法的用例设计

【任务 5-7】旅店住宿管理系统入住办理功能测试用例设计。

需求：为了进一步扩大业务和提升营业额，旅店住宿管理系统支持房间提前预订支付及会员账户办理，且规定在旅游旺季客房紧张的情况下，“进行了房间预订且已支付订金”或“是本旅店会员，即持有会员账户”的游客，应优先为其办理房间入住。

问题：采用决策表法进行测试用例设计。

前提条件：需求中输入与输出之间相互制约条件较多，故适合采用决策表法设计用例。

第 1 步：分析需求说明，列出所有的条件桩和动作桩。

① 条件桩：

- 是否进行房间预订。
- 是否已支付订金。
- 是否为旅店会员。

② 动作桩：

- 优先办理房间入住。
- 作其他处理。

第 2 步：确定规则的个数。在此有 3 个条件，且每个条件有两种取值（是或否），故应有 $2^3=8$ 种规则。此步骤得出表 5-16 所示的决策表。

表 5-16　入住办理功能决策表_确定规则个数

规则		1	2	3	4	5	6	7	8
条件	是否进行房间预订？								
	是否已支付订金？								
	是否为旅店会员？								
动作	优先办理房间入住								
	作其他处理								

第 3 步：填入条件项。即左侧条件桩中各种条件的各种取值的组合，其中各条件次序无严格限制。此步骤得出表 5-17 所示的决策表。

表 5-17　入住办理功能决策表_填入条件项

规则		1	2	3	4	5	6	7	8
条件	是否进行房间预订？	Y	Y	Y	Y	N	N	N	N
	是否已支付订金？	Y	Y	N	N	Y	Y	N	N
	是否为旅店会员？	Y	N	Y	N	Y	N	Y	N
动作	优先办理房间入住								
	作其他处理								

第 4 步：填入动作项。此步骤得出表 5-18 所示的决策表。

表 5-18　入住办理功能决策表_填入动作项

		1	2	3	4	5	6	7	8
条件	是否进行房间预订？	Y	Y	Y	Y	N	N	N	N
	是否已支付订金？	Y	Y	N	N	Y	Y	N	N
	是否为旅店会员？	Y	N	Y	N	Y	N	Y	N
动作	优先办理房间入住	X	X	X		X		X	
	作其他处理				X		X		X

第 5 步：简化决策表，合并类似规则或相同动作。经分析可知，“1 与 2”“5 与 7”“6 与 8”规则可进行合并，此步骤可得出表 5-19 所示的决策表。

表 5-19　入住办理功能简化后决策表

规则		1	2	3	4	5	6	7	8
条件	是否进行房间预订？	Y	Y	Y	Y	N			
	是否已支付订金？	Y	N	N	—	—			
	是否为旅店会员？	—	Y	N	Y	N			
动作	优先办理房间入住	X	X		X				
	作其他处理			X		X			

至此，依据表 4.5 所示的所有规则可得出最终测试用例，如表 5-20 所示。

表 5-20 入住办理功能决策表_测试用例设计

编号	输 入 条 件	输 入 数 据	预 期 结 果
1	已进行房间预订且已支付订金	房间编号、类型、订金金额	优先办理入住
2	已进行房间预订，未支付订金，是旅店会员	房间编号、类型、会员账户号	优先办理入住
3	已进行房间预订，未支付订金，不是旅店会员	房间编号、类型	作其他处理
4	未进行房间预订，是旅店会员	会员账户号	优先办理入住
5	未进行房间预订，不是旅店会员		作其他处理

注意：

（1）实际使用决策表时，常常优先进行化简步骤。

（2）请回顾决策表法的步骤。

5.7.4 基于因果图法的用例设计

新需求：某旅店住宿管理系统可为游客办理房间选定、房间支付及房间管理相关业务，不考虑团队预订。其需求描述如下：有“单人房”“双人房”“大床房”三类房间可供选择，若某类型房间有空房，则“房间空余”提示灯亮，相应类型的房间可以被选择；若某类型房间无空房，则“房间已满”提示灯亮。当游客支付房间全款（即预期入住天数内所有房款）或仅支付订金时，若该类房间无房则该类型房间不可被选择且提示办理退款。若此期间，该房间类型有客人退房，则“房间已满”提示灯灭，该类型房间的某间房可被选择，并同时提醒仅支付订金游客建议支付全款。

首先，基于上述需求，请思考采用等价类划分法如何进行用例设计。采用等价类划分法进行上述需求的用例设计时，不难发现，设计出的测试用例存在如下特点。①数量甚少。②仅着重考虑了各项输入条件，并未考虑到输入条件的各种组合情况。例如选择不同的房款支付方式及房间类型，在“房间已满”和“房间空余”不同前提下，产生的结果会有所差异，此情况便未于等价类划分法中涉及和考虑。③未考虑到各输入情况之间的相互制约关系。例如“支付全款”与“支付订金”不能同时成立，最多仅能成立一个；选择“单人房”“双人房”“大床房”不能同时成立，最多仅能成立一个，等等，上述列举的两种情况亦未于等价类划分法中涉及和考虑。

【任务 5-8】旅店住宿管理系统订房功能测试用例设计（忽略房间状态）。

需求：某旅店住宿管理系统可为游客办理房间选定、房间支付及房间管理相关业务，此系统默认房间资源始终保持充足的状态。其需求描述如下：当支付房间全款或仅支付订金，选择“单人房”“双人房”“大床房”，则相应类型的房间被选择。若游客仅支付订金，则在开启房间的同时系统提示仅支付订金。

问题：采用因果图法进行测试用例设计。

前提条件：经分析需求和界面原型，可发现该需求的输入项与输入项之间以及输入项与结果之间存在多种关系，处理此种情况采用因果图法更为合适。

第 1 步：分析需求说明，找出原因（即输入）和结果（即输出）。

原因：

c_1表示游客支付全款。

c_2表示游客支付订金。

c_3表示游客选择“单人房”。

c_4表示游客选择“双人房”。

c_5表示游客选择“大床房”。

结果：

e_1表示该类型房间被打开且提醒仅支付订金。

e_2表示打开某“单人房”。

e_3表示打开某“双人房”。

e_4表示打开某“大床房”。

第 2 步：画出因果图，并标注相应关系符号，如图 5–5 所示。在图 5–5 中所有原因结点显示于左侧，所有结果结点显示于右侧，并建立中间结点以表示处理的中间状态。

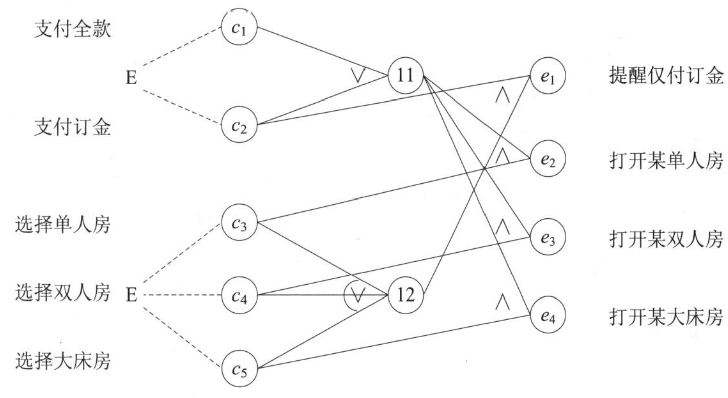

图 5–5　订房功能因果图（忽略房间状态）

中间结点：

11 表示已支付房款。

12 表示已选择房间类型。

注意：中间结点的设立并非必须要完成的工作，但是它的设立可使绘制出的因果图显示起来更简单和美观，阅读起来也较为方便。

第 3 步：转换成决策表，如表 5–21 所示。

表 5–21　订房功能决策表（忽略房间状态）

输入条件	支付全款	c_1	1	1	1	1	0	0	0	0	0	0	0
	支付订金	c_2	0	0	0	0	1	1	1	1	0	0	0
	选择“单人房”	c_3	1	0	0	0	1	0	0	0	1	0	0
	选择“双人房”	c_4	0	1	0	0	0	1	0	0	0	1	0
	选择“大床房”	c_5	0	0	1	0	0	0	1	0	0	0	1

续表

中间结果	已支付房款	(11)	1	1	1	1	1	1	1	1	0	0	0
	已选择房间类型	(12)	1	1	1	0	1	1	1	0	1	1	1
输出结果	提醒仅支付订金	e_1	0	0	0	0	1	1	1	0	0	0	0
	打开某“单人房”	e_2	1	0	0	0	1	0	0	0	0	0	0
	打开某“双人房”	e_3	0	1	0	0	0	1	0	0	0	0	0
	打开某“大床房”	e_4	0	0	1	0	0	0	1	0	0	0	0
测试用例			Y	Y	Y	Y	Y	Y	Y	Y	Y	Y	Y

第 4 步：在决策表中，可根据显示的 11 列作为确定测试用例的依据。设计测试用例如表 5-22 所示。

表 5-22　订房功能因果图_测试用例设计（忽略房间状态）

编　号	输　入	预期结果
1	支付全款，选择“单人房”	打开某“单人房”
2	支付全款，选择“双人房”	打开某“双人房”
3	支付全款，选择“大床房”	打开某“大床房”
4	支付全款，未选择任何类型的房间	所有房间均不被打开
5	支付订金，选择“单人房”	打开某“单人房”，系统提醒仅支付订金
6	支付订金，选择“双人房”	打开某“双人房”，系统提醒仅支付订金
7	支付订金，选择“大床房”	打开某“大床房”，系统提醒仅支付订金
8	支付订金，未选择任何类型的房间	所有房间均不被打开
9	不进行支付，选择“单人房”	所有房间均不被打开
10	不进行支付，选择“双人房”	所有房间均不被打开
11	不进行支付，选择“大床房”	所有房间均不被打开

【任务 5-9】旅店住宿管理系统订房功能测试用例设计（考虑房间状态）。

需求：某旅店住宿管理系统可为游客办理房间选定、房间支付及房间管理相关业务。其需求描述如下：有“单人房”“双人房”“大床房”三类房间可供选择，若某类型房间有空房，则“房间空余”提示灯亮，相应类型的房间可以被选择；若某类型房间无空房，则“房间已满”提示灯亮。当游客支付房间全款（即预期入住天数内所有房款）或仅支付订金时，若该类房间无房则该类型房间不可被选择且提示办理退款。若此期间，该房间类型有客人退房，则“房间已满”提示灯灭，该类型房间的某间房可被选择，并同时提醒仅支付订金游客建议支付全款。旅店住宿管理系统订房功能界面如图 5-6 所示。

问题：采用因果图法进行测试用例设计。

前提条件：经分析需求和界面原型，可发现该需求的输入项与输入项之间以及输入项与结果之间存在多种关系，处理此种情况采用因果图法更为合适。

第 1 步：分析需求说明，找出原因（即输入）和结果（即输出）。

原因：

c_1 表示该类型房间有空房。

图 5-6　旅店住宿管理系统订房功能界面

c_2表示游客支付订金。

c_3表示游客支付全款。

c_4表示游客选择“单人房”。

c_5表示游客选择“双人房”。

c_6表示游客选择“大床房”。

结果：

e_1表示该类型房间“房间已满”灯亮。

e_2表示提示办理退款。

e_3表示提醒仅支付订金。

e_4表示打开某“单人房”。

e_5表示打开某“双人房”。

e_6表示打开某“大床房”。

第 2 步：画出因果图，并标注相应关系符号，如图 5-7 所示。在图 5-7 中所有原因结点显示于左侧，所有结果结点显示于右侧，并建立中间结点以表示处理的中间状态。

中间结点：

11 表示支付订金且已选择房间类型。

12 表示已选择房间类型。

13 表示该类型房间有空房并且提醒仅支付订金。

14 表示钱已支付。

注意：中间结点的设置并非必须要完成的工作，但是设立中间结点可使绘制出的因果图显示更简单和美观，阅读起来也较为方便。

第 3 步：转换成决策表，如表 5-23 所示。

注意：

（1）读者于第 3 步转换决策表时，通过分析，可先将违反约束条件的组合省略，再列出表，则可大大减轻工作量。此实例组合项较多，避免讲解不充分，特将所有组合进行全部列举。

（2）表 5-23 中未列出“中间结点”的取值情况，读者可自行列举。

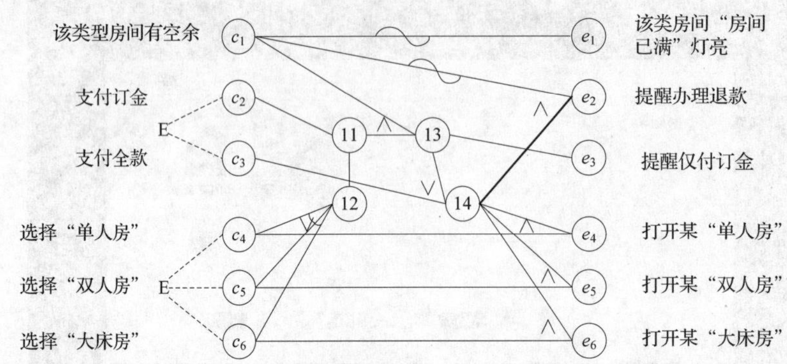

图 5-7　订房功能因果图（考虑房间状态）

表 5-23　订房功能决策表（考虑房间状态）

输入条件	c_1	1	1	1	1	1	1	1	1	1	1	1	1	1	1	1	1	1	1	1	1	1	1	1	1	1	1	1	1	1	1	1	1
	c_2	1	1	1	1	1	1	1	1	1	1	1	1	1	1	1	1	0	0	0	0	0	0	0	0	0	0	0	0	0	0	0	0
	c_3	1	1	1	1	1	1	1	1	0	0	0	0	0	0	0	0	1	1	1	1	1	1	1	1	1	0	0	0	0	0	0	0
	c_4	1	1	0	0	1	1	0	0	1	1	0	0	1	1	0	0	1	1	0	0	1	1	0	0	1	1	0	0	1	1	0	0
	c_5	1	0	1	0	1	0	1	0	1	0	1	0	1	0	1	0	1	0	1	0	1	0	1	0	1	0	1	0	1	0	1	0
	c_6	0	0	0	0	1	1	1	1	0	0	0	0	1	1	1	1	0	0	0	0	1	1	1	1	0	0	0	0	1	1	1	1
输出结果	e_1										0	0	0				0		0	0	0				0		0	0	0				0
	e_2										0	0	0				0		0	0	0				0		0	0	0				0
	e_3										1	1	0				1		0	0	0				0		0	0	0				0
	e_4										1	0	0				0		1	0	0				0		0	0	0				0
	e_5										0	1	0				0		0	1	0				0		0	0	0				0
	e_6										0	0	0				1		0	0	0				1		0	0	0				0
测试用例											Y	Y	Y				Y		Y	Y	Y				Y		Y	Y	Y				Y
输入条件	c_1	0	0	0	0	0	0	0	0	0	0	0	0	0	0	0	0	0	0	0	0	0	0	0	0	0	0	0	0	0	0	0	0
	c_2	1	1	1	1	1	1	1	1	1	1	1	1	1	1	1	1	0	0	0	0	0	0	0	0	0	0	0	0	0	0	0	0
	c_3	1	1	1	1	1	1	1	1	0	0	0	0	0	0	0	0	1	1	1	1	1	1	1	1	1	0	0	0	0	0	0	0
	c_4	1	1	0	0	1	1	0	0	1	1	0	0	1	1	0	0	1	1	0	0	1	1	0	0	1	1	0	0	1	1	0	0
	c_5	1	0	1	0	1	0	1	0	1	0	1	0	1	0	1	0	1	0	1	0	1	0	1	0	1	0	1	0	1	0	1	0
	c_6	0	0	0	0	1	1	1	1	0	0	0	0	1	1	1	1	0	0	0	0	1	1	1	1	0	0	0	0	1	1	1	1
输出结果	e_1										1	1	1				1		1	1	1				1		1	1	1				1
	e_2										1	1	1				1		1	1	1				1		0	0	0				0
	e_3										0	0	0				0		0	0	0				0		0	0	0				0
	e_4										0	0	0				0		0	0	0				0		0	0	0				0
	e_5										0	1	0				0		0	1	0				0		0	0	0				0
	e_6										0	0	0				0		0	0	0				0		0	0	0				0
测试用例											Y	Y	Y				Y		Y	Y	Y				Y		Y	Y	Y				Y

第 4 步：在决策表中，阴影部分表示因违反约束条件而不可能出现的情况，故不对此进行用例设计。最后，剩余的 24 列将作为确定测试用例的依据。设计测试用例如表 5-24 所示。

表 5-24　订房功能因果图_测试用例设计（考虑房间状态）

编号	输　入	预期结果
1	支付订金，选择“单人房”且有空房	打开某“单人房”且系统提醒仅支付订金
2	支付订金，选择“双人房”且有空房	打开某“双人房”且系统提醒仅支付订金
3	支付订金，未选择任何类型的房间	所有房间均不打开且“房间已满”灯为灭的状态
4	支付订金，选择“大床房”且有空房	打开某“大床房”且系统提醒仅支付订金
5	支付全款，选择“单人房”且有空房	打开某“单人房”
6	支付全款，选择“双人房”且有空房	打开某“双人房”
7	支付全款，未选择任何类型的房间	所有房间均不打开且“房间已满”灯为灭的状态
8	支付全款，选择“大床房”且有空房	打开某“大床房”
9	不进行支付，选择“单人房”且有空房	所有房间均不打开且“房间已满”灯为灭的状态
10	不进行支付，选择“双人房”且有空房	所有房间均不打开且“房间已满”灯为灭的状态
11	不进行支付，未选择任何类型的房间且有空房	所有房间均不打开且“房间已满”灯为灭的状态
12	不进行支付，选择“大床房”且有空房	所有房间均不打开且“房间已满”灯为灭的状态
13	支付订金，选择“单人房”且没有空房	“房间已满”灯为亮的状态且系统提示办理退款
14	支付订金，选择“双人房”且没有空房	“房间已满”灯为亮的状态且系统提示办理退款
15	支付订金，未选择任何类型的房间	“房间已满”灯为亮的状态且系统提示办理退款
16	支付订金，选择“大床房”且没有空房	“房间已满”灯为亮的状态且系统提示办理退款
17	支付全款，选择“单人房”且没有空房	“房间已满”灯为亮的状态且系统提示办理退款
18	支付全款，选择“双人房”且没有空房	“房间已满”灯为亮的状态且系统提示办理退款
19	支付全款，未选择任何类型的房间	“房间已满”灯为亮的状态且系统提示办理退款
20	支付全款，选择“大床房”且没有空房	“房间已满”灯为亮的状态且系统提示办理退款
21	不进行支付，选择“单人房”且没有空房	所有房间均不打开且“房间已满”灯为亮的状态
22	不进行支付，选择“双人房”且没有空房	所有房间均不打开且“房间已满”灯为亮的状态
23	不进行支付，未选择任何类型的房间且没有空房	所有房间均不打开且“房间已满”灯为亮的状态
24	不进行支付，选择“大床房”且没有空房	所有房间均不打开且“房间已满”灯为亮的状态

注意：

（1）需求中描述“当房间没有空余时，‘房间已满’灯亮”。但是，读者会发现界面原型中并未见“灯”的显示。在此，值得一提的是，真实项目中界面原型可能会采用多种其他方式来实现需求说明中的要求，所采取的表现方式或许更加易于理解和使用。但是，建议开发方人员在界面原型确定后，及时同客户进行沟通并确认，便于后续工作在此基础上顺利开展。

（2）请体会因果图法和决策表法的不同。

思考：若此处采用等价类划分法设计用例，又该如何考虑呢？

5.7.5　基于错误推测法的用例设计

经验对于各行各业的工作者而言，都非常重要。对于测试工作而言，经验同样占据着举足轻重的地位。基于经验开展的测试可以更充分、更高效发现深层次缺陷，进一步提升软件的质量。

错误推测法即为借助测试经验开展测试的一种方法，它基于经验和直觉推测软件中容易产生缺陷的功能、模块，及各种业务场景等，并依据推测逐一进行列举，从而更有针对性地设计测试用例。例如，以往测试旅店住宿管理系统时，办理房间入住及房间结算功能模块产生的缺陷数量最多，且缺陷严重程度也较高。故再次进行旅店住宿管理系统其他版本测试时，着重测试了上述两模块，实践证明的确能够发现不少缺陷。

以“办理房间入住”功能为例进行错误推测法的阐述。需求简要概括为，旅店住宿管理系统支持游客的房间网上预订、房间非网上预订（即旅店业主为游客办理预订）、房间入住、房间续租、更换房间及房间结算等功能；且无论是已预订房间的还是未预订房间的游客，只要房间有空余，均可办理入住。图 5-8 所示为旅店住宿管理系统入住信息界面。

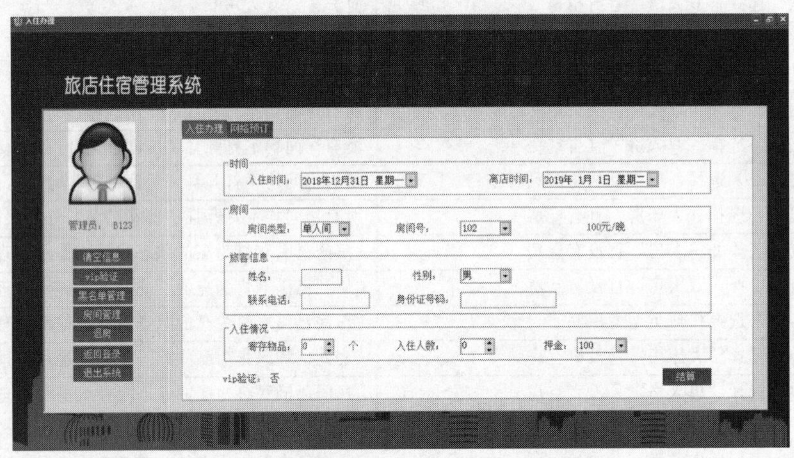

图 5-8　旅店住宿管理系统入住信息界面

基于经验可知，办理房间入住功能中，往往易产生房间资源占用冲突的情况发生。例如：

（1）针对空闲的房间，其他游客办理入住时是否允许。

（2）针对已被预订的某时段的房间，其他游客办理该时段入住时是否允许。

（3）针对已被预订但又被退订某时段的房间，其他游客办理该时段入住时是否允许。

（4）针对已被他人入住的某时段的房间，其他游客办理该时段入住时是否允许。

（5）针对某游客入住到期但同时申请当前房间续租业务的房间，其他游客办理续租时段入住时是否允许。

（6）针对某游客已入住但申请换房业务，且换房成功后空闲的房间，其他游客办理该时段入住时是否允许。

（7）针对某游客已入住但申请换房业务，且换房成功后新占用的房间，其他游客办理该时段入住时是否允许。

（8）针对刚刚办理了房间结算业务的房间，办理已结算时段入住时是否允许。

（9）针对一间房的多个不同时间段被不同游客办理了预订、入住、续租、换房等业务的情况，其他游客办理入住时是否允许。

（10）其他容易产生房间资源占用冲突的情况。

基于上述分析，进一步设计测试用例，如表 5-25 所示。

表 5-25 办理入住功能错误判断_测试用例设计

模块名称	办理入住	优先级	高
功能点	旅店业主给未预订房间的游客办理入住		
预置条件	1. 以旅店业主身份登录系统，如 lvdian/654321 2. 旅店有单人房房间类型 3. 单人房类型下有 301 房间，且为空房 4. 单人房类型下有 302 房间，302 号房间 1 月 13 日到 1 月 15 日已入住并续租到 1 月 18 日，1 月 22 日到 1 月 25 日被另一游客网上预订，1 月 26 日到 1 月 28 日业主为第三名游客办理了预订 5. 单人房类型下有 303 房间等		

序号	功能点	子预置条件	用例描述（含输入数据）	预期结果
1	办理入住	无	1. 在办理入住页面中填写或选择如下字段信息 房间类型：单人房 房间号：301；入住人数：2 姓名：刘某；性别：男 身份证号：320211198111111111 联系方式：17012345678 入住日期：当天日期 离开日期：2021-01-20 押金金额：100 元 备注：需要有网络的房间 2. 单击【办理入住】按钮	1. 系统提示办理入住成功 2. 住宿管理模块下列表中增加一条入住记录 3. 结算管理模块下列表中增加一条入住记录 4. 该记录的各字段显示同办理入住时添加的信息
2	能否入住验证：入住房间在入住期间不能再被办理入住(不含续租)	当前日期 1 月 13 日	1. 单击系统主界面上的【办理入住】按钮 2. 在办理入住页面中入住 1 月 13 日到 1 月 16 日的 302 房间（单人房） 3. 单击【办理入住】按钮	系统提示无法进行入住，该房间在该时段被占用
3	能否入住验证：入住房间在入住期间不能再被办理入住(不含续租)	当前日期 1 月 17 日	1. 单击系统主界面上的【办理入住】按钮 2. 在办理入住页面中入住 1 月 18 日到 1 月 19 日的 302 房间（单人房） 3. 单击【办理入住】按钮	系统提示无法进行入住，该房间在该时段被占用
4	能否入住验证：入住房在入住期间不能再被办理入住（不含续租）	当前日期 1 月 18 日	1. 单击系统主界面上的【办理入住】按钮 2. 在办理入住页面中入住 1 月 18 日到 1 月 20 日的 302 房间（单人房） 3. 单击【办理入住】按钮	系统提示无法进行入住，该房间在该时段被占用
5	能否入住验证：某时间范围房间为空房可被办理入住（含续租）	当前日期 1 月 19 日	1. 单击系统主界面上的【办理入住】按钮 2. 在办理入住页面中入住 1 月 19 日到 1 月 21 日的 302 房间（单人房） 3. 单击【办理入住】按钮	可成功办理入住
6	能否入住验证：某时间范围房间已被游客网上预订则不可再被办理入住（含边界）	当前日期 1 月 19 日	1. 单击系统主界面上的【办理入住】按钮 2. 在办理入住页面中入住 1 月 19 日到 1 月 22 日的 302 房间（单人房） 3. 单击【办理入住】按钮	系统提示无法进行入住，该房间在该时间段被占用
7	能否入住验证：某时间范围房间已被游客网上预订或业主办理了预订则不可再被办理入住（含边界）	当前日期 1 月 25 日	1. 单击系统主界面上的【办理入住】按钮 2. 在办理入住页面中入住 1 月 25 日到 1 月 26 日的 302 房间（单人房） 3. 单击【办理入住】按钮	系统提示无法进行入住，该房间在该时间段被占用

续表

序号	功能点	子预置条件	用例描述（含输入数据）	预期结果
8	能否入住验证：某时间范围房间已被业主办理了预订则不可再被办理入住	当前日期 1 月 26 日	1．单击系统主界面上的【办理入住】按钮 2．在办理入住页面中入住 1 月 26 日到 1 月 28 日的 302 房间（单人房） 3．单击【办理入住】按钮	系统提示无法进行入住，该房间在该时间段被占用
9	能否入住验证：某时间范围房间已被业主办理了预订则不可再被办理入住（含边界）	当前日期 1 月 28 日	1．单击系统主界面上的【办理入住】按钮 2．在办理入住页面中入住 1 月 28 日到 1 月 29 日的 302 房间（单人房） 3．单击【办理入住】按钮	系统提示无法进行入住，该房间在该时间段被占用
10	能否入住验证：某时间范围房间为空房可办理入住（含边界）	当前日期 1 月 29 日	1．单击系统主界面上的【办理入住】按钮 2．在办理入住页面中入住 1 月 29 日到 1 月 30 日的 302 房间（单人房） 3．单击【办理入住】按钮	可成功办理入住
11	能否入住验证：已入住房未到期办理结算后，剩余日期可办理入住	1．1 月 16 日办理了 302（单人房）的结算 2．当前日期 1 月 17 日	1．单击系统主界面上的【办理入住】按钮 2．在办理入住页面中入住 1 月 17 日到 1 月 18 日的 302 房间（单人房） 3．单击【办理入住】按钮	可成功办理入住
12	能否入住验证：已入住房换房后，当前房可办理入住	1．1 月 16 日办理了换房，从 302（单人房）换至了 303（单人房） 2．当前日期 1 月 17 日	1．单击系统主界面上的【办理入住】按钮 2．在办理入住页面中入住 1 月 17 日到 1 月 18 日的 302 房间（单人房） 3．单击【办理入住】按钮	可成功办理入住
13	能否入住验证：已入住房换房后，被换至的房间不可再为其他游客办理入住	1．1 月 16 日办理了换房，从 302（单人房）换至了 303（单人房） 2．当前日期 1 月 17 日	1．单击系统主界面上的【办理入住】按钮 2．在办理入住页面中入住 1 月 17 日到 1 月 18 日的 303 房间（单人房） 3．单击【办理入住】按钮	系统提示无法进行入住，该房间在该时间段被占用
14	能否入住验证：已预订房退订后，当前房可办理入住	1．退订了 1 月 22 日到 1 月 25 日的 302 房间预订 2．当前日期 8 月 22 日	1．单击系统主界面上的【办理入住】按钮 2．在办理入住页面中入住 1 月 22 日到 1 月 25 日的 302 房间（单人房） 3．单击【办理入住】按钮	可成功办理入住

注意：

（1）值得提醒读者的是，表 5-25 中所示用例并未覆盖所有测试点，仅以个人经验依据错误推测法推测出的易于出问题、需特别关注的功能点。读者可结合个人经验进一步填充测试用例。

（2）限于篇幅，表 5-25 所示的测试用例模板中省去了“测试输入数据”“实际结果”等列。

不难理解，从某种角度讲，将错误推测法看成一种提高测试质量和效率的技能似乎更加适合。该方法应用的好坏充分体现了测试者经验的丰富程度。因此，通过该方法的学习希望读者重视起以往测试中遇到的缺陷，不断积累和总结经验，从而更充分、更高效地发现深层次缺陷，进一步提升软件的质量。

显然，本节与其说介绍了一种方法，倒不如说是给读者分享一些经验，旨在让读者充分吸收别人的经验后，借助其顺利开展相应测试。

5.7.6 基于正交试验法的用例设计

某旅店住宿管理系统的 Web 站点支持多种类型服务器和操作系统，同时可供多种具有不同插件的浏览器访问，具体支持的类型如下。

- Web 浏览器：Chrome 67、IE 11、Edge 15。
- 插件：无、FlashPlayer、Unity3D。
- 应用服务器：IIS、Apache、WebSphere。
- 操作系统：Windows 7、Windows 10、Ubuntu。

基于上述需求，测试各种不同组合情况下网站的运行情况，请思考此过程属于何种类型的测试？不难理解，可归结为兼容性测试。就此兼容性测试而言，如何来进行此测试用例的设计呢？简要剖析如下。

（1）采用等价类划分法：相当于把 Web 浏览器、插件、应用服务器及操作系统作为有效等价类，依据等价类划分法步骤中的“设计一个新用例，使它能够尽量多覆盖尚未覆盖的有效等价类。重复该步骤，直到所有有效等价类均被用例所覆盖”，则可设计 4 条测试用例，思考可知，等价类划分法设计出的用例组合相当不充分，故否定此方法。

（2）采用因果图法和决策表法：依据方法中的主要思想，同类输入间不可同时发生，不同类型输入间必须同时存在其中之一，所以将需求中的各项输入分别组合一遍。若行之，测试的开展将极其充分，但不可避免地产生一个非常庞大的组合数字，不合实际情形，如 $3\times3\times3\times3=81$ 次，故否定此方法。

（3）是否可把需求中的各项输入随意进行组合呢？可想而知，随意组合的方式虽大大减少了测试用例的数量，但是组合存在随机性，无规律可循，所选用的用例代表性差，定会导致测试不充分，故否定此方法。

综上所述，既希望测试充分（即测试用例代表性强），又要求用例数量不可过大，究竟该如何设计测试用例则显得尤为关键。下面，介绍一种新的用例设计方法——正交试验法，它的引入很好地解决了上述问题。

正交试验法即使用事先已创建好的表格——正交表，来安排试验并进行数据分析的一种科学试验设计方法，该方法简单易行，应用甚广。借助正交表可从大量的试验数据（测试用例）中筛选出适量的、有代表性的值，从而协助合理地安排试验（测试），满足了“在简化用例的同时尽量充分开展测试”的需求。此外，正交表种类繁多。如 $L_9(3^4)$、$L_8(2^7)$、$L_{16}(4^5)$、$L_8(4^{24})$等均为常用类型。

上述正交试验法的介绍较抽象，读者可能仍不尽理解。换言之，正交试验法即提供一个或一系列表格，表格中已经设计好了用例编号和规则，仅参照表格内容直接套用即可。

基于上述介绍，有的读者可能会想“此法甚好”，仅套用表格即可完成用例设计，省事。需要特别提醒的是，此法有特定的适用场合，常用于平台参数配置或兼容性测试中。应用正交试验法的重点为正交表的套用，故首先来分析一下正交表。

表 5-26 所示为 $L_9(3^4)$正交试验表，是正交表的典型代表之一。简要解释其各项内涵如下：

（1）行号 1～9：代表测试用例的个数至多 9 个。

（2）列号 ABCD：代表各分类，例如，需求中的“Web 浏览器”“插件”“应用服务器”“操作系统”。

（3）表中内容项：表 5-26 中灰色背景区域，代表各分类下的各个元素，例如，当第一列为“Web 浏览器”时，表 5-26 中灰色背景区域中可填写“A1= Chrome 67”“A2 = IE 11”“A3= Edge 15”。

表 5-26 $L_9(3^4)$正交试验表

行　号	列　号			
	A	B	C	D
	水　平			
1	A1	B1	C1	D1
2	A1	B2	C2	D2
3	A1	B3	C3	D3
4	A2	B1	C2	D3
5	A2	B2	C3	D1
6	A2	B3	C1	D2
7	A3	B1	C3	D2
8	A3	B2	C1	D3
9	A3	B3	C2	D1

概括来讲，$L_9(3^4)$的含义为：L 表示正交表，“9”表示该正交表可构成的最大用例数，“4”表示最大分类数，“3”表示各分类下的最大元素数。

注意：

（1）$L_9(3^4)$正交表仅能处理分类数小于或等于 4 个，且每个分类中最多包含 3 个元素的情况。

（2）经观察发现，正交表中各组合情况均等。各列中的 1、2、3 都各自出现 3 次；任意两列（如 3、4 列）所构成的有序数对从上向下共有 9 种，既没有重复也没有遗漏；其他任何两列所构成的有序数对，同样为这 9 种各出现一次。故正交表在简化用例的同时可均匀地实现用例设计。

上述知识强调了正交表及正交试验法的内涵，但是，仅依靠上述理论层面的讲解读者可能仍不尽理解该方法的具体应用，以下实验，将从实践角度进一步揭示该方法的应用，即如何通过套用正交表来实现测试用例的设计。

【任务 5-10】旅店住宿管理系统兼容性测试用例设计。

需求：某旅店住宿管理系统 Web 站点，该站点有大量的服务器和操作系统，并且可供许多具有各种插件的浏览器浏览，具体支持情况如下：

① Web 浏览器：Chrome 67、IE 11、Edge 15。

② 插件：无、FlashPlayer、Unity3D。

③ 应用服务器：IIS、Apache、WebSphere。

④ 操作系统：Windows 7、Windows 10、Ubuntu。

问题：采用正交试验法进行测试用例设计。

第 1 步：分析需求说明，提取各分类及各分类下的元素。

分类及各分类下的元素：

① Web 浏览器：1= Chrome 67、2=IE 11、3=Edge 15。

② 插件：1=None、2= FlashPlayer、3= Unity3D。

③ 应用服务器：1=IIS、2=Apache、3= WebSphere。

④ 操作系统：1= Windows 7、2=Windows 10、3= Ubuntu。

第 2 步：选择 $L_9(3^4)$正交表进行套用，结果如表 5-27 所示。

经分析得知，本题目中分类数等于 4，各分类下的元素数等于 3。依据 "$L_9(3^4)$正交表仅能处理分类数小于或等于 4 个，且每个分类中最多 3 个元素的情况" 的要求，显然可进行套用。

表 5-27　兼容性测试 $L_9(3^4)$正交试验表_测试用例设计

用　　例	浏　览　器	插　　件	服　务　器	操作系统
1	Chrome 67	None	IIS	Windows 7
2	Chrome 67	FlashPlayer	Apache	Windows 10
3	Chrome 67	Unity3D	WebSphere	Ubuntu
4	IE 11	None	Apache	Ubuntu
5	IE 11	FlashPlayer	WebSphere	Windows 7
6	IE 11	Unity3D	IIS	Windows 10
7	Edge 15	None	WebSphere	Windows 10
8	Edge 15	FlashPlayer	IIS	Ubuntu
9	Edge 15	Unity3D	Apache	Windows 7

因此，得出 9 条测试用例以协助兼容性测试的开展，即每行可作为一条测试用例的数据组合。以上即为采用正交试验法针对旅店住宿管理系统兼容性进行用例设计的过程。

5.7.7　基于场景法的用例设计

某旅店住宿管理系统支持房间网上预订业务。游客访问网站进行网上房间预订操作，选择合适的房间后，进行在线预订；此时，需使用个人账号登录系统；待登录成功后，进行订金支付（订金金额为 1 天的房款）；支付成功后，生成房间预订单，完成整个房间预订流程。

基于上述需求，如何进行测试呢？经分析房间预订的完整流程，不难理解，首先可提取出流程中所有单个功能点（或单个事件），即访问网站首页、使用账号登录网站、浏览选择房间、支付预订订金、生成预订订单等功能（或事件），如图 5-9 所示。

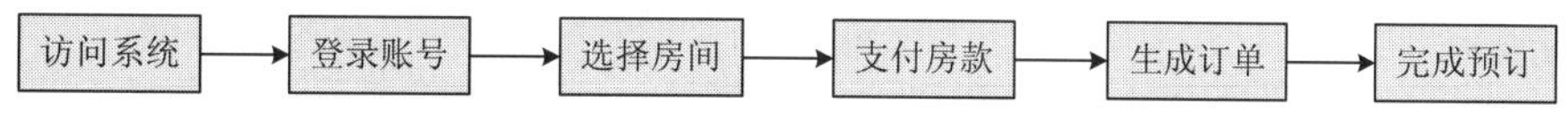

图 5-9　旅店住宿管理系统网上房间预订流程

读者已知晓，针对提取出的单个功能点（或事件）的测试，往往可采用等价类划分法或边界值分析法等针对相应系统界面设计测试，并针对测试点的具体情况合理选取测试方法设计测试用例，并对该测试点执行测试用例。

值得提醒的是，除了单个功能点（或单个事件）需要充分测试外，由多个单个功能点（或单个事件）组合而构成的整体业务流程的测试同样不容忽视。就目前来讲，系统大多是由事件来触发控制流程的，每个事件触发时的情景便形成了场景，而同一事件不同的触发顺序和处理结果形成了不同的事件流。场景法作为黑盒测试用例设计的重要方法之一，可对上述一系列过程进行清晰描述。

注意：

（1）往往初级测试人员测试过程中更重视单个功能点（或单个事件）的细节测试，而容易忽视整体业务流程的检测。长此以往，易使测试工作与实际业务脱节，故再次强调细节与整体同等重要。

（2）事件流即一个事件及其所引发的后续处理。

【任务 5-11】旅店住宿管理系统房间预订测试用例设计。

需求：某旅店住宿管理系统支持房间网上预订业务。游客访问网站进行网上房间预订操作，选择合适的房间后，进行在线预订；此时，需使用个人账号登录系统；待登录成功后，进行订金支付（订金金额为 1 天的房款）；支付成功后，生成房间预订单，完成整个房间预订流程。

问题：采用场景法进行测试用例设计。

前提条件：该系统需求中业务流程描述清晰，故适合采用场景法设计用例。

第 1 步：分析需求，确定出软件的基本流及各项备选流，如表 5-28 和表 5-29 所示。

表 5-28　网上预订功能场景_基本流

类　型	用例描述
基本流	访问房间预订网站
	选择房间
	登录账号
	订金支付
	生成订单

表 5-29　网上预订功能场景_备选流

类　型	用例描述
备选流 1	房间类型不存在
备选流 2	房间已住满
备选流 3	账号不存在
备选流 4	账号或密码错误
备选流 5	用户账号余额不足
备选流 6	用户账号没有钱
备选流 X	用户退出系统

注意：备选流 X（用户退出系统）的含义为可于任何步骤中发生，故标识为未知数 X。

第 2 步：依据基本流和各项备选流，生成不同的场景，如表 5-30 所示。

表 5-30　网上预订功能场景_组合

场景名称	场景组合	
场景 1-成功预订房间	基本流	
场景 2-房间类型不存在	基本流	备选流 2
场景 3-房间已住满	基本流	备选流 3
场景 4-账号不存在	基本流	备选流 4
场景 5-账号或密码错误	基本流	备选流 5
场景 6-用户账号余额不足	基本流	备选流 6
场景 5-用户账号没有钱	基本流	备选流 7

注意：

（1）表 5-30 所示的场景 5 也可拆分为两个场景。

（2）由于备选流 X（用户退出系统）可于任何步骤中发生，故未分别设计场景，读者在测试中考虑并执行测试即可。

第 3 步：针对生成的各场景，设计相应的测试用例，如表 5-31 所示。

表 5-31 网上预订功能场景_测试用例设计

用例	场景 / 条件	房间类型	账号	密码	账号余额	预期结果
1	场景 1-成功预订房间	有效	有效	有效	有效	系统提示“操作成功”账户余额减少
2	场景 2-房间类型不存在	无效	不相干	不相干	不相干	系统提示“您查找的房间不存在”
3	场景 3-房间已住满	无效	不相干	不相干	不相干	系统提示“您查找的房间已住满”
4	场景 4-账号不存在	有效	无效	不相干	不相干	系统提示“账号不存在”
5	场景 5-账号或密码错误(账号正确、密码错误)	有效	有效	无效	不相干	系统提示“账号或密码错误”
6	场景 5-账号或密码错误(账号错误、密码正确)	有效	无效	有效	不相干	系统提示“账号或密码错误”
7	场景 6-用户账号余额不足	有效	有效	有效	无效	系统提示“账号余额不足，请充值”
8	场景 5-用户账号没有钱	有效	有效	有效	无效	系统提示“账号余额不足，请充值”

第 4 步：重新审核生成的测试用例，去掉多余部分；并针对最终确定出的测试用例，设计测试数据，如表 5-32 所示。

表 5-32 网上预订功能场景_最终用例（含测试数据）

用例	场景 / 条件	房间类型	账号	密码	账号余额/元	预期结果
1	场景 1-成功预订房间	双人间 300 元/天	Hello	123456	800	系统提示“操作成功”账户余额减少 300 元
2	场景 2-房间类型不存在	豪华间	不相干	不相干	不相干	系统提示“您查找的房间不存在”
3	场景 3-房间已住满	单人间 200 元/天	不相干	不相干	不相干	系统提示“您查找的房间已住满”
4	场景 4-账号不存在	双人间 300 元/天	Aloha	不相干	不相干	系统提示“账号不存在”
5	场景 5-账号或密码错误（账号正确、密码错误）	双人间 300 元/天	Hello	12345	不相干	系统提示“账号或密码错误”
6	场景 5-账号或密码错误（账号错误、密码正确）	双人间 300 元/天	HHello	123456	不相干	系统提示“账号或密码错误”
7	场景 6-用户账号余额不足	双人间 300 元/天	Hello	123456	200	系统提示“账号余额不足，请充值”
8	场景 5-用户账号没有钱	双人间 300 元/天	Hello	123456	0	系统提示“账号余额不足，请充值”

前提条件如下：

（1）旅店住宿管理系统中仅支持房间类型为：标准间（100 元/天）、单人间（200 元/天）、双人间（300 元/天）。

（2）单人间已住满，其他房间有空余。

（3）Hello 为系统的已注册用户，密码为 123456。

（4）Aloha 为未注册用户。

至此，表 5-32 中的测试用例即可协助开展测试。值得一提的是，读者可依据等价类划分法或其他方法进行测试用例的进一步补充，此处仅为采用场景法针对旅店住宿管理系统房间预订流程进行用例设计的步骤，限于篇幅，不再赘述。

【任务 5-12】旅店住宿管理系统会员账户结算测试用例设计。

需求：旅店住宿管理系统为推广业务，采用会员账户制度。游客可申请会员账户，同时可向会员账户充值。在指定旅馆住宿消费时，只需向商家出示会员，通过查询用户信息，验证该用户信息，若是会员且非黑名单中的游客则输入正确密码后即可进行折扣消费。当办理房间结算时，需选择结算业务，针对界面提示打折后的住宿费用信息，输入已消费应支付的结算金额，成功办理结算并于会员账户中扣除结算金额。

其中，会员账户可自行设置密码，每次消费前需输入密码方可进行继续操作（见图 5-10）。若 24 小时（一个自然日）内密码连续输错 3 次，账户即被锁定，需要联系客服进行解锁激活。

图 5-10　会员支付密码确认界面

问题：采用场景法进行测试用例设计。

前提条件：该系统需求中业务流程描述清晰，故适合采用场景法设计用例。

第 1 步：分析需求，确定出软件的基本流及各项备选流，如表 5-33 和表 5-34 所示。

表 5-33　会员账户结算功能场景_基本流

序号	用例名称	用例描述
1	登录	会员管理模块处于准备就绪状态
2	验证会员账户	游客扫二维码登录，并检查它是否属于会员账户
4	输入密码	游客输入密码，验证密码是否有效
5	选择业务	系统显示出当前游客可办理的优惠业务，在此选择结算业务
6	输入金额	针对界面提示打折后的住宿费用信息输入已消费应支付的结算金额
7	结算	成功办理结算并于会员账户中扣除结算金额
8	退出登录账户	退出登录账户，系统恢复就绪状态

表 5-34　会员账户结算功能场景_备选流

备选流序号	用例名称	用例描述
备选流 1	系统未连接	步骤 1 过程中，系统未连接，需待系统连接后重新登录
备选流 2	模块正忙	步骤 1 过程中，结算模块正忙，需待空闲后重新登录
备选流 3	会员账户无效	步骤 2 过程中，会员账户不存在或已销户，系统提示“会员账户无效”
备选流 4	会员账户属于黑名单	步骤 3 过程中，存在于黑名单中，进行黑名单账户警报
备选流 5	输入密码错误	步骤 4 过程中，验证密码是否有效，游客有 3 次输入机会； 若密码输入有误，将显示适当的提示消息； 若还存在输入机会，则重新进行密码输入； 若最后一次尝试输入的密码仍有误，则系统提示“密码错误，账户已锁”，且账户被锁定，需要联系客服进行解锁激活
备选流 6	会员账户中余额为 0	若会员账户中余额为 0，则结算按钮置灰显示，无法进行单击操作
备选流 7	输入的金额不正确	输入已消费应支付的结算金额不正确（小于应支付金额或大于应支付金额），系统提示输入有误

续表

备选流序号	用例名称	用例描述
备选流 8	会员账户中余额不足	若会员账户中余额小于应支付的结算金额，系统提示会员账户余额不足
备选流 X	退出结算	游客可随时决定终止结算业务，仍保持房间入住状态

注意：备选流 X（退出结算）含义为可于任何步骤中发生，故标识为未知数 X。

第 2 步：依据基本流和各项备选流，生成不同的场景，如表 5-35 所示。

表 5-35 会员账户结算功能场景_组合

场景名称	场景组合	
场景 1-成功办理结算	基本流	
场景 2-系统未连接	基本流	备选流 1
场景 3-读卡器正忙	基本流	备选流 2
场景 4-会员账户无效	基本流	备选流 3
场景 5-会员账户属于黑名	基本流	备选流 4
场景 6-输入密码错误，还有机会输入	基本流	备选流 5
场景 5-输入密码错误，无机会再输入	基本流	备选流 5
场景 8-会员账户中余额为 0	基本流	备选流 6
场景 9-输入的金额不正确	基本流	备选流 7
场景 10-会员账户中余额不足	基本流	备选流 8

注意：由于备选流 X（退出结算）可于任何步骤中发生，故未分别设计场景，读者在测试中考虑并执行测试即可。

第 3 步：针对生成的各场景，设计相应的测试用例，如表 5-36 所示。

表 5-36 会员账户结算功能场景_测试用例

用例	场景 / 条件	读卡器状态	卡是否有效卡	非黑名单卡	密码	输入次数	卡余额	输入金额	预期结果
1	场景 1-成功办理结算	有效	有效卡	有效	有效	有效	有效	有效	系统提示“操作成功”账户余额减少
2	场景 2-读卡器未连接	无效	不相干	不相干	不相干	不相干	不相干	不相干	系统无任何提示和响应
3	场景 3-读卡器正忙	无效	不相干	不相干	不相干	不相干	不相干	不相干	系统提示“业务进行中，正忙”
4	场景 4-会员账户无效（其他旅店会员账户）	有效	无效卡	不相干	不相干	不相干	不相干	不相干	系统提示“会员账户无效”
5	场景 4-会员账户无效（银行卡）	有效	无效卡	不相干	不相干	不相干	不相干	不相干	系统提示“会员账户无效”
6	场景 4-会员账户无效（已销户卡）	有效	无效卡	不相干	不相干	不相干	不相干	不相干	系统提示“会员账户无效”
7	场景 5-会员账户属于黑名单	有效	有效卡	无效	不相干	不相干	不相干	不相干	系统进行黑名单警报

续表

用例	场景 / 条件	读卡器状态	卡是否有效卡	非黑名单卡	密码	输入次数	卡余额	输入金额	预期结果
8	场景 6-输入密码错误，还有机会输入	有效	有效卡	有效	无效	有效	不相干	不相干	系统提示“密码错误，请重新输入”
9	场景 5-输入密码错误，无机会再输入	有效	有效卡	有效	无效	有效	不相干	不相干	系统提示“密码错误卡已锁”
10	场景 8-会员账户中余额为 0	有效	有效卡	有效	有效	有效	无效	不相干	结算按钮置灰显示无法进行单击操作
11	场景 9-输入的金额不正确（小于应支付金额）	有效	有效卡	有效	有效	有效	有效	无效	系统提示“余额输入错误”
12	场景 9-输入的金额不正确（大于应支付金额）	有效	有效卡	有效	有效	有效	有效	无效	系统提示“余额输入错误”
13	场景 10-会员账户中余额不足	有效	有效卡	有效	有效	有效	有效	有效	系统提示“账号余额不足，请充值”

第 4 步：重新审核生成的测试用例，去掉多余部分；并针对最终确定的测试用例，设计测试数据，如表 5-37 所示。

表 5-37　会员账户结算功能场景_最终用例（含测试数据）

用例	场景 / 条件	读卡器状态	卡是否有效卡	非黑名单卡	密码	输入次数	卡余额/元	输入金额/元	预期结果
1	场景 1-成功办理结算	就绪	本旅店正常会员账户	非黑	123456	1	800	500	系统提示“操作成功”账户余额减少
2	场景 2-读卡器未连接	未连接	不相干	不相干	不相干	不相干	不相干	不相干	系统无任何提示和响应
3	场景 3-读卡器正忙	正忙	不相干	不相干	不相干	不相干	不相干	不相干	系统提示“业务进行中，正忙”
4	场景 4-会员账户无效（其他旅店会员账户）	就绪	其他旅店会员账户	不相干	不相干	不相干	不相干	不相干	系统提示“会员账户无效”
5	场景 4-会员账户无效（银行卡）	就绪	银行卡	不相干	不相干	不相干	不相干	不相干	系统提示“会员账户无效”
6	场景 4-会员账户无效（已销户卡）	就绪	已销户卡	不相干	不相干	不相干	不相干	不相干	系统提示“会员账户无效”
7	场景 5-会员账户属于黑名单	就绪	本旅店正常会员账户	黑名单	不相干	不相干	不相干	不相干	系统进行黑名单警报
8	场景 6-输入密码错误，还有机会输入	就绪	本旅店正常会员账户	非黑	123	1	不相干	不相干	系统提示“密码错误，请重新输入”
9	场景 5-输入密码错误，无机会再输入	就绪	本旅店正常会员账户	非黑	123	3	不相干	不相干	系统提示“密码错误，卡已锁”

续表

用例	场景 / 条件	读卡器状态	卡是否有效卡	非黑名单卡	密码	输入次数	卡余额/元	输入金额/元	预期结果
10	场景 8-会员账户中余额为 0	就绪	本旅店正常会员账户	非黑	123456	1	0	不相干	结算按钮置灰显示无法进行单击操作
11	场景 9-输入的金额不正确（小于应支付金额）	就绪	本旅店正常会员账户	非黑	123456	1	800	350	系统提示“余额输入错误”
12	场景 9-输入的金额不正确（大于应支付金额）	就绪	本旅店正常会员账户	非黑	123456	1	800	600	系统提示“余额输入错误”
13	场景 10-会员账户中余额不足	就绪	本旅店正常会员账户	非黑	123456	1	300	500	系统提示“账号余额不足，请充值”

值得提醒的是，表 5-37 中测试数据设置的前提条件如下：

（1）已消费应支付的结算折扣金额假定为 500 元。

（2）当前实例用户，密码为 123456。

至此，表 5-37 中的测试用例即可协助开展测试。与此同时，读者可依据等价类划分法或其他方法进行测试用例的补充，在此仅为采用场景法针对旅店住宿管理系统房间预订流程进行用例设计的步骤，限于篇幅，不再赘述。

小　　结

本章以旅店住宿管理系统为例，展开了相关黑盒测试的实践，从这些案例可以看出，对于测试来说，边界值、等价类等这些黑盒测试方法是经常被应用的，同时也需要在具体使用中灵活并合理搭配使用。在设计测试用例时，应从业务流程及特点，模块功能及特性的角度考虑，已综合应用黑盒测试方法，已达到最佳效果。随着系统的规模和复杂度增加，测试不仅仅停留在函数、流程层面，更需要从界面、易用性方面入手，并结合其他测试策略，对系统进行测试。

在设计测试用例的过程中，需要提醒测试人员注意的是：做测试不要把注意力过多地放在纯粹的技术细节上，而是要将精力主要集中在用户的需求和体验上。因为，软件归根到底是按照用户的实际需要应运而生的，根据实际业务流程来分析系统功能，设计测试用例，测试才有真正的意义。

习题与思考

1. 当在某个校验点上可能得到的备选流数量很多时，将导致备选流数目的激增。请问该如何解决这类问题？

2. 结合自己设计的网站、软件或系统等，应用黑盒测试策略，设计对应的测试用例。

JUnit 单元测试与 Android 测试

学习目标：

1. 熟悉单元测试的概念。
2. 掌握单元测试的测试目标、方法、测试环境和评估。
3. 学会使用 JUnit 单元测试工具。
4. 学会选取测试单元，编写驱动模块和桩模块。
5. 学会使用 JUnit 对 Android 程序进行单元测试。

6.1 JUnit 概述

现代软件开发过程中，单元测试是作为贯穿整个开发周期的一项重要的开发活动，目前业内广泛使用 JUnit 及其相关的测试工具。

在实际工作中，写单元测试用例常常是程序员十分厌倦的一个项目活动，因为多数人只是享受创造的乐趣，而对检查和维护却没有兴趣。很多项目也因此没有写单元测试用例，这些都是因为没有认识到测试的重要性。单元测试能够使我们尽量早地发现程序的 Bug，一个 Bug 被隐藏的时间越长，修复这个 Bug 的代价就越大。

JUnit 是由 Erich Gamma 和 Kent Beck 编写的一个回归测试框架（regression testing framework），供 Java 开发人员编写单元测试使用。JUnit 测试是程序员测试，属于白盒测试范畴。

6.1.1 JUnit 3 与 JUnit 4 的主要区别

这两个版本最大的区别在 JUnit3 中测试必须继承 TestCase，并且每个方法名必须以 test 开头。比如：testXXX( )。而在 JUnit 4 中引入了 Java 5.0 的注释技术，不必继承 TestCase，采用了注解的方式。只要在测试的方法上加上注解@Test 即可。

在 JUnit3 中需要实现 setUp( )和 tearDown( )方法，在 4.x 中可以自定义需要在测试前和测试后的方法，在方法前加上 @before、@after 即可。因此在 JUnit 4 中不必继承 TestCase 类，而是使用注解对单个方法进行测试。如果在 JUnit 4 中继承了 TestCase，注解将失去作用，并且在测试中会运行整个类，无法测试单个方法。

下面以一个简单的例子来介绍如何使用 JUnit 3 和 JUnit 4 编写测试用例：

先写个简单的被测试类：

```
----------Hello.java----------
package junitexample;
public class Hello {
  public String hello(){
     return "hello";
  }
}
```

对于这个类，用 JUnit 编写测试用例时，要导入 JUnit 库。首先调出项目属性对话框，右击项目名称，在弹出的快捷菜单中选择 Properties 命令，也可以按【Alt+Enter】组合键，在弹出的 Properties for junitexample（项目属性）对话框中选择 Java Build Path 选项，然后选择 Libraries 选项卡，如图 6-1 所示。

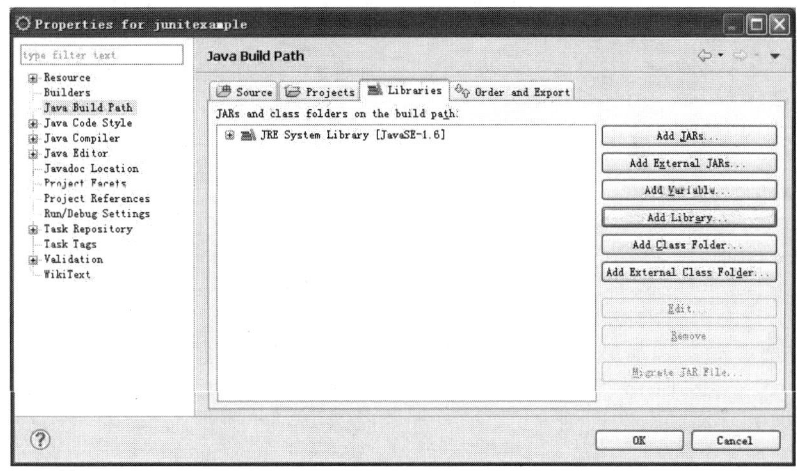

图 6-1　【项目属性】对话框

在【项目属性】对话框中，单击 Add Library 按钮，弹出 Add Library（添加库）对话框，选择 JUnit 选项，然后单击 Next 按钮，如图 6-2 所示。

在弹出的对话框中，选择 JUnit library version（JUnit 库版本）为 JUnit 3，如图 6-3 所示。

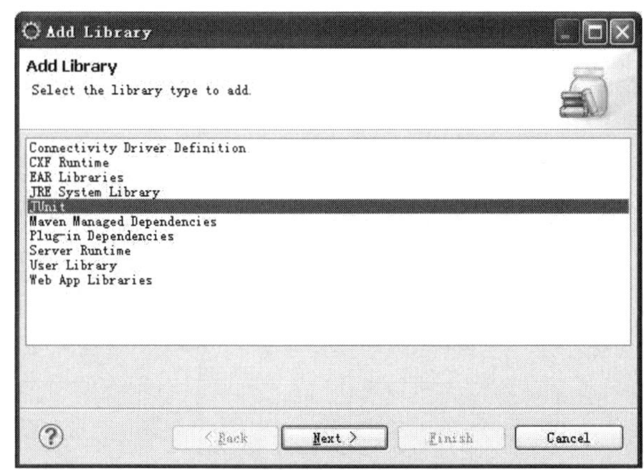

图 6-2　【添加库】对话框

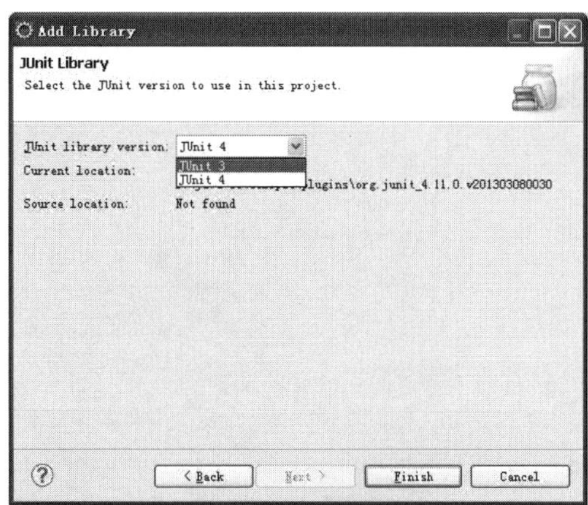

图 6-3　选择 JUnit 库版本

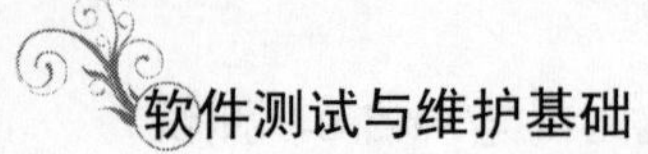

然后建立一个测试类，代码如下：

```
----------HelloTest3.java----------
package junitexample.test;
import junit.framework.TestCase;
import junitexample.*;
public class HelloTest3 extends TestCase {
  public void testHello(){
     assertEquals(new Hello().hello(), "hello");
  }
}
```

如果使用 JUnit 4 编写测试用例，则在图 6-3 中选择版本为 JUnit 4，测试类代码如下：

```
----------HelloTest4.java----------
package junitexample.test;
import static org.junit.Assert.*;
import org.junit.Test;
import junitexample.*;
public class HelloTest4 {
  @Test
  public void helloTest(){
     assertEquals(new Hello().hello(), "hello");
  }
}
```

然后右击测试类，在弹出的快捷菜单中选择 Run As→JUnit Test 命令即可，以 HelloTest4.java 为例，运行结果如图 6-4 所示。

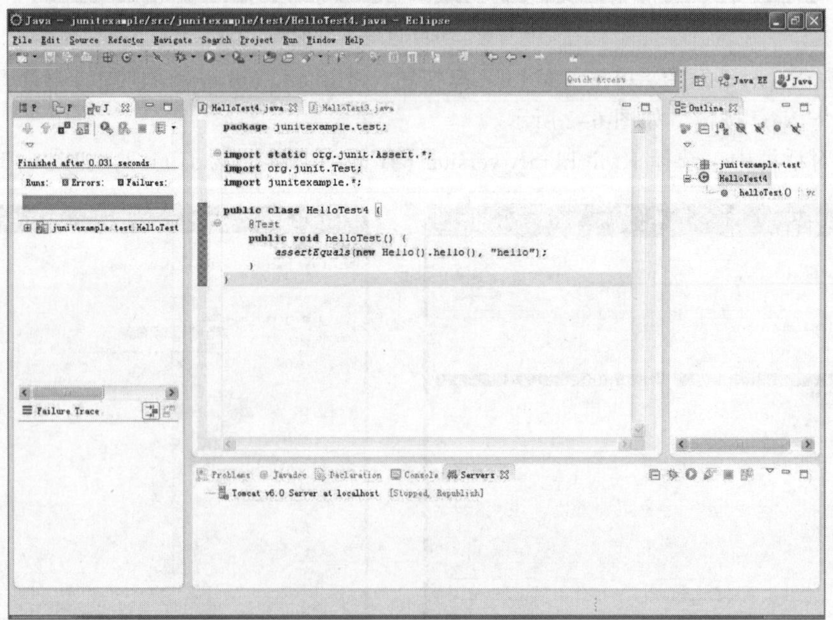

图 6-4　JUnit 测试运行结果图

6.1.2　JUnit 4 常用 Annotation 介绍

@Before：初始化方法，在任何一个测试执行之前必须执行的代码。

@After：释放资源，在任何测试执行之后需要进行的收尾工作。

@Test：测试方法，表明这是一个测试方法。对于方法的声明也有如下要求：名称可以随便取，没有任何限制，但是返回值必须为 void，而且不能有任何参数。如果违反这些规定，会在运行时抛出异常。至于方法内该写些什么，那就要看你需要测试些什么了；在这里可以测试期望异常和超时时间，如 @Test(timeout = 100)，给测试函数设定一个执行时间，超过了这个时间（100 ms），它们就会被系统强行终止，并且系统还会汇报该函数结束的原因是因为超时，这样就可以发现这些 Bug 了。

@Ignore：忽略的测试方法，标注的含义就是“某些方法尚未完成，暂不参与此次测试”；这样的话测试结果就会提示有几个测试被忽略，而不是失败。一旦完成了相应函数，只需要把@Ignore 标注删除，即可进行正常测试。

@BeforeClass：针对所有测试，只执行一次，且必须为 static void。

@AfterClass：针对所有测试，只执行一次，且必须为 static void。

所以，一个 JUnit 4 的单元测试用例执行顺序为：@BeforeClass→@Before→@Test→@After→@AfterClass；每个测试方法的调用顺序为：@Before→@Test→@After。

```
----------Annotation 范例程序----------
import static org.junit.Assert.*;
import org.junit.After;
import org.junit.AfterClass;
import org.junit.Before;import org.junit.BeforeClass;
import org.junit.Ignore;import org.junit.Test;
public class JUnit4Test {
  @BeforeClass
  public static void beforeClass(){
     System.out.println("@BeforeClass");
  };
  @Before
  public void before(){
     System.out.println("@Before");
  }
  @Test
  public void test(){
     System.out.println("@Test");
     assertEquals(5+5, 10);
  }
  @Ignore
  @Test
  public void testIgnore(){
     System.out.println("@Ignore");
  }
  @Test(timeout=50)
  public void testTimeout(){
     System.out.println("@Test(timeout=50)");
```

```
        assertEquals(5+5, 10);
    }
    @Test(expected=ArithmeticException.class)
    public void testExpected(){
        System.out.println("@Test(expected=Exception.class)");
        throw new ArithmeticException();
    }
    @After
    public void after(){
        System.out.println("@After");
    }
    @AfterClass
    public static void afterClass(){
        System.out.println("@AfterClass");
    };
};
```

右击测试类，在弹出的快捷菜单中选择 Run As→JUnit Test 命令运行测试，输出结果如下：

```
@BeforeClass
@Before
@Test(timeout=50)
@After
@Before
@Test(expected=Exception.class)
@After
@Before
@Test
@After
@AfterClass
```

在 Eclipse 的 JUnit 运行结果视图中可以看到 test()方法和 testTimeout()方法执行了测试，testIgnore()方法被忽略，没有执行，testExpected()方法运行报错，如图 6-5 所示。

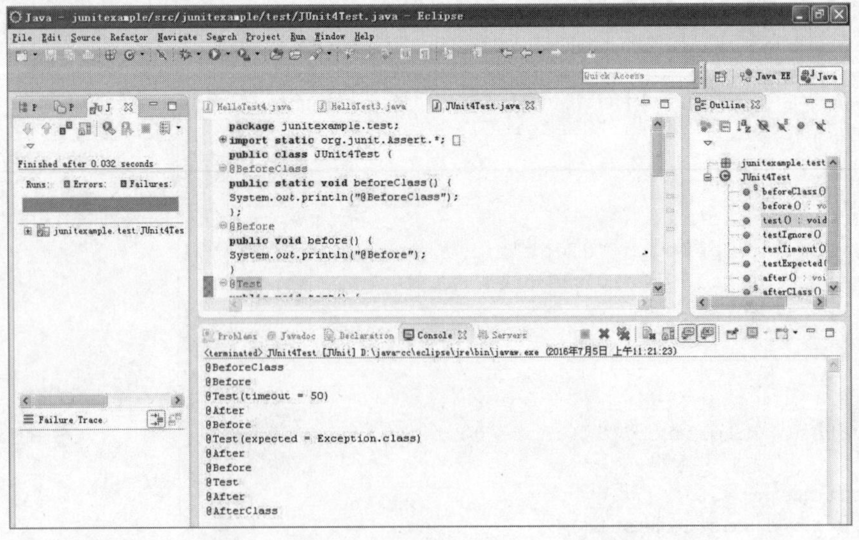

图 6-5　JUnit Annotation 测试运行结果图

6.2 使用 JUnit 进行项目测试

6.2.1 自动售卖机项目概述

设该自动售卖机可以出售可乐（Cocacola）、橙汁（Orangeade）、雪碧（Sprite）和矿泉水（Water）四种商品，价格分别为可乐 5 元、橙汁 5 元、雪碧 3 元和矿泉水 2 元。自动售卖机除接受硬币外，也可接受纸币，并根据商品金额进行找赎。

项目中对四种商品进行了抽象封装，添加了一个 Product 类作为四种商品的父类。Seller 类用来模拟自动售卖机的功能，使用 SellerTest 类进行测试。

Product 类是四种商品类的父类，封装了商品 id、价格和数量属性，并且为各个属性设置了 setter 和 getter。四种商品的商品 ID 均以静态属性封装在 Product 类中，以便于维护。

可乐类中除继承父类的各个属性与方法外，设置了价格和返回商品 id 的方法，其他商品类均同可乐类。

Seller 类模拟了自动售卖机的状态和操作，其中 coins、cash 和 balance 属性分别代表硬币数量、现金金额和找赎硬币金额。在 Seller 类，包含了一个 HashMap 类的对象 products 作为存储商品的存储空间。负责售卖操作的方法共有两个，一个为硬币购买，一个为纸币购买，使用方法名重载，均命名为 buy()方法。

6.2.2 项目代码

```
----------Product.java ----------
package edu.wxstc.soft.autoseller;
public class Product {
  public static final int COCACOLA=1;
  public static final int ORANGEADE=2;
  public static final int WATER=3;
  public static final int SPRITE=4;
  protected int price;
  protected int num;
  public Product(){
  }
  public Product(int price,int num){
     this.setPrice(price);
     this.setNum(num);
  }
  public Product(int num){
     this.setNum(num);
  }
  public int getPrice(){
     return price;
  }
```

```
    public void setPrice(int price){
        this.price=price;
    }
    public int getNum(){
        return num;
    }
    public void setNum(int num){
        this.num=num;
    }
    public int getProductId(){
        return 0;
    }
}
----------Cocacola.java ----------
package edu.wxstc.soft.autoseller;
public class Cocacola extends Product{
    public Cocacola(int num){
        super(num);
        this.setPrice(5);
    }
    public Cocacola(int price,int num){
        super(price,num);
    }
    public int getProductId(){
        return Product.COCACOLA;
    }
}
----------Orangeade.java ----------
package edu.wxstc.soft.autoseller;
public class Orangeade extends Product{
    public Orangeade(int num){
        super(num);
        this.setPrice(5);
    }
    public Orangeade(int price,int num){
        super(price,num);
    }
    public int getProductId(){
        return Product.ORANGEADE;
    }
}
----------Sprite.java ----------
package edu.wxstc.soft.autoseller;
public class Sprite extends Product{
    public Sprite(int num){
        super(num);
        this.setPrice(3);
    }
```

```
  public Sprite(int price,int num){
     super(price,num);
  }
  public int getProductId(){
     return Product.SPRITE;
  }
}
----------Water.java ----------
package edu.wxstc.soft.autoseller;
public class Water extends Product{
  public Water(int num){
     super(num);
     this.setPrice(2);
  }
  public Water(int price,int num){
     super(price,num);
  }

  public int getProductId(){
     return Product.WATER;
  }
}
----------Seller.java ----------
package edu.wxstc.soft.autoseller;
import java.util.*;
public class Seller {
  int coins;
  int cash;
  int balance;
  HashMap<Integer, Product> products=new HashMap<Integer, Product>();
  public Seller(int cash, int coins){
    this.cash=cash;
    this.coins=coins;
  }
  public int getCoins(){
    return coins;
  }
  public void setCoins(int coins){
    this.coins=coins;
  }
  public int getCash(){
    return cash;
  }
  public void setCash(int cash){
    this.cash=cash;
  }
  public int getBalance(){
    return balance;
```

```
    }
    public void setBalance(int balance){
        this.balance=balance;
    }
    public void addProduct(Product p){
        this.products.put(p.getProductId(), p);
    }
    public int buy(int productId, int cash, int coins){
        Product p=this.products.get(productId);
        if(p.num>=1){
            if((cash+coins)>=p.getPrice()){
                this.setBalance(cash+coins - p.getPrice());
                if (this.balance<=this.coins){
                    this.coins -=this.balance;
                    this.cash+=cash;
                    this.coins+=coins;
                    p.num--;
                    return 1;
                }
                this.setBalance(cash+coins);
                return 0;
            } else {
                return 0;
            }
        } else {
            this.setBalance(cash+coins);
            return 0;
        }
    }
    public int buy(int productId, int coins){
        return this.buy(productId, 0, coins);
    }
    public int getNumOf(int productId){
        return this.products.get(productId).getNum();
    }
}
```

6.2.3 测试类创建向导操作步骤

（1）在 Eclipse 窗口左侧的 Package Exploret 选项卡中，右击测试项目名称，在弹出的快捷菜单中选择 New→Other 命令，在弹出的对话框中展开 Java→JUnit→JUnit Test Case 选项，如图 6–6 所示。

（2）在图 6–6 中，单击 Next 按钮，弹出 New JUnit Test Case 对话框，即“JUnit 测试用例向导”对话框。在弹出的对话框中，默认的包名与原项目中的程序包名相同，原项目包名为 edu.wxstc.soft.autoseller，在文本框中的包名后补充输入 test，变成 edu.wxstc.soft.autoseller.test。

在 Name 文本框中输入类名 SellerTest，如图 6–7 所示。

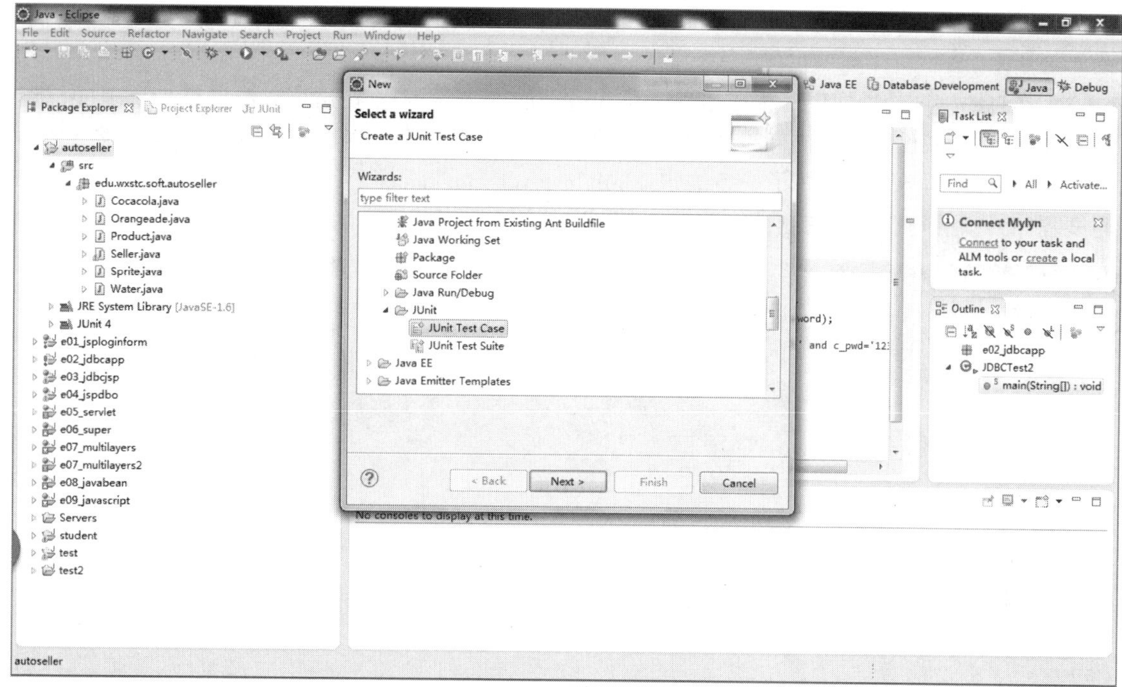

图 6-6　自动售卖机测试操作步骤一

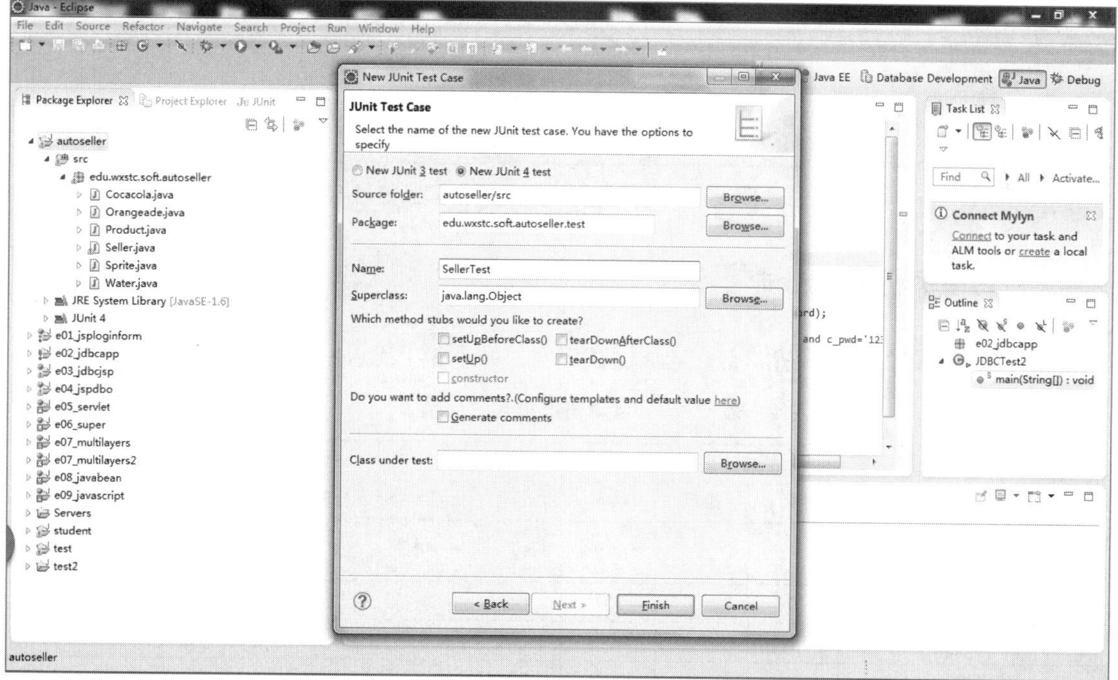

图 6-7　自动售卖机测试操作步骤二

在图 6-7 中单击 Finish 按钮，Eclipse 的“JUnit 测试用例向导”对话框完成了测试用例的创建，如图 6-8 所示。

（3）在自动生成的程序中，生成了一个作为范例的方法 test()。在这个方法中有一个 JUnit 标识 @Test，此标识用来设置程序执行的测试方法。同时可以看到自动导入了“org.junit.Test”类。

在 test()中，向导自动填写了一条语句“fail("not yet implement")”，如果直接运行这个默认生成的测试程序，该语句能保证在测试中抛出一条失败的信息。

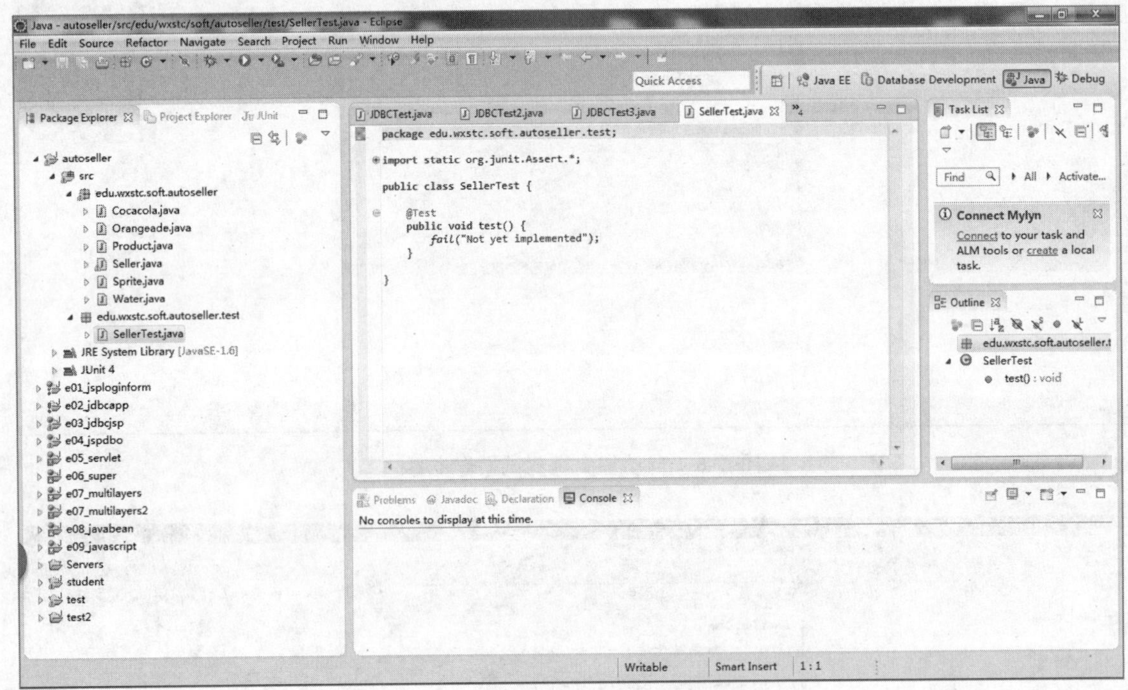

图 6-8　自动售卖机测试操作步骤三

6.2.4　自动售卖机项目测试

根据自动售卖机的功能设置，首先建立测试用例，如表 6-1 所示。

表 6-1　自动售卖机测试用例表

序号	购买操作					机器状态						
	商品	硬币	纸币	找赎	状态	硬币	纸币	可乐	橙汁	雪碧	矿泉水
初始状态						100	0	2	8	6	5
1	可乐		5		成功	100	5	1	8	6	5
2	矿泉水	5		3	成功	102	5	1	8	6	4
3	雪碧		20	17	成功	85	25	1	8	5	4
4	橙汁		100		失败	85	25	1	8	5	4
5	橙汁	5	5	5	成功	85	30	1	7	5	4

续表

序号	购买操作					机器状态					
	商品	硬币	纸币	找赎	状态	硬币	纸币	可乐	橙汁	雪碧	矿泉水
6	可乐		10	5	成功	80	40	0	7	5	4
7	可乐	10			失败	80	40	0	7	5	4
8	橙汁		50	45	成功	35	90	0	6	5	4
9	矿泉水		50		失败	35	90	0	6	5	4
10	矿泉水	10		8	成功	37	90	0	6	5	3

然后根据测试用例表，编写 JUnit 测试程序 SellerTest。程序构造方法中负责初始化自动售卖机的现金与硬币数量，在 setup()方法中，向自动售卖机中填充商品，并在 setup()方法前标注@Before 标识符，则程序在执行带有@Test 标识符的 test()方法之前，会首先执行 setup()方法。

```
----------SellerTest.java ----------
package edu.wxstc.soft.autoseller.test;
import static org.junit.Assert.*;
import org.junit.*;
import edu.wxstc.soft.autoseller.Cocacola;
import edu.wxstc.soft.autoseller.Orangeade;
import edu.wxstc.soft.autoseller.Product;
import edu.wxstc.soft.autoseller.Seller;
import edu.wxstc.soft.autoseller.Sprite;
import edu.wxstc.soft.autoseller.Water;
public class SellerTest {
  Seller seller;
  public SellerTest(){
     int coins=100;
     int cash=0;
     seller=new Seller(cash,coins);
  }
  @Before
  public void setup(){
     Product p=new Cocacola(2);
     Product p2=new Water(5);
     Product p3=new Sprite(6);
     Product p4=new Orangeade(8);
     seller.addProduct(p);
     seller.addProduct(p2);
     seller.addProduct(p3);
     seller.addProduct(p4);
  }
  @Test
  public void test(){
     // 1
```

```
assertEquals(1,seller.buy(Product.COCACOLA,5,0));
assertEquals(5,seller.getCash());
assertEquals(100,seller.getCoins());
assertEquals(0,seller.getBalance());
assertEquals(1,seller.getNumOf(Product.COCACOLA));
assertEquals(8,seller.getNumOf(Product.ORANGEADE));
assertEquals(6,seller.getNumOf(Product.SPRITE));
assertEquals(5,seller.getNumOf(Product.WATER));
// 2
assertEquals(1,seller.buy(Product.WATER,5));
assertEquals(5,seller.getCash());
assertEquals(102,seller.getCoins());
assertEquals(3,seller.getBalance());
assertEquals(1,seller.getNumOf(Product.COCACOLA));
assertEquals(8,seller.getNumOf(Product.ORANGEADE));
assertEquals(6,seller.getNumOf(Product.SPRITE));
assertEquals(4,seller.getNumOf(Product.WATER));
// 3
assertEquals(1,seller.buy(Product.SPRITE,20,0));
assertEquals(25,seller.getCash());
assertEquals(85,seller.getCoins());
assertEquals(17,seller.getBalance());
assertEquals(1,seller.getNumOf(Product.COCACOLA));
assertEquals(8,seller.getNumOf(Product.ORANGEADE));
assertEquals(5,seller.getNumOf(Product.SPRITE));
assertEquals(4,seller.getNumOf(Product.WATER));
// 4
assertEquals(0,seller.buy(Product.ORANGEADE,100,0));
assertEquals(25,seller.getCash());
assertEquals(85,seller.getCoins());
assertEquals(100,seller.getBalance());
assertEquals(1,seller.getNumOf(Product.COCACOLA));
assertEquals(8,seller.getNumOf(Product.ORANGEADE));
assertEquals(5,seller.getNumOf(Product.SPRITE));
assertEquals(4,seller.getNumOf(Product.WATER));
// 5
assertEquals(1,seller.buy(Product.ORANGEADE,5,5));
assertEquals(30,seller.getCash());
assertEquals(85,seller.getCoins());
assertEquals(5,seller.getBalance());
assertEquals(1,seller.getNumOf(Product.COCACOLA));
assertEquals(7,seller.getNumOf(Product.ORANGEADE));
assertEquals(5,seller.getNumOf(Product.SPRITE));
assertEquals(4,seller.getNumOf(Product.WATER));
```

```
        // 6
        assertEquals(1,seller.buy(Product.COCACOLA,10,0));
        assertEquals(40,seller.getCash());
        assertEquals(80,seller.getCoins());
        assertEquals(5,seller.getBalance());
        assertEquals(0,seller.getNumOf(Product.COCACOLA));
        assertEquals(7,seller.getNumOf(Product.ORANGEADE));
        assertEquals(5,seller.getNumOf(Product.SPRITE));
        assertEquals(4,seller.getNumOf(Product.WATER));
        // 7
        assertEquals(0,seller.buy(Product.COCACOLA,10));
        assertEquals(40,seller.getCash());
        assertEquals(80,seller.getCoins());
        assertEquals(10,seller.getBalance());
        assertEquals(0,seller.getNumOf(Product.COCACOLA));
        assertEquals(7,seller.getNumOf(Product.ORANGEADE));
        assertEquals(5,seller.getNumOf(Product.SPRITE));
        assertEquals(4,seller.getNumOf(Product.WATER));
        // 8
        assertEquals(1,seller.buy(Product.ORANGEADE,50,0));
        assertEquals(90,seller.getCash());
        assertEquals(35,seller.getCoins());
        assertEquals(45,seller.getBalance());
        assertEquals(0,seller.getNumOf(Product.COCACOLA));
        assertEquals(6,seller.getNumOf(Product.ORANGEADE));
        assertEquals(5,seller.getNumOf(Product.SPRITE));
        assertEquals(4,seller.getNumOf(Product.WATER));
        // 9
        assertEquals(0,seller.buy(Product.WATER,50,0));
        assertEquals(90,seller.getCash());
        assertEquals(35,seller.getCoins());
        assertEquals(50,seller.getBalance());
        assertEquals(0,seller.getNumOf(Product.COCACOLA));
        assertEquals(6,seller.getNumOf(Product.ORANGEADE));
        assertEquals(5,seller.getNumOf(Product.SPRITE));
        assertEquals(4,seller.getNumOf(Product.WATER));
        // 10
        assertEquals(1,seller.buy(Product.WATER,10));
        assertEquals(90,seller.getCash());
        assertEquals(37,seller.getCoins());
        assertEquals(8,seller.getBalance());
        assertEquals(0,seller.getNumOf(Product.COCACOLA));
        assertEquals(6,seller.getNumOf(Product.ORANGEADE));
```

```
        assertEquals(5,seller.getNumOf(Product.SPRITE));
        assertEquals(3,seller.getNumOf(Product.WATER));
    }
}
```

右击测试类，在弹出的快捷菜单中选择 Run As→JUnit Test 命令，运行结果如图 6-9 所示。

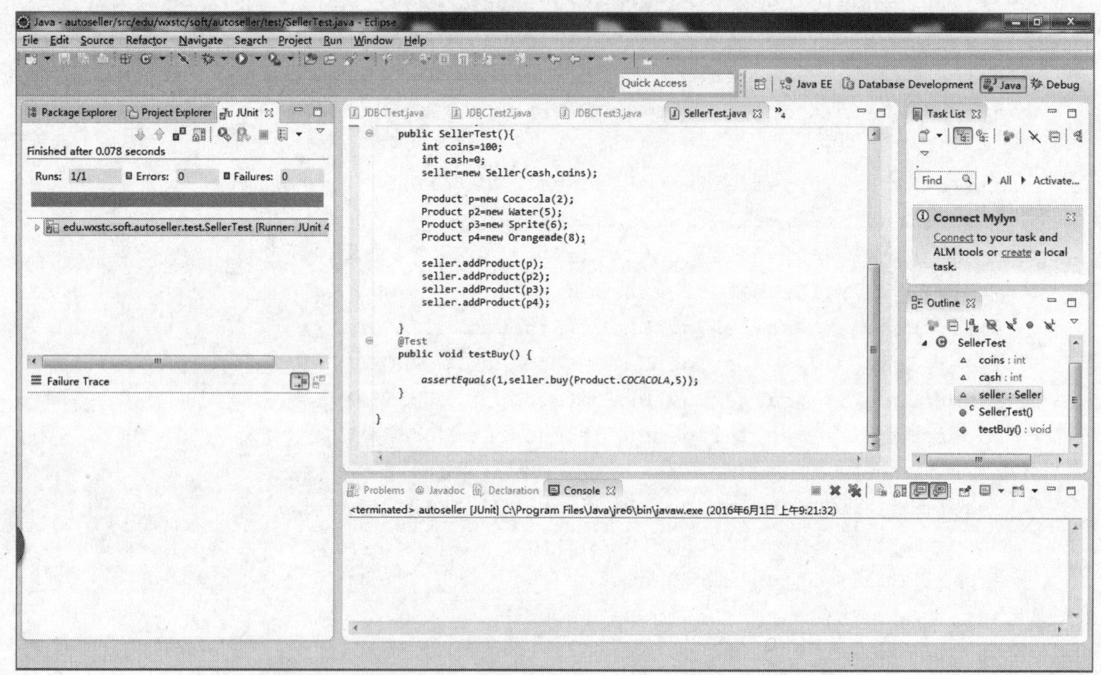

图 6-9　自动售卖机测试运行结果图

6.3　Android JUnit 测试

6.3.1　Android JUnit 概述

通过前面的学习，我们对 JUnit 有了初步的认识，整个 JUnit 的 API 包应该是很强大的，但是一般来说，不一定每个工程都需要这些 API 包，而是在 JUnit 部分数据包的基础上扩展出自己的数据包，Android SDK 中也不例外。Android SDK 在 JUnit 的基础上扩展的一些数据包如表 6-2 所示。

在这些包中最为重要的是：junit.framework、android.test，其中前者是 JUnit 的核心包，后者是 Andoid SDK 在 JUnit.framework 的基础上扩展出来的包。

表 6-2　Android SDK 的 JUnit 扩展包

SDK	功 能 说 明
junit.framework	JUnit 测试框架
junit.runner	实用工具类支持 JUnit 测试框架

续表

SDK	功 能 说 明
android.test	Android 对 JUnit 测试框架的扩展包
android.test.mock	Android 的一些辅助类
android.test.suitebuilder	实用工具类，支持类的测试运行

在 android.test 包中有一个重要的类 AndroidTestRunner，这个类是 android.test 包的核心类，通过 AndroidTestRunner 控制整个测试，并与 Activity 结合。

在 android.test 包中，通常使用继承 AndroidTestCase 类对一些功能封装的类进行测试，而使用继承 ActivityInstrumentationTestCase2 类则针对模拟实际操作的测试。

6.3.2 创建虚拟机

在进行 Android 项目测试之前，需要建立被测试的范例项目，以及创建运行项目的虚拟机。虚拟机的创建，在 Eclipse 中选择 Windows→Android Virtual Device Manager 命令，如图 6-10 所示。

在弹出的对话框中单击右侧的 New 按钮，见图 6-11 所示。

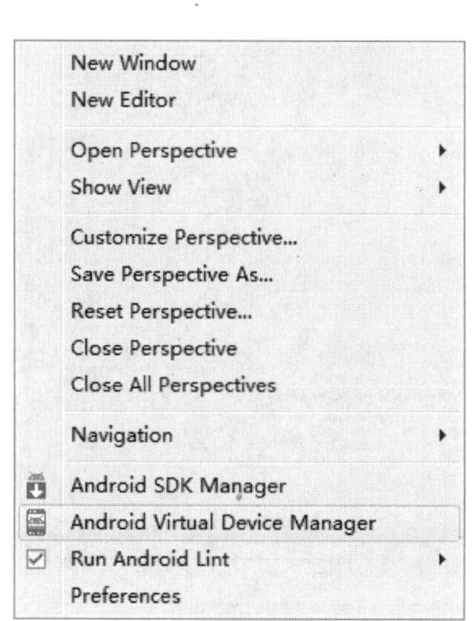

图 6-10 Android 虚拟机创建步骤一

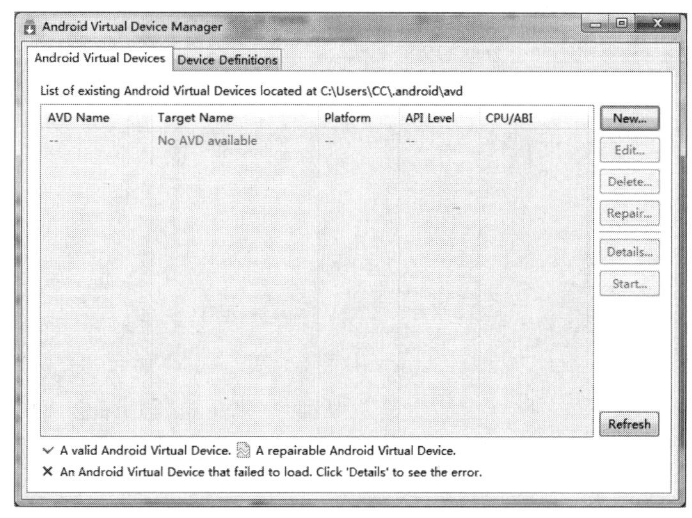

图 6-11 Android 虚拟机创建步骤二

在弹出对话框的第一个文本输入框中输入 AVD Name，本书例子中为 wx，然后单击第二行的 Device 下拉列表，如图 6-12 所示。

由于屏幕大的虚拟机对测试用计算机的硬件需求较高，因此建议选择创建较小屏幕的虚拟机，如图 6-13 所示。

建议选中 Keyboard 和 Skins 复选框，这样可以用计算机键盘控制虚拟设备，如图 6-14 所示。

在创建完成后的对话框中，单击选择虚拟设备，然后单击 Start 按钮可以启动虚拟设备，如图 6-15 所示。

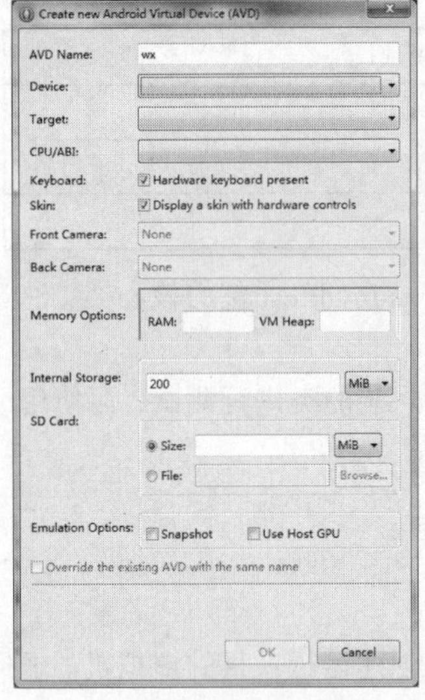

图 6-12 Android 虚拟机创建步骤三

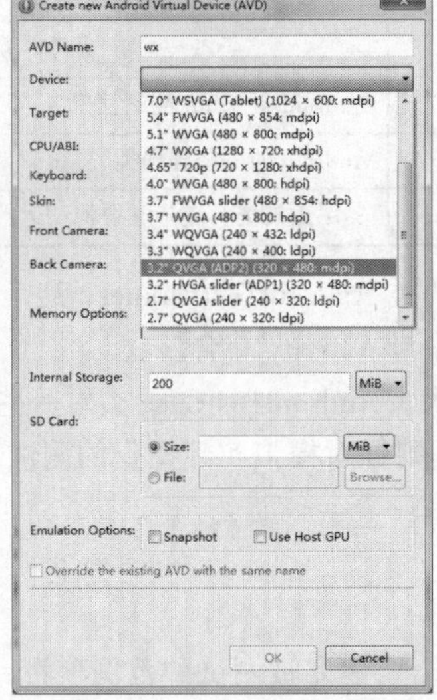

图 6-13 Android 虚拟机创建步骤四

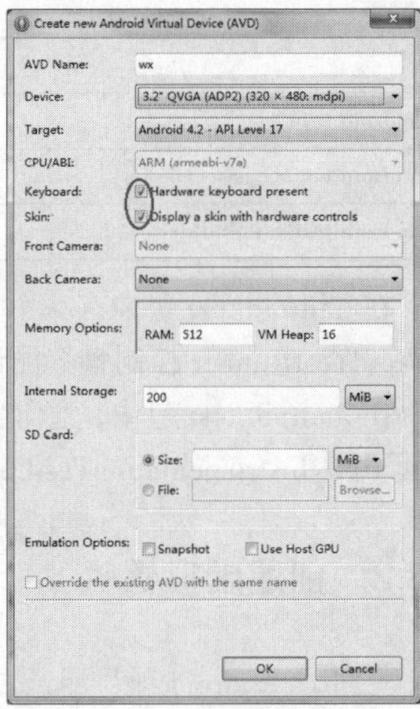

图 6-14 Android 虚拟机创建步骤五

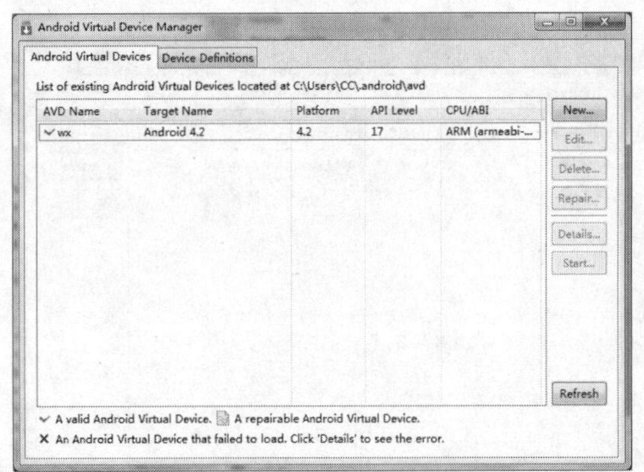

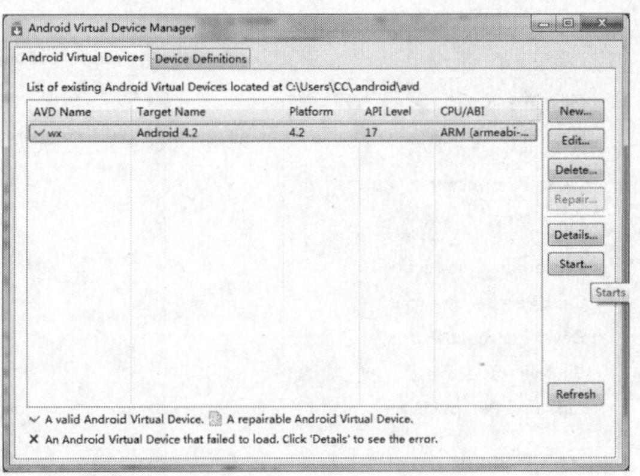

图 6-15 Android 虚拟机创建步骤六

单击 Start 按钮，弹出 Launch Options 对话框，直接单击 Launch 按钮，启动虚拟设备，如图 6-16 所示。

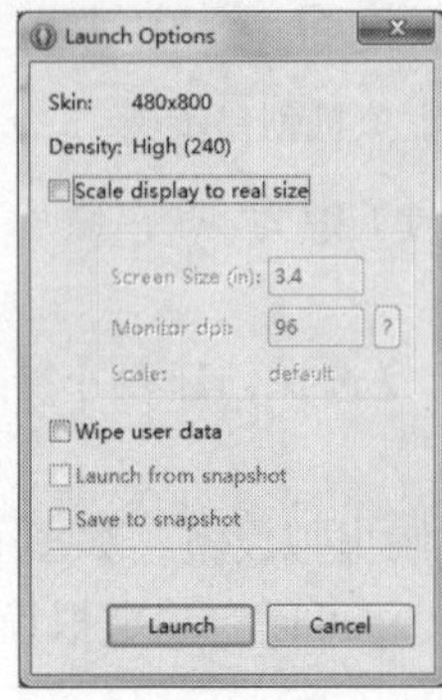

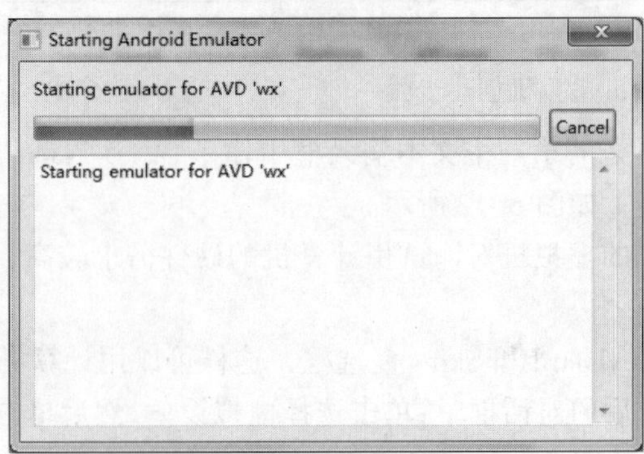

图 6-16 Android 虚拟机创建步骤七

在硬件配置一般的机器上，虚拟机启动时间较长，启动过程如图 6-17 和图 6-18 所示，会在图中第一个界面停留较长时间。完全启动后，会显示出虚拟的手机屏幕。

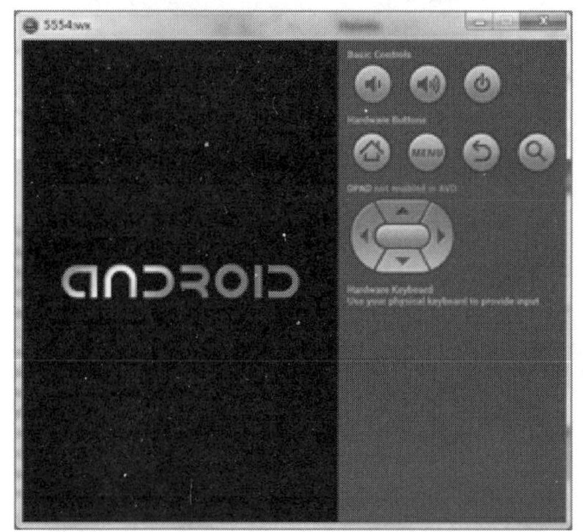

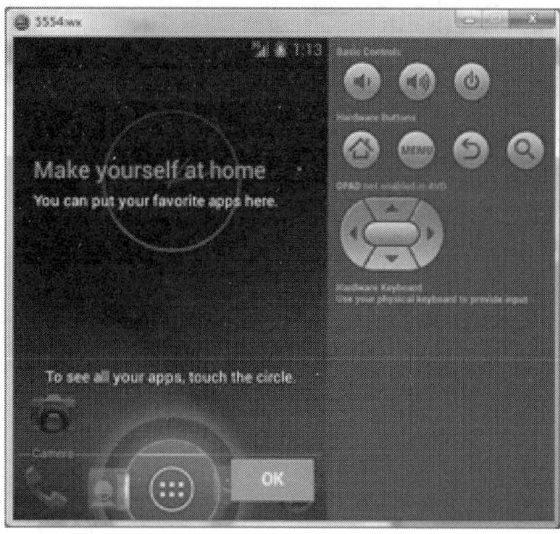

图 6-17　Android 虚拟机启动效果图 1

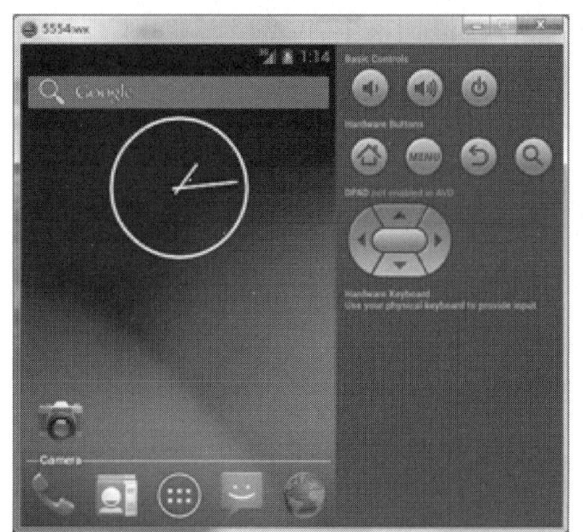

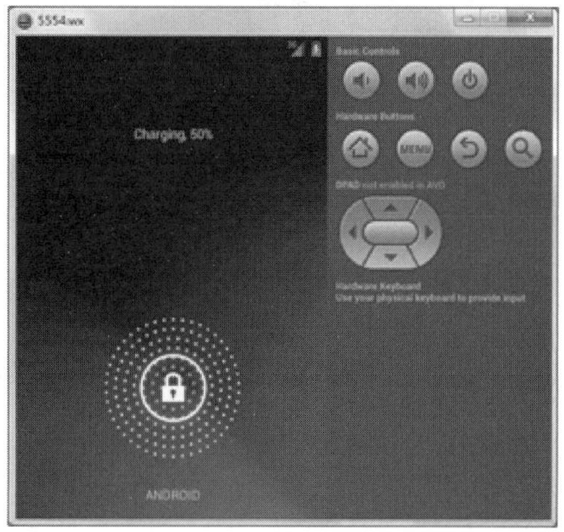

图 6-18　Android 虚拟机启动效果图 2

6.3.3　封装类测试

在 Eclipse 中创建一个 Android 项目，操作步骤如下，选择 File→New 命令，或者单击 New 按钮，在弹出的菜单中选择 Android Application Project 命令，如图 6-19 所示。

在弹出对话框的 Application Name、Project Name 和 Package Name 三个文本输入框中分别输入项目的名称和程序的包名，如图 6-20 所示。

在之后的对话框中，可以全部选择默认设置，直接单击 Next 按钮进入下一个对话框中，直到最后出现 Finish 按钮，单击 Finish 按钮结束项目的创建，如图 6-21 所示。

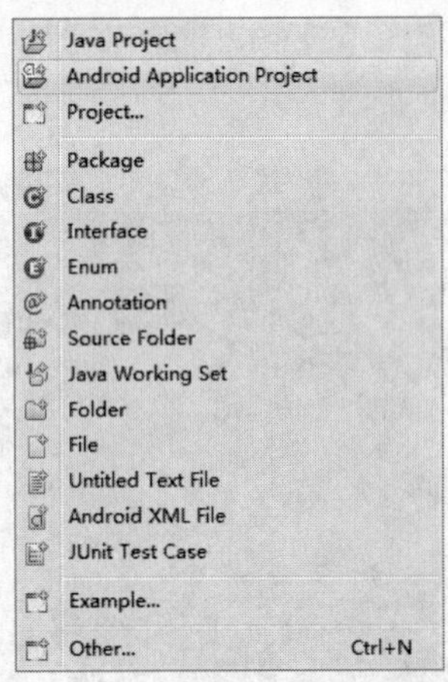

图 6-19 创建 Android 项目一

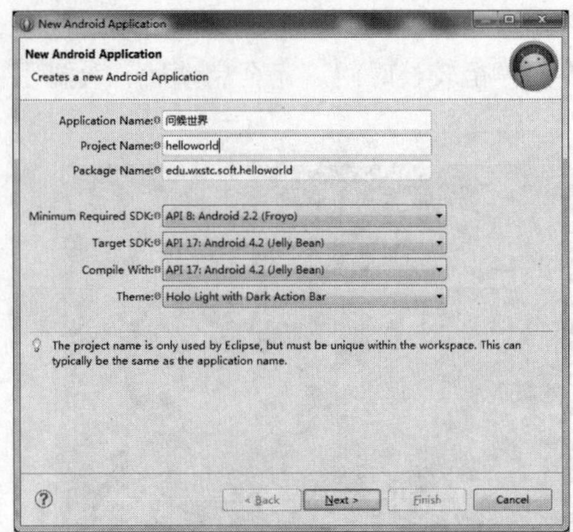

图 6-20 创建 Android 项目二

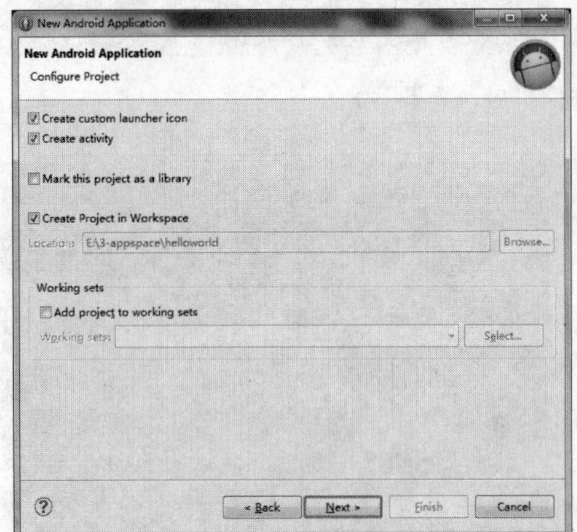

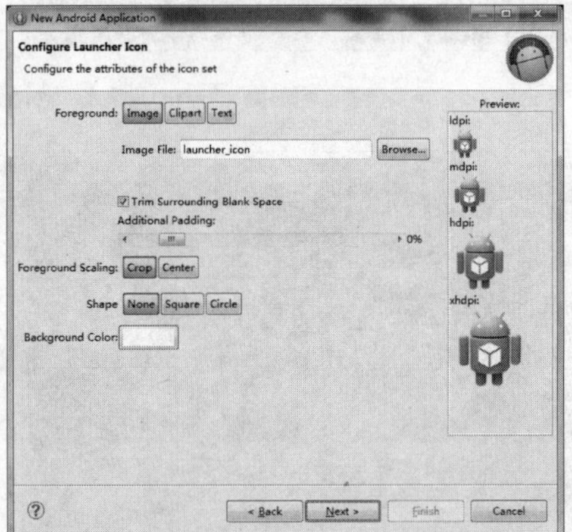

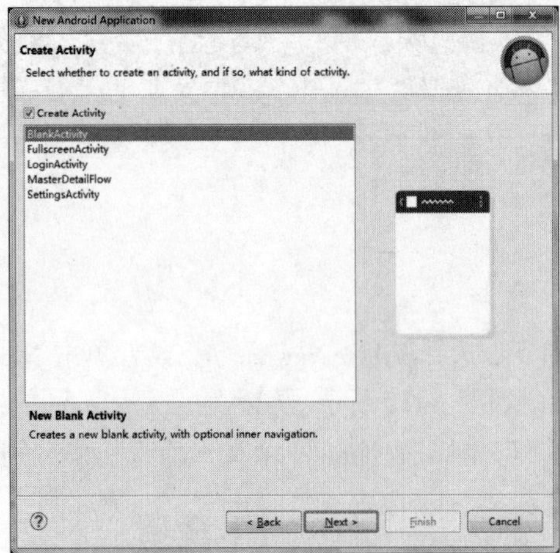

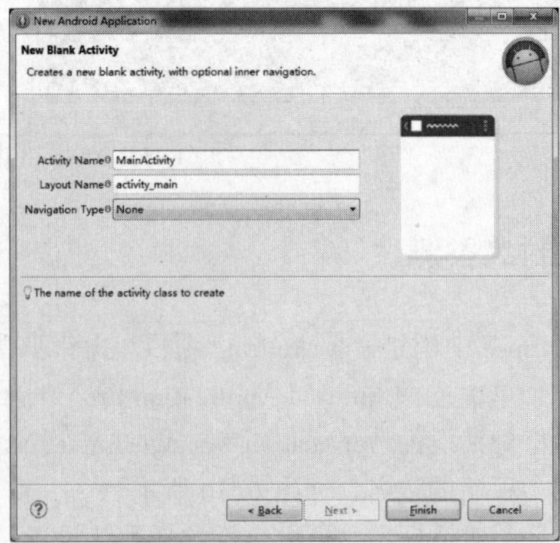

图 6-21 创建 Android 项目三

创建完成后，Eclipse 界面切换至开发视图，如图 6-22 所示。

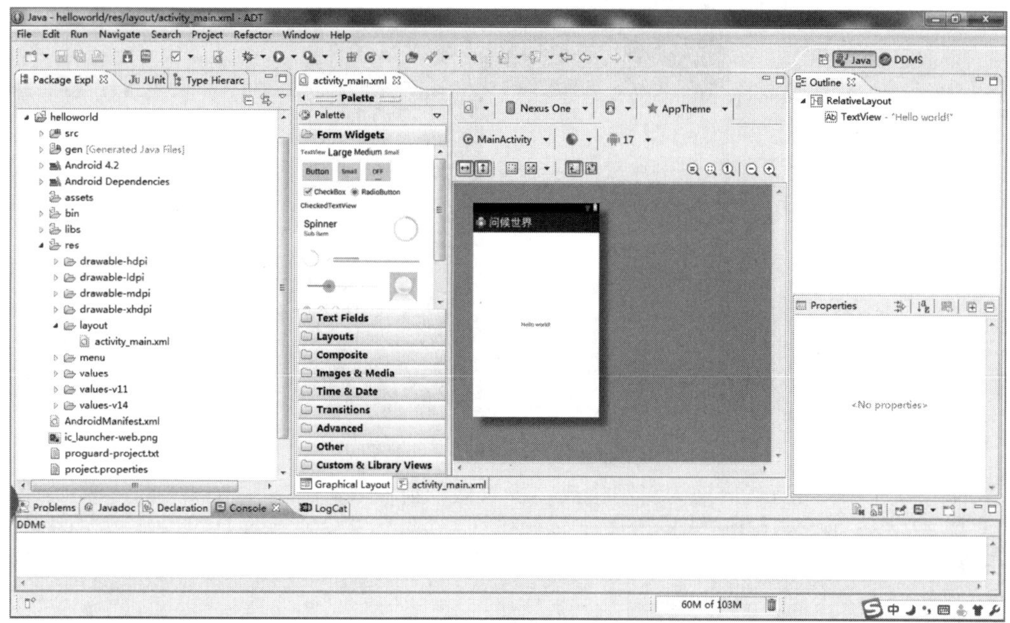

图 6-22　创建 Android 项目四

在新创建的项目中，自动生成了一个名为 MainActivity.java 的 Java 文件，在保证之前创建的虚拟机已在运行的前提下，右击此文件名或项目名，在弹出的快捷菜单中选择 Run As→Android Application，直接运行该程序，如图 6-23 所示。

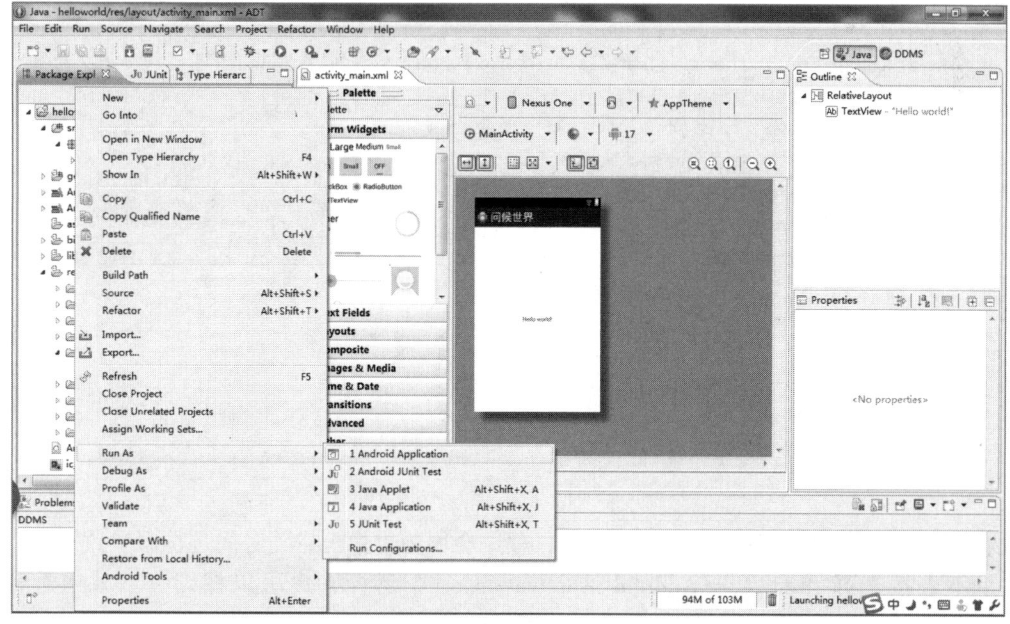

图 6-23　运行 Android 项目

该程序的运行效果如图 6-24 所示。

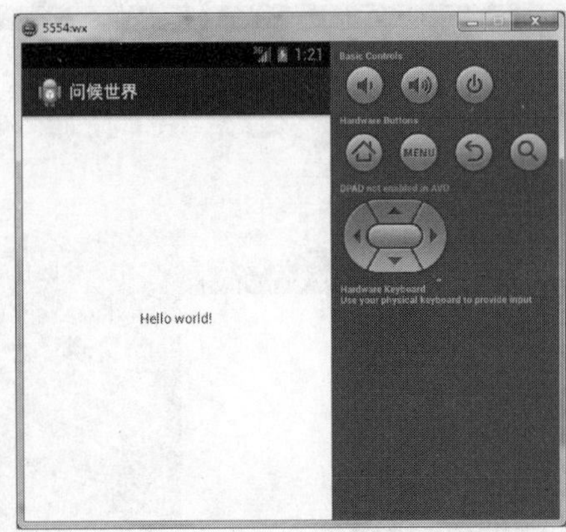

图 6-24 Android 项目运行效果图

程序的代码如下，所有代码均为自动生成，没有做任何修改。

```
---------- MainActivity.java ----------
package edu.wxstc.helloworld;
import edu.wxstc.helloworld.R;
import android.util.Log;
import android.os.Bundle;
import android.app.Activity;
import android.content.res.Resources;
import android.view.Menu;
import android.widget.TextView;
public class MainActivity extends Activity {
  @Override
  protected void onCreate(Bundle savedInstanceState){
    super.onCreate(savedInstanceState);
    setContentView(R.layout.activity_main);
    TextView textview1=(TextView)findViewById(R.id.textView1);
    Resources res=this.getResources();
    Hello hello=new Hello();
    textview1.setText(res.getString(R.string.say_hi)+hello.getHello());
  }
  @Override
  public boolean onCreateOptionsMenu(Menu menu){
     // Inflate the menu; this adds items to the action bar if it is present.
     getMenuInflater().inflate(R.menu.activity_main,menu);
     return true;
  }
}
```

如果虚拟机没有开启，运行项目时再启动，程序会因为虚拟机启动时间过长而导致运行失败。

如果不直接选择 Run As→Android Application 命令运行，也可以在图 6-23 中选择 Run Configuration 命令运行，在运行配置中创建一个运行项目，在对话框右侧第二个选项卡中，可以看到默认的运行模式是第三项虚拟机，如图 6-25 所示。

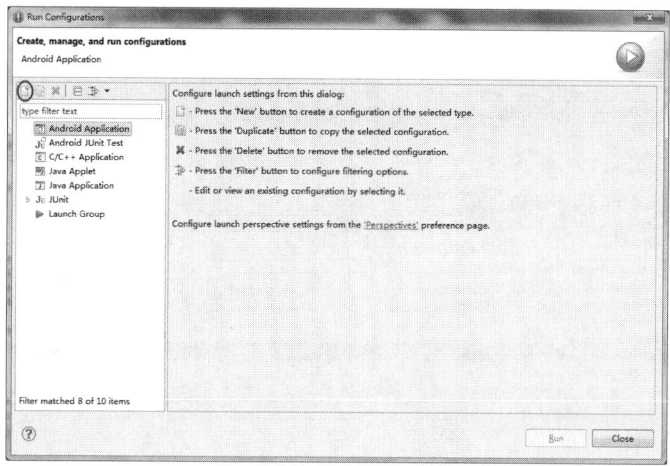

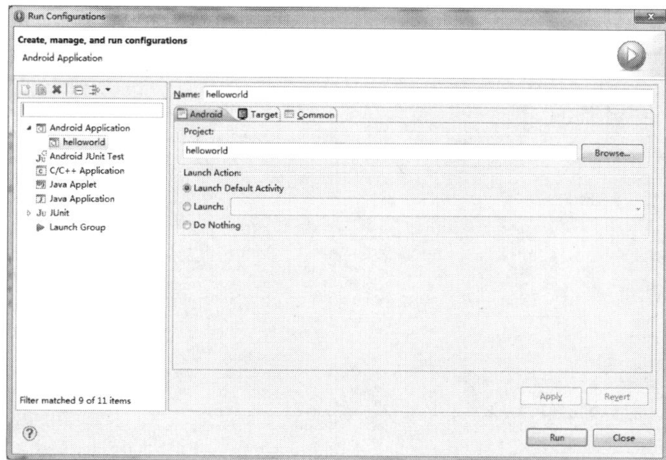

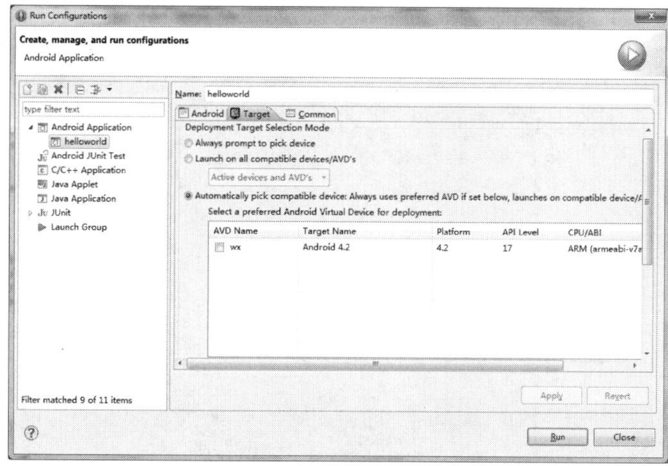

图 6-25　Android 项目运行配置

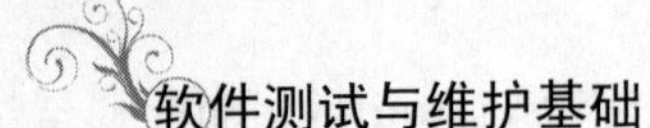

在项目中添加一个功能类（见图 6-26），封装一个 getMessage()方法，方法返回值是一个字符串，代码如下：

```
---------- Action.java ----------
package edu.wxstc.helloworld;
public class Action {
    public void getMessage(){
        return "Hello";
    }
}
```

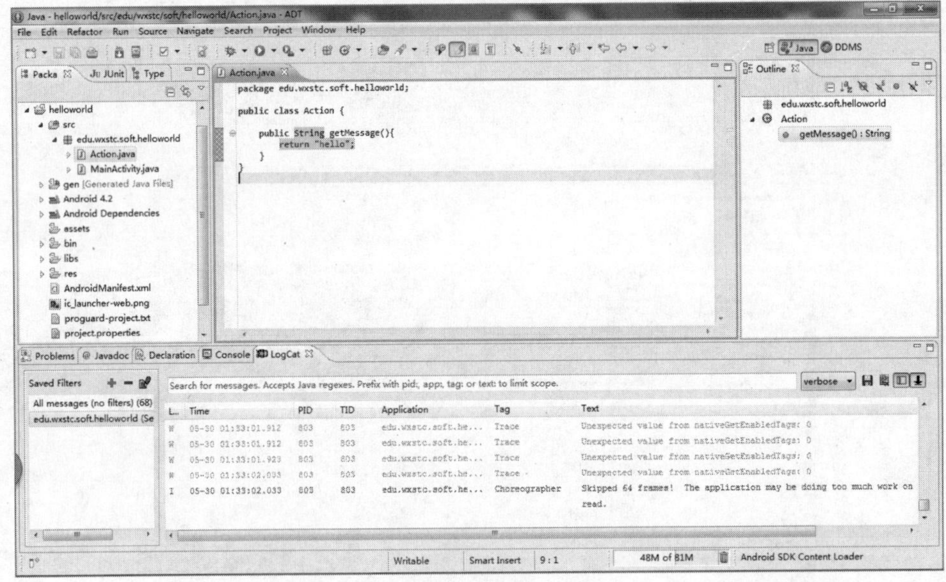

图 6-26　添加封装类

接着需要对这个封装类进行测试，在选择 New→Project→Android Test Project 命令，弹出图 6-27 所示的对话框。

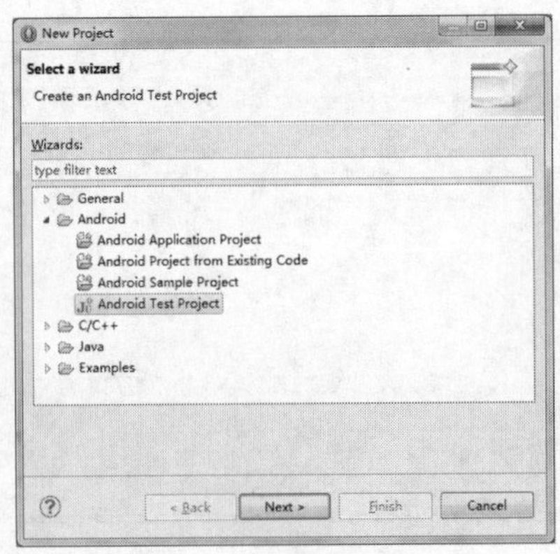

图 6-27　创建测试项目一

在弹出的对话框中输入项目名，单击 Next 按钮后再选择需要测试的项目，然后单击 Finish 完成创建，如图 6-28 所示。

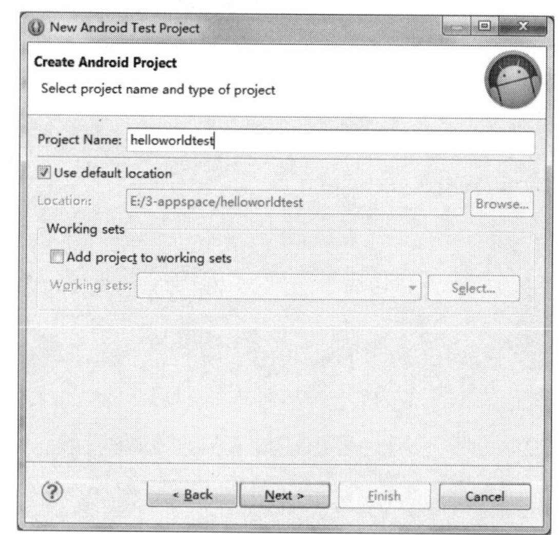

图 6-28　创建测试项目二

创建完成后，可以打开项目的 Properties 属性对话框，单击左侧的 Java Build Path 选项，在右侧的 Projects 选项卡，可以看到导入的待测试项目，如图 6-29 所示。

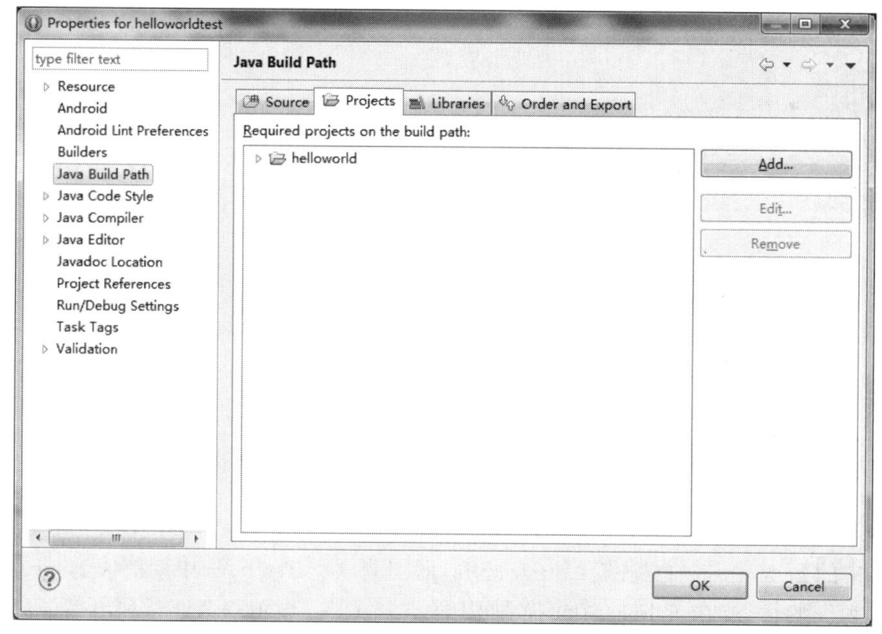

图 6-29　项目属性

在项目中新建一个测试类 Test.java，代码如下，注意测试方法要以 test 开头。程序中使用 assertEquals 断言判断两个字符串是否相等，如图 6-30 所示。

```
---------- Test.java ----------
package edu.wxstc.test;
import android.test.AndroidTestCase;
import edu.wxstc.helloworld.*;
public class Test extends AndroidTestCase {
     // 用此方法对需要测试的方法进行测试，一定要抛出 Exception，这样如果出现异常，Junit测试框架才能作出反应
   public void testGetNum()throws Exception {
      String s=new Hello().getHello();
      String t="good morning!";
      // 这是assert断言的使用，其实返回结果应该为 9，但返回的是 10，所以这句话肯定会抛异常
      assertEquals(t,s);
   }
}
```

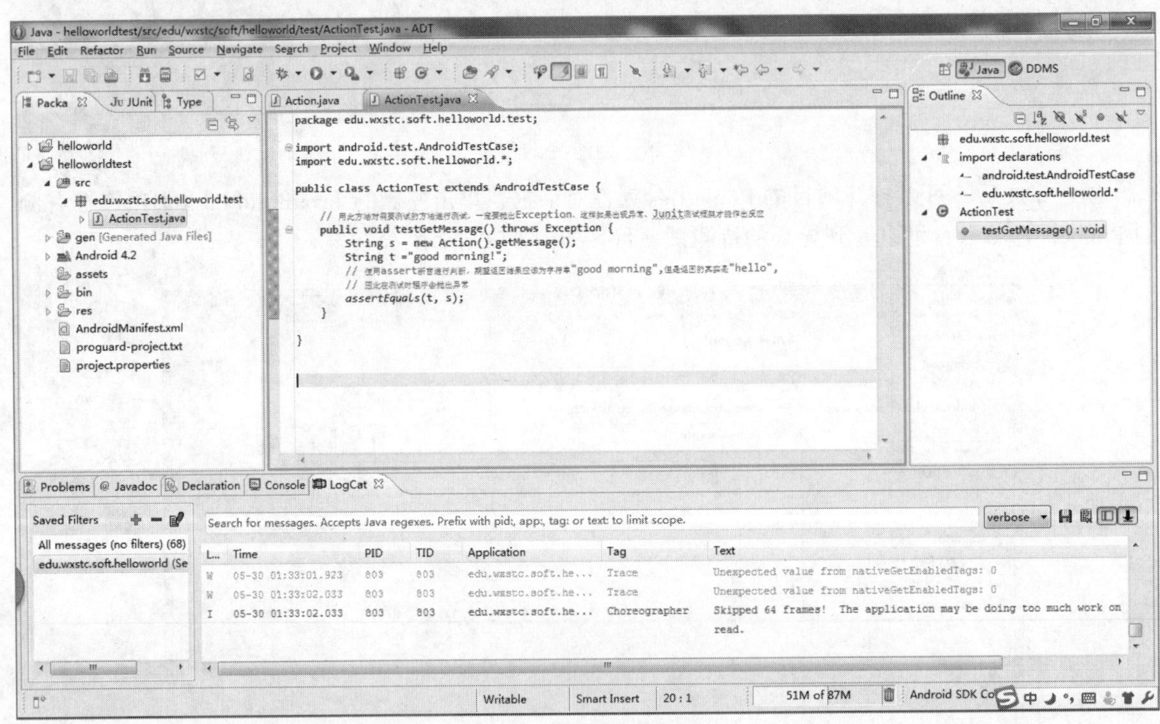

图 6-30 测试程序

右击 Test.java 程序名，在弹出的快捷菜单中选择 Run As→Android JUnit Test 命令运行测试，由于 Action.java 中的 getMessage()方法返回值为 hello，而在测试类 Test.java 中期待值为“good morning!”，因此测试结果为失败状态，在 Eclipse 中切换到 JUnit 选项卡中，显示一个红条和出错信息，如图 6-31 所示。

测试类也可以放置在被测试项目中，如图 6-32 所示，在 helloworld 项目中，创建 edu.wxstc.soft.helloword.test 包，并将测试类放置在此包中，原来的测试项目可以不再使用。

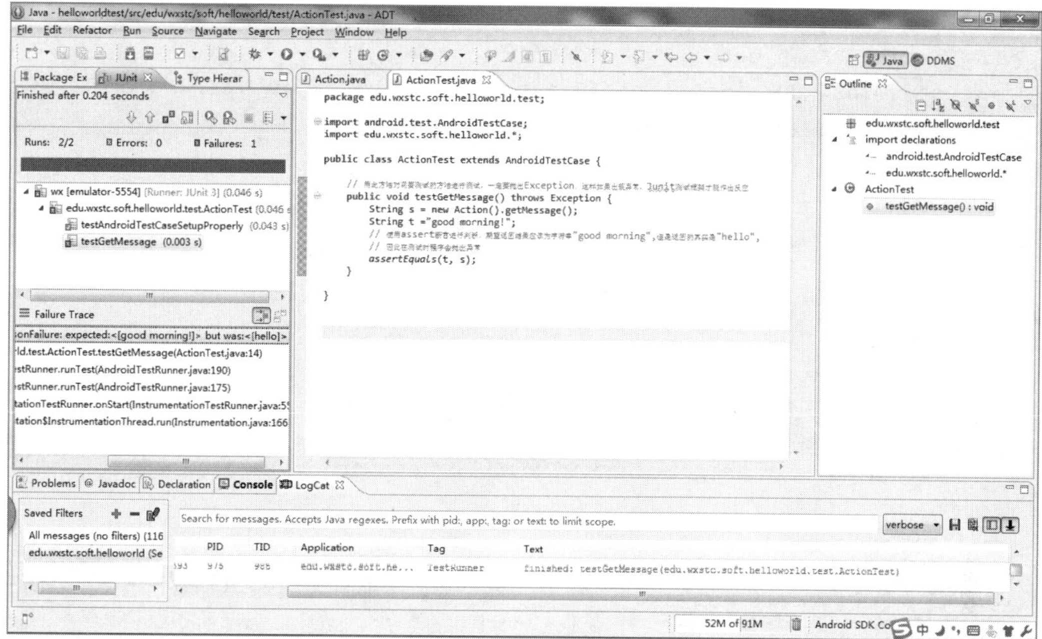

图 6-31　测试结果

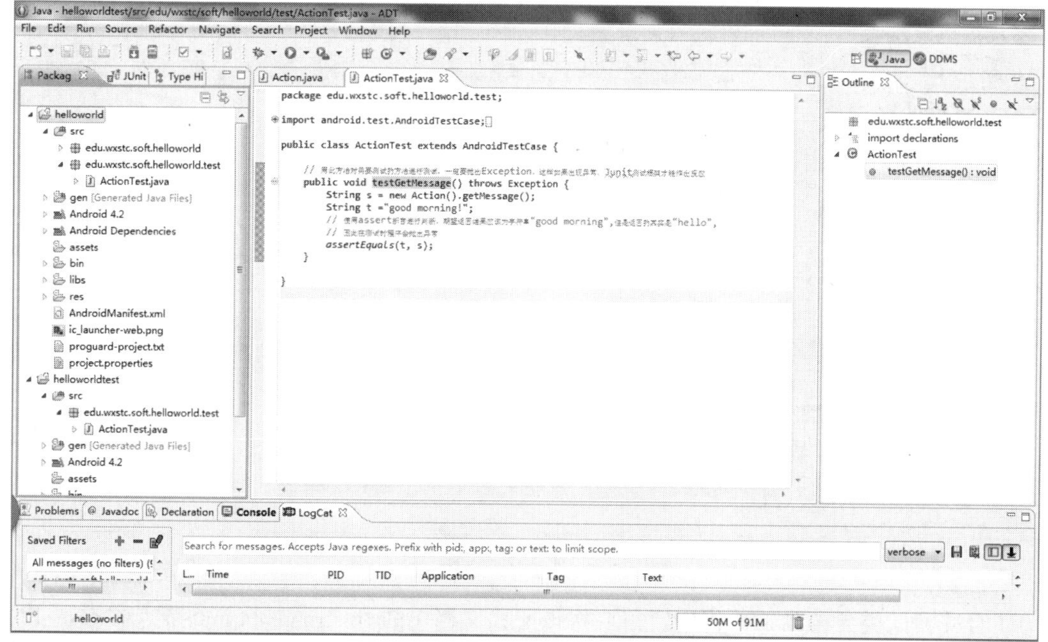

图 6-32　测试项目包含测试类

当测试项目包含测试类时，为了运行测试类，必须要修改项目配置文档，在原测试项目 helloworldtest 中，配置文档内容如图 6-33 所示。

```
---------- 测试项目 hellowordtest 配置文档 AndroidManifest.xml ----------
<?xml version="1.0" encoding="utf-8"?>
<manifest xmlns:android="http://schemas.android.com/apk/res/android"
   package="edu.wxstc.helloworld.test"
   android:versionCode="1"
   android:versionName="1.0" >
   <uses-sdk android:minSdkVersion="8" />
   <instrumentation
      android:name="android.test.InstrumentationTestRunner"
      android:targetPackage="edu.wxstc.helloworld" />
   <application
      android:icon="@drawable/ic_launcher"
      android:label="@string/app_name" >
      <uses-library android:name="android.test.runner" />
   </application>
</manifest>
```

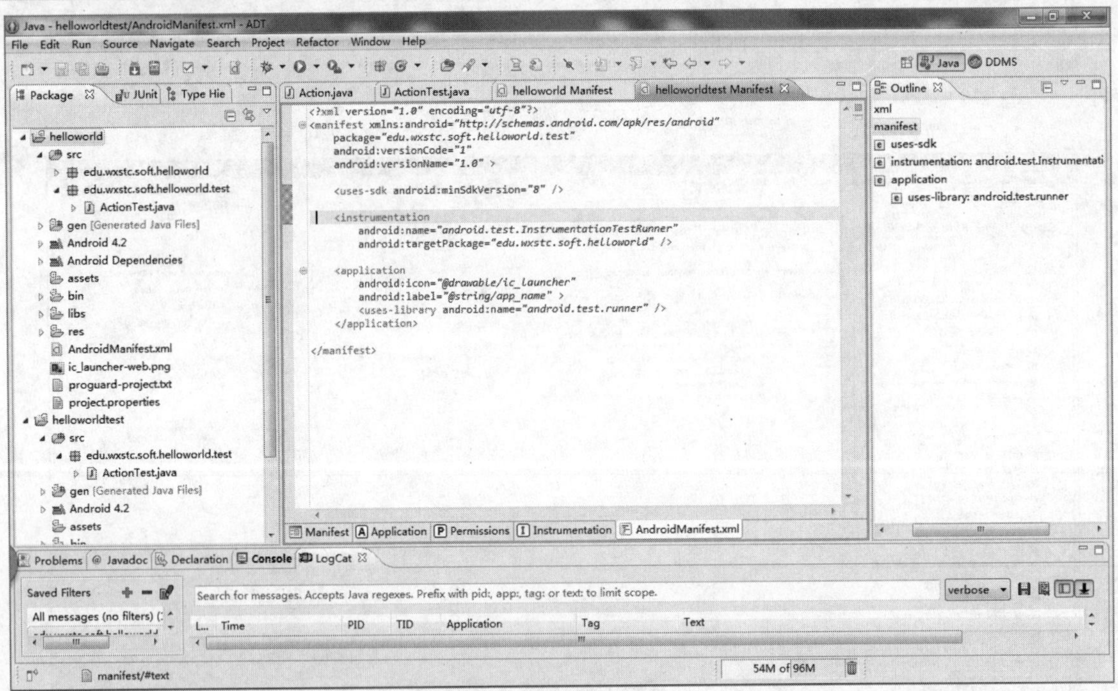

图 6-33　测试项目配置文档

为了合并测试类到被测试项目中，需要将该配置文档中的<instrumentation>节点和<use-library>节点放置到被测试项目的配置文档中去，合并后的配置文档如图 6-34 所示。

```
---------- 被测试项目 helloword 配置文档 AndroidManifest.xml ----------
<?xml version="1.0" encoding="utf-8"?>
<manifest xmlns:android="http://schemas.android.com/apk/res/android"
   package="edu.wxstc.helloworld"
```

```
    android:versionCode="1"
    android:versionName="1.0" >
    <uses-sdk
        android:minSdkVersion="8"
        android:targetSdkVersion="17" />
    <instrumentation android:label="my test"
         android:name="android.test.Instrumentation- TestRunner"
         android:targetPackage="edu.wxstc.helloworld">
    </instrumentation>
    <application
        android:allowBackup="true"
        android:icon="@drawable/ic_launcher"
        android:label="@string/app_name"
        android:theme="@style/AppTheme" >
        <activity
            android:name="edu.wxstc.helloworld.HelloWorldMainActivity"
            android:label="@string/app_name" >
            <intent-filter>
                <action android:name="android.intent.action.MAIN" />
                <category android:name="android.intent.category.LAUNCHER" />
            </intent-filter>
        </activity>
        <uses-library android:name="android.test.runner"/>
    </application>
</manifest>
```

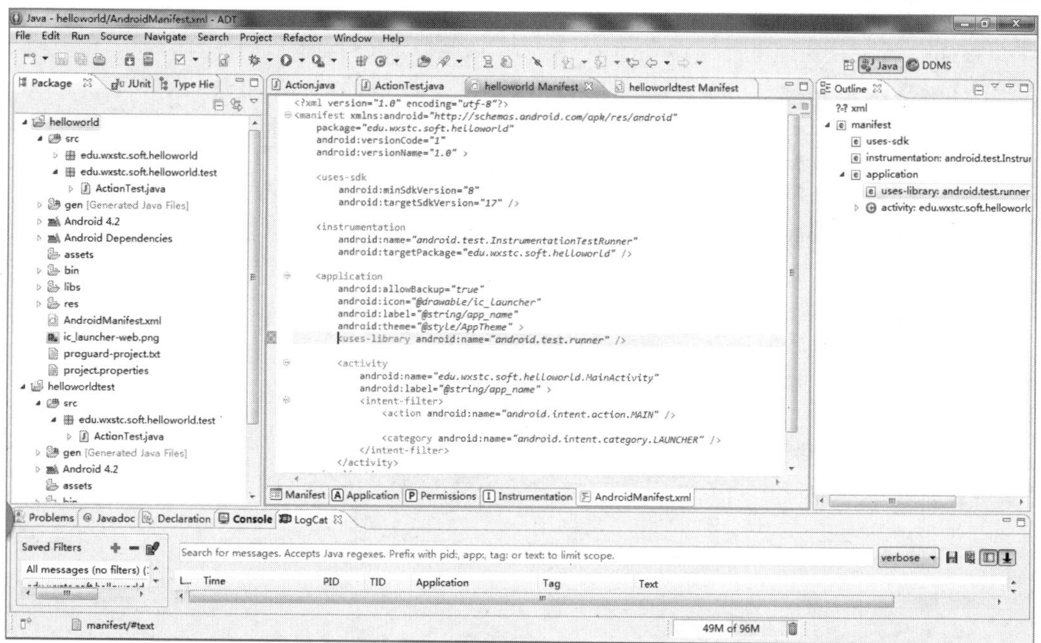

图 6-34 被测试项目调整后的配置文档

6.3.4 输入操作测试

使用 Android JUnit 中的 Instrumentation 技术，可以对开发的移动应用项目进行实际操作的模拟测试，本节的输入操作测试与下一节的位置测试均使用该方法进行测试。

首先创建一个小型的加法器作为被测试项目，主程序代码如下，开发界面如图 6-35 所示。

```
---------- CalcMainActivity.java ----------
package edu.wxstc.app.calc;
import edu.wxstc.app.calc.R;
import android.app.Activity;
import android.os.Bundle;
import android.util.Log;
import android.view.View;
import android.view.View.OnClickListener;
import android.widget.Button;
import android.widget.EditText;
import android.widget.TextView;
public class CalcMainActivity extends Activity {
  /** Called when the activity is first created. */
  @Override
  public void onCreate(Bundle savedInstanceState){
     final String LOG_TAG="MainScreen";
     super.onCreate(savedInstanceState);
     setContentView(R.layout.activity_main);
     final EditText value1=(EditText)findViewById(R.id.editText1);
     final EditText value2=(EditText)findViewById(R.id.editText2);
     final TextView result=(TextView)findViewById(R.id.textView4);
     Button plusButton=(Button)findViewById(R.id.button1);
     plusButton.setOnClickListener(new OnClickListener(){
        public void onClick(View v){
           try {
              int val1=Integer.parseInt(value1.getText().toString());
              int val2=Integer.parseInt(value2.getText().toString());
              Integer answer=val1+val2;
              result.setText(answer.toString());
           } catch (Exception e){
              Log.e(LOG_TAG,"Failed to add numbers",e);
           }
        }
     });
  }
}
```

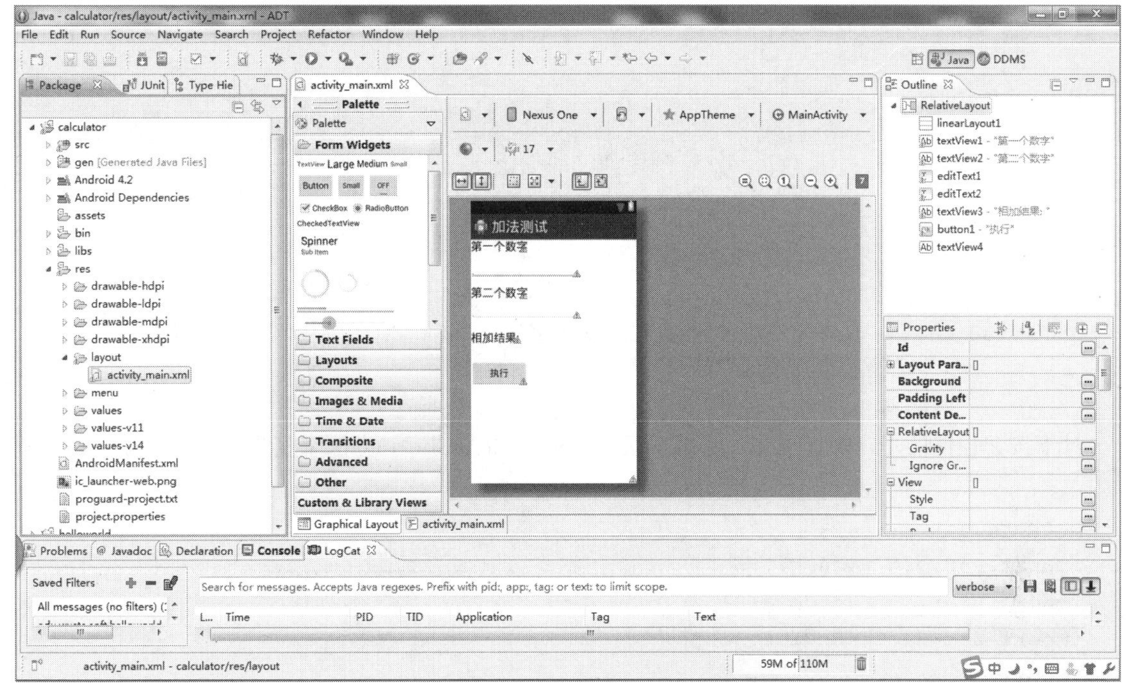

图 6-35　加法测试项目

程序运行效果图如图 6-36 所示。

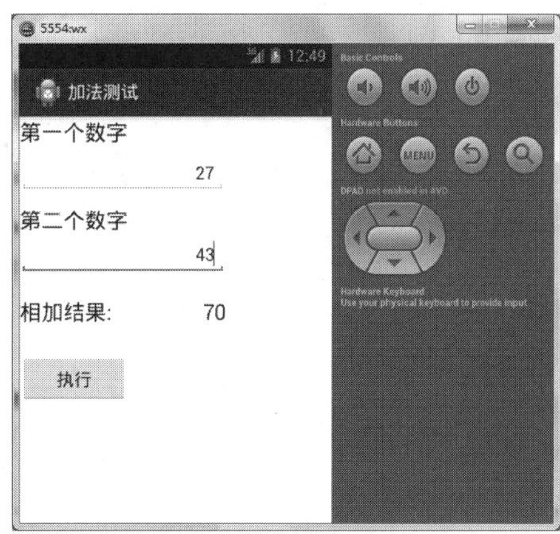

图 6-36　加法测试项目运行效果图

Instrumentation 技术对输入操作的模拟测试，主要分为三步。

第一步，获取控件对象的引用。例如对文本输入框的获取：

```
value1=(EditText)mainActivity.findViewById(R.id.editText1);
```

第二步，获取控件对象的焦点。采用如下方式实现：

```
getInstrumentation().runOnMainSync(new Runnable(){
  @Override
```

```
    public void run(){
        value1.requestFocus();
    }
});
getInstrumentation().waitForIdleSync();
SystemClock.sleep(1000);
```

第三步，输入文本字符串。可以采用字符串对象的输入方式，例如：

```
String NUMBER_24="2 4";
sendKeys(NUMBER_24);
```

也可以用 KeyEvent 类的静态属性来输入，建议采用后一种方式，不容易出错。例如：

```
sendKeys(KeyEvent.KEYCODE_2);
sendKeys(KeyEvent.KEYCODE_4);
```

对于按钮控件的单击操作模拟，使用按钮对象的 performClick()方法来实现，完整的源代码如下：

```
---------- MathValidation.java ----------
package edu.wxstc.app.calc.test;
import android.widget.*;
import android.util.Log;
import android.graphics.Rect;
import android.os.SystemClock;
import android.view.KeyEvent;
import android.view.View;
import android.view.WindowManager;
import edu.wxstc.app.calc.R;
import edu.wxstc.app.calc.*;
import android.test.ActivityInstrumentationTestCase2;
public class MathValidation extends ActivityInstrumentationTestCase2<CalcMainActivity> {
    private static final String TAG="TestInput";
    private static final String TAG2="TestPosition";
    private TextView result;
    private EditText value1;
    private EditText value2;
    private Button addButton;
    private static final String NUMBER_24="2 4";
    private static final String NUMBER_74="7 4";
    private static final String ADD_RESULT="98";
    public MathValidation(){
        super(CalcMainActivity.class);
        Log.d(TAG,"ok");
    }
    protected void setUp()throws Exception {
        super.setUp();
```

```
        CalcMainActivity mainActivity=getActivity();
        value1=(EditText)mainActivity.findViewById(R.id.editText1);
        value2=(EditText)mainActivity.findViewById(R.id.editText2);
        addButton=(Button)mainActivity.findViewById(R.id.button1);
        result=(TextView)mainActivity.findViewById(R.id.textView4);
    }
    @Override
    protected void tearDown()throws Exception {
        super.tearDown();
    }
    public void testCalcInput(){
        // value1 文本框获取焦点，必须运行在主线程中，故使用如下方法
        getInstrumentation().runOnMainSync(new Runnable(){
            @Override
            public void run(){
                value1.requestFocus();
            }
        });
        getInstrumentation().waitForIdleSync();
        sendKeys(NUMBER_24);
        // 延迟 1 s
        SystemClock.sleep(1000);
        // 同上
        getInstrumentation().runOnMainSync(new Runnable(){
            @Override
            public void run(){
                value2.requestFocus();
            }
        });
        getInstrumentation().waitForIdleSync();
        sendKeys(KeyEvent.KEYCODE_7);
        sendKeys(KeyEvent.KEYCODE_5);
        // sendKeys(NUMBER_74);
        // 延迟 1 s
        SystemClock.sleep(1000);
        getInstrumentation().runOnMainSync(new Runnable(){
            @Override
            public void run(){
                addButton.requestFocus();
                addButton.performClick();
```

```
            }
        });
        getInstrumentation().waitForIdleSync();
        Log.d(TAG,"1st:"+value1.getText().toString());
        Log.d(TAG,"2nd:"+value2.getText().toString());
        Log.d(TAG,"result:"+result.getText().toString());
        // 进行断言
        String mathResult=result.getText().toString();
        assertTrue("Add result should be 98",mathResult.equals(ADD_RESULT));
    }
}
```

确保虚拟机在运行状态，右击 MathValidation.java 程序名，在弹出的快捷菜单中选择 Run As→Android JUnit Test 命令进行测试，接着会看到程序自动在文本框中按程序设定的操作进行输入，最后激活“执行”按钮进行算法计算。程序运行效果如图 6-37 所示。

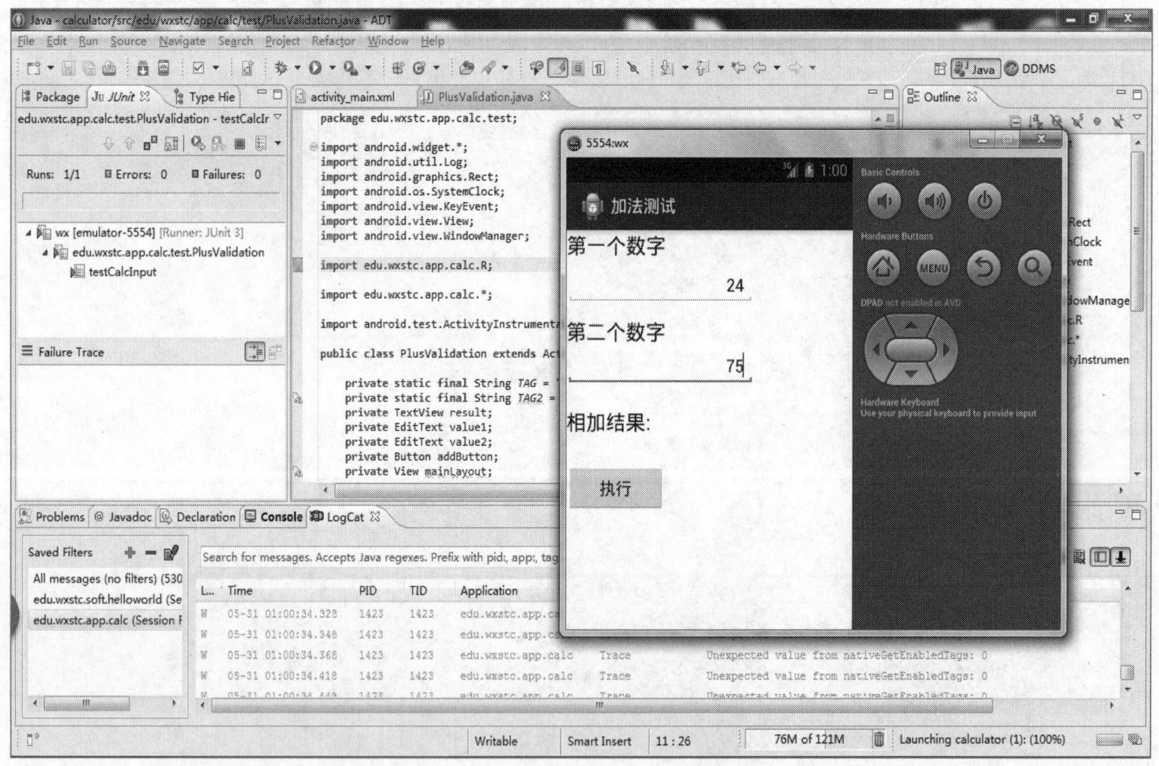

图 6-37　加法测试项目测试效果图

由于程序中设置了 24 加 74，应该得出结果为 98，但在操作第二个加数时故意设置成了 75，当程序执行最后一句断言比较：

```
assertTrue("Add result should be 98",mathResult.equals(ADD_RESULT));
```

程序会报错，最后的测试运行结果如图 6-38 所示。

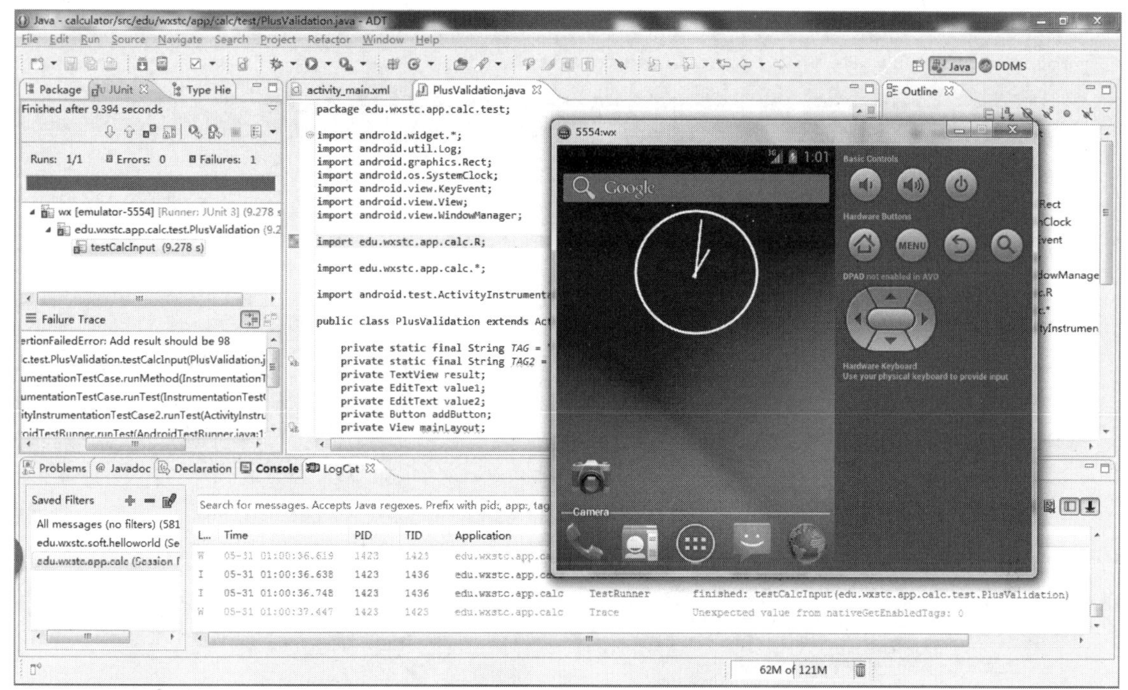

图 6-38　加法测试项目测试结果图

6.3.5　位置测试

Android JUnit 中的 Instrumentation 技术，除了对开发的移动应用项目进行实际操作的模拟测试外，还常用于屏幕上的控件位置测试。通过计算控件的实际位置以及屏幕的实际尺寸，来判断控件是否超出了屏幕的边界。

仍以上节中的加法器例子作为被测试项目，算法是分别测试控件的右边界和下边界。右边界的计算中，以控件左上角的 x 坐标加上控件的宽度，如果小于屏幕的宽度，则显示在屏幕内，反之则超出。下边界的计算中，以控件左上角的 y 坐标加上控件的高度，如果小于屏幕的高度，则显示在屏幕内，反之则超出。

测试控件位置的程序中还添加了输出控件与屏幕的位置到 Log 信息，代码如下：

```
---------- LocationValidation.java ----------
package edu.wxstc.app.calc.test;
import edu.wxstc.app.calc.R;
import android.widget.*;
import android.util.Log;
import android.graphics.Rect;
import android.view.View;
import android.view.WindowManager;
import edu.wxstc.app.calc.*;
```

```
import android.test.ActivityInstrumentationTestCase2;
public class LocationValidation extends
    ActivityInstrumentationTestCase2<CalcMainActivity> {
  private static final String TAG="TestPosition";
  private TextView result;
  private EditText value1;
  private EditText value2;
  private Button addButton;
  private View mainLayout;
  int fullwidth;
  int fullheight;
  public LocationValidation(){
     // super("com.example.ch_02",MainActivity.class);
     super(CalcMainActivity.class);
     Log.d(TAG,"ok");
  }
  protected void setUp()throws Exception {
     super.setUp();
     CalcMainActivity mainActivity=getActivity();
     WindowManager wm=mainActivity.getWindowManager();
     Rect fullSize=new Rect();
     wm.getDefaultDisplay().getRectSize(fullSize);
     fullwidth=fullSize.width();
     fullheight=fullSize.height();
     value1=(EditText)mainActivity.findViewById(R.id.editText1);
     value2=(EditText)mainActivity.findViewById(R.id.editText2);
     addButton=(Button)mainActivity.findViewById(R.id.button1);
     result=(TextView)mainActivity.findViewById(R.id.textView4);
     mainLayout=(View)mainActivity.findViewById(R.id.linearLayout1);
  }
  @Override
  protected void tearDown()throws Exception {
     super.tearDown();
  }
  public void testAddButtonOnScreen(){
     Log.d(TAG,"fullWidth:"+fullwidth);
     Log.d(TAG,"fullHeight:"+fullheight);
     int[] mainLayoutLocation=new int[2];
     mainLayout.getLocationOnScreen(mainLayoutLocation);
     int[] buttonLocation=new int[2];
     addButton.getLocationOnScreen(buttonLocation);
```

```
        Rect buttonRect=new Rect();
        addButton.getDrawingRect(buttonRect);
        Log.d(TAG,"mainLayoutLocation[0]:"+mainLayoutLocation[0]);
        Log.d(TAG,"mainLayoutLocation[1]:"+mainLayoutLocation[1]);
        Log.d(TAG,"buttonLocation[0]:"+buttonLocation[0]);
        Log.d(TAG,"buttonLocation[1]:"+buttonLocation[1]);
        Log.d(TAG,"buttonRect_width:"+buttonRect.width());
        Log.d(TAG,"buttonRect_height:"+buttonRect.height());
        assertTrue("Add button off the right of the screen",fullwidth-
mainLayoutLocation[0] > buttonLocation[0]+buttonRect.width());
        assertTrue("Add button off the bottom of the screen",fullheight-
mainLayoutLocation[1] > buttonLocation[1]+buttonRect.height());
    }
  }
```

当在项目中添加了 LocationValidation.java 程序后，项目中就有了两个测试程序，在右键菜单中选择 Run As→Run Configuration 命令时，默认是运行测试项目中所有的测试程序。如果只想运行其中一个程序的话，在 Run Configuration 对话框右侧的 Test 选项卡中选中 Run a single test 单选按钮，然后单击 Test class 文本框后面的 Search 按钮，如图 6-39 所示。

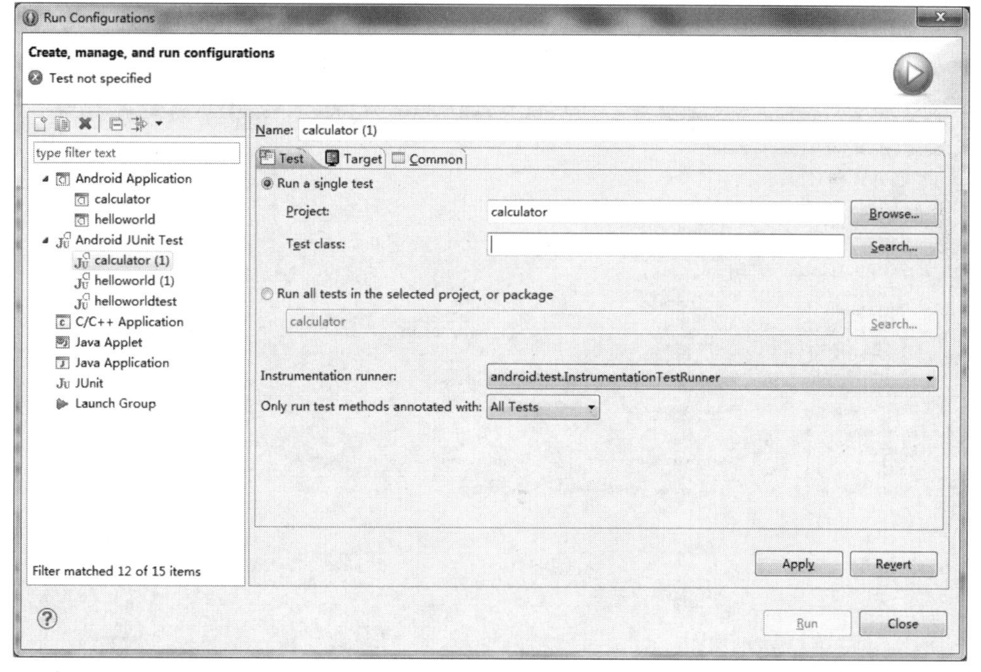

图 6-39　测试程序选择

在弹出的对话框中，可以看到该项目中的所有测试程序，选中 LocationValidation 单选按钮，然后单击 OK 按钮确定，如图 6-40 所示。

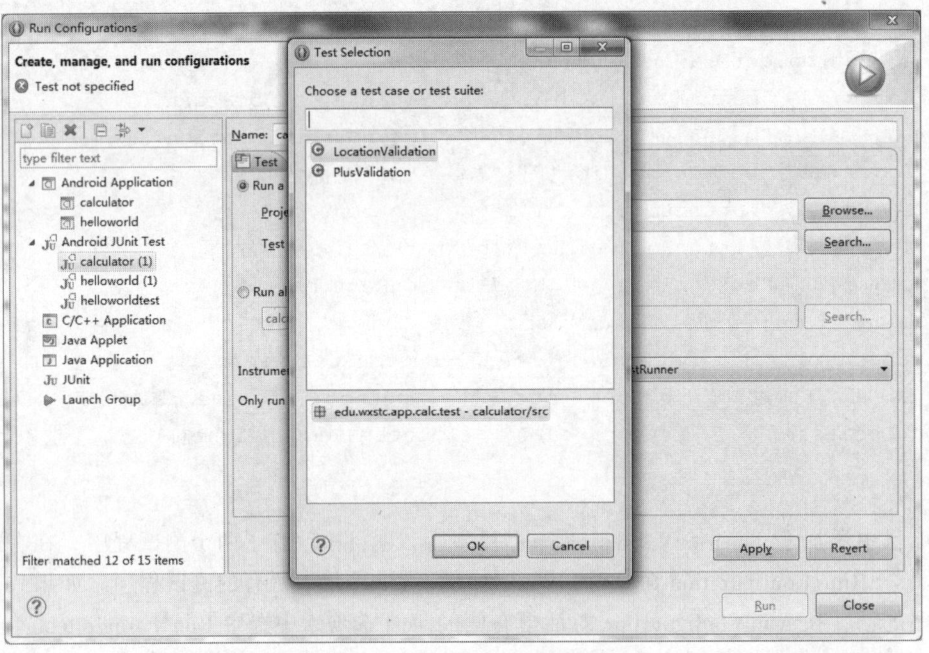

图 6-40　测试程序选定

选定待运行的测试程序后，返回到 Run Configurations 对话框，单击 Run 按钮运行测试程序，如图 6-41 所示。

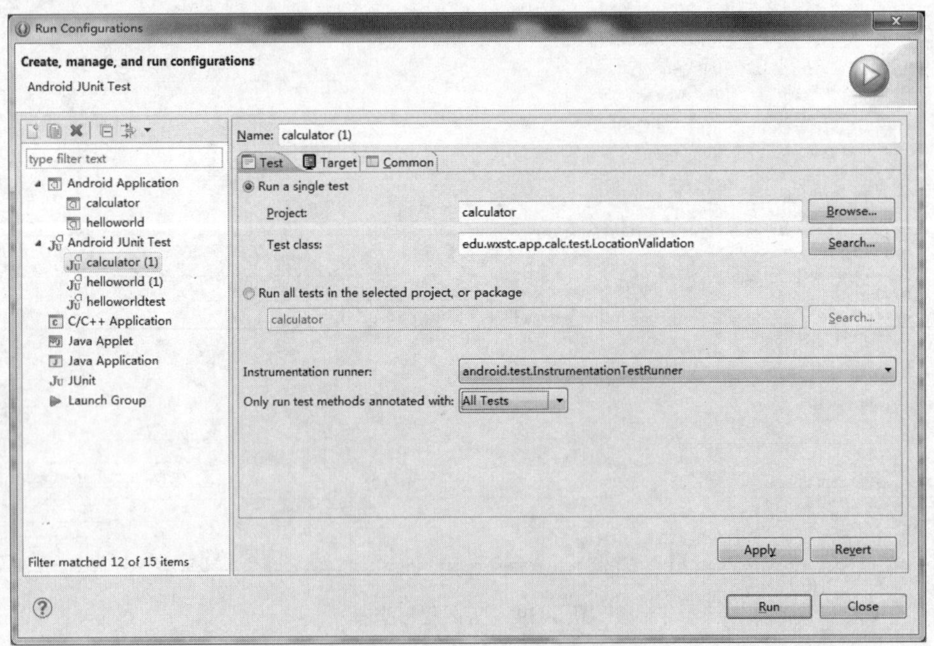

图 6-41　运行测试程序

在本例中，控件的位置没有超出屏幕的边界，因此程序显示测试成功，程序运行效果如图 6-42 和图 6-43 所示。

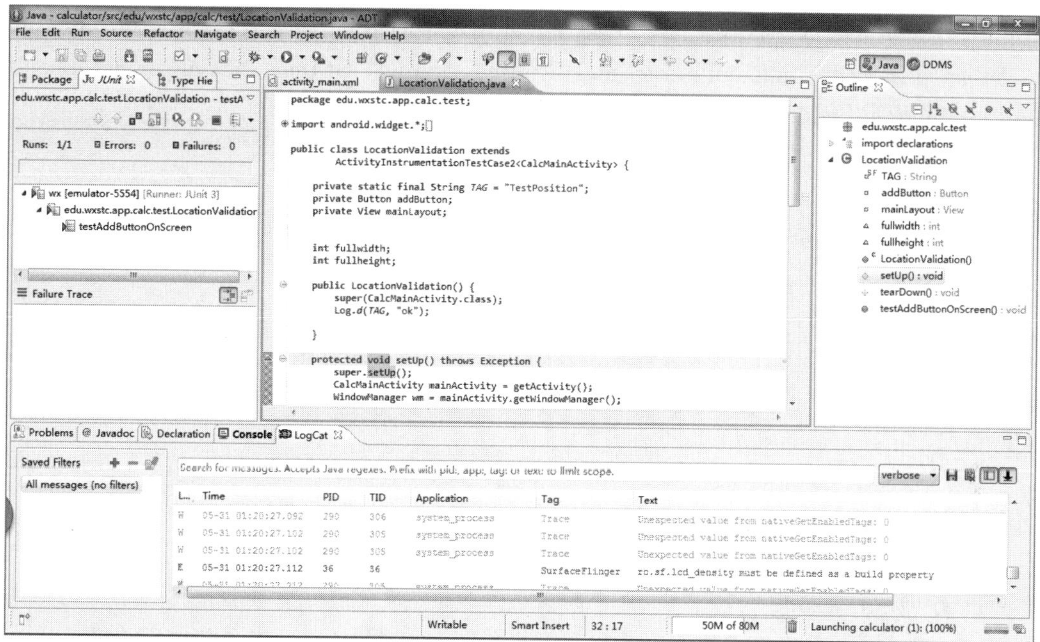

图 6-42 测试程序运行中

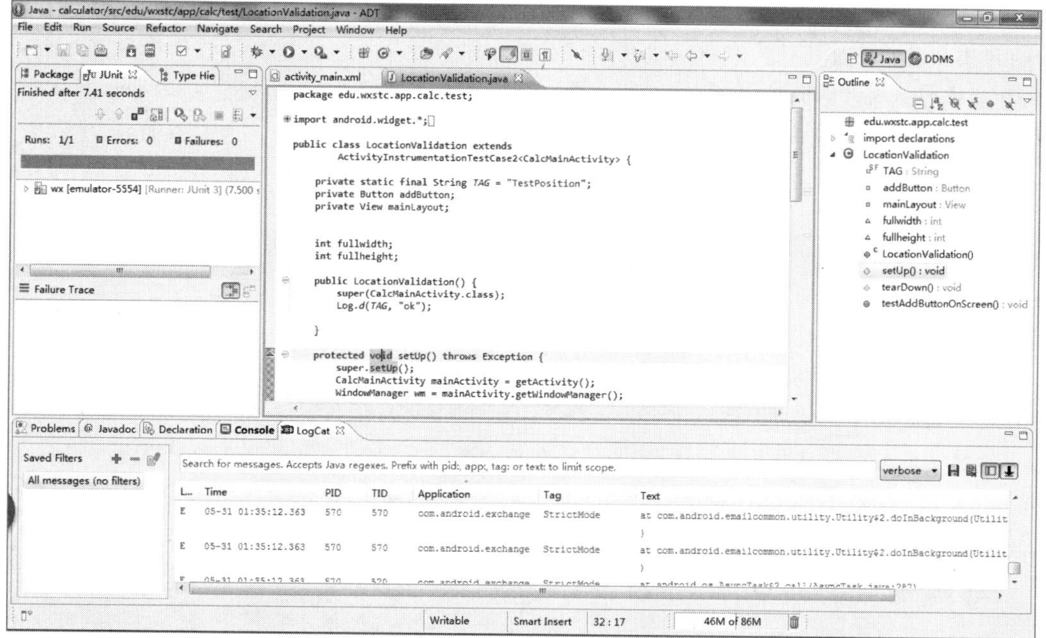

图 6-43 测试程序运行结果

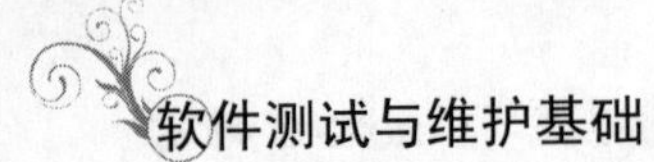

6.4 单元测试框架

xUnit家族是单元测试框架体系，是一种测试思想与模型的集合。它包含了JSUnit、JUnit、CppUnit、NUnit、DUnit、PHPUnit、RubyUnit、ComUnit、HttpUnit、PyUnit、OCUnit、ASUnit、EmbUnit、CUnit、HtmlUnit、JSUnit等很多语言版本，但是它们的思想是一样的。

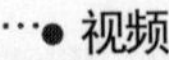

NUnit的使用

xUnit的一般结构有：

- TestFixtures：针对模块的测试代码文件。
- TestSuites：组织测试代码的测试套件。
- Assertion：断言，用来判断测试的结果。
- TestExecution：启动测试的标志。
- TestResult：测试的结果，详细的测试结果和测试报告。

针对各类语言及开发平台，除了xUnit家族之外还有许多单元测试框架对代码提供测试。读者可根据实际情况，选择合适的单元测试框架。

小　　结

单元测试（Unit Testing）是指对软件中的最小可测试单元进行检查和验证。对于单元测试中单元的含义，一般来说，要根据实际情况去判定其具体含义。总的来说，单元就是人为规定的最小的被测功能模块。单元测试是在软件开发过程中要进行的最低级别的测试活动，软件的独立单元将在与程序的其他部分相隔离的情况下进行测试。

JUnit测试是程序员测试，即所谓白盒测试范畴，因为程序员知道被测试的软件如何（How）完成功能和完成什么样（What）的功能。JUnit是一套框架，继承TestCase类，就可以用JUnit进行自动测试了。学习本章时要注重实际操作，多加练习。

习题与思考

1. 单元测试的主要任务是什么？
2. 在单元测试中，单元是如何划分的？
3. 简述JUnit单元测试步骤。
4. 简述测试套件的使用方法。
5. 请对三角形判断程序进行单元测试，写出单元测试代码，三角形判断程序代码如下：

```
public class Triangle {
  private int side1;
  private int side2;
  private int side3;

  public Triangle()
  {
```

```
        this(1,1,1);
    }

    public Triangle(int a,int b,int c)
    {
        this.side1=a;
        this.side2=b;
        this.side3=c;
    }

    public String GetTriangleType()throws Exception
    {
        if(side1<1||side1>100||side2<1||side2>100||side3<1||side3>100)
            return "边取值超出范围";
        if(side1+side2<=side3||side1+side3<=side2||side2+side3<=side1)
            throw new Exception("不构成三角形");
        if(side1==side2&&side2==side3)                          //等边三角形
            return "等边三角形";
        else if(side1==side2||side2==side3||side1==side3)    //等腰三角形
        {
            return "等腰三角形";
        }
        else if(IsRtTriangle(side1,side2,side3))
            return "直角三角形";
        else                                                    //一般三角形
            return "一般三角形";
    }

    private boolean IsRtTriangle(int a,int b,int c)
    {
        int a_2=a*a;
        int b_2=b*b;
        int c_2=c*c;
        if(a_2+b_2==c_2||a_2+c_2==b_2||b_2+c_2==a_2)
            return true;
        return false;
    }
}
```

6. 现有 NextDate()方法，当输入一个日期，返回从输入日期算起的第二天日期。例如，输入为 2018 年 11 月 8 日，则该程序的输出为 2018 年 11 月 9 日。NextDate 函数包含三个整数变量 month、day 和 year，并且满足下列条件：1≤ month ≤12、1≤ day ≤31 和 2000≤ year ≤2100。请对 NextDate() 方法进行单元测试，写出单元测试代码。

基于 UFT 的功能测试

学习目标：

1. 理解自动化功能测试的概念。
2. 了解自动化测试工具 UFT。
3. 掌握 UFT 基本功能的使用。
4. 学会对简易的系统进行自动化功能测试，并分析结果。

7.1　自动化功能测试工具 UFT 的介绍

1. UFT 的概念

UFT（Unified Functional Testing，统一功能测试）提供直观的可视化操作，将手动、自动化和基于框架的测试整合到一起，从而实现自动化测试。UFT 是一款自动化的高级测试软件，旨在构建功能测试和回归测试。它可以自动捕获、验证和重播用户与应用程序的交互，帮助测试人员快速识别和报告应用程序的功能验证结果，并为测试人员的协作提供高级功能。

它可加速对 GUI 和 API 应用的自动化软件测试，也可验证混合式复合应用的集成测试方案。简化测试设计和维护，从而降低所有现代应用的风险，并显著提高质量。本章通过 UFT 的一个测试练习来对自动化测试进一步了解，练习内容是测试一个 HP 提供的测试网站。本章使用的 UFT 版本是 11.5。

2. 使用自动化测试工具的优点

传统的手动测试会占用大量的人力成本和时间成本，要求测试人员做大量的重复性操作，而且这样的测试工作在每次系统发布都是必须进行的工作。

自动化测试工具正是解决了手动测试的这一问题，一旦测试脚本产生，可以针对同一功能做无数次测试，同时可以根据系统的功能改进修改测试脚本，进一步测试改进的新功能。当 UFT 运行测试脚本的时候，它是模拟测试人员的鼠标在测试网站或系统上移动，单击图像对象，通过键盘输入数据。然而，UFT 的操作比测试人员的操作要快，且可重复利用。

3. 测试流程

（1）分析要测试的系统：测试计划的第一步就是确定要测试系统的功能和操作步骤。

（2）确保测试所需的环境，如 UFT 的加载项，本章测试 Tutorial 提供的一个订票系统，需要加载 Web，如图 7-1 所示。

（3）需要测试被测系统的哪些功能或流程？列出在被测系统上你有什么操作可以完成。

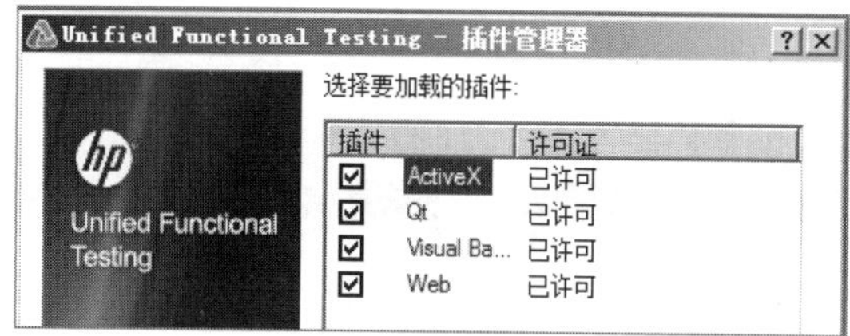

图 7-1　UTF 需要加载的插件选项

（4）把测试分割成小的测试单元，这样有助于可读性和后期的维护。

4. UFT 的各个组件及其功能操作

UFT 由标题栏、菜单条、工具栏、工作区、标签、解决方案浏览器、属性面板、数据面板等组成，如图 7-2 所示。

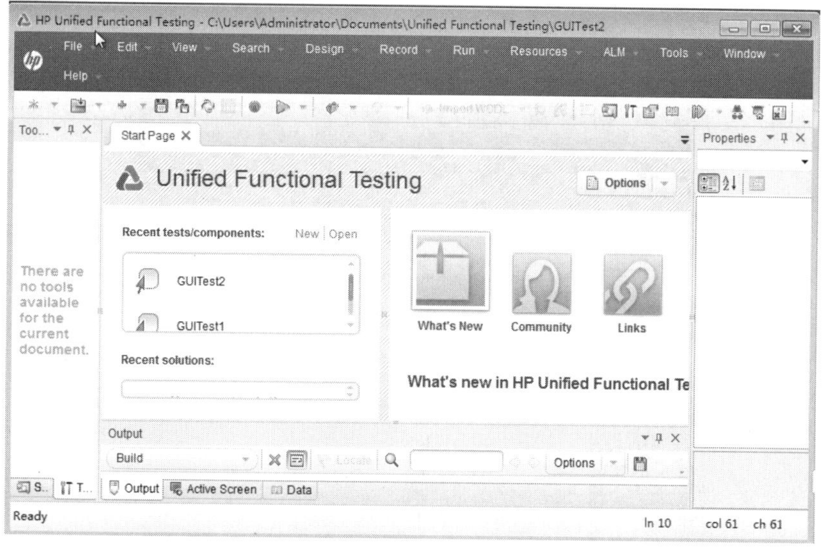

图 7-2　UTF 主界面

7.2　订票系统的介绍

打开 Mercury Tours 网站，熟悉里面的内容，想想在 7.1 中提到的测试流程第一步要考虑的问题。

1. 进入网站 Mercury Tours

在浏览器的地址栏输入：http://newtours.demoaut.com/ ，进入 Mercury Tour 首页面，如图 7-3 所示。

2. 登录系统

找到 Find A Flight 区域，如图 7-4 所示。输入 tutorial 作为用户名和密码，然后单击 Sign-in 按钮。

3. 浏览 Mercury Tours 网站的查找航班页面

打开 FLIGHT FINDER 页面，如图 7-5 所示。根据条件限制，筛选找到若干匹配要求的航班，接着预订航班。

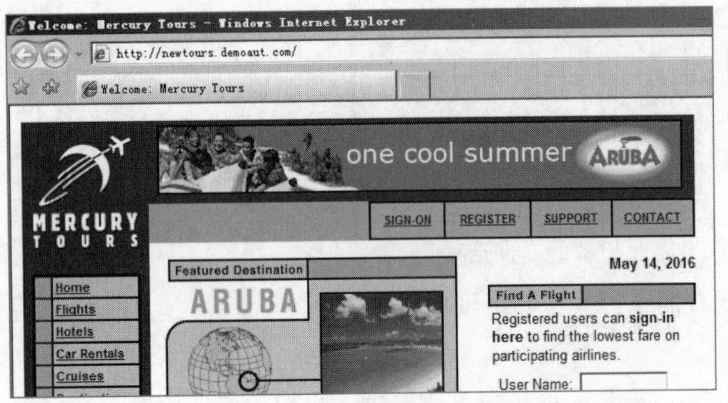

图 7-3　Mercury Tours 网站首页

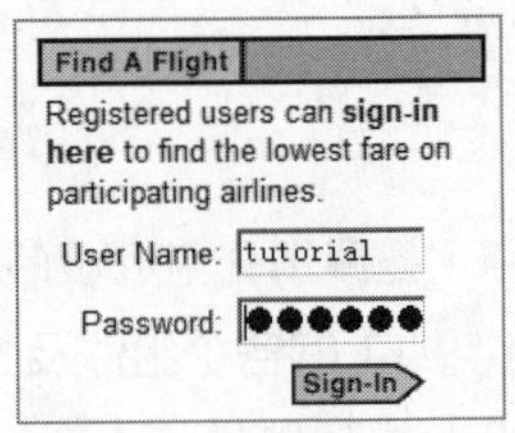

图 7-4　Mercury Tours 首页的 Find A Flight 区域

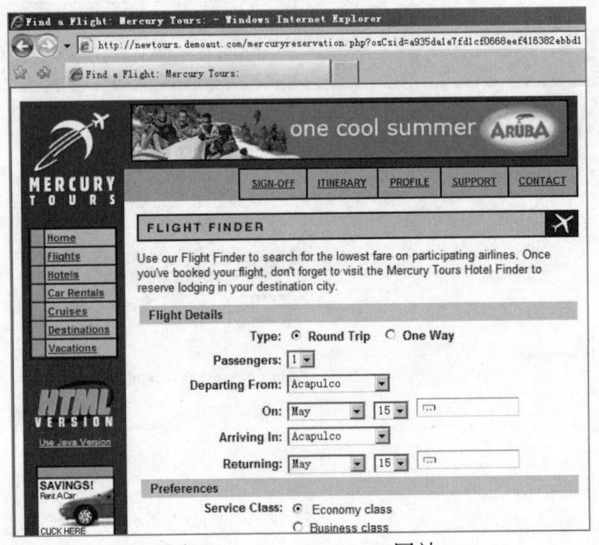

图 7-5　Mercury Tour 网站

注意：*在预订航班页面，你不需要输入自己的真实姓名和信用卡信息，输入信息只是为了测试。*

基于对 Mercury Tours 系统功能的了解，可以把可执行的操作分为 4 步：

（1）Login 登录。

（2）FlightFinder 查找航班。

（3）SelectFlight 选择航班。

（4）BookFlight 预订航班。

7.3　基于订票系统的测试设计

7.3.1　开发测试脚本

创建一个新的方案。基于前面 Mercury Tours 网站的浏览和操作，创建一个测试方案。而且下面的操作也将用于后续的练习。

1. 开始 UFT

（1）双击桌面上的 UFT 图标，如图 7-6 所示。

（2）或者选择 Start→All Programs→HR Software→HR Unified Functional Testing→HR Unified Functional Testing 命令。

2. 加载插件

打开 UFT 时，加载对应的插件，如图 7-7 所示。

图 7-6 UFT 桌面快捷方式图标

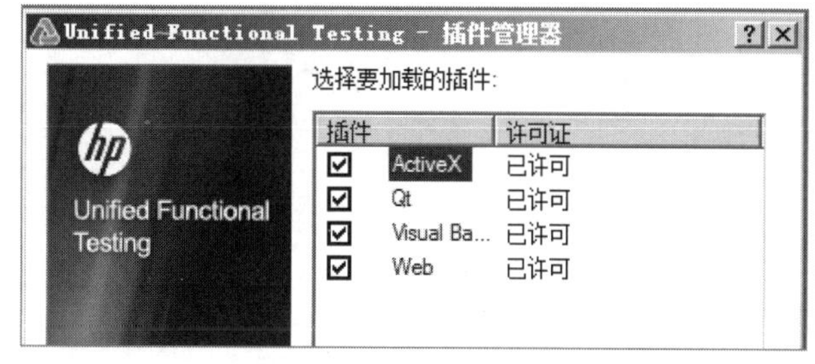

图 7-7 UTF 插件管理器

3. 创建一个新的测试

（1）单击【新建】按钮。

（2）选择 GUI 测试，输入以下内容：

- 名称：MercuryTours。
- 位置：默认保存在 C:\Users\Administrator\Documents\Unified Functional Testing。
- 解决方案名称：Tutorial。

（3）选择【创建解决方案目录】复选框，如图 7-8 所示。

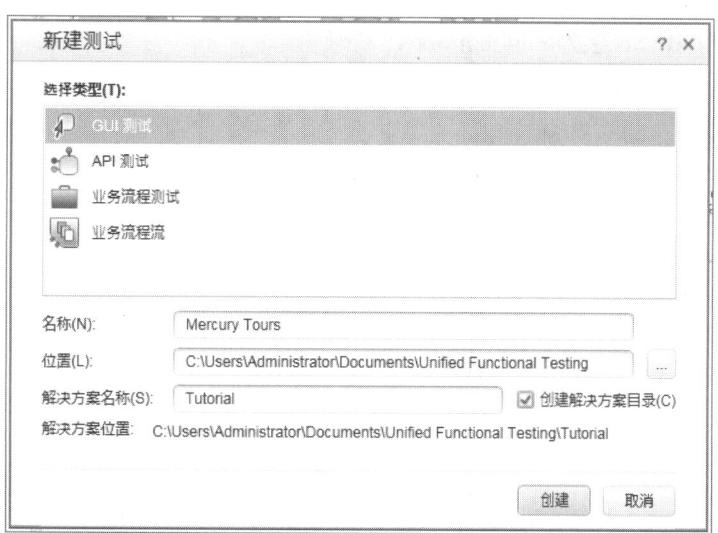

图 7-8 新建 GUI 测试

（4）单击【创建】按钮，如图 7-8 所示。打开一个空的测试用例，在中心的 Canvas 区域显示一个测试流，以及一个空的名为 Action1 的标签，用以打开并隐藏在后台。详细操作如图 7-9 所示。

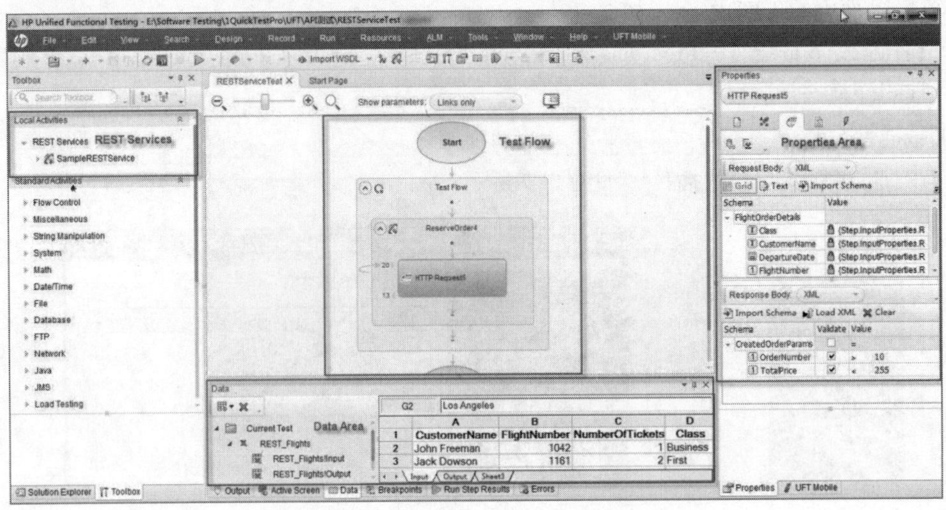

图 7-9　Mercury Tours 测试界面

4. **重命名 Action1**

重命名 Action1 为一个基于一定命名规则的有逻辑的名称。

（1）右击图标 Action1，在弹出的快捷菜单中选择【操作属性】命令，如图 7-10 所示。

图 7-10　右击 Action1 的上下文菜单

（2）在操作属性对话框的【名称】文本框中输入 Login 作为 Action1 的新名称，如图 7-11 所示，然后单击【确定】按钮。

5. **创建一个新的操作命名为 FlightFinder**

（1）右击 Canvas 区域的任意空白地方，在弹出的快捷菜单中选择【调用新操作】命令，如图 7-12 所示。

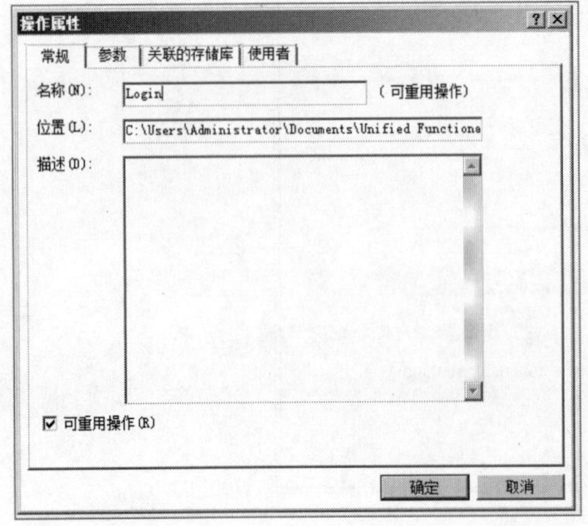

图 7-11　【操作属性】对话框

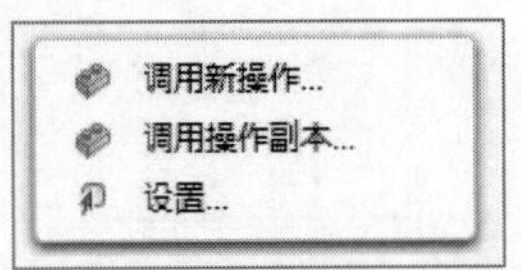

图 7-12　右击 Canvas 区域任意空白处的上下文菜单

（2）在【插入对新操作的调用】对话框中，在【名称】文本框中输入 FlightFinder，并选择【可重用操作】复选框和【位于测试结尾】单选按钮，最后单击【确认】按钮，如图 7-13 所示。

6. 添加其他的操作

重复第 5 步添加 FlightFinder、SelectFlight、BookFlight、FlightConfirmation 操作，如图 7-14 所示。这样测试用例就包含了对这个订票系统测试的所有操作。

最后保存上面创建的测试用例。

图 7-13　【插入对新操作的调用】对话框

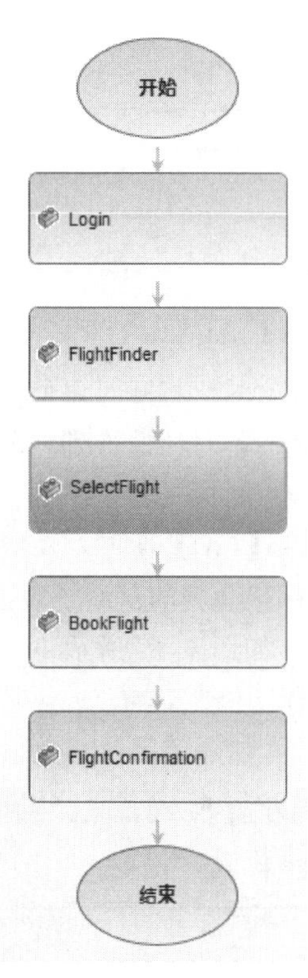

图 7-14　Mercury Tours 测试流程图

7.3.2　创建共享对象存储库

1. 基于 Welcome 页面

（1）打开前面创建的测试文件 Mercury Tours，单击【录制】按钮 ，打开【录制和运行设置】对话框。

（2）【录制和运行设置】对话框设置：确保第一个输入框内是 http://newtours.demoaut.com/，第二个输入框选择了【Microsoft Internet Explorer】作为测试会话的运行浏览器。并确保选择了【不在已经打开的浏览器上录制和运行】和【当测试关闭时关闭浏览器】两个复选框，如图 7-15 所示。

（3）单击【确定】按钮。接下来录制或运行测试的时候，浏览器会打开 Mercury Tours 网站；并且这个对话一旦结束，浏览器也会关闭。

（4）熟悉和操作：录制工具条如图 7-16 所示。

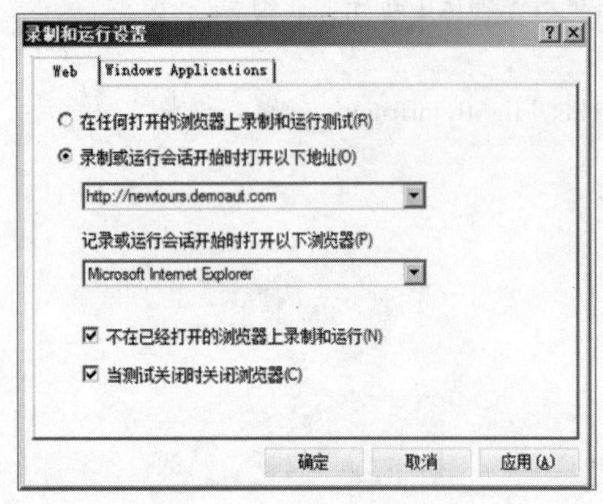

图 7-15　【录制和运行设置】对话框

图 7-16　录制工具条

：单击此图标打开对象侦查器对话框。

：把侦查器对话框拖到屏幕的右边，单击此图标把对话框固定在右上角。

：单击此图标，UFT 隐藏，侦查器窗口显示在 IE 网页的边上。

小技巧：按【Ctrl】键可以在测试系统页面和 UFT 之间切换。

（5）把鼠标移动到测试系统页面中不同对象上（不需要单击），可以在【对象侦测器】面板上看到不同的变化，如图 7-17 所示。

（6）把鼠标定位在 User Name 文本框上，可以看到该文本框的对象类型和名称 WebEdit:userName，如图 7-18 所示。然后关闭【对象侦测器】。

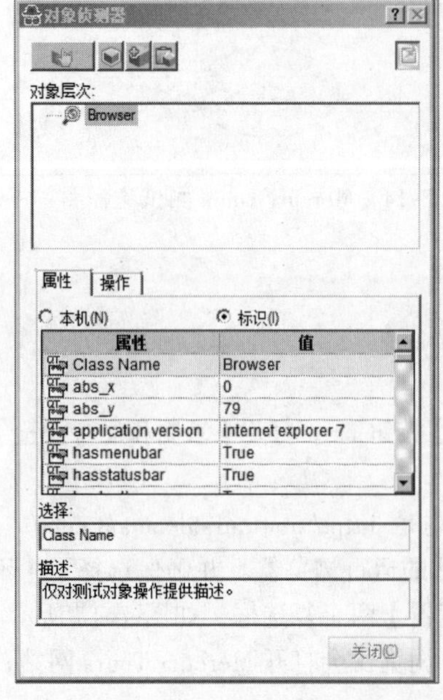

图 7-17　【对象侦测器】面板

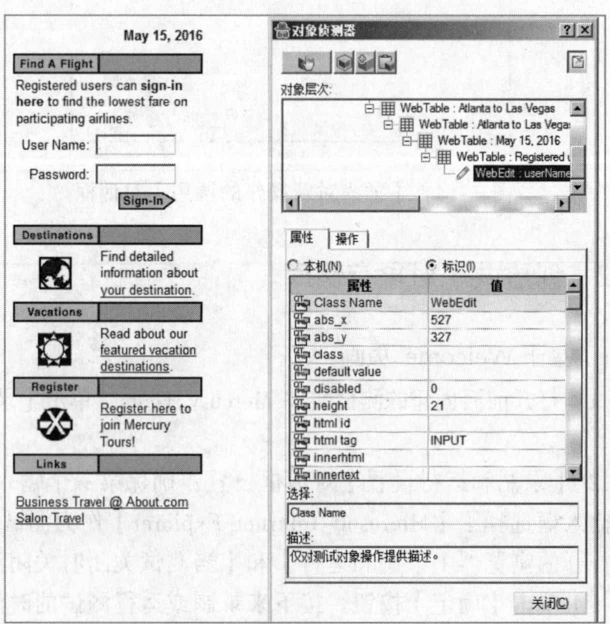

图 7-18　侦测网页中的文本框对象

（7）定义测试对象。指导 UFT 识别被测试对象，并加入到对象存储库。

选择【资源】→【对象存储库管理器】命令（见图 7-19），打开【对象存储库管理器】窗口，选择【对象】→【导航并识别】命令。UFT 和对象存储库管理器窗口都隐藏，测试页面上出现【导航并识别】窗口，如图 7-20 所示。

图 7-19　进入对象存储库的操作界面

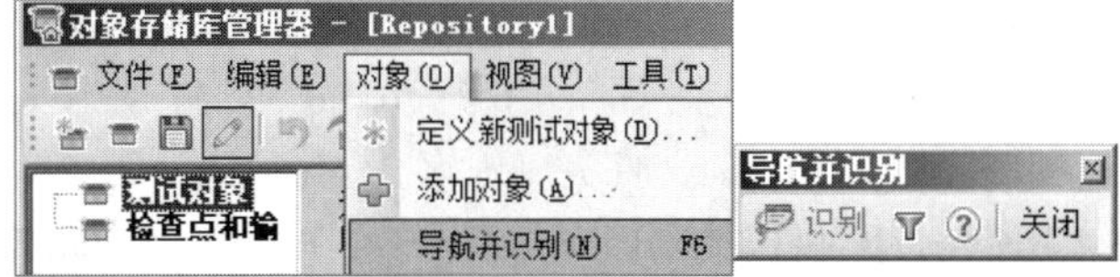

图 7-20　进入导航并识别的操作界面

单击按钮，打开【定义对象筛选】对话框（见图 7-21），选择【选定的对象类型】单选按钮，然后单击【选择】按钮，打开【选择对象类型】对话框，单击【全部清除】按钮，只选择 Edit Box 和 Image 对象，单击【确定】按钮，如图 7-22 所示。

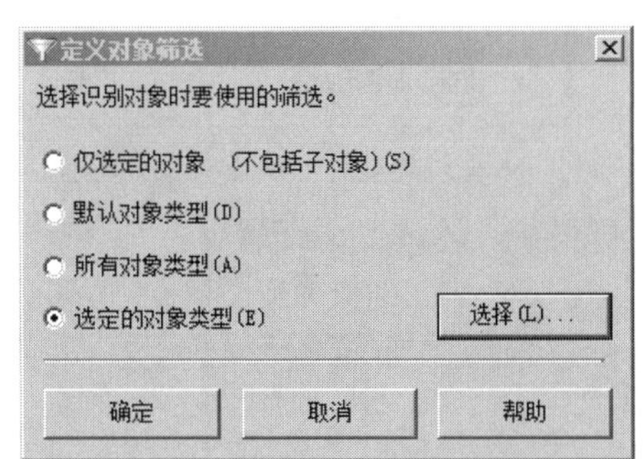

图 7-21　【定义对象筛选】对话框

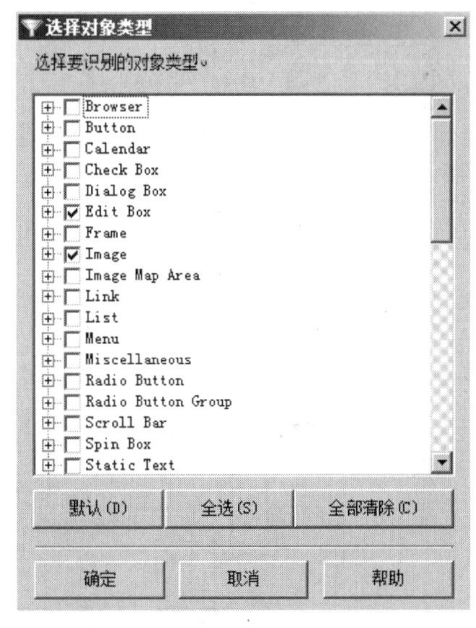

图 7-22　【选择对象类型】对话框

（8）指导 UFT 把 Mercury Tours 网站的 Welcome 页面上的对象匹配到上一步过滤出的 objects，并加入到共享对象存储库。

单击页面标签，然后单击【导航并识别】工具栏中【识别】按钮，如图 7-23 所示。

最后关闭【导航并识别】工具栏。

图 7-23　【导航并识别】工具栏

（9）从对象存储库管理器中移除不需要的对象，通过上一步的对象识别，将 Welcome 页面内的所有对象加入到对象存储库管理器，生成测试对象树，如图 7-24 所示。

展开【测试对象】的关系树，如图 7-25 所示。

删除多余的对象，只保留其中的 Sign-In（图片），password（编辑框）和 username（编辑框）三个对象，如图 7-26 所示。

（10）识别对象的属性。单击 userName 对象，对象的属性出现在窗口右侧。

（11）保存对象存储库，在 Tutorial 文件夹下创建 Tutorial_ObjectRepositories 文件夹，命名为 MercuryToursLogin，如图 7-27 所示。相对目录：...\Documents\Unified Functional Testing\Tutoria\Tutorial_ObjectRepositories。

图 7-24　测试对象树的界面

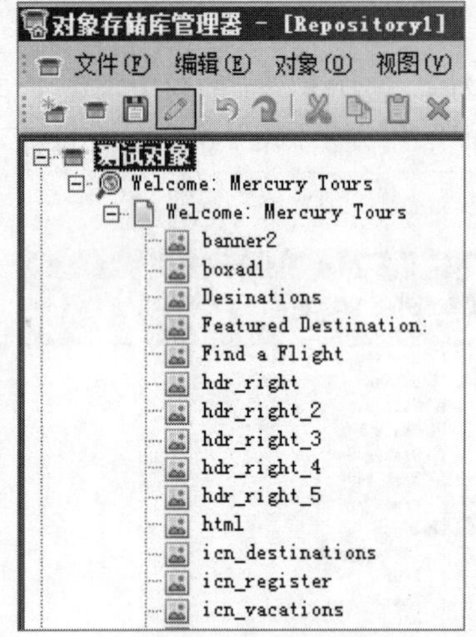

图 7-25　展开的测试对象树（局部）的界面

图 7-26　删减过后的测试对象树界面

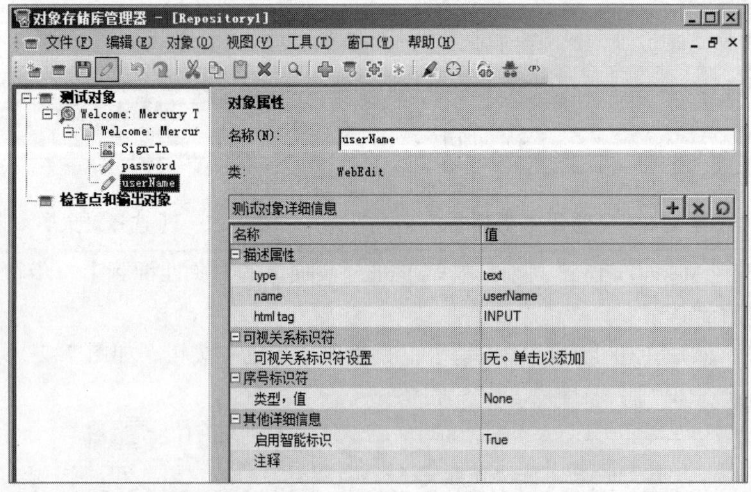

图 7-27　测试对象树及 userName 对象属性

2. 基于 Fight Finder 页面

在上一节识别系统对象中，针对 Mercury Tours 网站的 Welcome 页面内的对象进行了识别，并创建了对象存储库。下面对 Mercury Tours 网站的其他页面对象创建对象存储库。

小技巧：建议对测试网站的每个页面或测试系统的每个模块创建单独的、共享的对象存储库。

（1）登录 Mercury Tours 网站的 Flight Finder 页面，如图 7-28 所示。

① 浏览器浏览 Mercury Tours 网站：http://newtours.demoaut.com/。

② 在 User Name 和 Password 文本框中分别输入 tutorial（默认的用户名和密码）。

③ 单击 Sign-In 按钮。

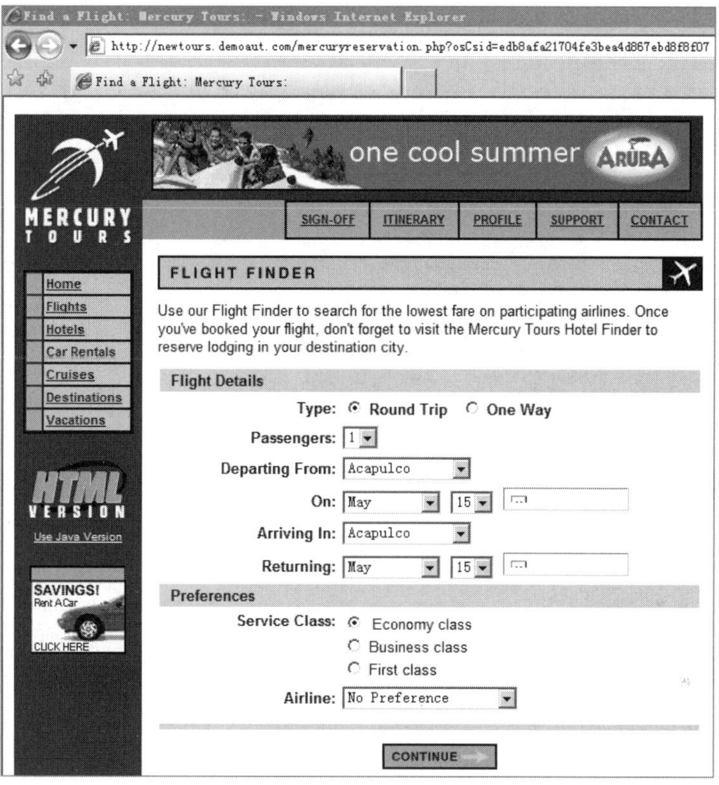

图 7-28　Mercury Tours 网站的 Flight Finder 页面

（2）创建新的共享对象存储库：

① 选择【资源】→【对象存储库管理器】命令，然后单击【创建】按钮。

② 选择【对象】→【导航并识别】命令。

③ 单击【定义对象筛选】按钮，打开图 7-29 所示【定义对象筛选】对话框，选择【所有对象类型】单选按钮，单击【确定】按钮。

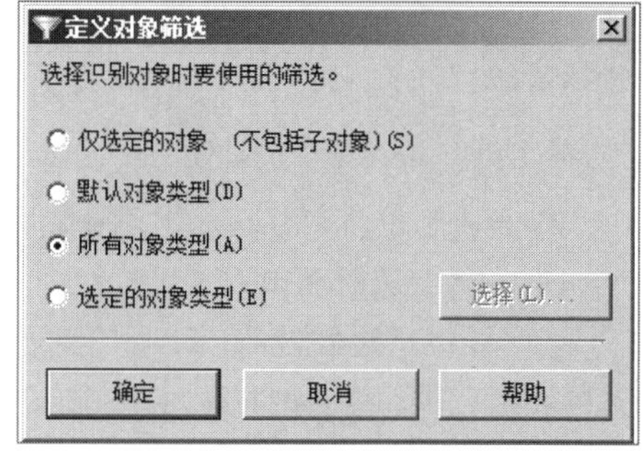

图 7-29　【定义对象筛选】对话框

（3）单击页面的标签 Find a Flight: Mercury Tours:，然后单击【识别】按钮。

（4）关闭【导航和识别】工具栏。

（5）保存共享的对象存储库，保持到文件夹 Tutorial_ObjectRepositories 下，命名为 MercuryToursFlightFinder。相对目录：...\Documents\Unified Functional Testing\Tutoria\Tutorial_ObjectRepositories。

3. 基于 Select Flight 页面

针对 Mercury Tours 网站的 Select a Flight 页面内的对象进行了识别并创建了对象存储库。

（1）在 Flight Finder 页面，单击 CONTINUE 按钮，进入 Select a Flight: Mercury Tours 页面，如图 7-30 所示。

（2）创建新的共享对象存储库

① 选择【资源】→【对象存储库管理器】命令，然后单击【创建】按钮。

② 选择【对象】→【导航并识别】命令。

③ 单击【定义对象筛选】按钮，打开图 7-31 所示的【定义对象筛选】对话框。选择【所有对象类型】单远按钮，单击【确定】按钮。

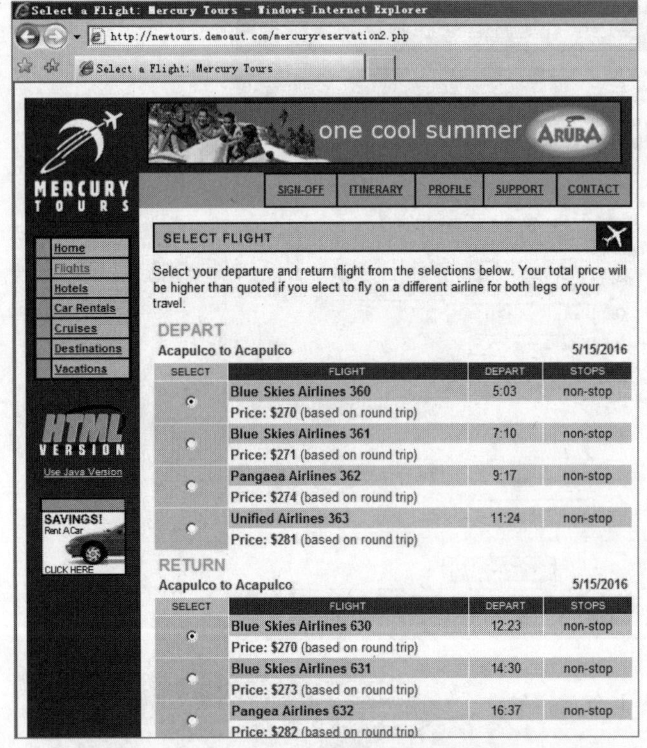

图 7-30 Mercury Tours 网站的 Select a Flight 网页

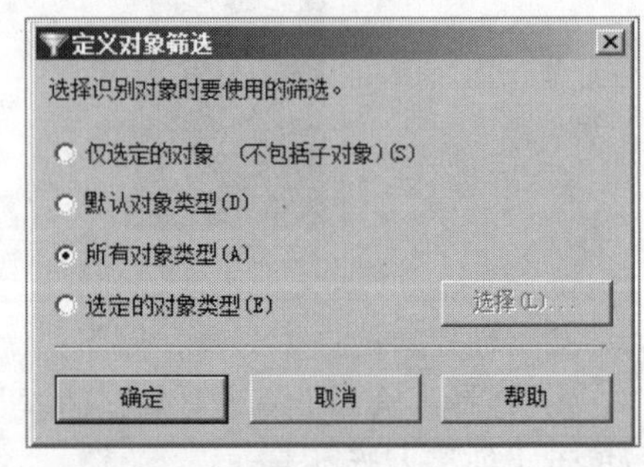

图 7-31 【定义对象筛选】对话框

（3）单击页面标签 Select a Flight: Mercury Tours ，然后单击【识别】按钮。

（4）关闭【导航和识别】工具栏。

（5）保存共享的对象存储库，保持到文件夹 Tutorial_ObjectRepositories 下，命名为 MercuryToursSelectFlight。相对目录：...\Documents\Unified Functional Testing\Tutoria\Tutorial_ObjectRepositories。

4. 基于 Book a Flight 和 Flight Confirmation 页面

重复上面的步骤创建两个新的共享对象存储库。

（1）单击 CONTINUE 按钮，进入 Book a Flight: Mercury Tours 页面（见图 7-30），完成创建后，单击 SECURE PURCHASE 按钮进入 Flight Confirmation: Mercury Tours 页面，如图 7-32 和图 7-33 所示。

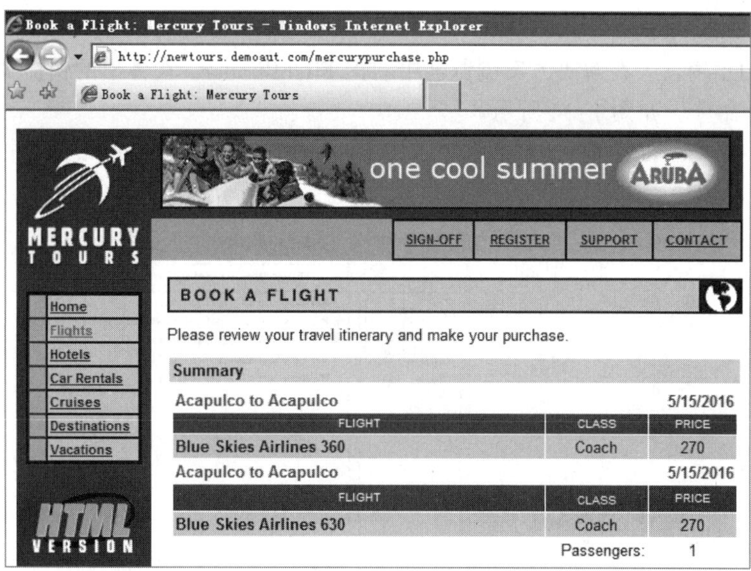

图 7-32 Mercury Tours 网站的 Book a Flight 网页

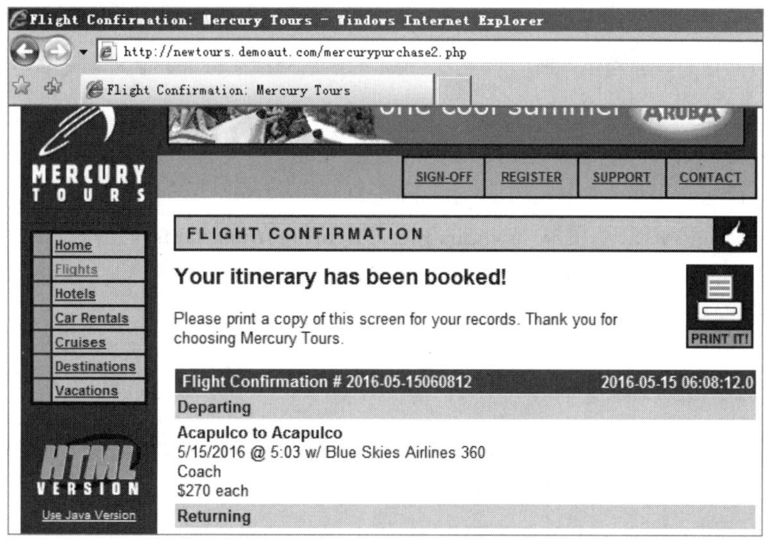

图 7-33 Mercury Tours 网站的 Flight Confirmation 网页

（2）依次分别创建新的共享对象存储库。

（3）单击页面标签 Book a Flight: Mercury Tours ，然后单击【识别】按钮。单击页面标签 Flight Confirmation: Mercury Tours ，然后单击【识别】按钮。

（4）关闭【导航和识别】工具栏。

（5）保存共享的对象存储库，保持到文件夹 Tutorial_ObjectRepositories 下，分别命名为 MercuryToursBookFlight 和 MercuryToursFlightConfirmation。相对目录：...\Documents\Unified Functional Testing\Tutoria\Tutorial_ObjectRepositories。

5. 关联对象存储库和测试用例的操作

（1）切换到 UFT 窗口，在解决方案浏览器中右击 FlightFinder，在弹出的快捷菜单中选择【将存储库与操作关联】命令，如图 7-34 所示。

（2）在【打开共享对象存储库】对话框中选中 MercuryToursFlightFinder.tsr 文件，并单击【打开】按钮，如图 7-35 所示。

图 7-34　存储库与操作关联的操作界面

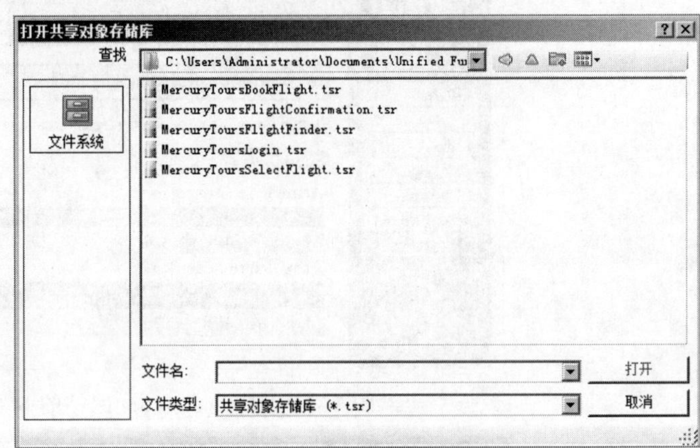

图 7-35　【打开共享对象存储库】对话框

（3）重复上面两步，关联其他操作：

① 操作 SelectFlight 关联 MercuryToursSelectFlight.tsr。

② 操作 BookFlight 关联 MercuryToursBookFlight.tsr。

③ 操作 FlightConfirmation 关联 MercuryToursFlightConfirmation.tsr。

④ 操作 Login 关联 MercuryToursLogin.tsr。

（4）保存整个测试脚本 Mercury Tours。

7.3.3　创建函数和函数库

UFT 提供了内嵌函数以满足测试需求，当然有些情况需要自己创建函数支持测试任务。下面学习如何创建函数，添加到函数库，并加入到测试脚本中。

创建一个函数，用于检查一个日期是否以 MM/DD/YYYY 格式显示，而且检查日期是否有效，例如月份是否超过了 12，日期是否超过了 31。

1. 创建函数

（1）打开前面创建的脚本 Mercury Tours。

（2）选择【新建】→【新建函数库】命令，如图 7-36 所示。

（3）保存为 CheckDateFunction，如图 7-37 所示。

（4）编写函数内容，如图 7-38 所示。

（5）保存函数库，关闭函数库。

单击【保存】按钮保存函数库，单击 CheckDateFunction* × 函数库标签上的【关闭】按钮 × 关闭函数库。

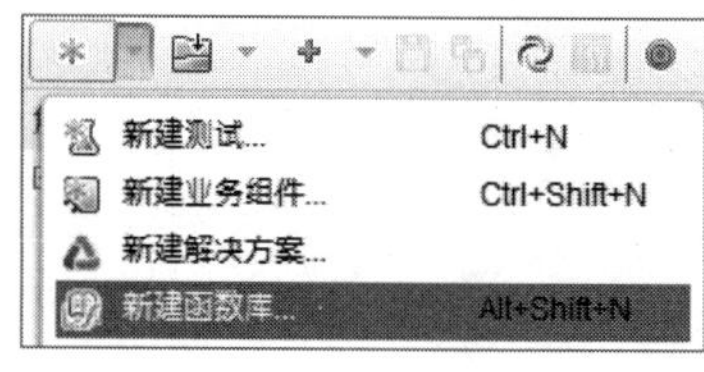

图 7-36　选择【新建函数库】命令

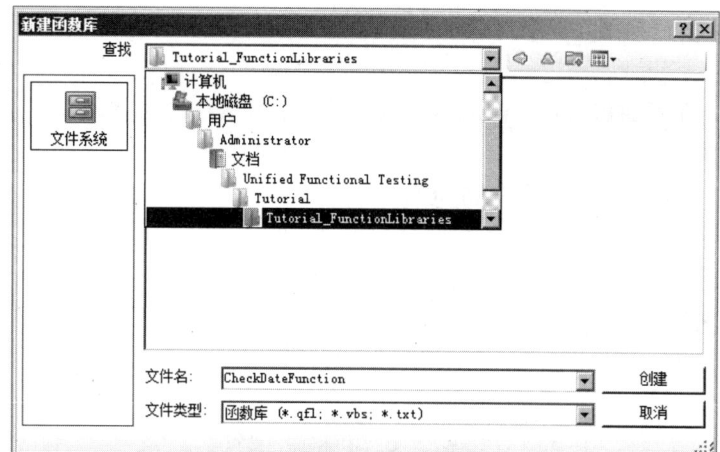

图 7-37　【新建函数库】对话框

```
CheckDateFunction*  Mercury Tours  Login  起始页
Main                                    check_data_validity(dateStr)
'The following function checks whether a date string (dateStr)
'has 10 characters representing MM/DD/YYYY
Function check_data_validity( dateStr )
Dim firstSlashPos, secondSlashPos
Dim mmPart, ddPart, yyyyPart
firstSlashPos = inStr( dateStr , "/" )
secondSlashPos = inStrRev( dateStr, "/" )
If ( firstSlashPos <> 3 or secondSlashPos <> 6 ) Then
reporter.ReportEvent micFail,"Format check", "Date string is missing at least one slash ( / )."
check_data_validity = False
Exit function
End If
mmPart = mid( dateStr, 1,2 )
ddPart = mid ( dateStr, firstSlashPos+1, 2 )
yyyyPart = mid( dateStr, secondSlashPos +1 , 4 )
If mmPart > 12 Then
reporter.ReportEvent micFail, "Format Check" , "The month value is invalid. It exceeds 12."
check_data_validity = False
Exit function
End If
If ddPart > 31 Then
reporter.ReportEvent micFail, "Format Check" , "The date value is invalid. It exceeds 31."
check_data_validity = False
Exit function
End If
If yyyyPart < 2000 Then
reporter.ReportEvent micFail, "Format Check" , "The year value is invalid. (Prior to 2000)"
check_data_validity = False
Exit function
End If
check_data_validity = True
End Function
```

图 7-38　函数内容截图

2. **关联函数库和测试脚本**

（1）右击解决方案中的 Mercury Tours，在弹出的快捷菜单中选择【添加】→【关联函数库】命令，并通过目录找到上面步骤创建的函数库 CheckDate- Function，完成添加，如图 7-39 所示。

（2）保存 Mercury Tours。

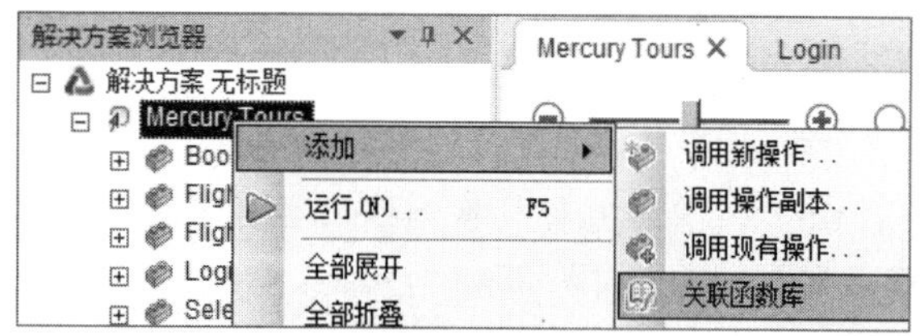

图 7-39　关联函数库的操作界面

7.3.4 增加步骤

下面讲解 通过 Mercury Tours 网站预订从纽约到旧金山的航班，并将在上面创建的测试中添加步骤。

1. 给 Login 操作添加步骤

（1）进入 UFT，打开 Mercury Tours 测试文件，如图 7-40 所示。

（2）双击打开 Login 操作，双击流程图中的【Login】操作，进入编辑界面，然后单击☰按钮，如图 7-41 所示。

图 7-40 打开测试文件的操作界面

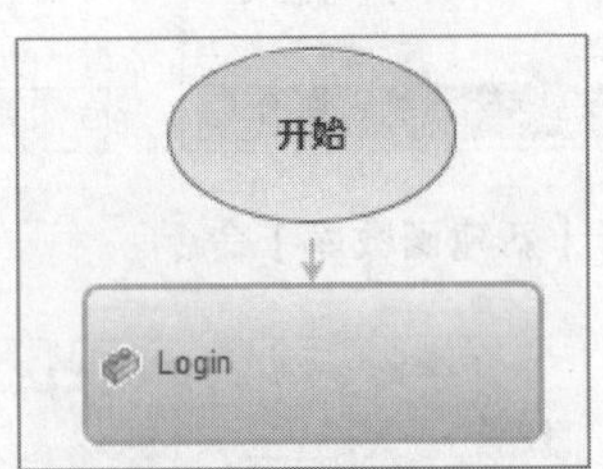

图 7-41 打开 Login 操作的操作界面

（3）单击【项】所在列的下一行，打开下拉列表，选择【对象来自存储库】命令，如图 7-42 所示。

（4）打开【选择测试对象】对话框，选择【userName】，单击【确定】按钮，如图 7-43 所示。

图 7-42 打开 Login 操作的操作界面

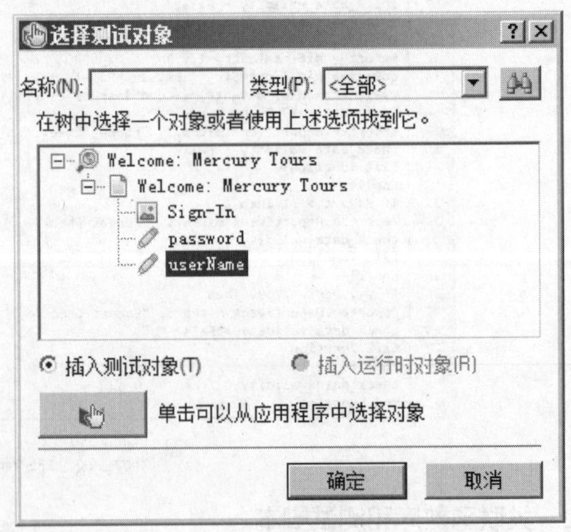

图 7-43 【选择测试对象】对话框

（5）在【值】一列，输入“tutorial”，如图 7-44 所示。

（6）单击☰按钮切换到编辑器模式，可以看到设置 userName 的值，然后再单击☰按钮回到关键字视图模式，如图 7-45 所示。

（7）在【项】一列，单击【userName】下一行，选择【password】，如图 7-46 所示。

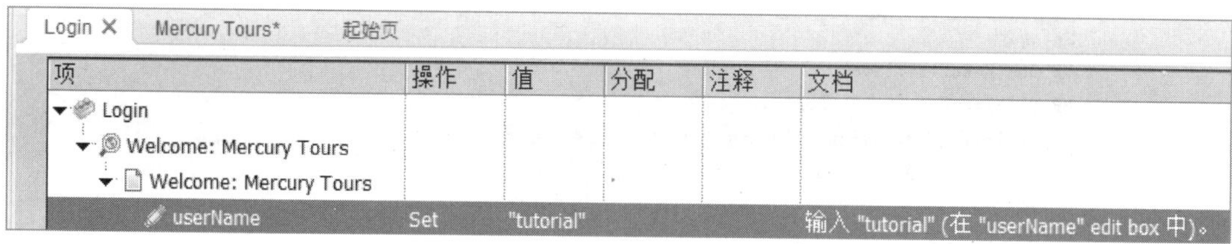

图 7-44 设置【值】为 tutorizl

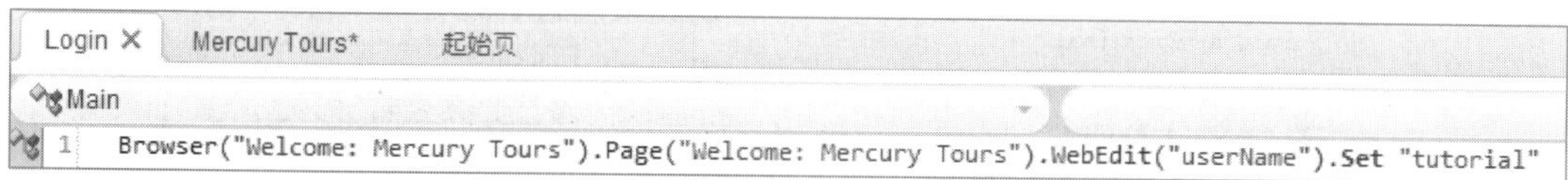

图 7-45 Login 测试脚本编辑模式

图 7-46 在 Login 操作中选择添加对象的操作界面

（8）把【操作】值 Set 改成 SetSecure，如图 7-47 所示。

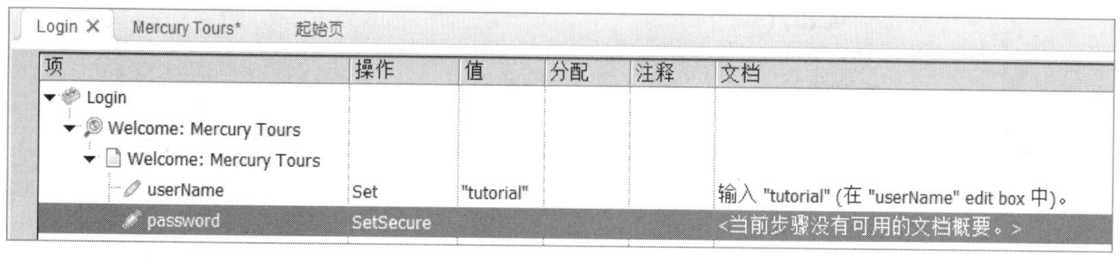

图 7-47 修改 password 的【操作】的值

（9）使用 Password Encoder 创建一个编码的密码，如图 7-48 所示。

选择【开始】→【所有程序】→HP Software→HP Unified Functional Testing Tools→Password Encoder 命令，打开【密码编码器】对话框，在【密码】文本框中输入 tutorial，然后单击【生成】按钮，复制【编码字符串】文本框中的内容，如图 7-49 所示。

（10）粘贴编码字符串到 password 的【值】列，如图 7-50 所示。

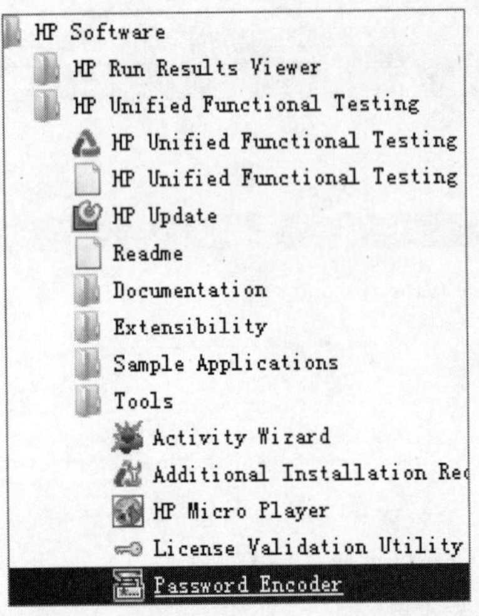

图 7-48　打开 Password Encoder

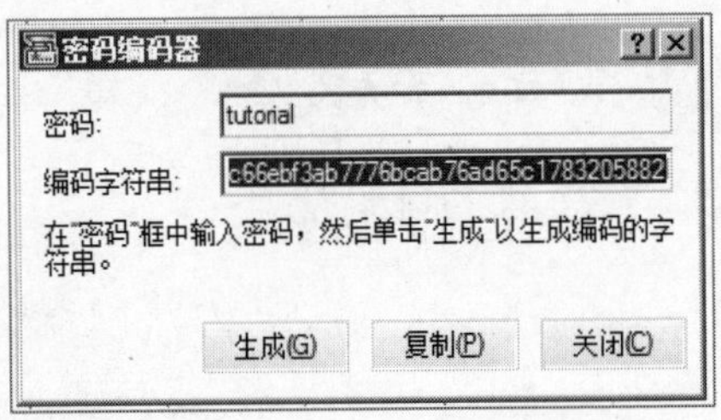

图 7-49　【密码编码器】对话框

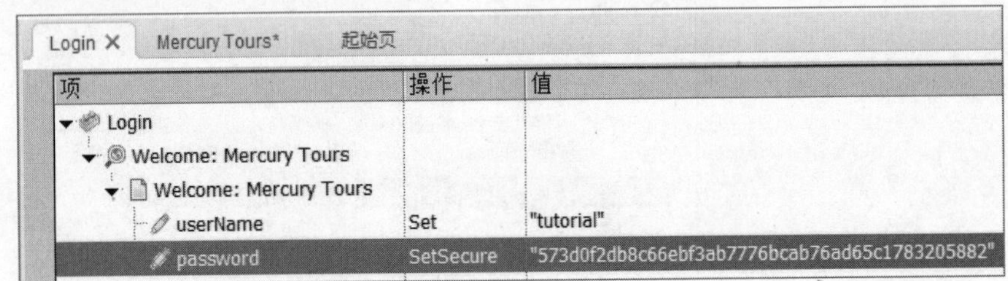

图 7-50　修改 password 的【值】的值

（11）添加 Login 操作的最后一步 Sign-In，如图 7-51 所示。

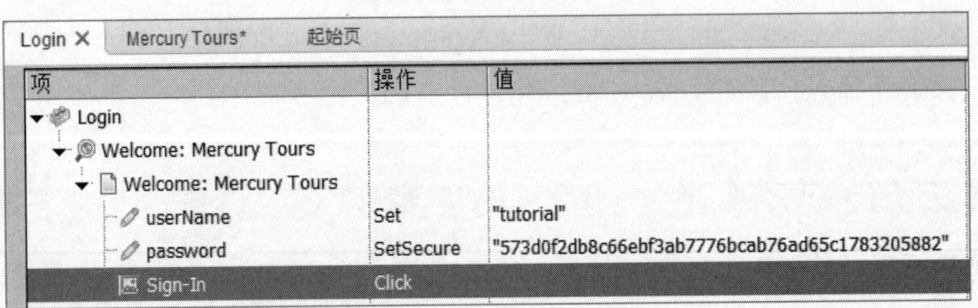

图 7-51　修改 Sign-In 的【操作】的值

（12）单击【保存】按钮。

2. 添加 FlightFinder 操作的步骤

（1）双击打开 FlightFinder 操作。

（2）登录 http://newtours.demoaut.com/页面，并进入 Flight Finder 区域，如图 7-52 所示。

（3）回到 UFT，选择【录制】→【录制并运行设置】命令，打开【录制和运行设置】对话框，选择【在任何打开的浏览器上录制和运行测试】单选按钮，如图 7-53 所示。

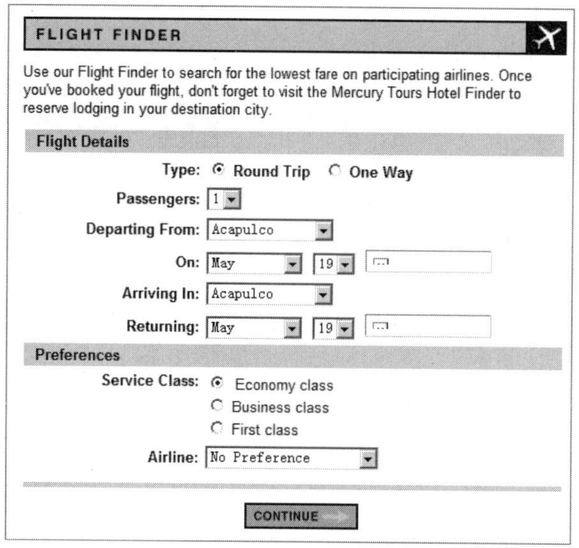

图 7-52　页面的 FLIGHT FINDER 区域

图 7-53　录制设置的操作界面

（4）在 UFT 中，单击【录制】按钮，UFT 窗口自动隐藏，IE 浏览器出现，同时下面的录制窗口出现，如图 7-54 所示。

（5）在 Flight Finder 页面，修改相应内容，如图 7-55 所示。单击 CONTINUE 按钮，随后出现 Select Flight 页面。

图 7-54　录制窗口

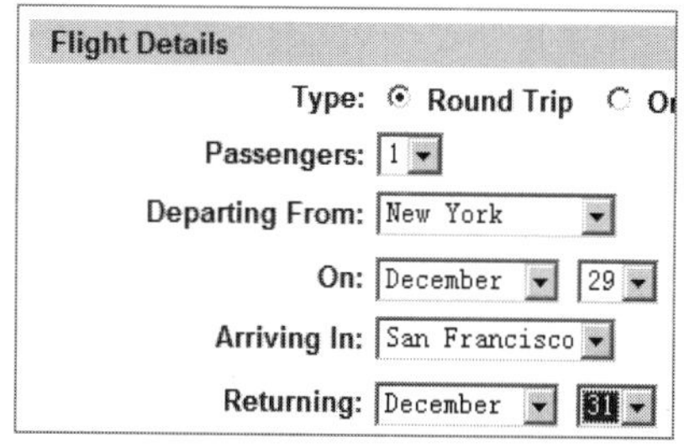

图 7-55　页面 Flight Details 区域

（6）在录制窗口中单击【停止】按钮，完成这个页面的录制操作，如图 7-56 所示。

（7）选择【录制】→【录制并运行设置】命令，打开【录制和运行设置】对话框，如图 7-57 所示，确认并保持整个测试脚本。

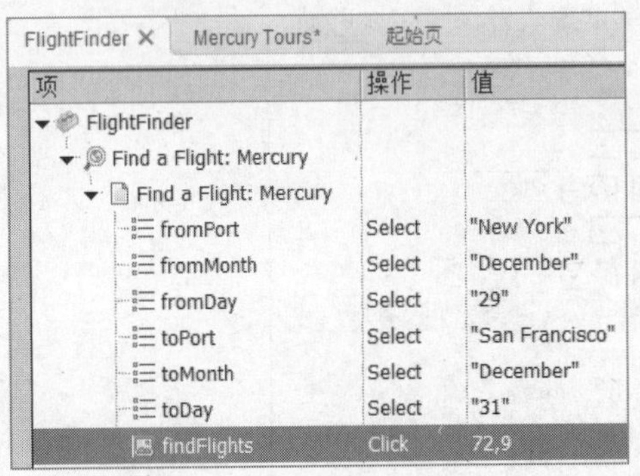

图 7-56　录制 FlightFinder 界面

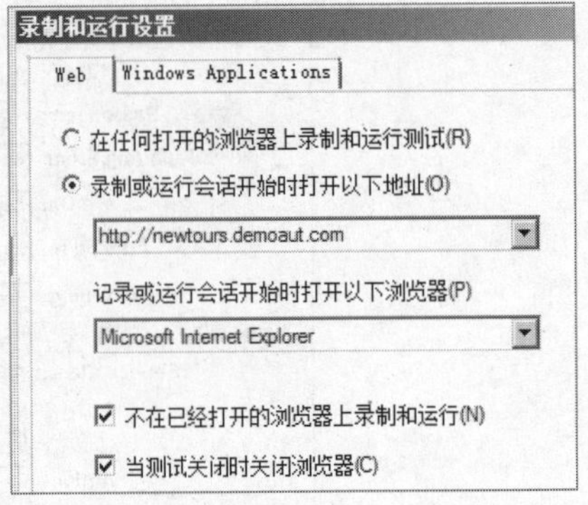

图 7-57　【录制和运行设置】对话框

（8）单击【保存】按钮。

3. 添加 SelectFlight 操作的步骤

（1）双击打开 SelectFlight 操作，单击工具箱中的按钮，在左侧出现工具箱栏，展开测试对象 Select a Flight: Mercury，如图 7-58 所示。

（2）把【reserveFights】拖动到右侧的操作列，如图 7-59 所示。

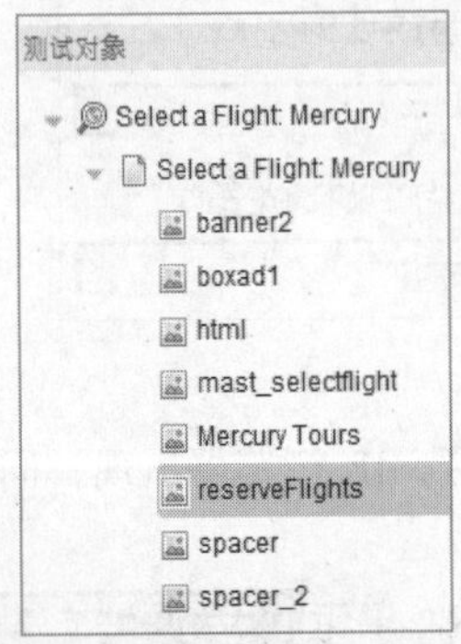

图 7-58　选择测试对象对话框

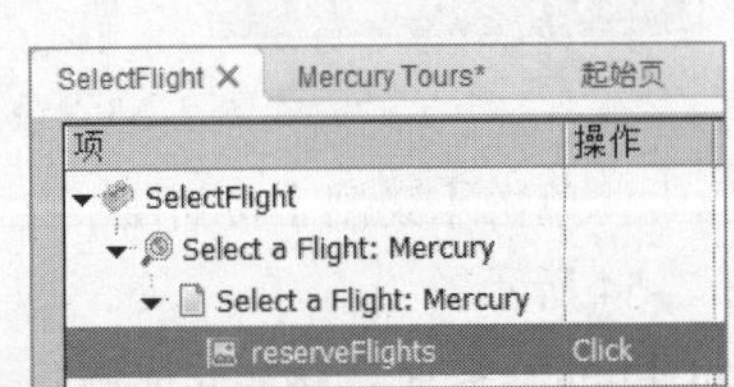

图 7-59　设置 SelectFlight 操作的界面

（3）单击按钮切换到编辑器模式，并复制下面内容粘贴到编辑器，如图 7-60 所示。

图 7-60　SelectFlight 测试脚本编辑模式

（4）单击保存按钮。

4. 添加 BookFlight 操作的步骤

在图 7-61 所示的订票页面填写 First Name、Last Name、Number。

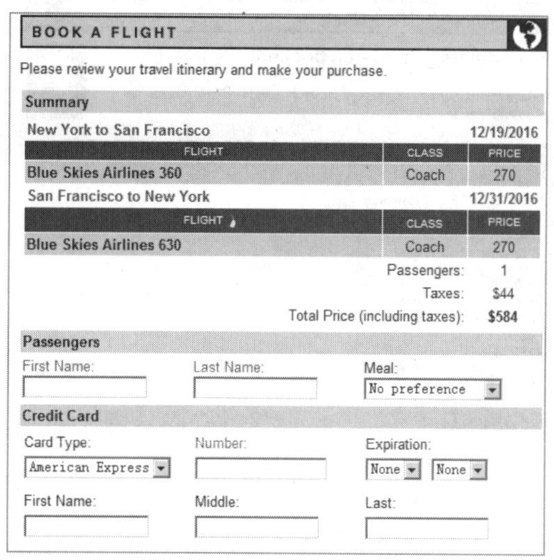

图 7-61　页面 BOOK A FLIGHT 区域

（1）双击打开 BookFlight 操作，并单击左下角 解决方案浏览器按钮，打开解决方案浏览器。（如果解决方案浏览器没有显示在 UFT 桌面的左侧边框，可双击工具栏中的按钮。）

（2）单击按钮切换到编辑器模式，并复制下面内容粘贴到编辑器，如图 7-62 所示。

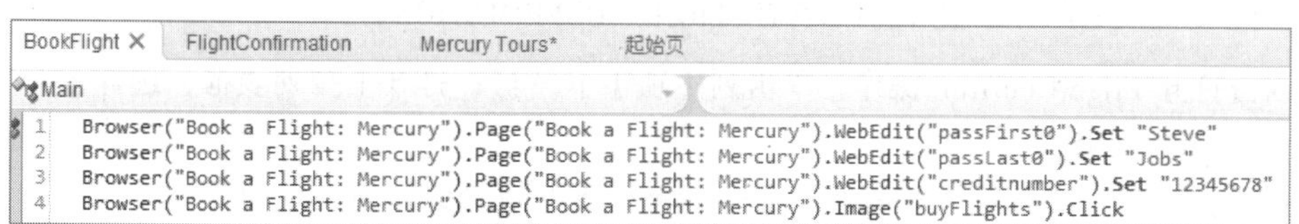

```
Browser("Book a Flight: Mercury").Page("Book a Flight: Mercury").WebEdit("passFirst0").Set "Steve"
Browser("Book a Flight: Mercury").Page("Book a Flight: Mercury").WebEdit("passLast0").Set "Jobs"
Browser("Book a Flight: Mercury").Page("Book a Flight: Mercury").WebEdit("creditnumber").Set "12345678"
Browser("Book a Flight: Mercury").Page("Book a Flight: Mercury").Image("buyFlights").Click
```

图 7-62　BookFlight 测试脚本编辑模式

（3）单击按钮切换到关键字视图模式，在【值】列给每项输入相关的测试信息，如图 7-63 所示。

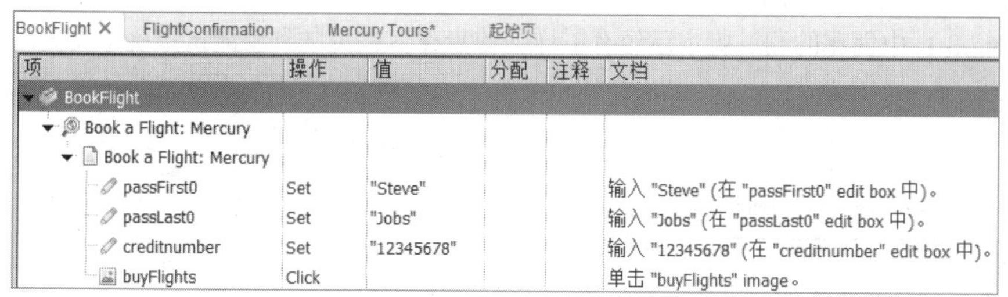

项	操作	值	分配	注释	文档
BookFlight					
Book a Flight: Mercury					
Book a Flight: Mercury					
passFirst0	Set	"Steve"			输入 "Steve" (在 "passFirst0" edit box 中)。
passLast0	Set	"Jobs"			输入 "Jobs" (在 "passLast0" edit box 中)。
creditnumber	Set	"12345678"			输入 "12345678" (在 "creditnumber" edit box 中)。
buyFlights	Click				单击 "buyFlights" image。

图 7-63　设置 BookFlight 操作的界面

注意：creditnumber：任意的 8 位数字组合；cc_exp_dt_mm：01–12 的任意 2 位数；cc_exp_dt_yr：2008–2010 间的任何一年，必须为 4 位数。

（4）单击【保存】按钮。

5. 添加 ConfirmFlight 操作的步骤

上一小节订票操作的最后一步是单击 SECURE PURCHASE 按钮完成订票，随后出现已订航班的确认页面，下面将使用步骤生成器定义步骤返回到订票系统的欢迎页面，如图 7-64 所示。

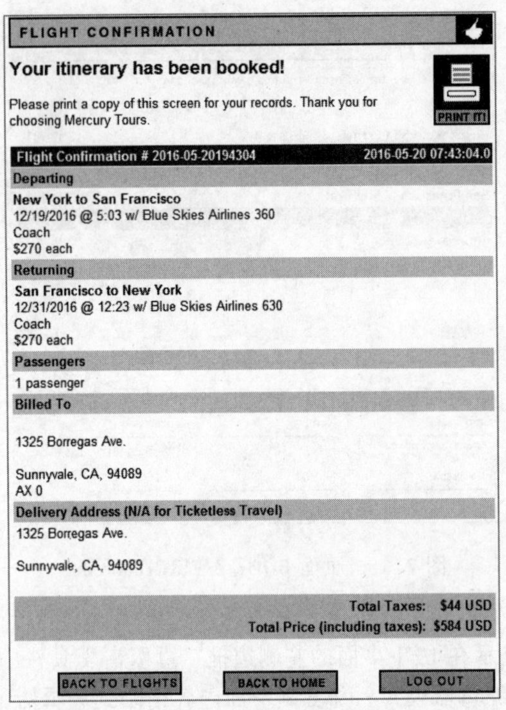

图 7-64　页面 FLIGHT CONFIRMATION 区

（1）双击打开 FlightConfirm 操作，单击列【项】下一行，打开下拉列表框，选择【对象来自存储库】命令，如图 7-65 所示。

（2）打开【选择测试对象】对话框，选择 home（见图 7-66），单击【确定】按钮。

（3）在关键字视图模式下设置 FlightConfirmation 操作，如图 7-67 所示。

（4）在编辑器模式下设置 FlightConfirmation 操作，如图 7-68 所示。

（5）单击【保存】按钮。

至此，在 7.3.1 中创建的测试脚本已经有了详细的步骤，并关联到要测试系统中要做的测试操作。

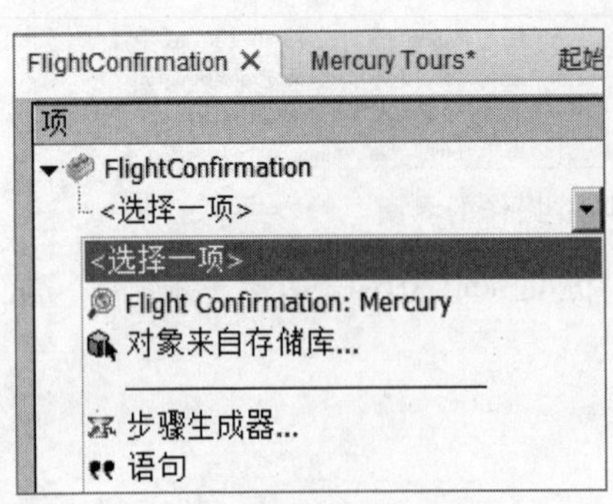

图 7-65　选择【对象来自存储库】命令

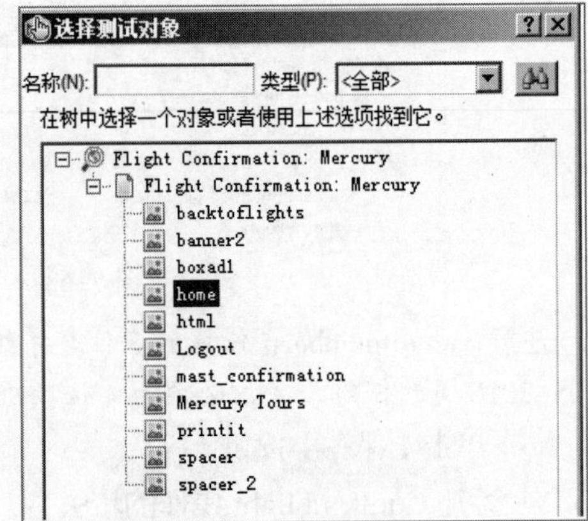

图 7-66　【选择测试对象】对话框

图 7-67　设置 FlightConfirmation 操作的界面

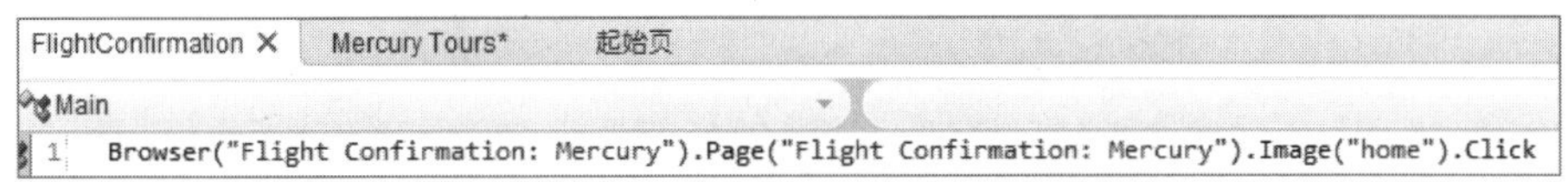

图 7-68　FlightConfirmation 测试脚本编辑模式

7.4　运行及分析基于订票系统的测试

在这一节中，将运行在上面几节创建的测试脚本，查看测试结果，分析测试结果。

7.4.1　运行测试脚本

（1）打开测试脚本 MercuryTours.

（2）在 UFT 中设置保存所有图片:

① 选择【工具】→【选项】命令，如图 7-69 所示。

② 打开【选项】对话框，选择【屏幕捕获】选项卡，选中【当发生以下情况，将捕获的静态图像保存到结果】复选框，并在其后的下拉列表框中选择【总是】（见图 7-70），单击【确定】按钮。

图 7-69　进入选项的操作界面

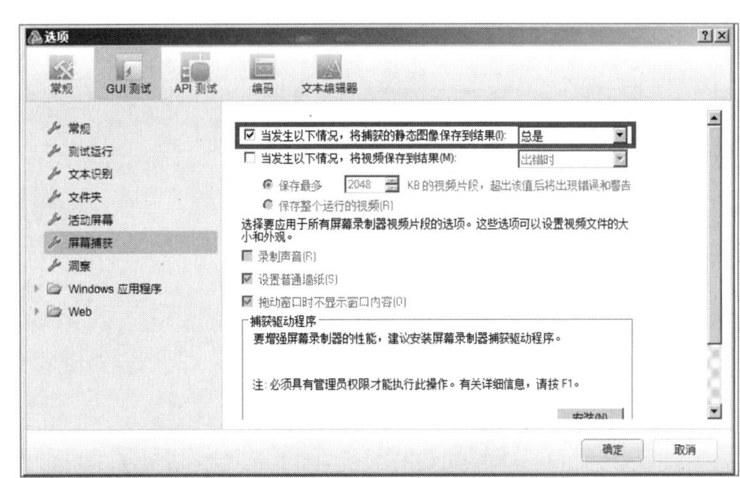

图 7-70　【选项】对话框

（3）运行测试：

单击【运行】按钮 ▷，打开【运行】对话框，单击【选项】右侧的【展开】按钮 ⌄，确认选择了【新运行结果文件夹】单选按钮，并使用默认的文件名，单击【运行】按钮，如图 7-71 所示。

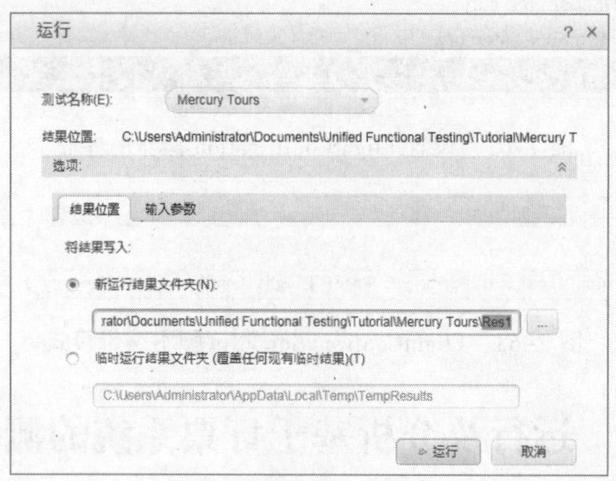

图 7-71　【运行】对话框

（4）报错：如果出现报错，根据提示的内容找到相应的步骤进行修改。

7.4.2　查看及分析测试结果

当 UFT 测试脚本运行结束，打开测试结果查看器窗口，如图 7-72 所示。

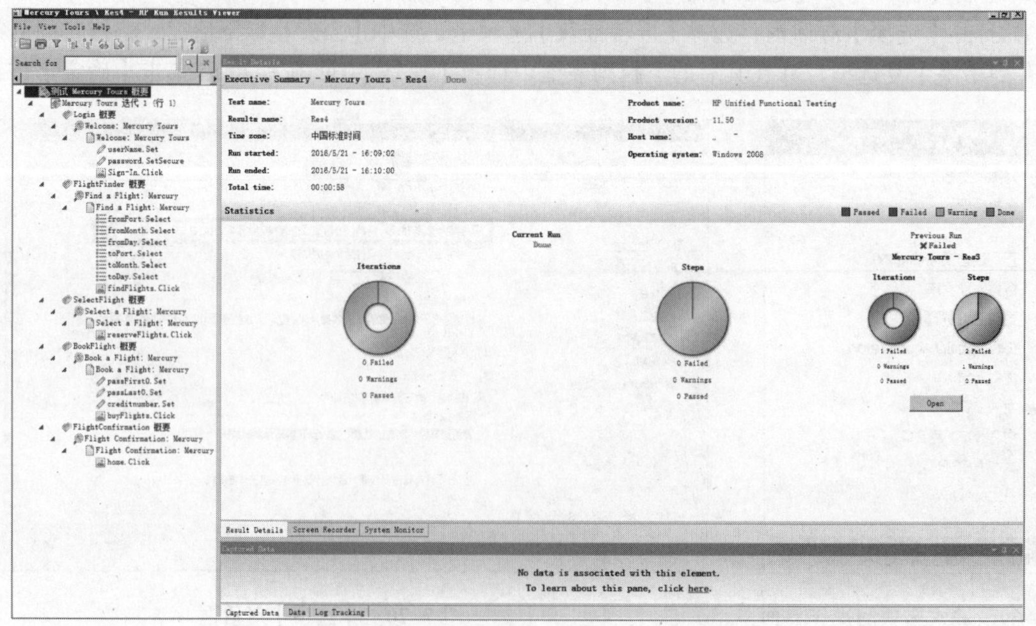

图 7-72　测试结果查看器窗口

左侧边栏以树状结构显示测试各个步骤的概要；右侧上方显示测试的基本环境；右侧下方显示测试结果的详细内容（如哪一步成功，哪一步失败）。

最下方的数据捕获窗口，只有在左侧的树状结构中选中有图像的一个步骤时显现，如图 7-73 所示。

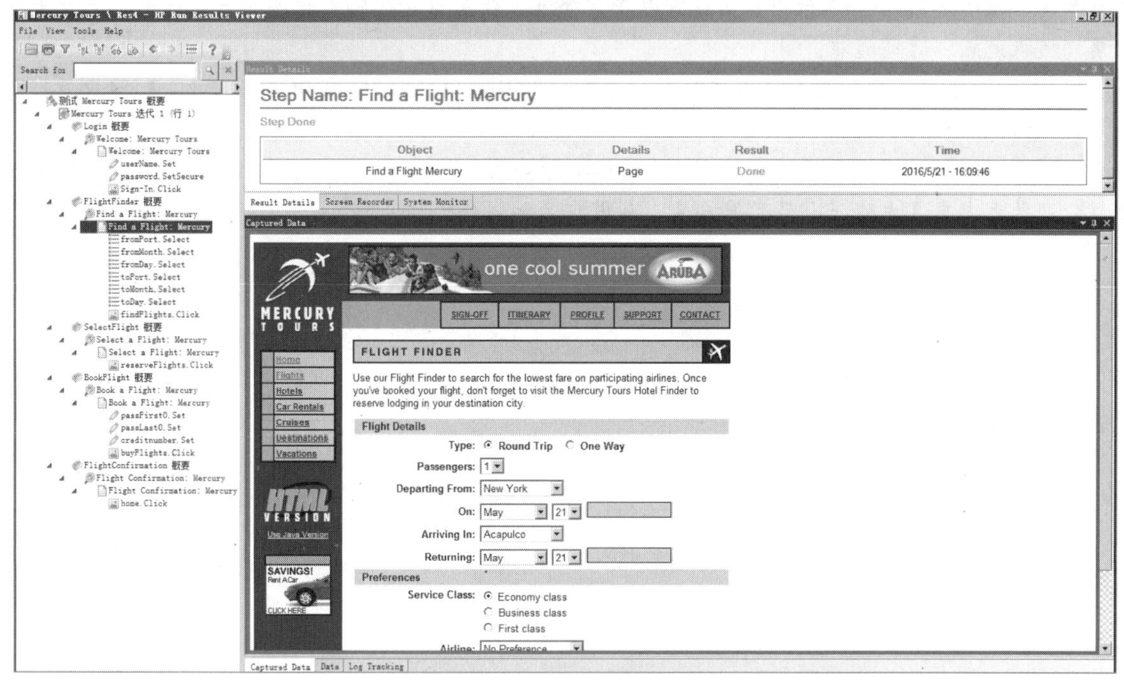

图 7-73　数据捕获窗口

小　　结

UFT 进行测试的基本步骤如下：

（1）创建空测试脚本。

（2）创建对象存储库，并关联到测试脚本中的步骤。

（3）创建函数，并关联到测试脚本中的步骤。

（4）增加步骤。

以上步骤只是最基本的，在实际测试应用中，还有更多好的应用和技巧，并且本章中没有涉及的内容还有很多，比如针对 API 的测试、应用基于 UFT 的各种框架测试等，这些都使得 UFT 自动化测试更灵活、易操作，这些都需要用户在不断的尝试中慢慢积累学习。

习题与思考

1. 使用 UTF12 对百度网站进行功能测试。
2. 使用 UTF12 对 Windows 计算器进行自动化脚本测试。

3. 了解 UFT12 的 GUITest 功能。

4. UFT 如何添加安装其他插件？

5. 针对 Mercury Tours 及登录与订票功能，使用数据驱动脚本/结构化脚本两种方式，测试飞机订票系统，证明使用 4～10 位用户名就可以正常登录，使用结构化脚本订购明天、后天、大后天的机票，随机地点、时间随机。

6. 在第 5 题的基础，每天添加订购人，订购人为 Jim、LiLy、Lucy 每人各订 2、3、4 张票。

7. 在第 6 题的基础上，添加分别购买头等舱、经济舱、商务舱。

8. 导入 Excel 测试用例到 UFT，用 for 循环执行登录 Mercury Tours 自动化测试。测试用例有三条，分别是无用户名无密码、只有用户名、有用户名和密码。

基于 LoadRunner 的负载测试

学习目标：

1. 理解自动化性能测试的概念。
2. 了解自动化测试工具 LoadRunner。
3. 掌握 LoadRunner 基本功能的使用。
4. 学会对简易的系统进行自动化性能测试，并分析结果。

8.1 性能测试工具 LoadRunner 简介

LoadRunner 是一种测试系统行为和性能的工业标准级负载测试工具。通过以模拟上千万用户实施并发负载及实时性能监测的方式来确认和查找问题，LoadRunner 能够对整个企业架构进行测试。通过使用 LoadRunner，企业能最大限度地缩短测试时间，降低测试成本，优化系统性能和加速系统的发布周期。本章使用的 LoadRunner 的版本是 11.00.0.0。

1. 使用 LoadRunner 进行测试的简单步骤

（1）制定测试负载测试计划：首先想清楚要测试哪方面的内容，怎么实现测试。

（2）开发测试脚本：这部分是通过 Visual User Generator 完成的，用 LoadRunner 像录制视频一样录制在测试系统上的所有手动操作。

（3）创建运行场景：一个运行场景包括一个运行虚拟用户活动的 Load Generator 机器列表，一个测试脚本的列表以及大量的虚拟用户和虚拟用户组。

（4）运行测试，并监视场景：在运行过程中，可以监视各个服务器的运行情况（DataBase Server、Web Server 等），这时可以看到因为负载增大而影响到的服务器各个方面的变化。

（5）分析测试结果：分析大量的图表，生成各种不同的报告，最后会得出结论，从而找出影响系统性能的瓶颈在哪里，进而对系统进行改进。

2. LoadRunner 可以实现的功能

LoadRunner 通过使用虚拟用户 Vuser 代替实际用户。这些 Vuser 模拟实际用户的行为运行实际的应用程序。因为一台计算机上可以运行许多 Vuser，因此 LoadRunner 减少了对硬件的要求。

3. LoadRunner 的组成部分

在使用 LoadRunner 进行性能测试的步骤中，最关键的步骤由三个组件来实现：Visual User

Generator（以下简称 VuGen）、Controller、Analysis。

Virtual User Generator：用于录制用户业务流程并创建自动化性能测试脚本。

Controller：用于组织、驱动、管理并监控性能测试。

Load Generator：通过运行 Vuser 产生负载。

Analysis：用于查看、分析并比较性能结果。

Launcher：用于从单个访问点访问所有组件。

4. LoadRunner 界面

登录 LoadRunner 后的 Launcher 起始页面如图 8-1 所示。

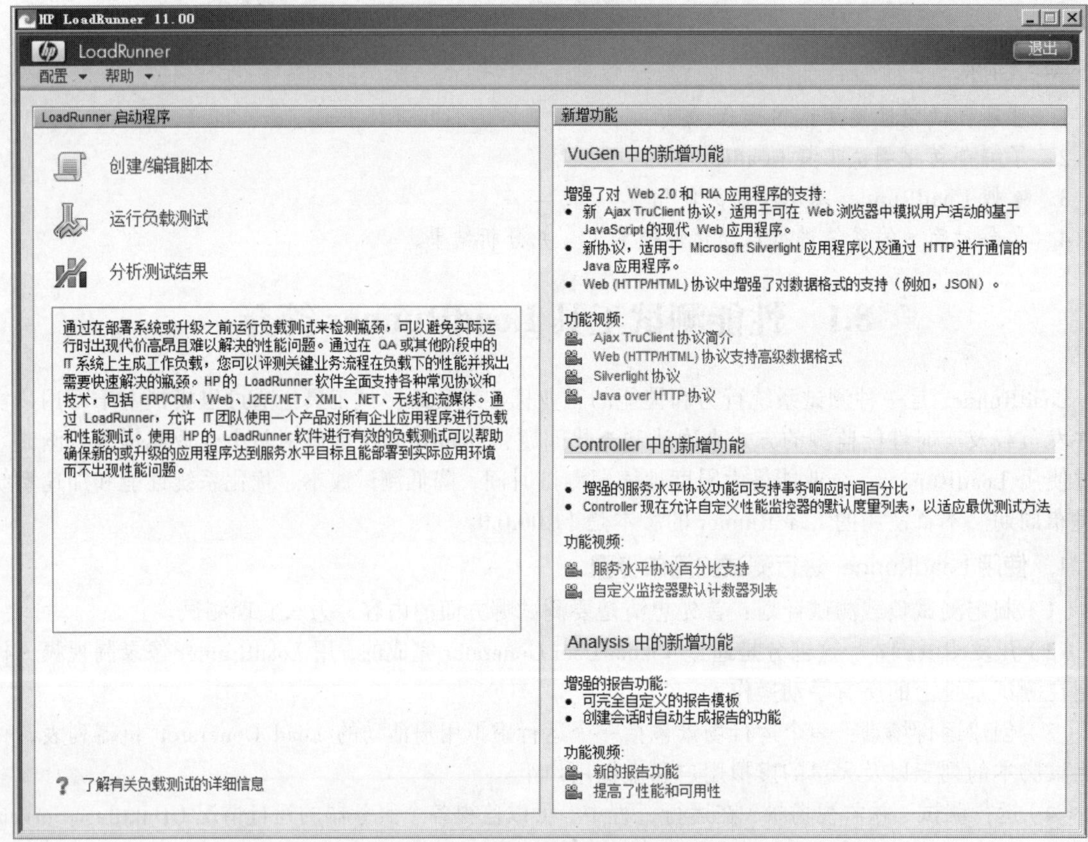

图 8-1　登录 LoadRunner 后的 Launcher 起始页面

在【LoadRunner 启动程序】区域单击【创建/编辑脚本】按钮，进入 Virtual User Generator 页面，如图 8-2 所示。

在【LoadRunner 启动程序】区域单击【运行负载测试】按钮，进入 Controller 页面，如图 8-3 所示。

打开示例测试脚本地址：C:\Program Files (x86)\HP\LoadRunner\tutorial\demo_scenario，如图 8-4 所示。

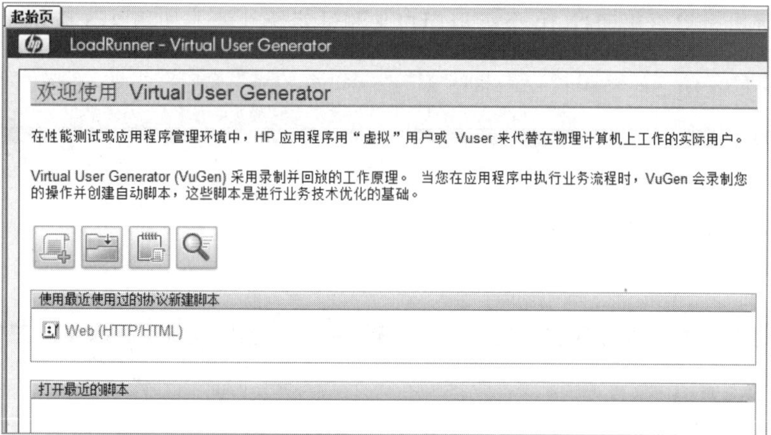

图 8-2　Virtual User Generator 页面

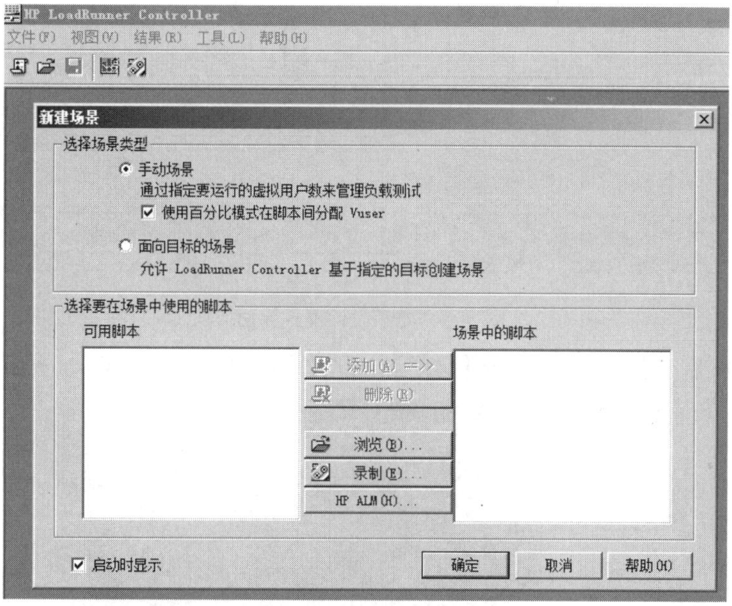

HP LoadRunner Controller
文件(F)　视图(V)　结果(R)　工具(L)　帮助(H)
新建场景
选择场景类型
手动场景
通过指定要运行的虚拟用户数来管理负载测试
使用百分比模式在脚本间分配 Vuser
面向目标的场景
允许 LoadRunner Controller 基于指定的目标创建场景
选择要在场景中使用的脚本
可用脚本　　场景中的脚本
添加(A) ==>>
删除(R)
浏览(B)...
录制(E)...
HP ALM(H)...
启动时显示　　确定　　取消　　帮助(H)

图 8-3　Controller 页面

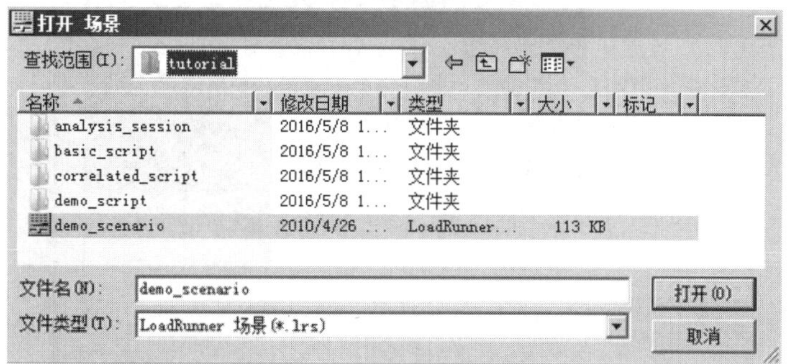

图 8-4　打开场景操作界面

示例设计场景，可以看出通过10个虚拟用户来测试系统性能，如图8-5所示。

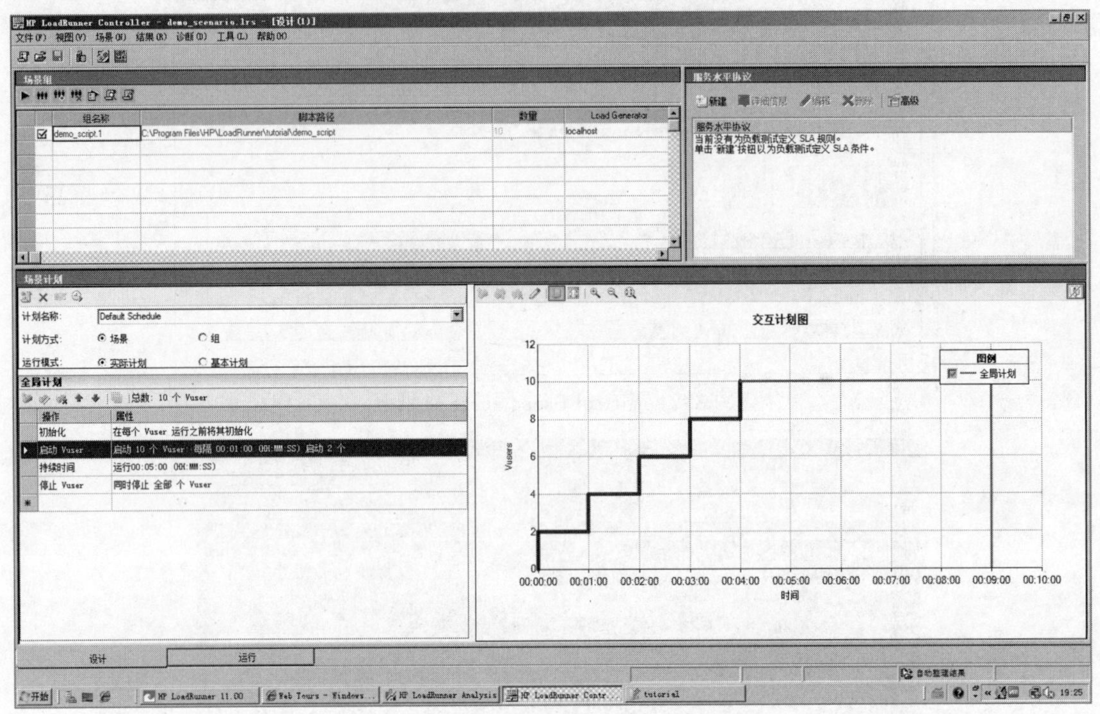

图8-5 场景设计模式界面

在【LoadRunner启动程序】区域单击【分析测试结果】按钮，进入Analysis页面，如图8-6所示。

图8-6 Analysis页面

8.2　旅游网站系统的介绍

下面通过对 HP Web Tours 旅行社系统的性能测试的演示来熟悉 LoadRunner 的功能和测试流程。

HP Web Tours 是一个基于 Web 的旅行社系统，用户可以登录系统，搜索航班，预订航班并查看航班路线。

1. 手动完成订票流程

（1）启动 HP Web Tours 系统的服务器，单击 Start Web Server，如图 8-7 所示。

（2）打开 HP Web Tours 系统，单击图 8-7 中的 HP Web Tours Application，并登录系统。输入登录信息：Username 为 jojo，Password 为 bean，如图 8-8 所示。

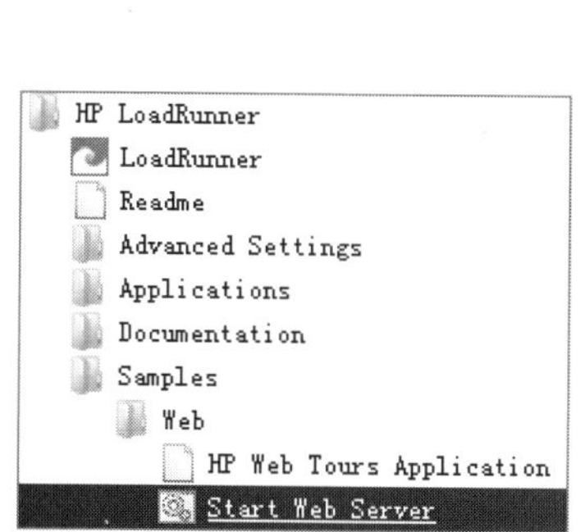

图 8-7　启动网站服务器操作的界面

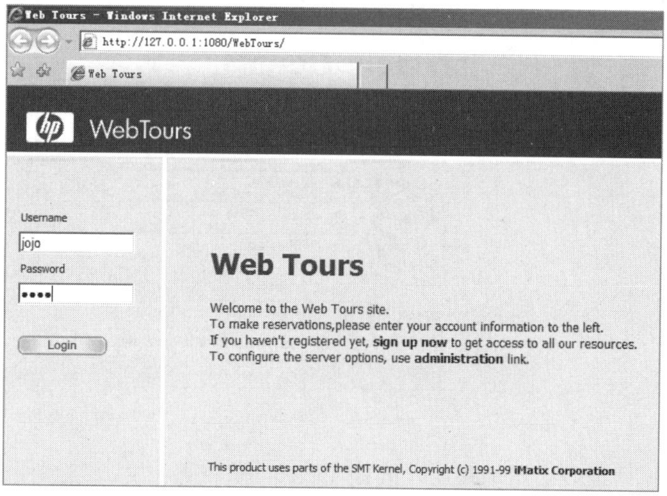

图 8-8　Web Tours 系统登录界面

（3）进入系统，单击 Flights 按钮预订机票，如图 8-9 所示。

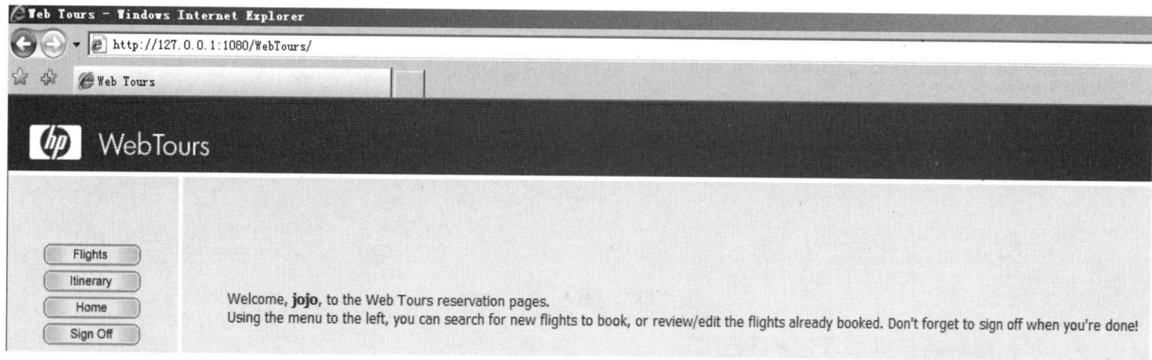

图 8-9　Web Tours 系统主界面

（4）预订机票，修改 Arrival City 下拉列表框中的内容为 Los Angeles，单击 Continue... 按钮进入航班查询界面，如图 8-10 所示。

（5）选定航班，保留默认选项，继续单击 Continue... 按钮，如图 8-11 所示。

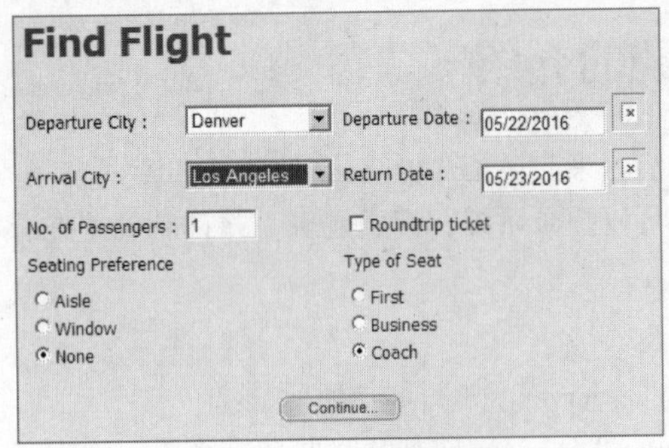

图 8-10　航班查询界面

Find Flight

Flight departing from **Denver** to **Los Angeles** on **05/22/2016**

Flight	Departure time	Cost
Blue Sky Air 030	8am	$ 251
Blue Sky Air 031	1pm	$ 224
Blue Sky Air 032	5pm	$ 238
Blue Sky Air 033	11pm	$ 206

Continue...

图 8-11　选择航班界面

（6）确认航班，在出现的支付明细界面中，单击 Continue... 按钮，如图 8-12 所示。

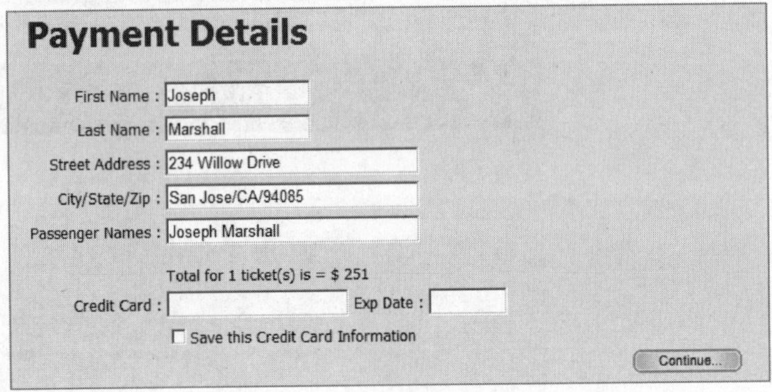

图 8-12　支付明细界面

（7）最后出现最终预订信息，完成机票预订。单击 Sign Off 按钮结束操作。进入费用清单界面，如图 8-13 所示。

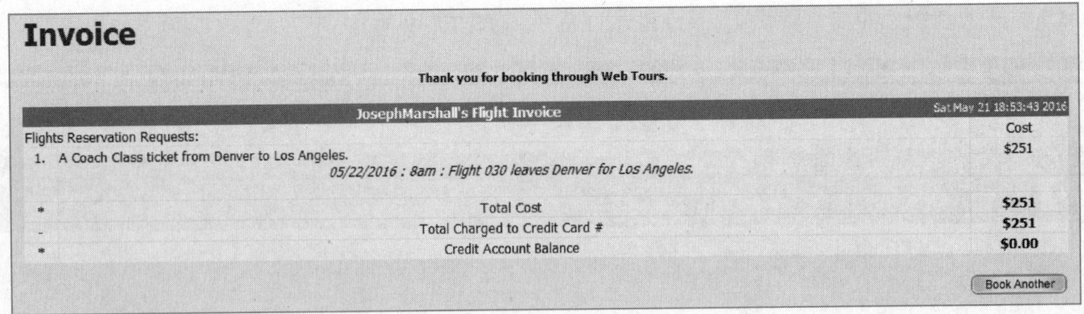

图 8-13　费用清单界面

2. 对此系统进行性能测试的测试点

（1）旅行社网站必须要成功处理 20 家旅行社的并发操作。

（2）旅行社网站必须能处理 20 个并发的机票预订操作，并且响应时间不能超过 120 s。

（3）旅行社网站必须能处理 20 家旅行社的并发航班线路查询操作，且响应时间不能超过 240 s。

（4）旅行社网站必须能处理 20 家旅行社的并发登录和注销操作，且响应时间不能超过 20 s。

8.3　创 建 脚 本

1. 启动 LoadRunner

登录 LoadRunner 后的起始界面如图 8-14 所示。

2. 打开 Virtual User Generator

在【LoadRunner 启动程序】区域单击【创建/编辑脚本】按钮，进入 Virtual User Generator 页面，如图 8-15 所示。

图 8-14　LoadRunner 起始界面

图 8-15　Virtual User Generator 界面

3. 创建新的 Web 测试脚本

单击按钮（见图 8-15），创建基于 Web（HTTP/HTML）协议类型的新测试脚本。

视频

Web 系统的脚本录制

4. 录制实际操作

（1）单击左侧【任务】→【录制】→【录制应用程序】选项，如图 8-16 所示。

（2）在【开始录制】对话框中，输入 URL，并单击【确定】按钮，如图 8-17 所示。

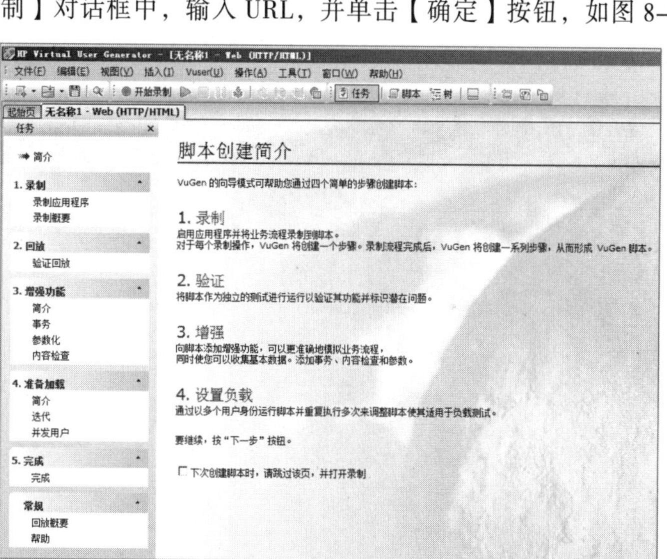

图 8-16　新测试脚本页面

（3）在一个新的 Web 浏览窗口中打开 HP Web Tours 页面，同时打开浮动的【正在录制】工具栏，如图 8-18 所示。

（4）输入登录信息：Username 为 jojo，Password 为 bean。

（5）输入航班详细信息：Arrival City 为 San Francisco，Seating Preference 为 Aisle，单击 Continue... 按钮，如图 8-19 所示。

（6）选择航班：选择默认选项，单击 Continue... 按钮，如图 8-20 所示。

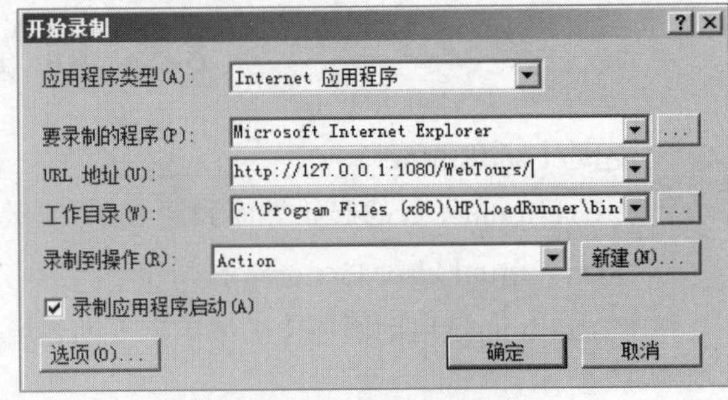

图 8-17　开始录制对话框

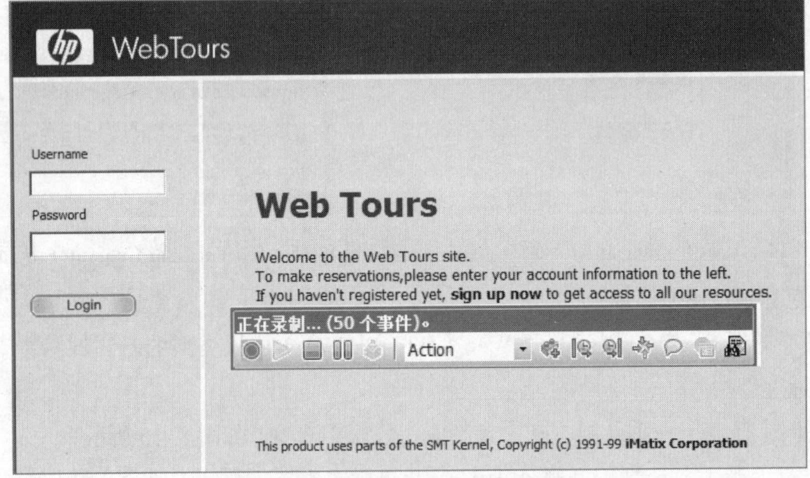

图 8-18　新窗口和正在录制工具栏

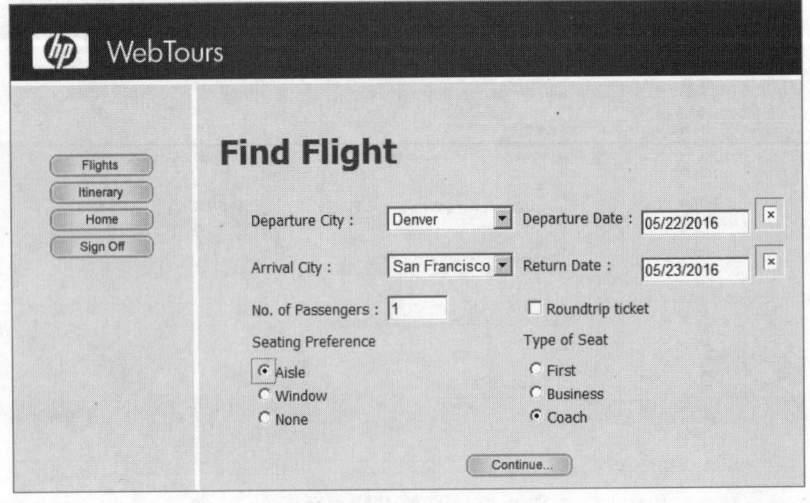

图 8-19　查询航班页面

（7）输入相关支付信息，并单击 Continue... 按钮，如图 8-21 所示。

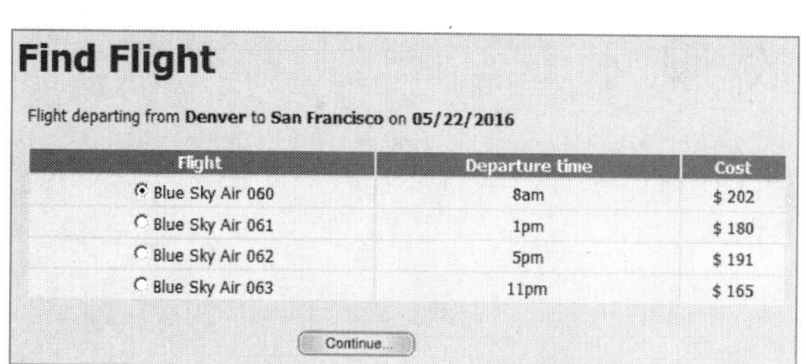

图 8-20　选择航班界面

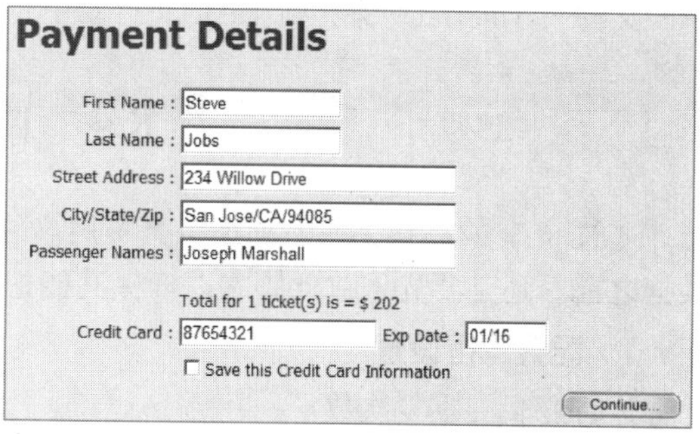

Payment Details

First Name : Steve
Last Name : Jobs
Street Address : 234 Willow Drive
City/State/Zip : San Jose/CA/94085
Passenger Names : Joseph Marshall
Total for 1 ticket(s) is = $ 202
Credit Card : 87654321　Exp Date : 01/16
Save this Credit Card Information
Continue...

图 8-21　支付明细界面

（8）进入费用清单页面，如图 8-22 所示。

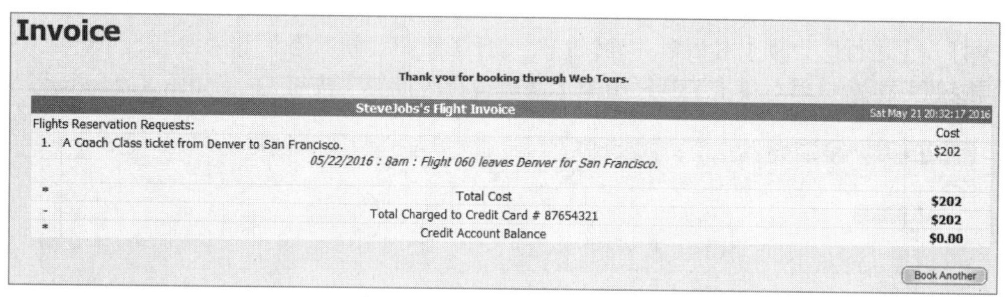

图 8-22　费用清单界面

（9）查看航班线路，单击 Itinerary 按钮，随后单击 Sign Off 按钮。

（10）切换到 UFT 窗口，单击【正在录制】工具栏中的【停止】按钮 停止录制，记录录制概要，右侧显示录制下来的页面，如图 8-23 所示。

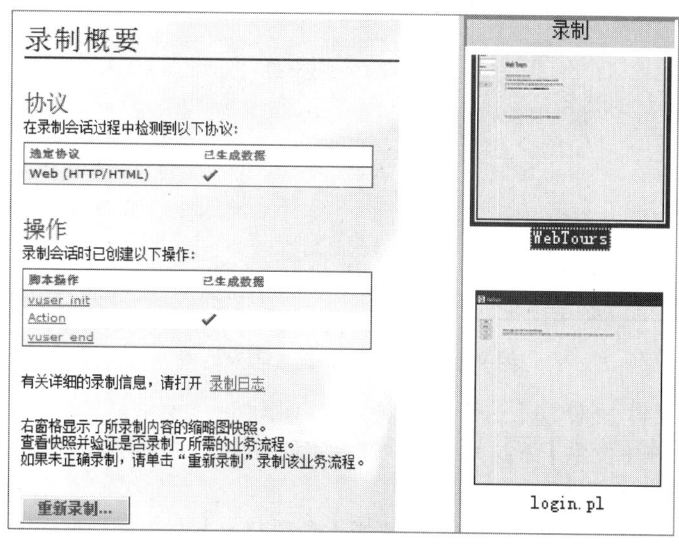

图 8-23　录制概要及相关录制页面

（11）单击【保存】按钮保存，保存到目录 C:\Program Files (x86)\HP\LoadRunner\scripts，创建新的文件夹 Tutorial，保存到 Tutorial 目录中，文件名为 Basic_Tutorial。

8.4 回放脚本

通过 8.3 的操作，一系列模拟真实用户的手动操作就已经录制成自动化脚本。但是在加入负载数据之前，还是要先回放此脚本以确保其能正常工作。

1. **配置运行设置**

运行逻辑：重复次数。

步：两次重复之间的等待时间。

思考时间：用户在各步骤直接停下来思考的时间。

日志：希望在回放期间收集的信息详细程度。

（1）打开【运行时设置】对话框，确保左侧的任务窗口显示状态，如果没有，单击工具栏中的【任务】按钮 任务。然后单击工具栏中的【编辑运行时设置】按钮，如图 8-24 所示。

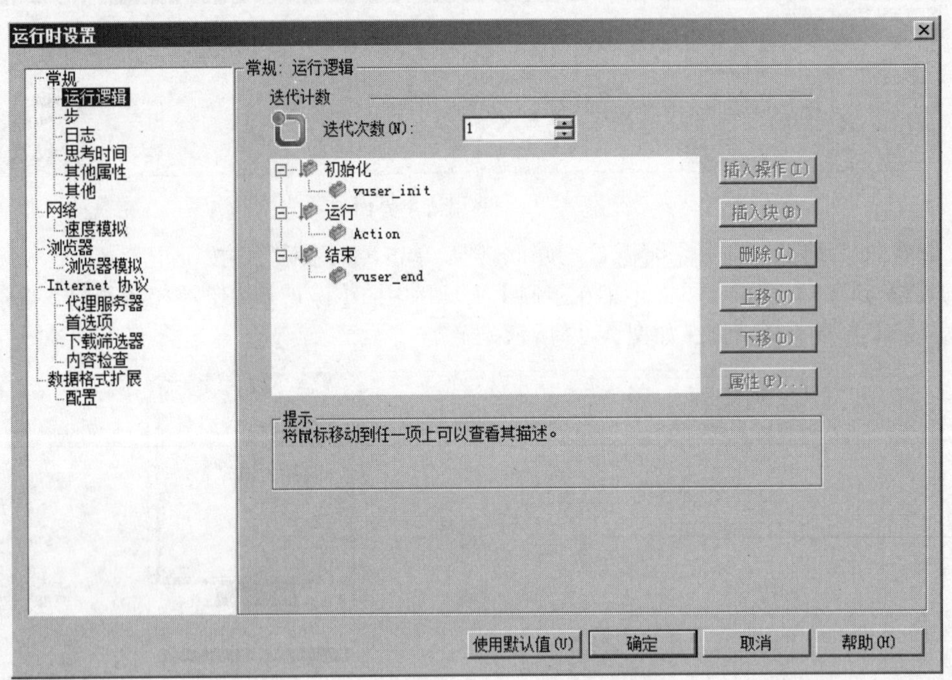

图 8-24 【运行时设置】对话框

（2）设置【运行逻辑】：修改【迭代次数】为 2，如图 8-25 所示。

（3）设置【步】：在【发生】下拉列表框中选择【随机】选项，并修改随机间隔为 60～90 s，如图 8-26 所示。

（4）设置【日志】：在【扩展日志】区域选择【参数替换】复选框，如图 8-27 所示。

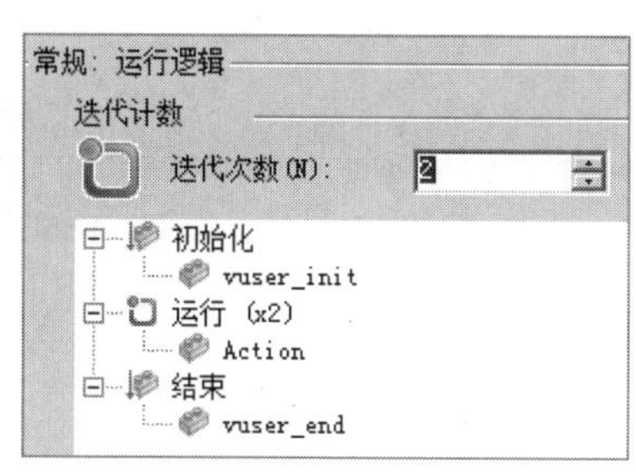

图 8-25　设置运行逻辑

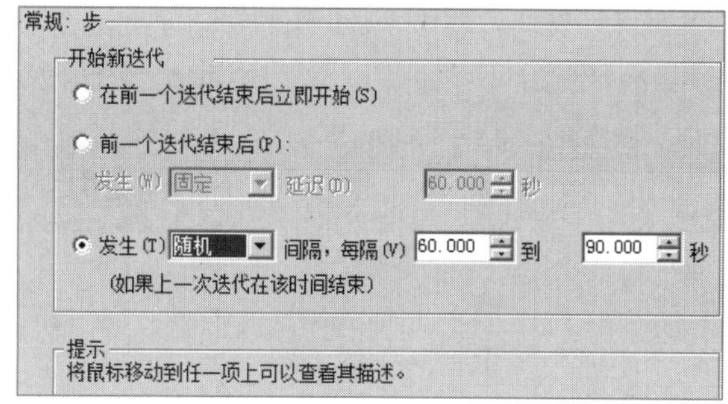

图 8-26　设置步

（5）设置【思考时间】：保持默认的【忽略思考时间】单选按钮，如图 8-28 所示。

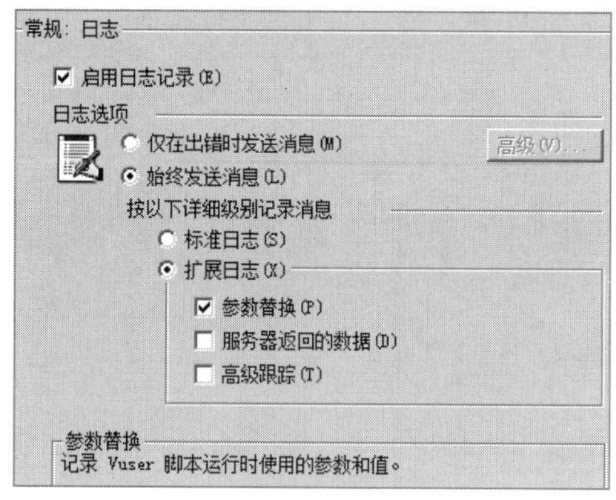

图 8-27　设置日志

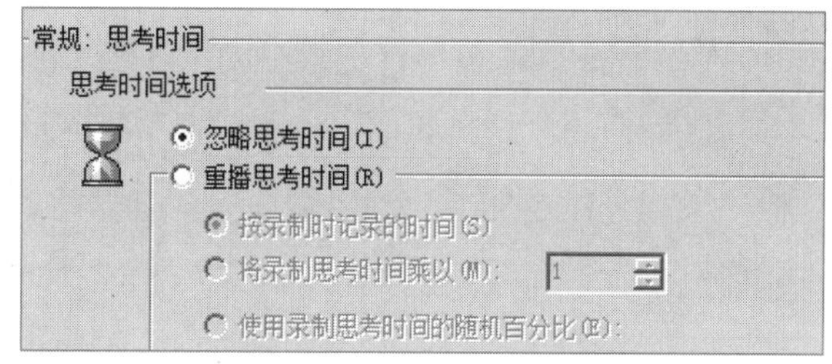

图 8-28　设置思考时间

（6）单击【确定】按钮关闭对话框。

（7）设置运行时查看器：选择【工具】→【常规选项】命令，打开【常规选项】对话框，修改【显示】设置如图 8-29 所示。

2. 回放脚本

（1）在左侧【任务】窗口中单击【验证回放】，继续单击【开始回放】按钮，如图 8-30 所示。

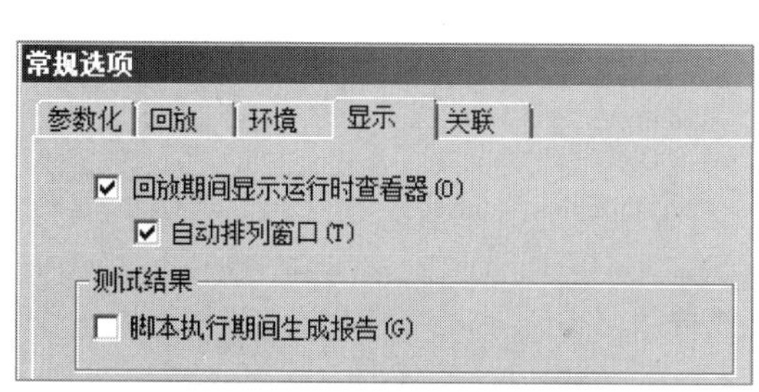

图 8-29　【常规选项】对话框

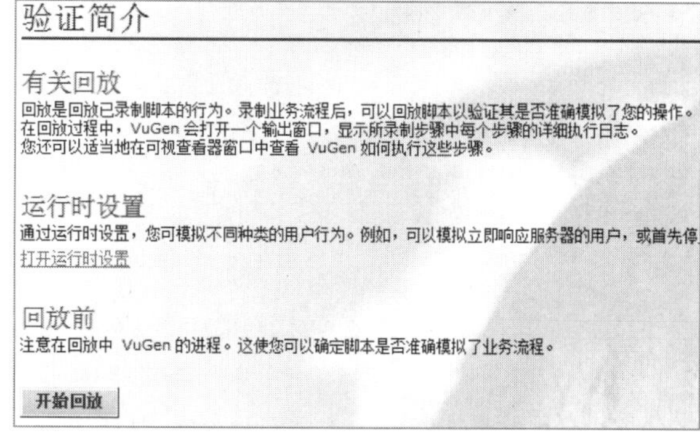

图 8-30　验证简介界面

（2）回放时界面，如图 8-31 所示。

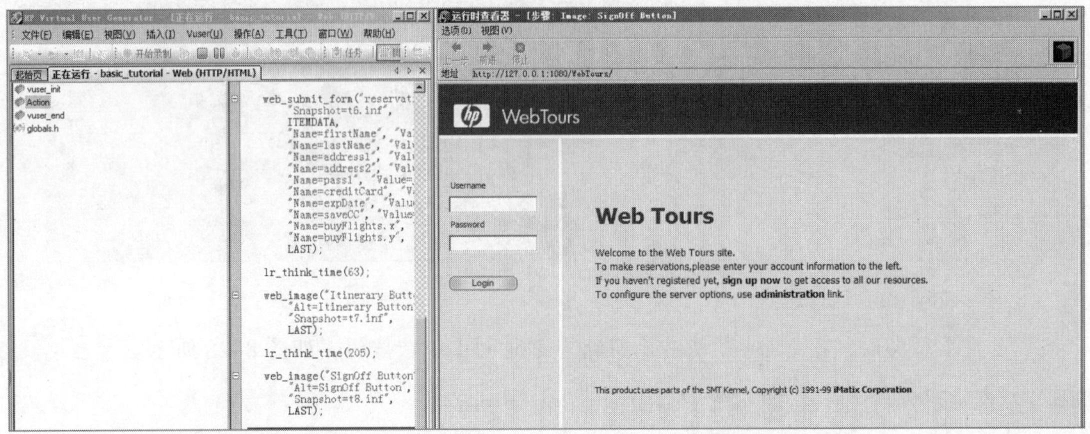

图 8-31　回放时界面

（3）回放结束后弹出提示对话框，单击【否】按钮，如图 8-32 所示。

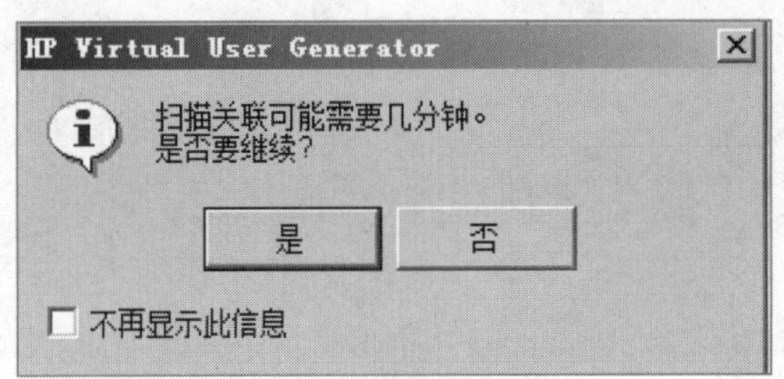

图 8-32　关闭回放提示对话框

3. 检查回放结果

（1）回放概要，从概要界面可以看到有几个办法查看回放结果，如图 8-33 所示。

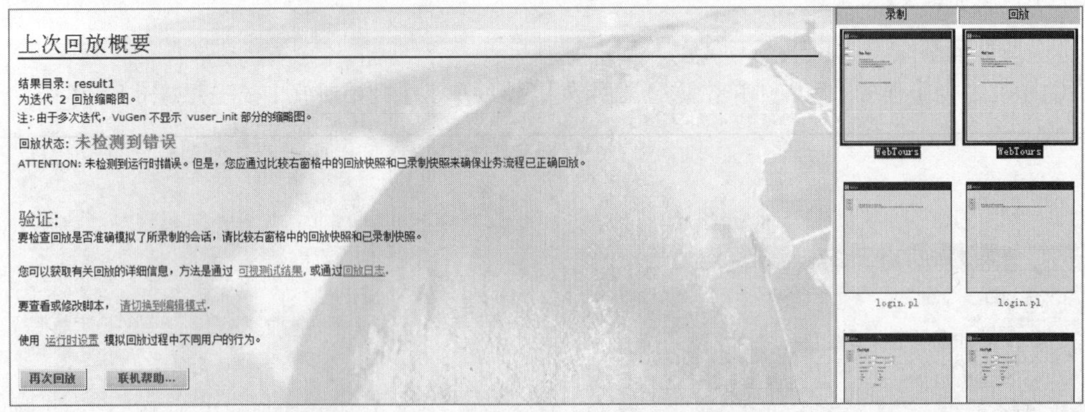

图 8-33　查看回放结果

（2）比较录制和回放的页面缩略图：单击右侧某一页的比较图放大，如图 8-34 所示。

（3）单击【可视测试结果】按钮，效果如图 8-35 和图 8-36 所示。

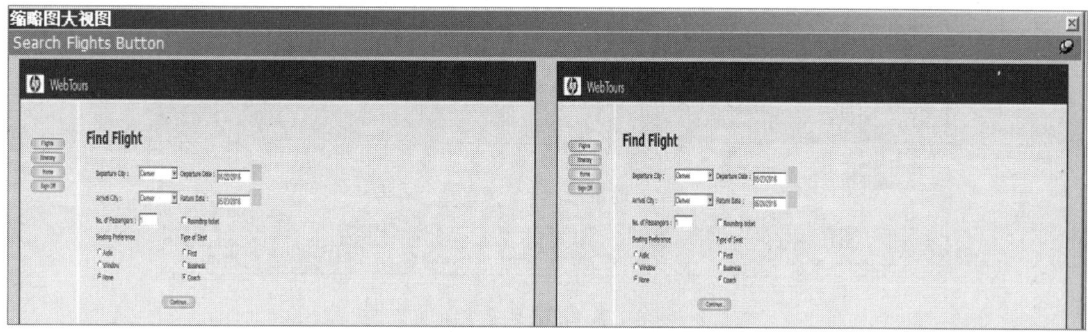

图 8-34　缩略图大视图

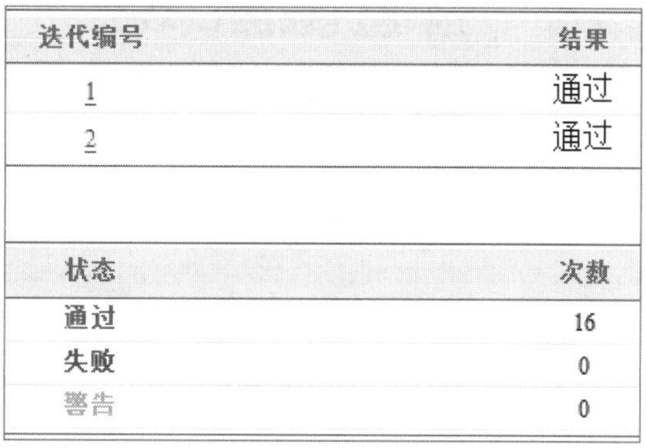

迭代编号	结果
1	通过
2	通过

状态	次数
通过	16
失败	0
警告	0

图 8-35　测试结果一

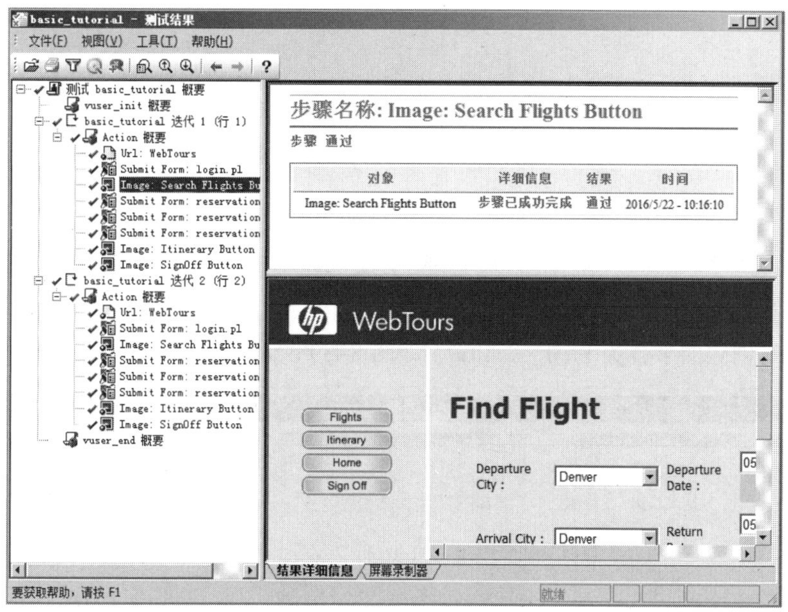

图 8-36　测试结果二

（4）单击【日志回放】按钮，如图 8-37 所示。

```
回放日志 | 录制日志 | 关联结果 | 生成日志
虚拟用户脚本已从 : 2016-05-22 10:15:56 启动
正在开始操作 vuser_init。
Windows 2008 版 LoadRunner 11.0.0 的 Web Turbo 重播; 内部版本 8859 (Aug 18 2010 20:14:31)   [MsgId:
Run Mode: HTML        [MsgId: MMSG-26000]
运行时设置文件: "C:\Program Files (x86)\HP\LoadRunner\scripts\Tutorial\basic_tutorial\\default.cfg"
正在结束操作 vuser_init。
正在运行 Vuser...
正在开始迭代 1。
正在开始操作 Action。
Action.c(4): 在"http://127.0.0.1:1080/WebTours/"中检测到非资源"http://127.0.0.1:1080/WebTours/he
Action.c(4): 在"http://127.0.0.1:1080/WebTours/"中检测到非资源"http://127.0.0.1:1080/WebTours/we
Action.c(4): 在 HTML "http://127.0.0.1:1080/WebTours/header.html"中找到资源"http://127.0.0.1:1080
Action.c(4): 在 HTML "http://127.0.0.1:1080/WebTours/header.html"中找到资源"http://127.0.0.1:1080
Action.c(4): 在"http://127.0.0.1:1080/WebTours/welcome.pl?signOff=true"中检测到非资源"http://127
```

图 8-37　日志回放界面

8.5　创建负载测试场景

1. 创建事务

（1）单击左侧边框中的【事务】，右侧显示 8.3 录制的操作，如图 8-38 所示。

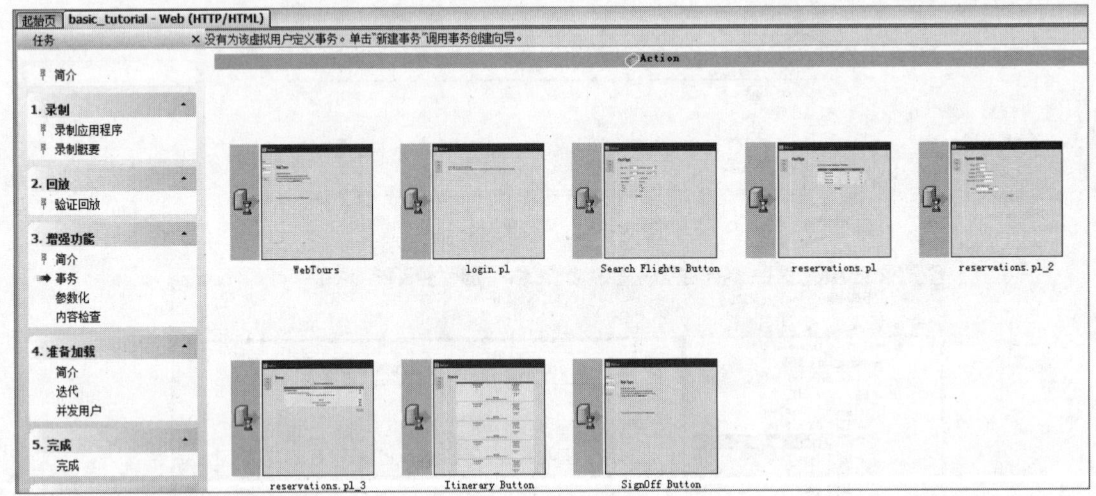

图 8-38　事务页面

（2）单击右侧边框按钮 新建事务 ，移动鼠标并分别在 Search Flights Button 前和 resverations.pl_2 后单击，并命名新创建的事务为 Find_Confirm，如图 8-39 所示。

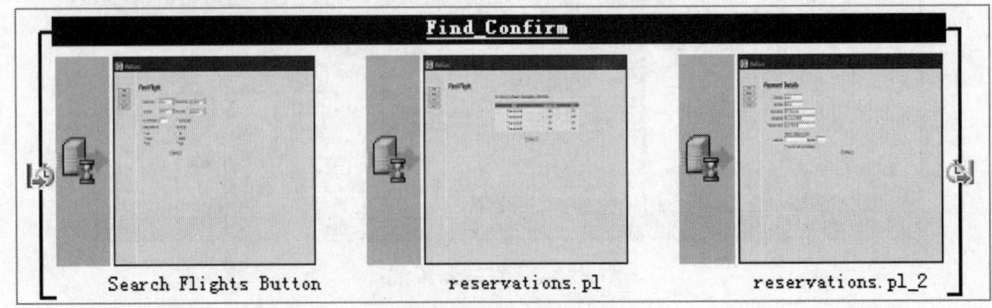

图 8-39　新建事务

2. 参数化脚本

（1）打开树视图：单击工具栏按钮 树，出现树视图，如图 8-40 所示。

（2）双击 Submit Form:reservations.pl，弹出【提交表单步骤属性】对话框，如图 8-41 所示。

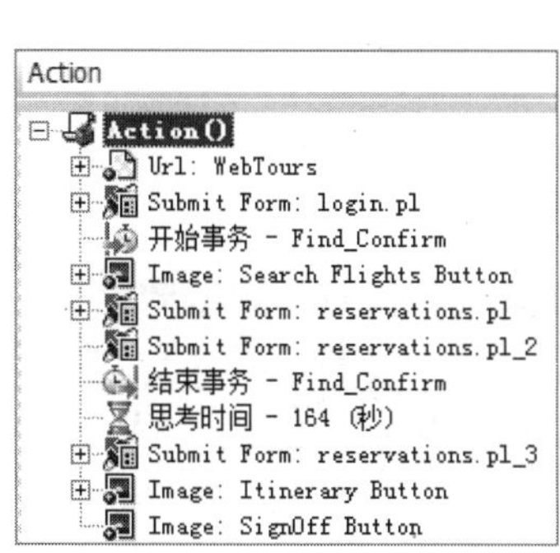

图 8-40　树视图

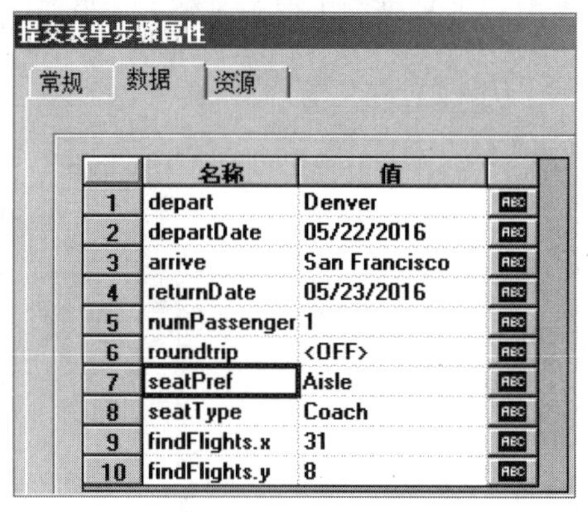

图 8-41　【提交表单步骤属性】对话框

（3）单击 Aisle 右侧的图标，弹出【选择或创建参数】对话框，设置参数，如图 8-42 所示，单击【确定】按钮。

（4）单击 Seat 右侧的图标，选择【参数属性】，单击【添加行】按钮，分别添加 Seat 的另外 2 个参数值：Window 和 None。其他属性保持默认值，如图 8-43 所示。

图 8-42　【选择或创建参数】对话框

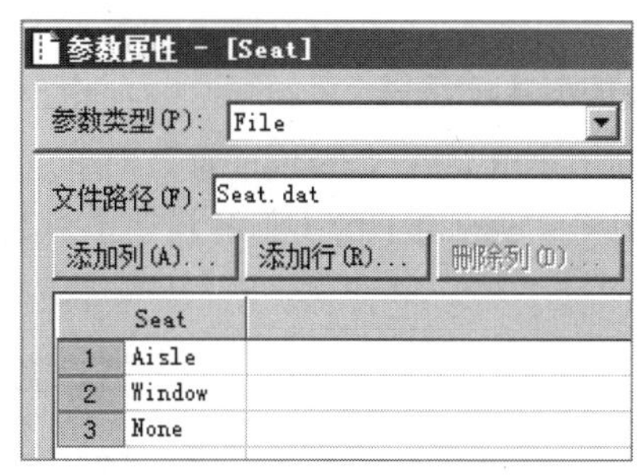

图 8-43　【参数属性】对话框

3. 内容检查

（1）单击左侧边框中的【内容检查】，选中缩略图 reservations.pl。高亮选中 Find Flight 并右击，在弹出的快捷菜单中选择【添加文本检查（web_reg_find）】命令，如图 8-44 所示。

（2）保持默认设置，如图 8-45 所示，单击【确定】按钮。

图 8-44　添加检查

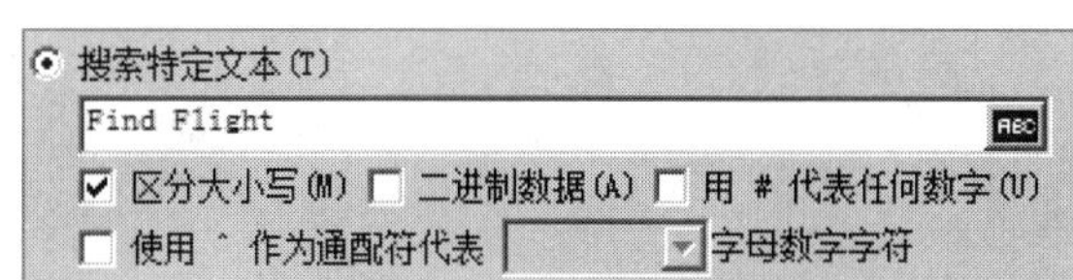

图 8-45　默认设置

4. 插入调试输出

（1）单击 树视图 按钮切换到树视图，选中 Image:Signoff Button，然后选择【插入】→【新建步骤】命令，弹出【添加步骤】对话框选中【输出消息】并单击【确定】按钮，如图 8-46 所示。

（2）在弹出对话框的【消息文本】文本框中输入“The flight was reserved.”，如图 8-47 所示。

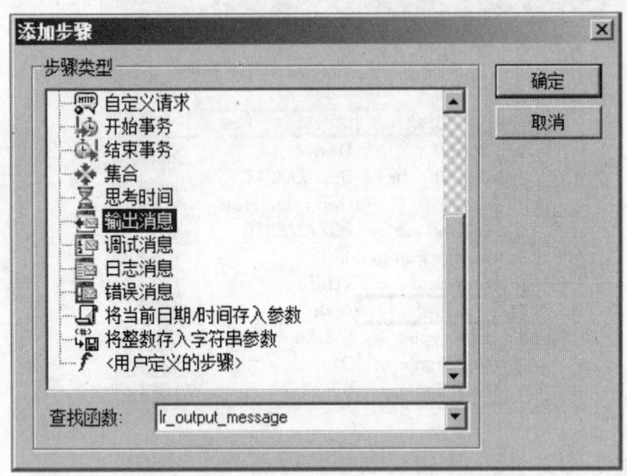

图 8-46 【添加步骤】对话框

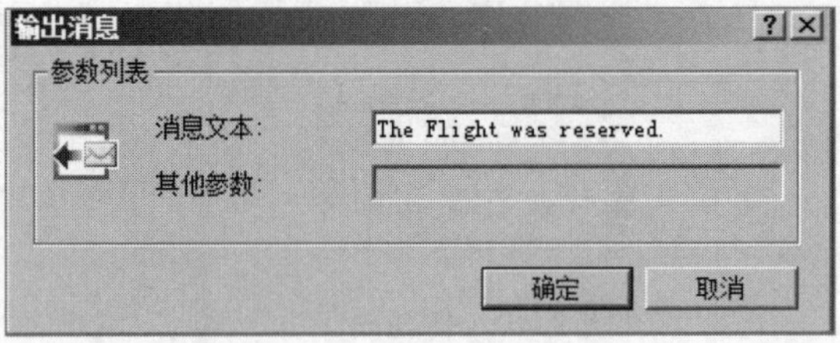

图 8-47 【输出消息】对话框

（3）单击【确定】按钮并保存脚本。

8.6 运行负载测试

1. 添加脚本到场景

（1）在 LoadRunner Laucher 窗口中单击【运行负载测试】按钮，如图 8-48 所示。

（2）打开 Controller 的【新建场景】对话框，选择系统自带的示例脚本 basic_script，如图 8-49 所示。

图 8-48 LoadRunner 起始界面

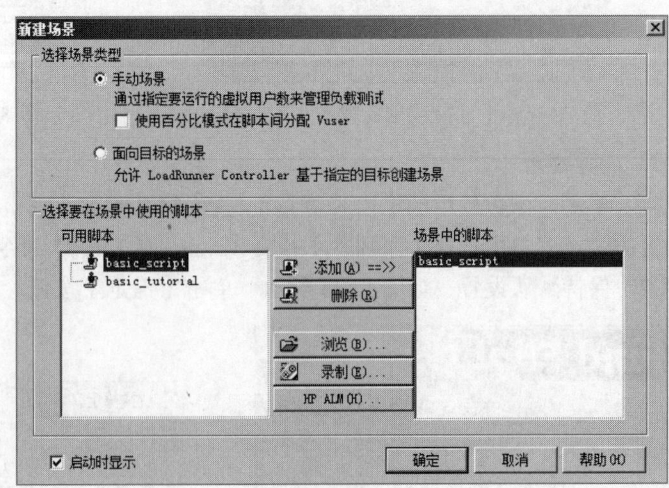

图 8-49 【新建场景】对话框

（3）单击【确定】按钮，进入场景页面，如图 8-50 所示。Controller 窗口分为三部分：场景组、服务水平协议、场景计划。

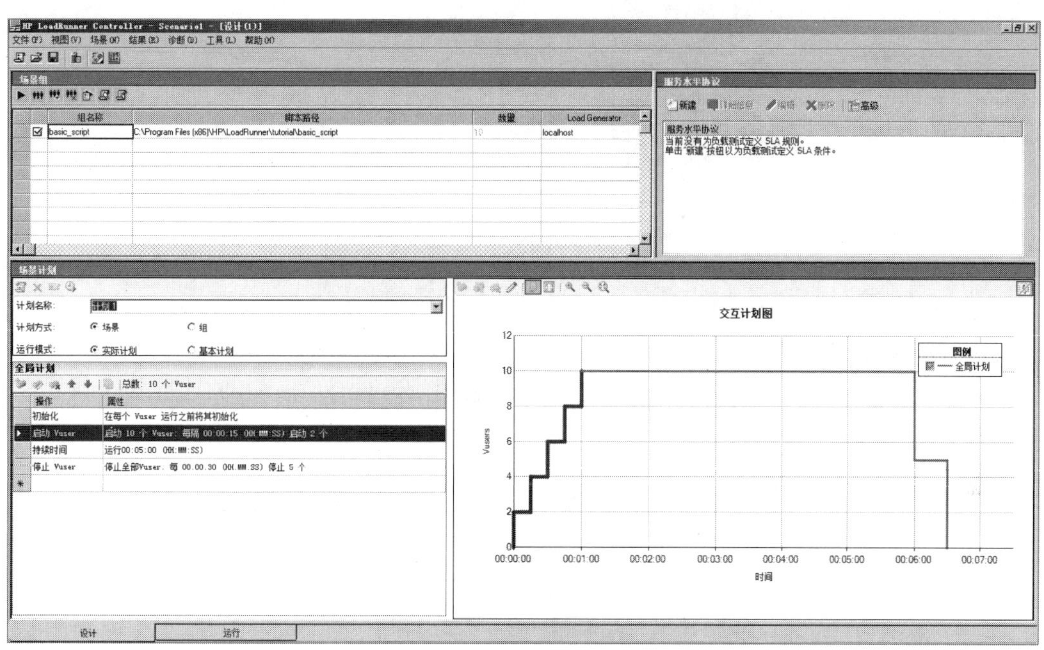

图 8-50　场景页面

（4）修改场景组中的组名称 basic_script 为 Travel_Agent，如图 8-51 所示。

图 8-51　【组信息】对话框

2. 建立负载连接

（1）添加 Load Generator，在 Controller 窗口中单击 Load Generator 按钮，进入 Load Generator 窗口，如图 8-52 所示。

（2）运行场景时，Controller 会自动连接到 Load Generator，也可在此窗口中手动连接，单击【连接】按钮。

3. 全局计划定义

在全局计划框内，单击【编辑操作】按钮，分别修改 4 个操作，如图 8-53 所示。

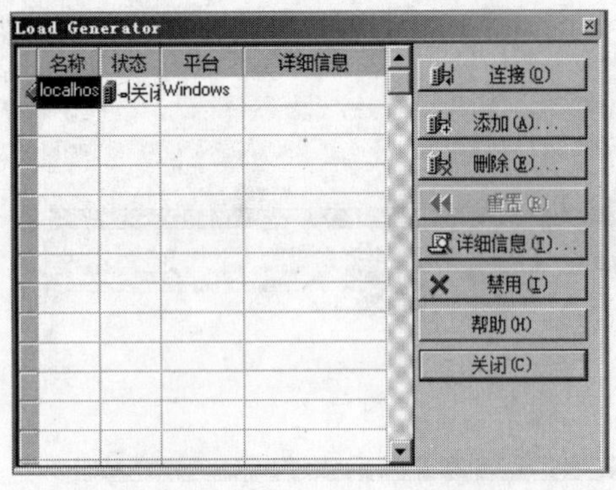

图 8-52　Load Generator 窗口

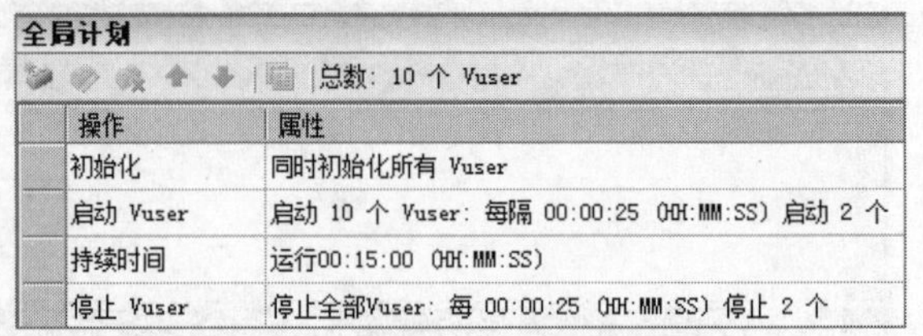
全局计划

总数：10 个 Vuser

操作	属性
初始化	同时初始化所有 Vuser
启动 Vuser	启动 10 个 Vuser：每隔 00:00:25 (HH:MM:SS) 启动 2 个
持续时间	运行00:15:00 (HH:MM:SS)
停止 Vuser	停止全部Vuser：每 00:00:25 (HH:MM:SS) 停止 2 个

图 8-53　编辑操作

4. 添加监控资源

（1）单击【运行】视图，然后右击【Windows 资源】，在弹出的快捷菜单中选择【增加度量】命令，如图 8-54 所示。

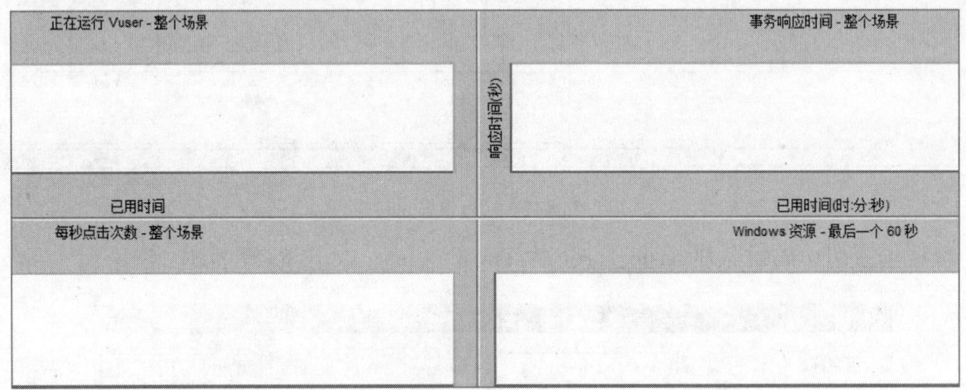

图 8-54　度量界面

（2）在打开的【Windows 资源】对话框中添加监控的服务器计算机：localhost，如图 8-55 所示。

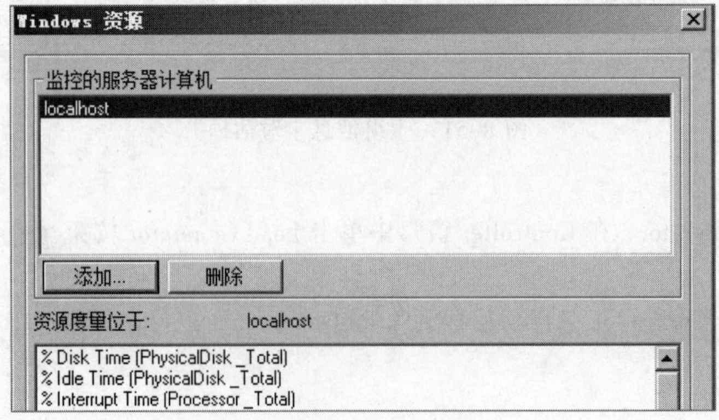

图 8-55　添加监控的服务器计算机

（3）监控 localhost，如图 8-56 所示。

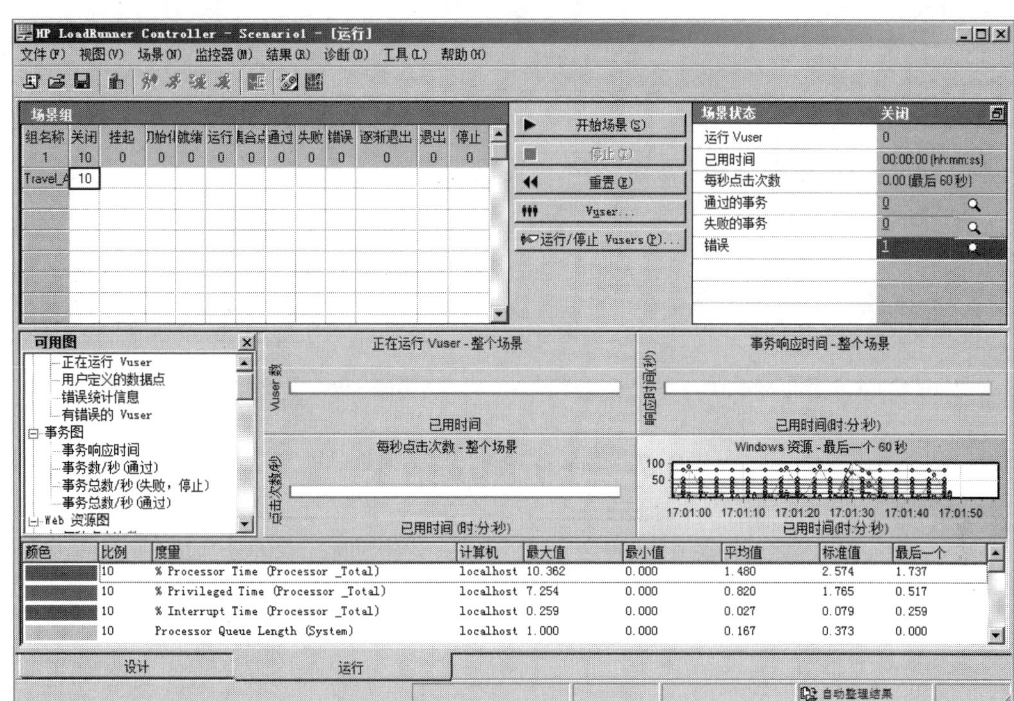

图 8-56　负载监控界面

5. 运行负载测试场景

在 Controller 的运行视图下，单击中间的【开始场景】按钮，右侧可以看到场景运行状态是正在运行，见图 8-56 中上部区域。

6. 负载测试运行结束

（1）场景状态：运行中和结束后，如图 8-57 所示。

场景状态	正在运行
运行 Vuser	10
已用时间	00:02:52 (hh:mm:ss)
每秒点击次数	10.35 (最后 60 秒)
通过的事务	303
失败的事务	0
错误	1

场景状态	关闭
运行 Vuser	0
已用时间	00:18:36 (hh:mm:ss)
每秒点击次数	4.12 (最后 60 秒)
通过的事务	2794
失败的事务	0
错误	1

图 8-57　运行中和结束后场景状态

（2）Vuser 的操作，单击场景状态中的【通过的事务】右侧的【查看】按钮，查看事务统计信息，如图 8-58 所示。

（3）查看错误信息：选择【视图】→【显示输出】命令，弹出【输出】对话框，如图 8-59 所示。

（4）单击【保存】按钮保存场景，保存为 Travel_Agent。

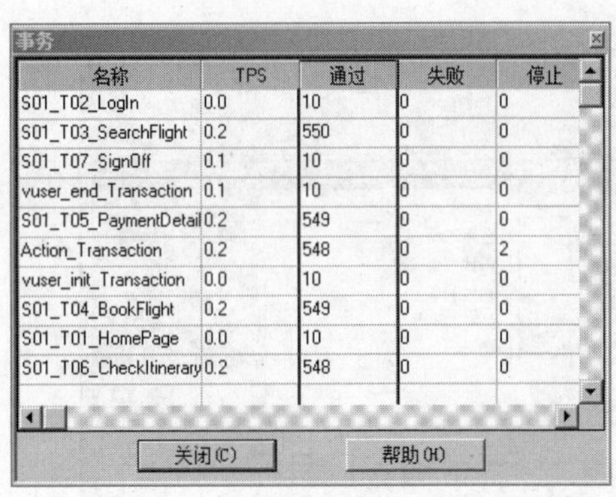

事务

名称	TPS	通过	失败	停止
S01_T02_LogIn	0.0	10	0	0
S01_T03_SearchFlight	0.2	550	0	0
S01_T07_SignOff	0.1	10	0	0
vuser_end_Transaction	0.1	10	0	0
S01_T05_PaymentDetail	0.2	549	0	0
Action_Transaction	0.2	548	0	2
vuser_init_Transaction	0.0	10	0	0
S01_T04_BookFlight	0.2	549	0	0
S01_T01_HomePage	0.0	10	0	0
S01_T06_CheckItinerary	0.2	548	0	0

关闭(C)　帮助(H)

图 8-58　【事务】对话框

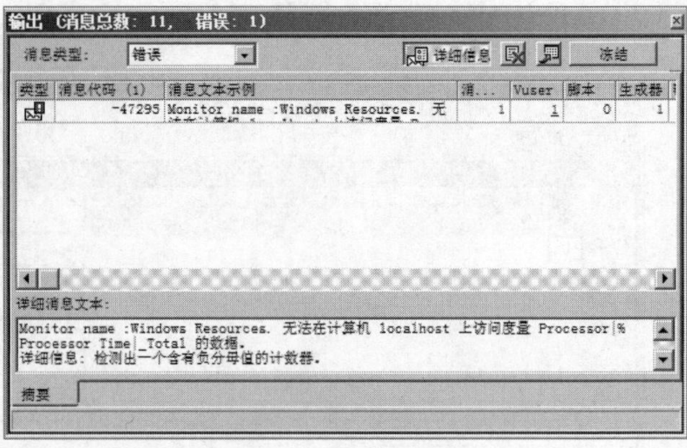

图 8-59　【输出】对话框

8.7　分析测试结果

分析模块主要是查找系统在性能方面的问题，找出原因，解决问题。分析主要从以下几个方面进行：

- 系统是否到达性能目标；
- 系统哪部分导致性能下降。

1. 分析窗口

（1）从 Launcher 窗口单击【分析测试结果】按钮，并单击【打开现有 analysis 会话】按钮，打开此地址的会话：C:\Program Files (x86)\HP\LoadRunner\tutorial\analysis_session，如图 8-60 所示。

（2）分析会话窗口分为几部分：会话浏览器，属性窗口，如图 8-61 所示。

图 8-60　LoadRunner 起始界面

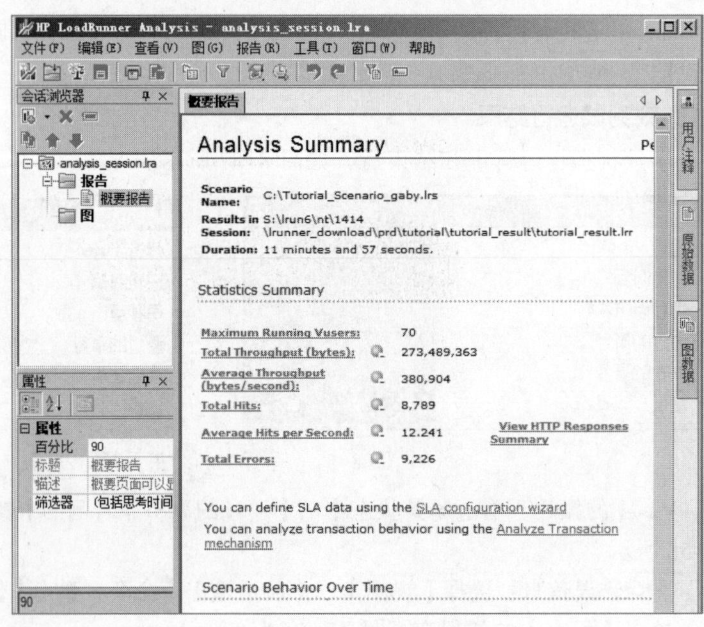

图 8-61　分析窗口

（3）单击会话浏览器中的工具栏按钮添加新图，如图 8-62 所示。

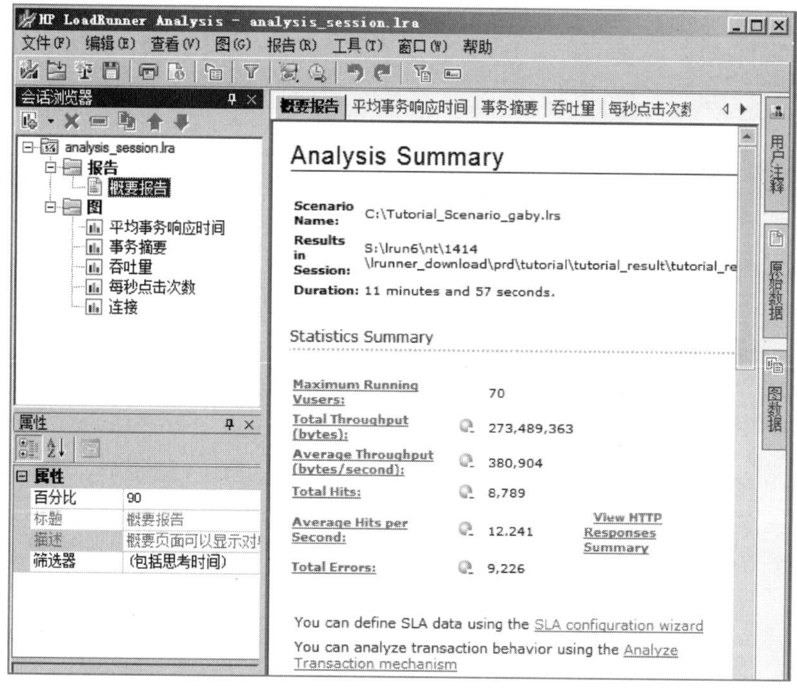

图 8-62　分析概要报告

2. **是否到达性能目标**

服务水平协议是测试人员为负载测试场景定义的具体目标。分析就是通过将这些目标和 LoadRunner 在测试运行中收集的相关数据进行比较，然后得出测试结果为通过或是失败。下面将演示如何定义服务水平协议。

（1）选择【工具】→【配置 SLA 规则】命令，打开【服务水平协议】对话框，如图 8-63 所示。

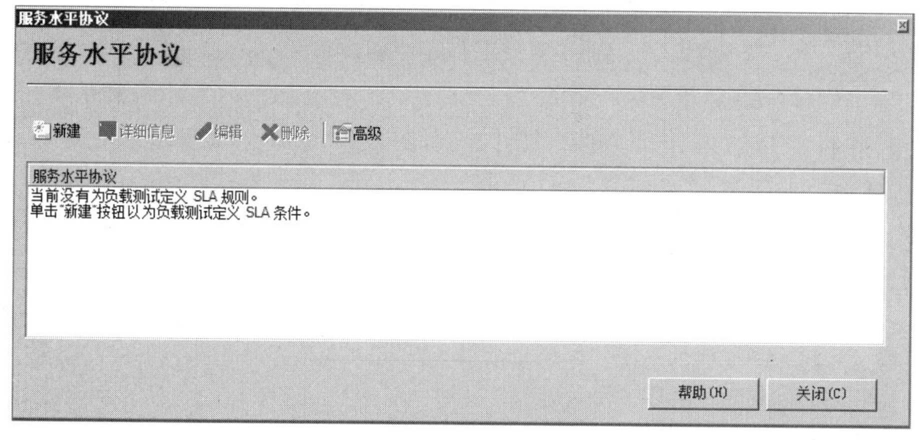

图 8-63　【服务水平协议】对话框

（2）单击【新建】按钮，打开服务水平协议定义向导，选择事务响应时间为【平均值】，单击【下一步】按钮，如图 8-64 所示。

（3）双击选择 book_flight 和 search_flight 事务，单击【下一步】按钮，如图 8-65 所示。

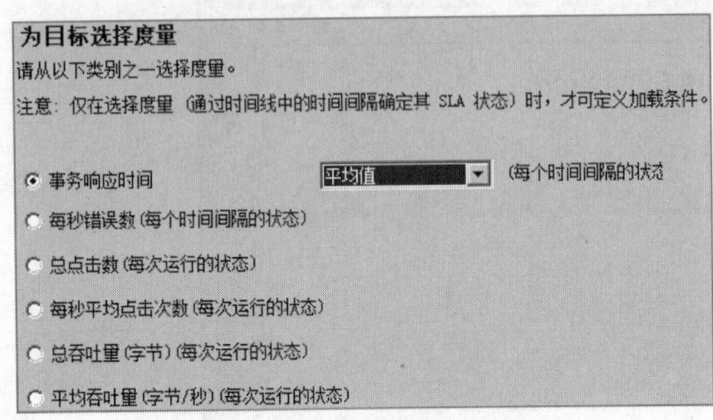

图 8-64　为目标选择度量

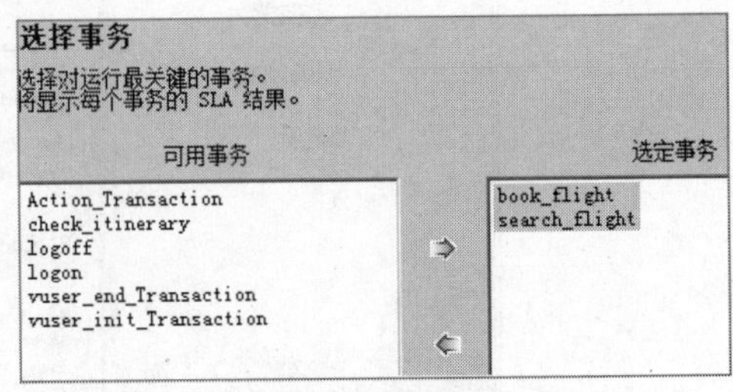

图 8-65　选择事务

（4）设置加载条件，设置三种负载情况：轻负载、平均负载、重负载，如图 8-66 所示。

（5）设置阈值，为上面选择的 book_flight 和 search_flight 事务定义可以接受的平均事务响应时间，如图 8-67 所示。

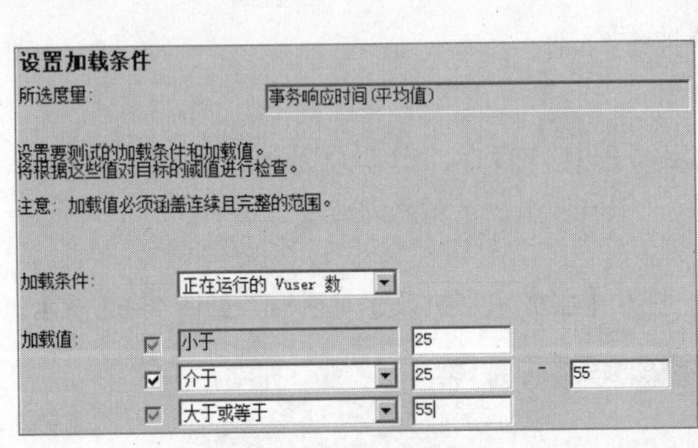

图 8-66　设置加载条件

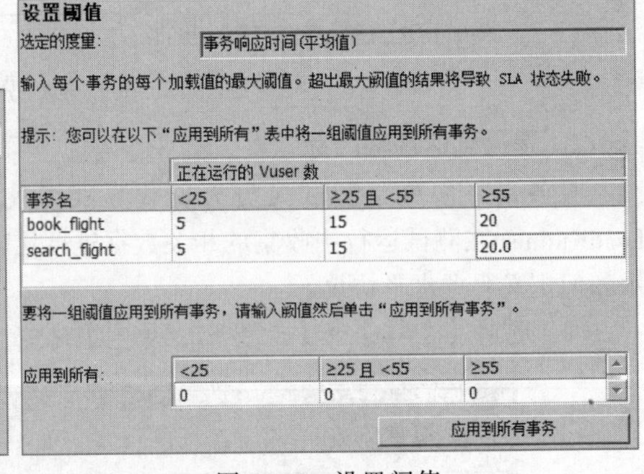

图 8-67　设置阈值

（6）关闭 SLA。

3. 查看性能

根据定义的服务水平协议，可以查看执行情况中哪些事务是性能上最差的。

（1）场景的总体统计信息，显示此次测试最多运行了 70 个 Vuser，还有如吞吐量、单击数等数据，如图 8-68 所示。

（2）场景行为随时间变化的情况：绿色表示事务在 SLA 阀值范围内执行的时间间隔，如果是红色表示事务失败的时间间隔，如图 8-69 所示。

（3）事务的整体性能：可以看出红色标出的事务 check_itineracry 失败 28 次，进一步发现此事务的响应时间很长，为 65.407，如图 8-70 所示。

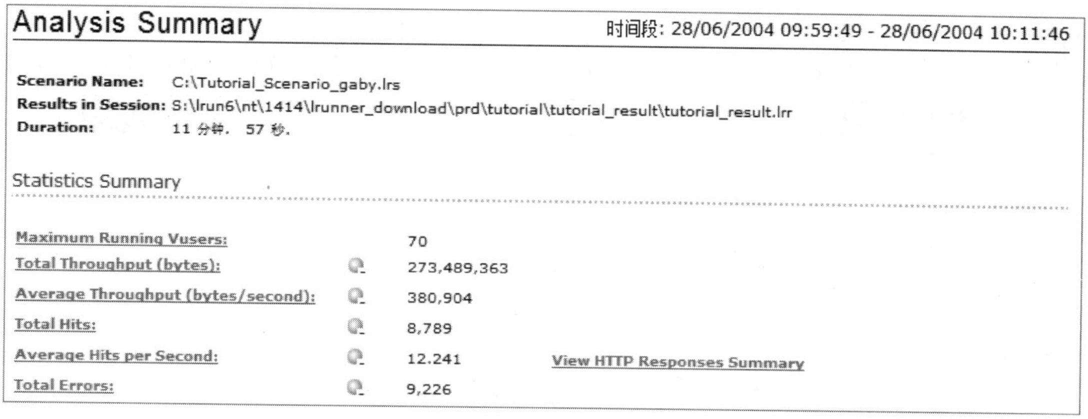

Analysis Summary

时间段: 28/06/2004 09:59:49 - 28/06/2004 10:11:46

Scenario Name: C:\Tutorial_Scenario_gaby.lrs
Results in Session: S:\lrun6\nt\1414\lrunner_download\prd\tutorial\tutorial_result\tutorial_result.lrr
Duration: 11 分钟, 57 秒.

Statistics Summary

Maximum Running Vusers:	70	
Total Throughput (bytes):	273,489,363	
Average Throughput (bytes/second):	380,904	
Total Hits:	8,789	
Average Hits per Second:	12.241	View HTTP Responses Summary
Total Errors:	9,226	

图 8-68 分析摘要

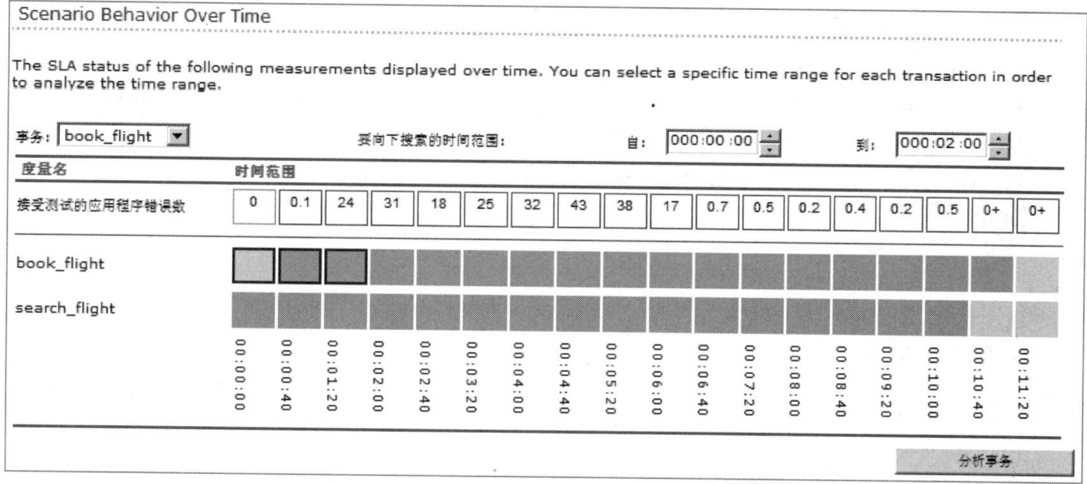

图 8-69 场景行为时态变化

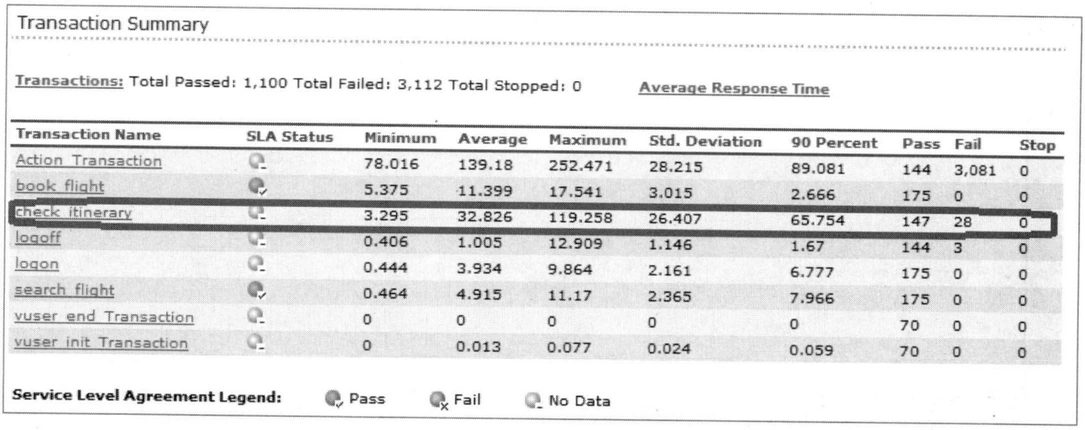

Transaction Summary

Transactions: Total Passed: 1,100 Total Failed: 3,112 Total Stopped: 0 　Average Response Time

Transaction Name	SLA Status	Minimum	Average	Maximum	Std. Deviation	90 Percent	Pass	Fail	Stop
Action_Transaction	No Data	78.016	139.18	252.471	28.215	89.081	144	3,081	0
book_flight	Pass	5.375	11.399	17.541	3.015	2.666	175	0	0
check_itinerary	No Data	3.295	32.826	119.258	26.407	65.754	147	28	0
logoff	No Data	0.406	1.005	12.909	1.146	1.67	144	3	0
logon	No Data	0.444	3.934	9.864	2.161	6.777	175	0	0
search_flight	Pass	0.464	4.915	11.17	2.365	7.966	175	0	0
vuser_end_Transaction	No Data	0	0	0	0	0	70	0	0
vuser_init_Transaction	No Data	0	0.013	0.077	0.024	0.059	70	0	0

Service Level Agreement Legend: Pass Fail No Data

图 8-70 处理情况摘要

（4）性能结果分析图，单击 check_itinerary 事务以突出事务在图中的线条。在运行良好的服务器上，事务的平均响应时间是相对稳定的，然而此事务的平均响应时间波动很大，如图 8-71 所示。

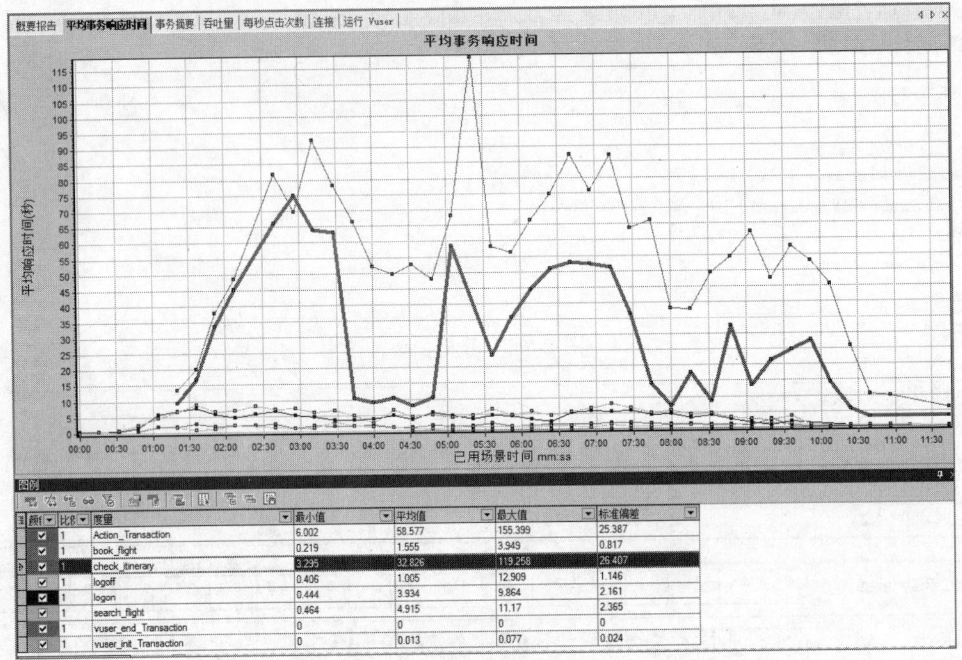

图 8-71　平均事务响应时间

4. 服务器性能

（1）分析 Vuser 的行为，单击左侧图树中的 Vuser。在运行 Vuser 图中可以看出 Vuser 逐渐开始运行，然后又逐渐停止，如图 8-72 所示。

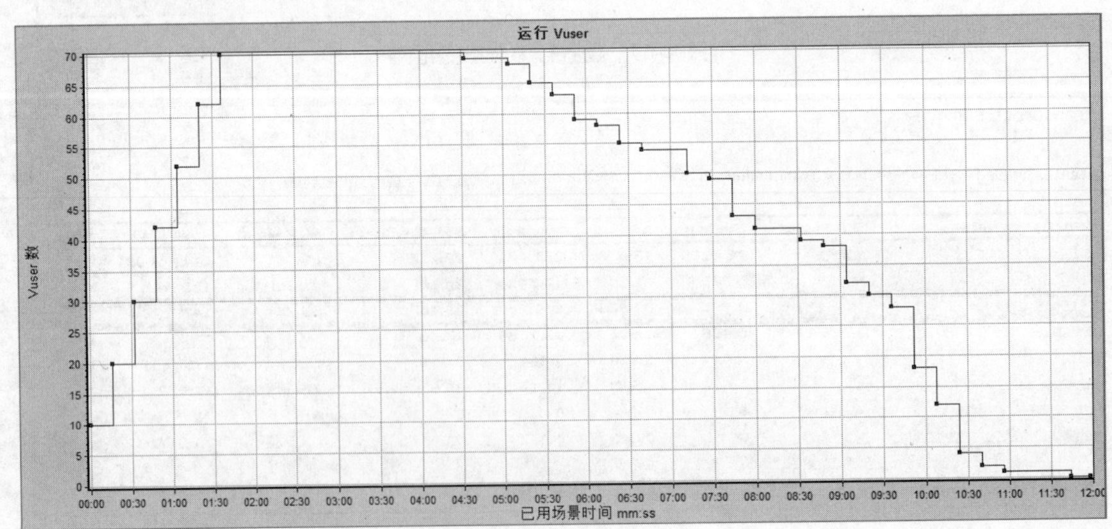

图 8-72　运行 Vuser

（2）在左侧的树状结构中选中 Vuser，选择【查看】→【合并图】命令，选择要合并的图为平均事务响应时间。从合并的图中可以看出，随着负载（Vuser 的数量）的增加，平均响应时间急剧拉长，系统性能变差，如图 8-73 所示。

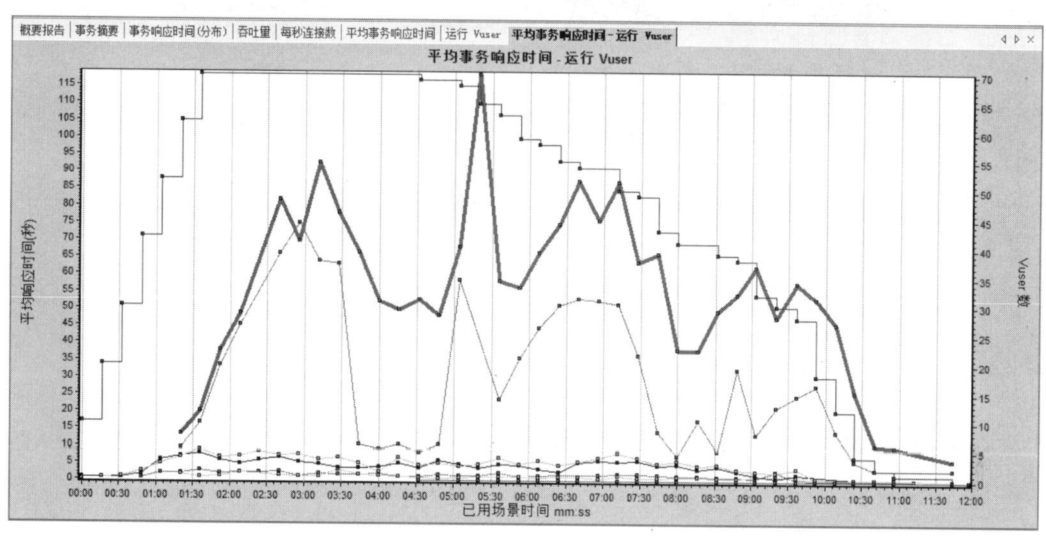

图 8-73 平均事务响应时间-运行 Vuser

5. 确定性能问题根源

（1）确保图表打开的是平均响应时间图表，并选择以高亮显示 check_itinerary 事务，如图 8-74 所示。

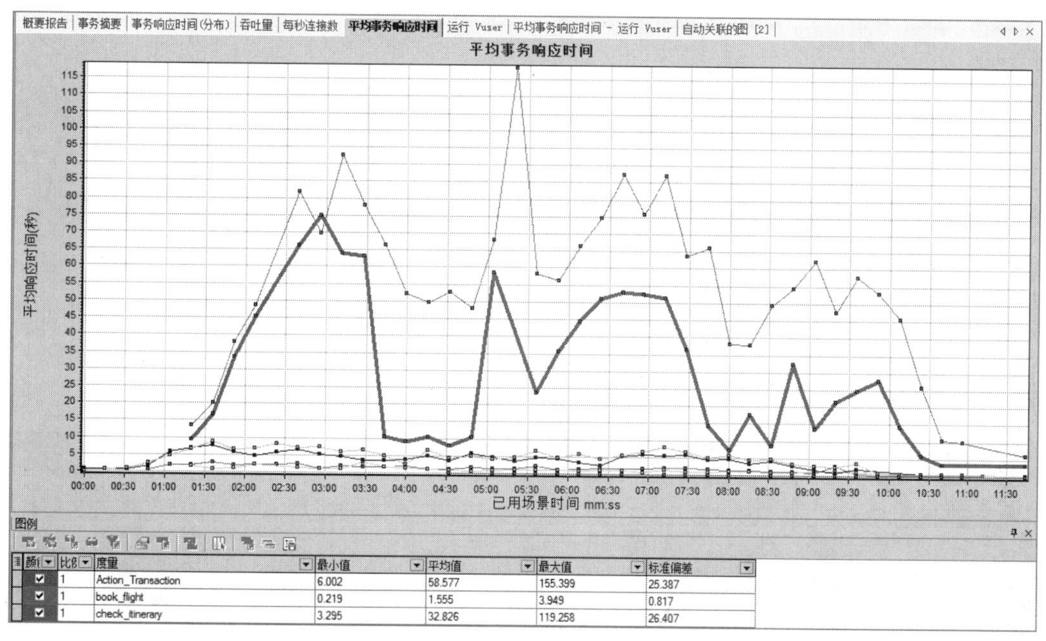

颜	比	度量	最小值	平均值	最大值	标准偏差
☑	1	Action_Transaction	6.002	58.577	155.399	25.387
☑	1	book_flight	0.219	1.555	3.949	0.817
☑	1	check_itinerary	3.295	32.826	119.258	26.407

图 8-74 平均事务响应时间

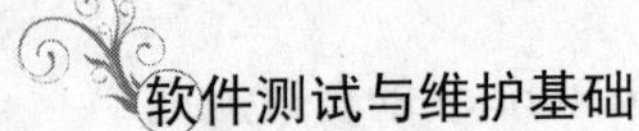

（2）选择【查看】→【自动关联】命令，弹出【自动关联】对话框，单击红色竖条并拖动到图 8-75 所示位置。

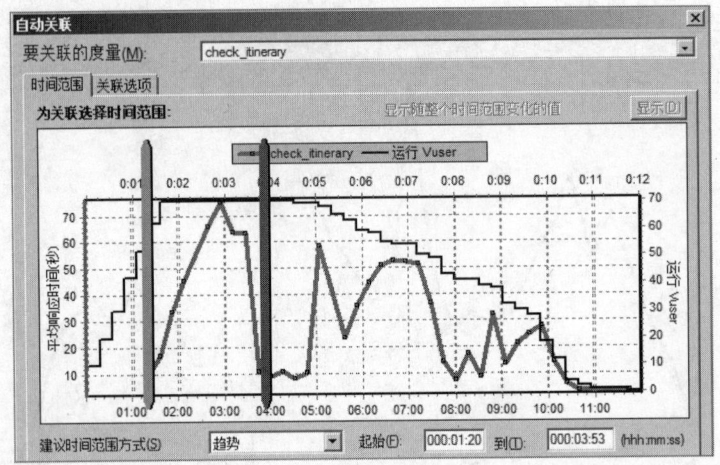

图 8-75 【自动关联】对话框

（3）在图标下方的图例窗口中，选中 check_itinerary、Private_Bytes 和 Pool Nonpaged Bytes 复选框。可以看出 Private_Bytes、Pool Nonpaged Bytes 和 check_itinerary 的趋势一致，而 Private_Bytes 和 Pool Nonpaged Bytes 是和内存相关的，如图 8-76 所示。

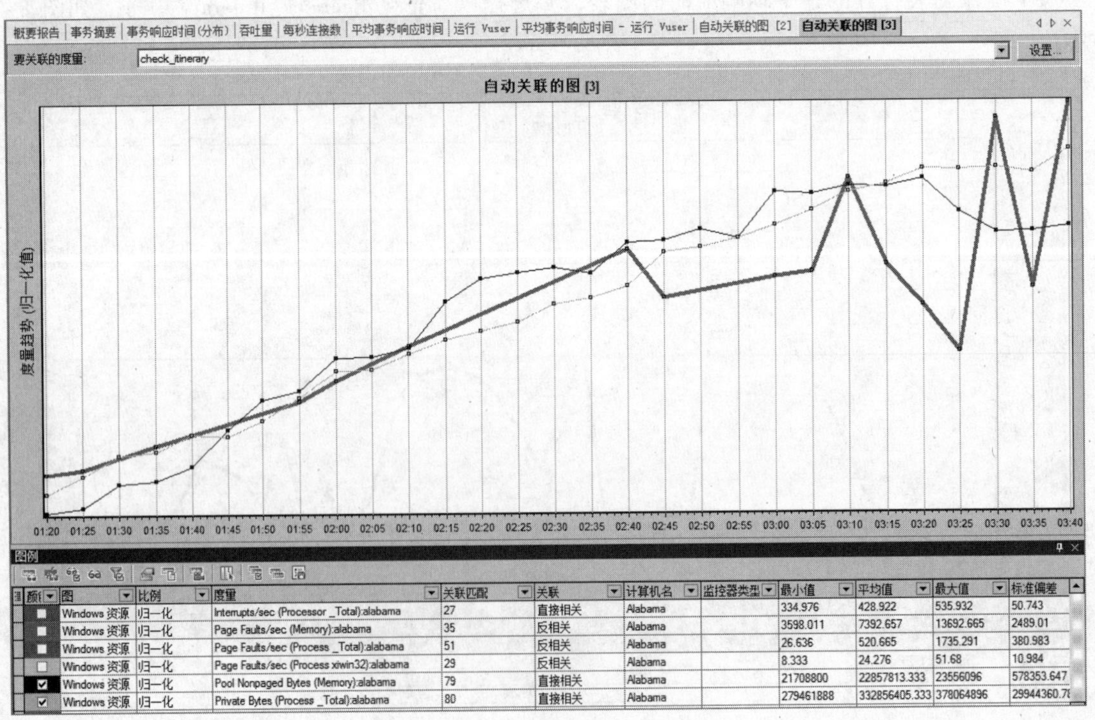

图 8-76 自动关联的图

通过上面的分析可以得出：随着访问量的增加，会影响系统性能的部分出现在 check_itinerary 上。所以，在系统设计上可以针对这部分进行性能改进。

小　结

8.1 节先对工具的功能模块和界面进行简单解释；8.2 节对要测试的系统进行了了解，比如时间应用时有哪些手动的操作；后面几节是一个对该系统的测试练习，从而了解到什么是负载测试、如何实施模拟负载等。

通过上面的练习，熟悉了如何使用 LoadRunner 进行性能测试的基本步骤：

（1）录制手动操作；

（2）如何回放录制脚本；

（3）创建负载场景：参数化录制脚本数据；

（4）运行负载测试脚本；

（5）分析测试结果。

同样，本章只是涉及了最基本的内容，还有更多灵活的操作，比如在负载的参数化方面，可以直接录入，可以通过文件导入，也可以连接数据库来读取大量的测试数据。

习题与思考

1. 什么时候可以开始执行性能测试？
2. 1 台客户端有 300 个客户与 300 个客户端有 300 个客户对服务器施压，有什么区别？
3. 在搜索引擎中输入汉字就可以解析到对应的域名，请问如何用 LoadRunner 进行测试？
4. 什么是负载测试？什么是性能测试？
5. 性能测试包含了哪些测试（至少举出 3 种）
6. 简述性能测试的步骤。
7. 简述使用 Loadrunner 的步骤。
8. 通常使用 LoadRunner 的哪个部件录制脚本？
9. LoadRunner 的哪个部件可以模拟多用户并发下回放脚本？
10. 什么是集合点？设置集合点有什么意义？LoadRunner 中设置集合点的函数是哪个？
11. 什么是场景？场景的重要性有哪些?如何设置场景?
12. 请解释一下如何录制 Web 脚本？
13. 在 VuGen 中何时选择关闭日志？何时选择标准和扩展日志？
14. 如何调试 LoadRunner 脚本？
15. 当需要在出错时停止执行脚本，怎么做？
16. 响应时间和吞吐量之间的关系是什么？
17. LoadRunner 分为哪三个模块？简述各模块的主要功能。

基于 QC 的测试用例管理

学习目标：

1. 了解 QC 软件测试管理工具。
2. 掌握软件需求，制定测试计划。
3. 掌握软件测试的测试目标。
4. 学会有效管理软件测试过程。
4. 熟悉缺陷的跟踪与管理。
6. 学会撰写软件测试报告。
7. 学会使用 QC 进行软件测试管理。

9.1 测试管理工具 QC 的介绍

Quality Center（简称 QC）即质量中心，是一款测试管理工具，管理测试工作流程中的每个阶段。而现在它又不仅仅是测试管理工具，它同时还支持软件开发生命周期的各个极端，所以也被称为应用程序生命周期管理工具。

下面首先介绍 Quality Center 的各功能模板和界面。后面几节着重了解 Quality Center 在测试管理方面的操作过程。本章使用的 QC 的版本是 10.0.0.1946。使用 QC 进行测试的基本步骤如下：

（1）创建版本和周期：这是每个应用程序生命周期的起始，以便于后期的测试与维护。

（2）定义需求：定义应用程序的各个功能模块的需求。

（3）定义测试计划：测试目的就是测试系统的各个功能，所以可以基于需求制订测试计划。而且在这一步，需要有非常详细的测试计划书，内容包括详细的步骤，步骤中要进行的操作和用到的数据，步骤期待的结果及实际出现的结果。

（4）运行测试：设计测试各个功能步骤直接的先后关系。

（5）跟踪缺陷：维护测试到的缺陷，并跟踪缺陷解决的状态。

（6）分析报告。

1. 登录

单击 Quality Center 图标 QCExplorer，进入连接界面，如图 9-1 所示。

图 9-1 QC 连接界面

在打开界面的 Address 文本框中输入 http://192.168.11.128:8080/qcbin/地址，单击 Go 按钮进入主界面，如图 9-2 所示。（192.168.11.128 需要换成安装 Quality Center 服务器计算机的 IP 地址。）

单击 Quality Center 超链接（见图 9-2），进入登录界面，如图 9-3 所示。

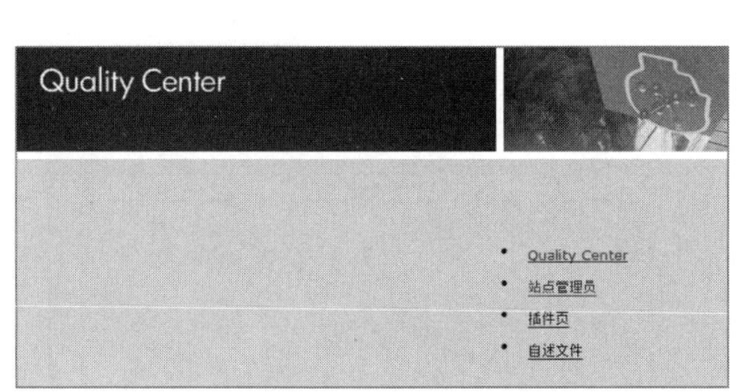

图 9-2　QC 启动界面

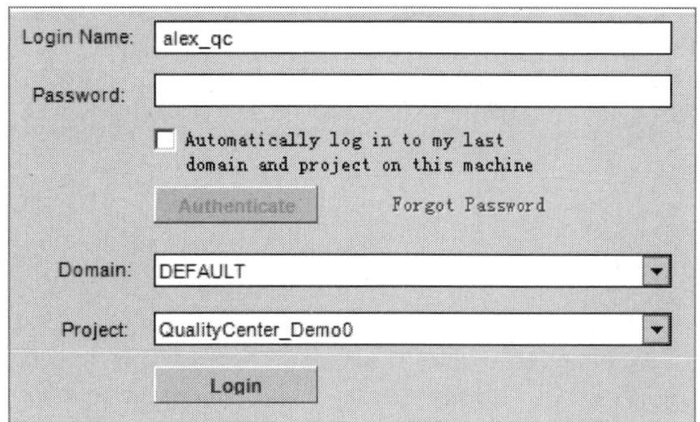

图 9-3　QC 登录界面

- 登录名：alex_qc。
- 密码：空。
- 默认测试管理项目示例：QualityCenter_Demo。

单击【站点管理员】超链接（见图 9-2）也可以进入管理界面，可以看到已有的用户，如图 9-4 所示。

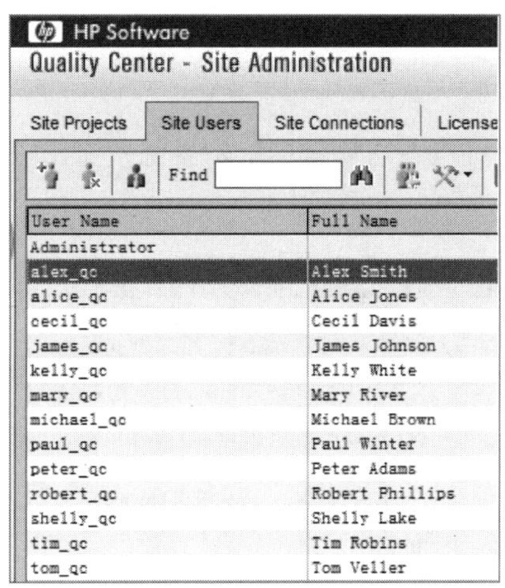

图 9-4　站点管理员

单击 Login 按钮登录 QC。

2. 管理流程

通过登录界面左侧的工具栏可以看出，使用 Quality Center 进行应用程序测试管理的流程，如图 9-5 所示。

管理的流程周期包括：版本管理、需求管理、测试计划管理、测试执行管理、缺陷管理。

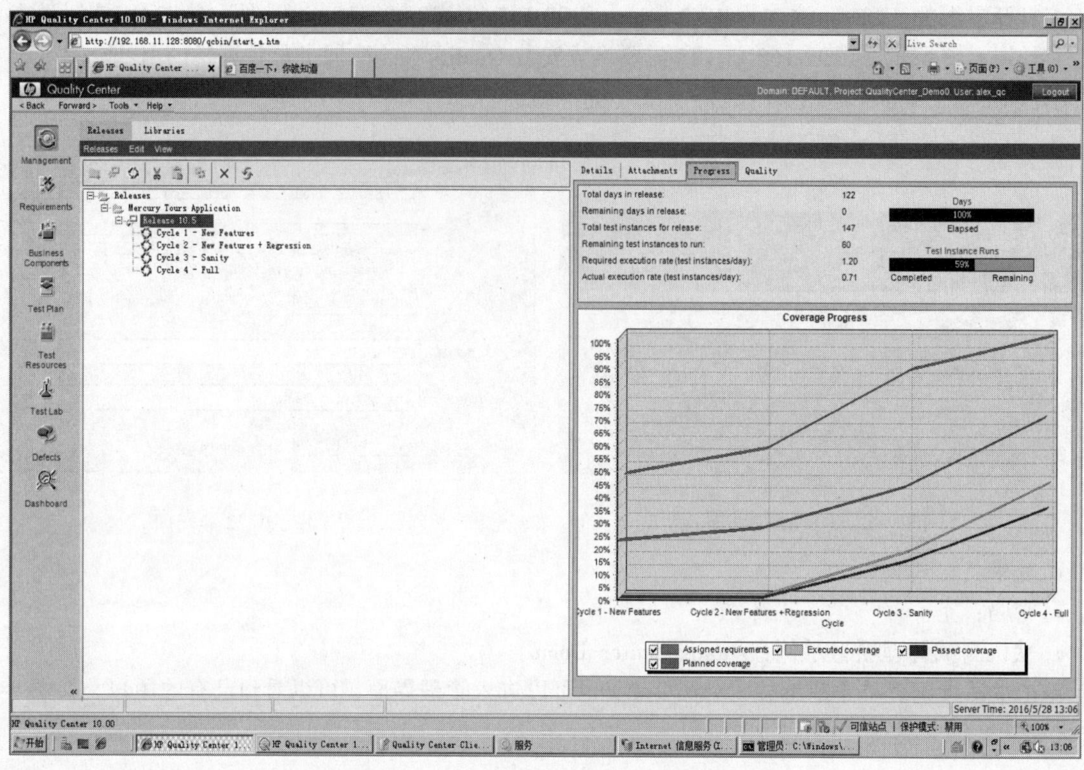

图 9-5　QC 主界面

1）版本管理

单击左侧 Management 按钮，可以在右侧看到示例系统发布出去的版本是 10.5，如图 9-6 所示。

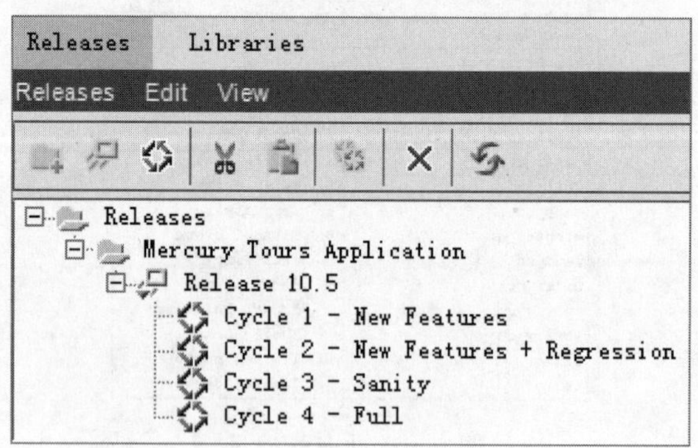

图 9-6　版本管理界面

2）需求管理

单击左侧 Requirements 按钮，在右侧可以看到示例订票系统的各个功能模块要实现的功能描述，如图 9-7 所示。

3）测试计划管理

单击左侧 Test Plan 按钮，在右侧可以看到针对各个功能模块要测试的内容，如图 9-8 所示。

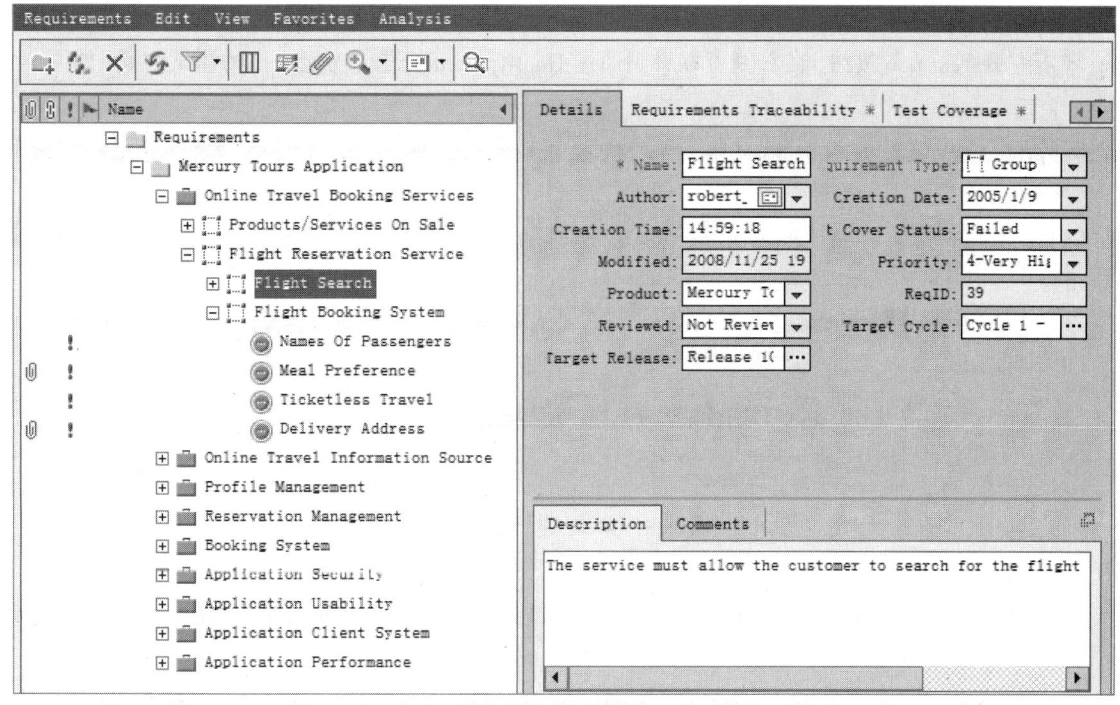

图 9-7　需求管理界面

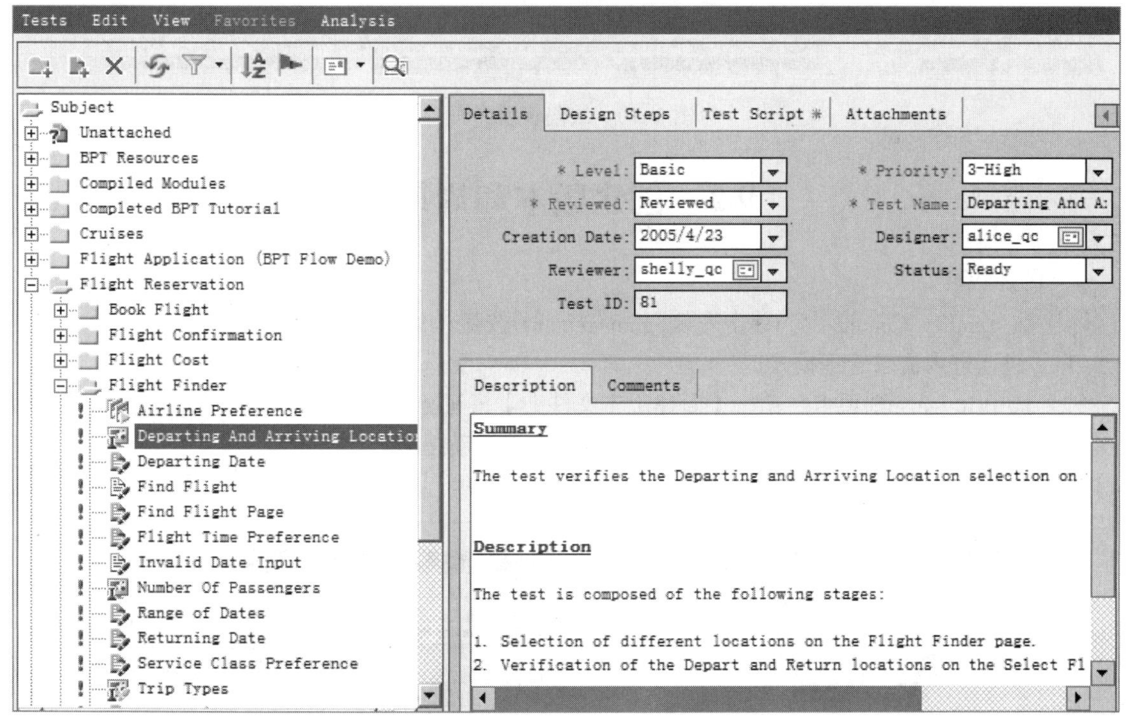

图 9-8　测试计划管理界面

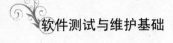

4）测试执行管理

单击左侧 Test Lab 按钮，在右侧可以看到通过 Quality Center 进行功能测试的测试结果，如图 9-9 所示。

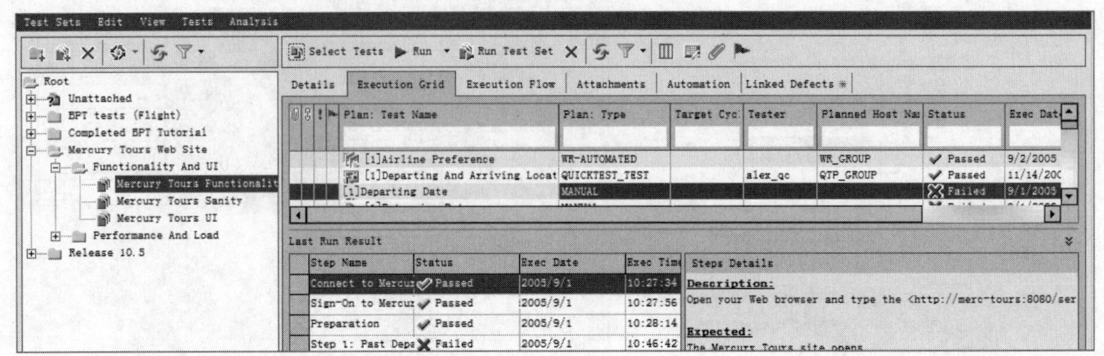

图 9-9　测试执行管理界面

5）缺陷管理

单击左侧 Defects 按钮，在右侧可以看到每个测试到的系统缺陷由谁来跟踪解决，并且修改的状态等信息，如图 9-10 所示。

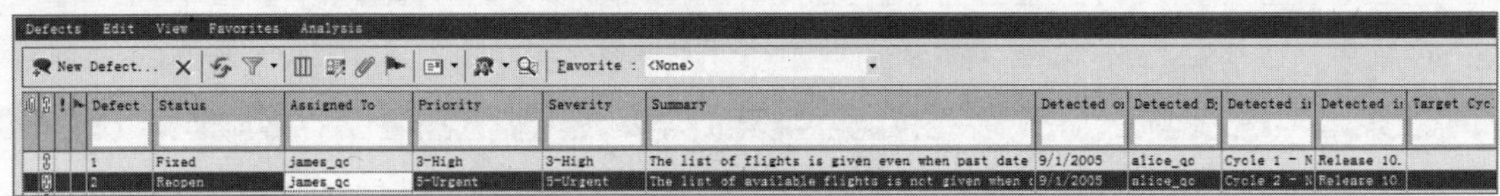

图 9-10　缺陷管理界面

9.2　创建版本和周期

1. 创建版本

（1）在 Quality Center 中，单击左侧 Management 按钮（见图 9-11）进入进入需求管理模式。

图 9-11　Management 按钮图标

（2）选中 Release 选项卡，单击【新建版本文件夹】按钮，新建文件夹 Service Packs；随后选中 Service Packs，单击【新建版本】按钮，创建新的版本 Service Pack 1，如图 9-12 所示。

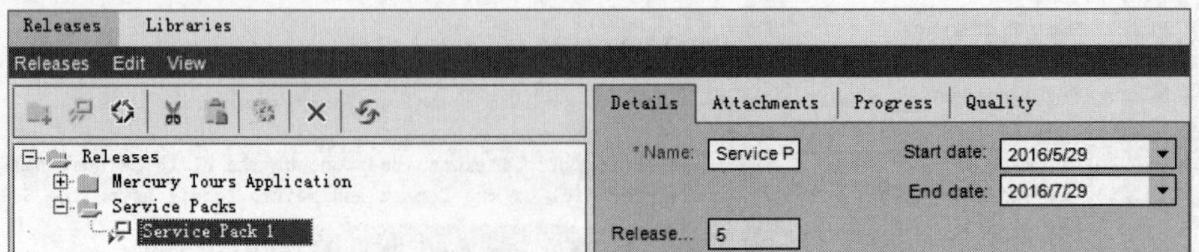

图 9-12　创建新版本

2. 创建周期

选中 Service Pack 1，单击【新建周期】按钮，创建两个周期，如图 9-13 所示。

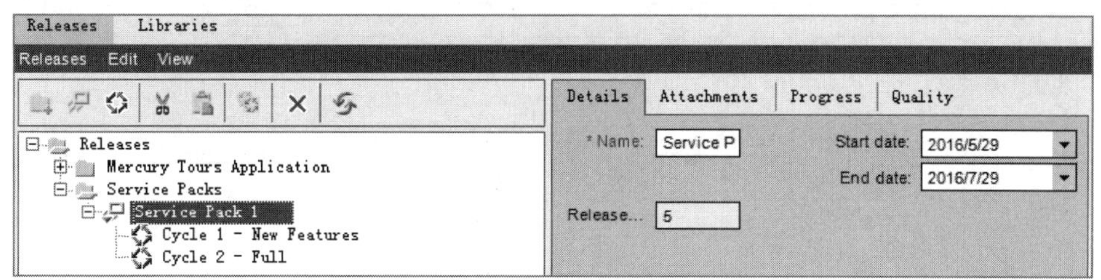

图 9-13　创建新周期

9.3　定义需求

通过定义需求来确定要测试的内容及目标。这一小节，首先添加一个新的需求，并将其转换成测试。

1. 添加需求

（1）在 Quality Center 中，单击左侧 Requirements 按钮进入需求管理模式，如图 9-14 所示。

（2）展开右侧出现的 Requirements 树结构中，如图 9-15 所示。

图 9-14　Requirements 按钮图标

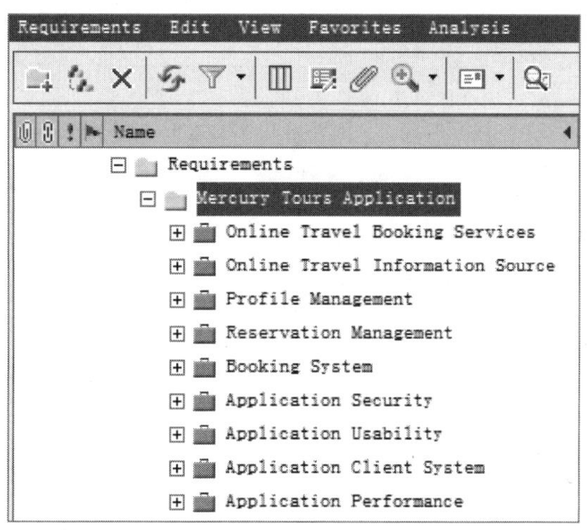

图 9-15　展开的 Requirements 树结构

（3）创建需求 Cruise Reservation：单击【新建需求】按钮，输入内容如图 9-16 所示，单击【提交】按钮 Submit。

（4）创建子需求 Cruise Search：在树结构中选中新建的需求 Cruise Reservation，单击【新建需求】按钮，输入内容如图 9-17 所示，单击【提交】按钮 Submit。

（5）创建子需求 Cruise Booking：在树结构中选中新建的需求 Cruise Reservation，单击【新建需求】按钮，输入内容如图 9-18 所示，单击【提交】按钮 Submit，然后单击【关闭】按钮 Close。

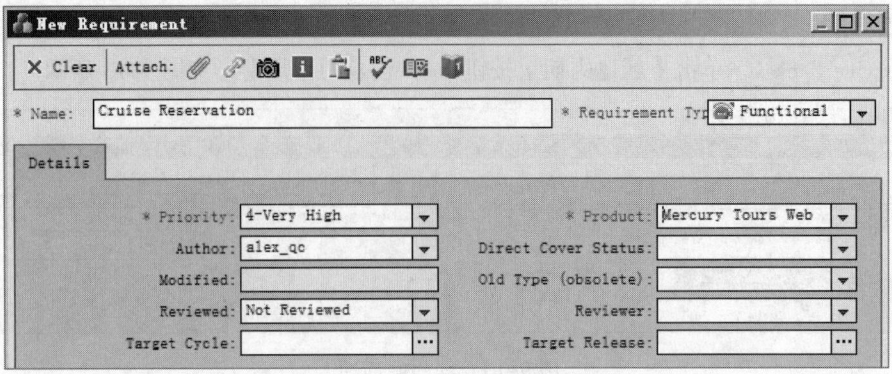

图 9-16　新建需求界面

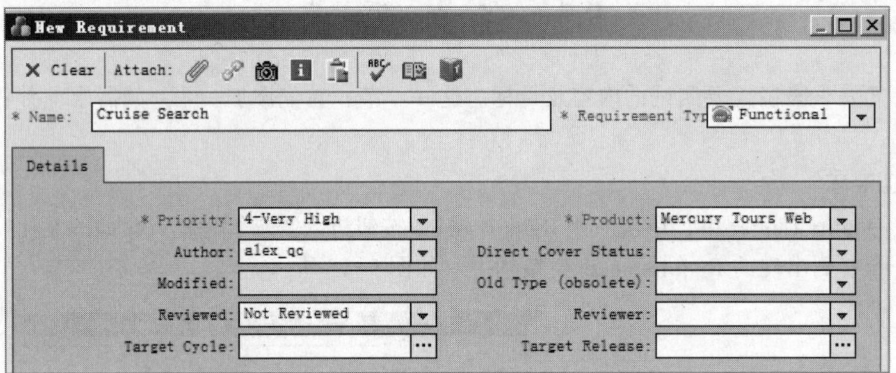

图 9-17　新建子需求 Cruise Reservation 界面

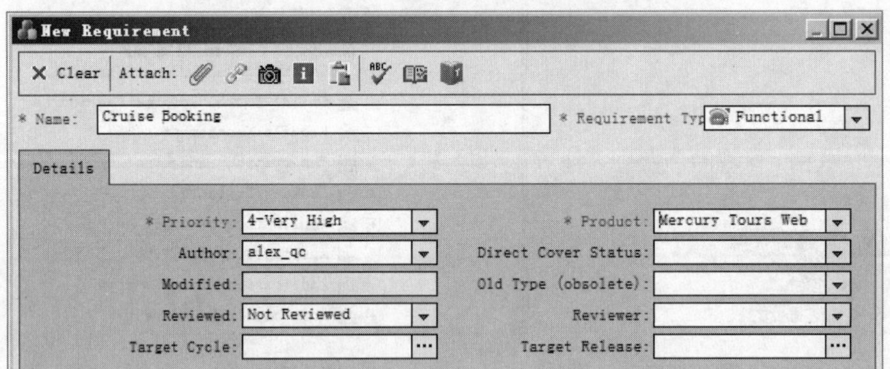

图 9-18　新建子需求 Cruise Booking 界面

（6）新建的需求出现在树结构中如图 9-19 所示。

（7）在 Cruise Reservation 选中的状态下，选择 Requirement→Assign to Cycle 命令，在弹出的对话框中选择 Cycle 1 - New Features，单击 OK 按钮，如图 9-20 所示。

（8）将周期分配给所有子需求，单击 Yes 按钮，如图 9-21 所示。

（9）重复以上操作，同样将周期分配给需求 Online Travel Booking Service 及其所有子需求，如图 9-22 所示。

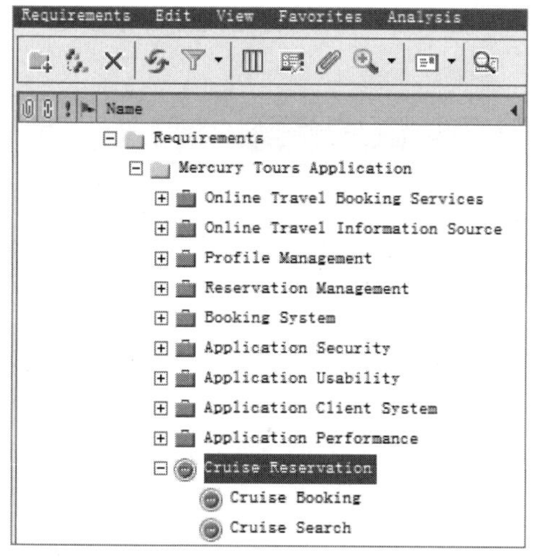

图 9-19 新的需求树结构

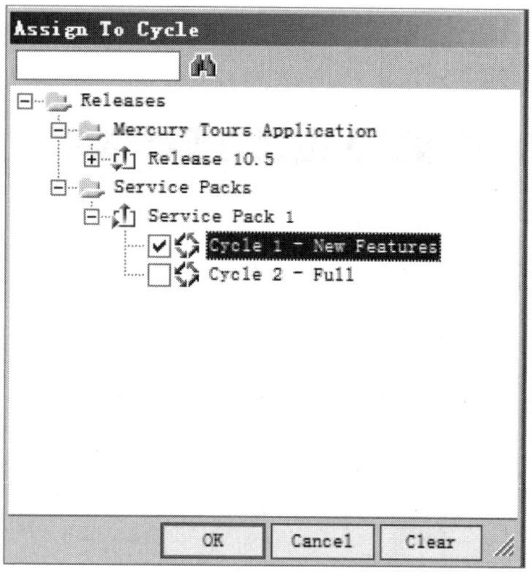

图 9-20 周期分配对话框

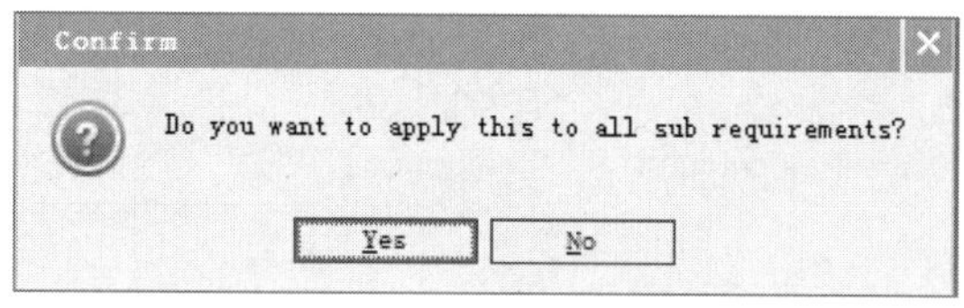

图 9-21 确认对话框

2. **需求转换成测试计划**

需求创建好后，可以转换成针对此需求的测试计划。

（1）打开项目：在 Quality Center 中，单击左侧 Requirements 按钮，进入需求管理模式。

（2）选择要转换的需求，在 Cruise Reservation 选中的状态下，选择 Requirement→Convert to Tests 命令，如图 9-23 所示。

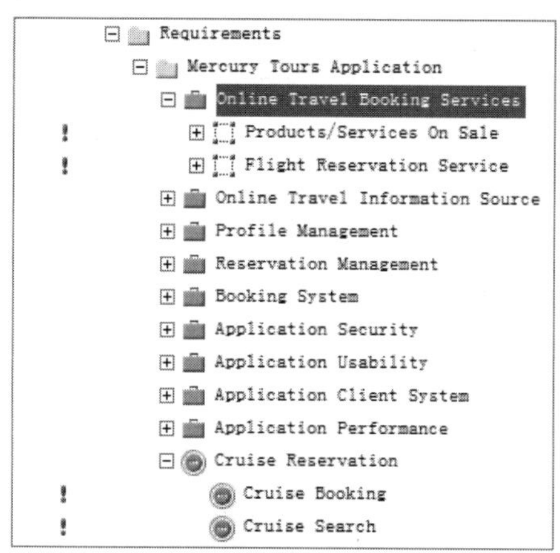

图 9-22 完成后的需求树结构

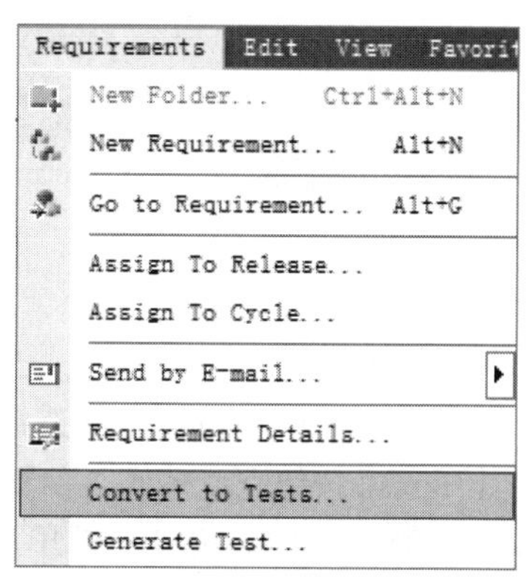

图 9-23 转换需求为测试的操作界面

（3）在弹出的对话框中选择 Convert lowest child requirements to tests 单选按钮，并单击 Next 按钮，如图 9-24 所示。

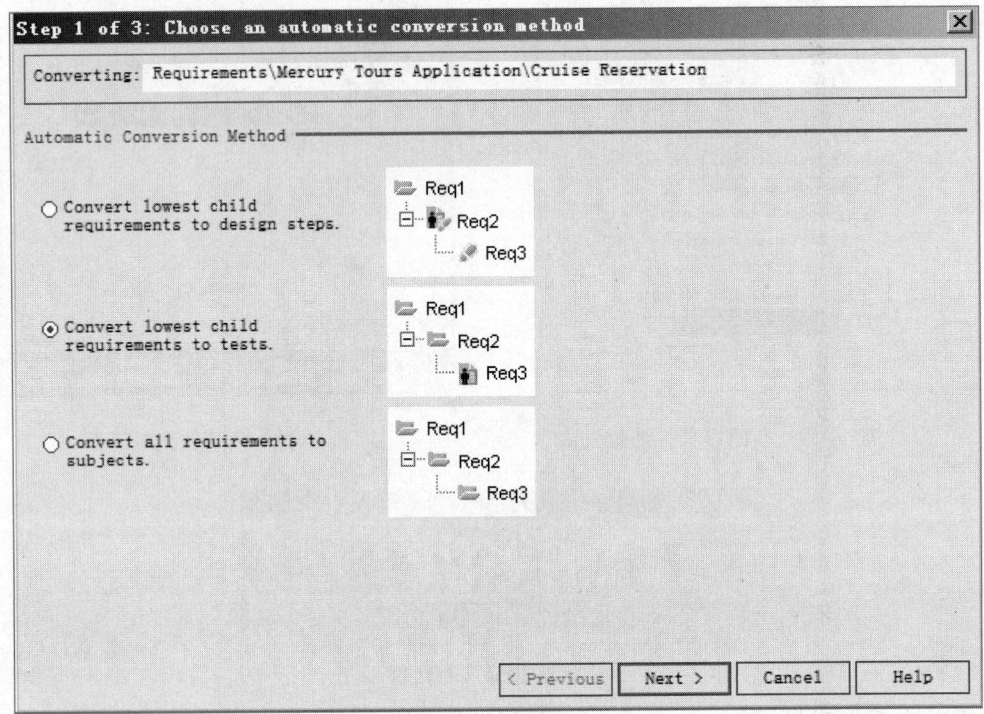

图 9-24　转换第一步

（4）保持默认选项，单击 Next 按钮，如图 9-25 所示。

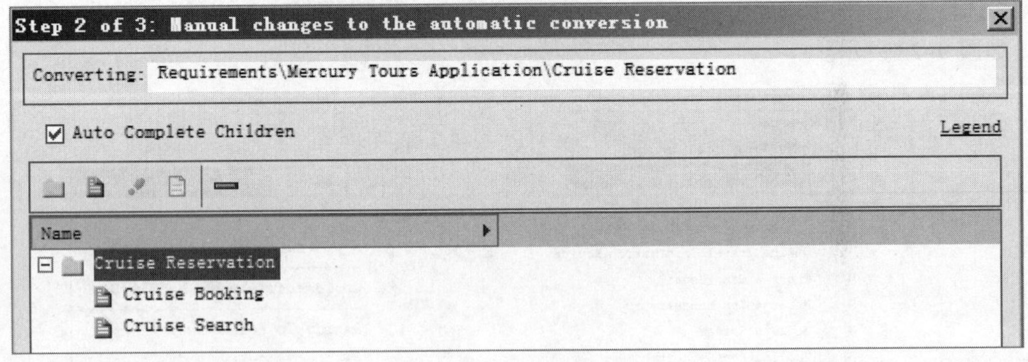

图 9-25　转换第二步

（5）单击 Select Subject 按钮，并选择 Cruise 作为主题，如图 9-26 所示。

（6）单击 Finish 按钮完成转换，如图 9-27 所示。

（7）单击左侧 Test Plan 按钮，展开并选中 Cruise Booking，如图 9-28 所示。

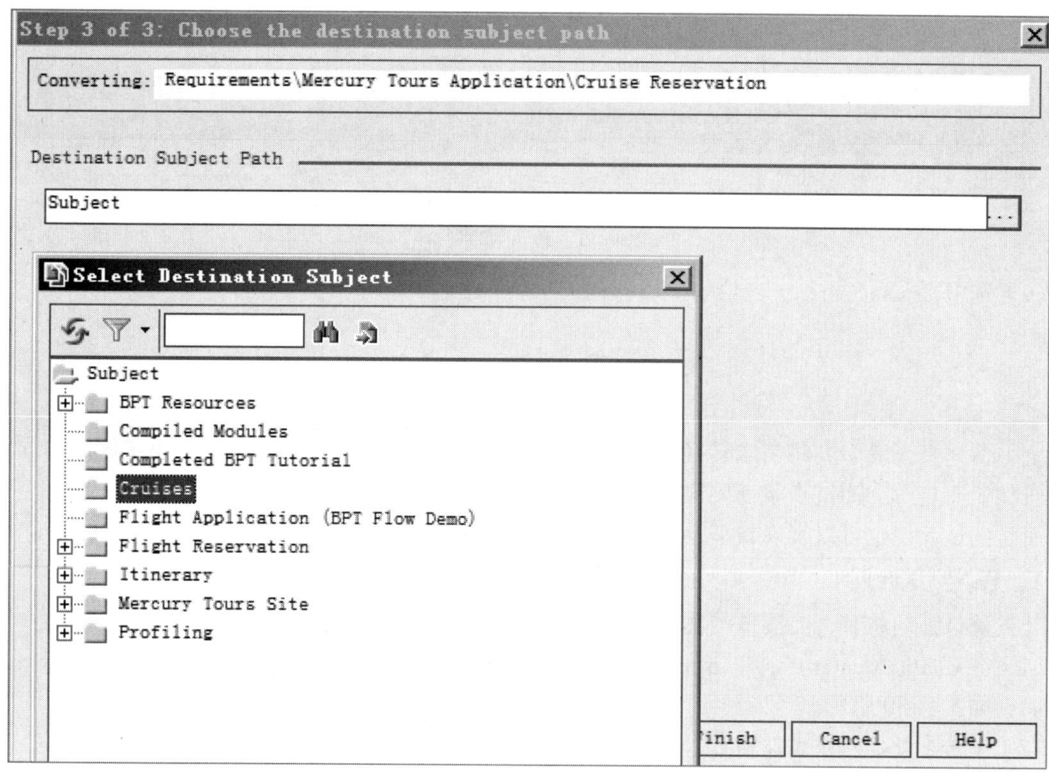

图 9-26　转换第三步

图 9-27　完成转换

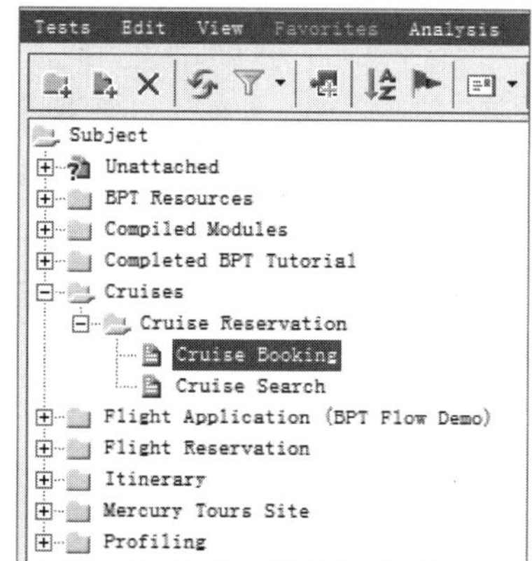

图 9-28　打开测试计划

（8）输入红色必填的内容，如图 9-29 所示。

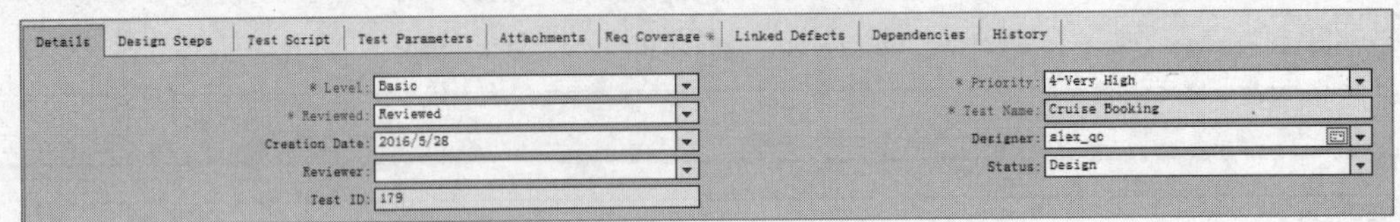

图 9-29　输入相关信息

（9）选中 Cruise Search，并填入上面相同的必填内容。

9.4　定义测试计划

上一节定义了需求并将需求转换成测试计划。下面将为测试计划树中的各个小主题添加详细的测试步骤。而且每个测试步骤都要详细地指出要执行的操作和系统预期出现的结果。

而且测试计划也可以实现共享及重复利用，只需要针对不同的用例设置不同的参数配置。

1. **开发测试计划**

开发测试计划将整个要测试的功能分解成若干个小的测试单元，以树形结构呈现。

（1）在 Quality Center 中，单击左侧 Test Plan 按钮，进入测试计划模块，选中树结构中的根目录 Subject，如图 9-30 所示。

（2）单击【新建目录】按钮，输入 Payment Methods，单击 OK 按钮，如图 9-31 所示。

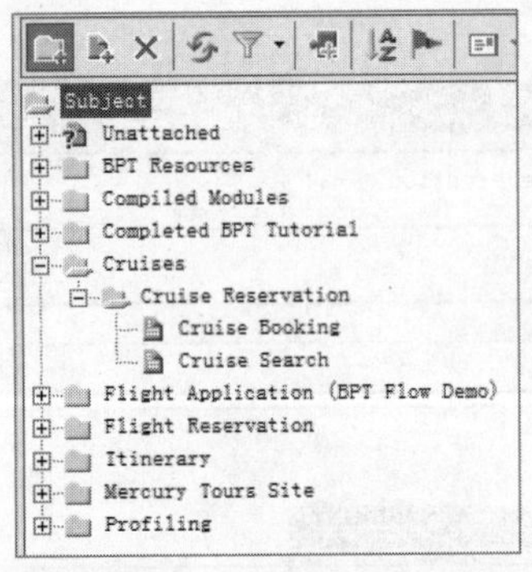

图 9-30　展开的测试主题树结构

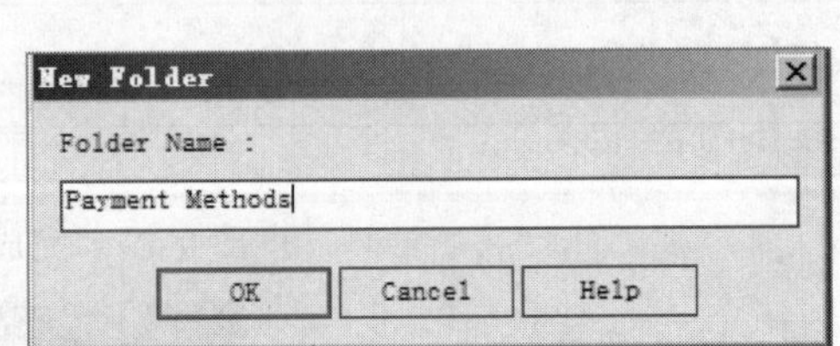

图 9-31　【新建目录】对话框

（3）将测试添加到主题文件夹：选中文件夹 Payment Methods，单击【新建测试】按钮，弹出图 9-32 所示的【新建测试】对话框。

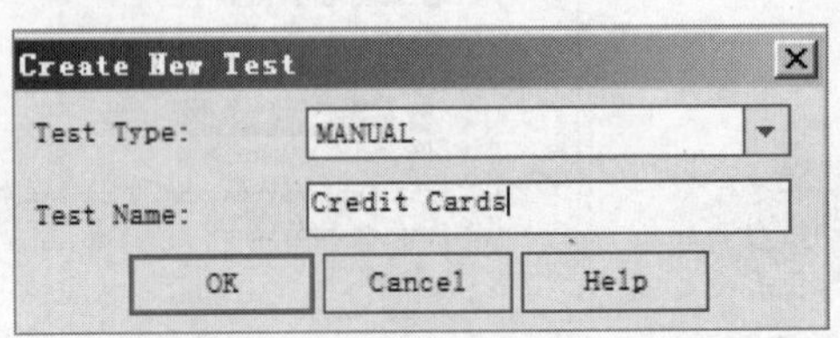

图 9-32　【新建测试】对话框

（4）在测试必填项中输入图 9-33 所示的内容。

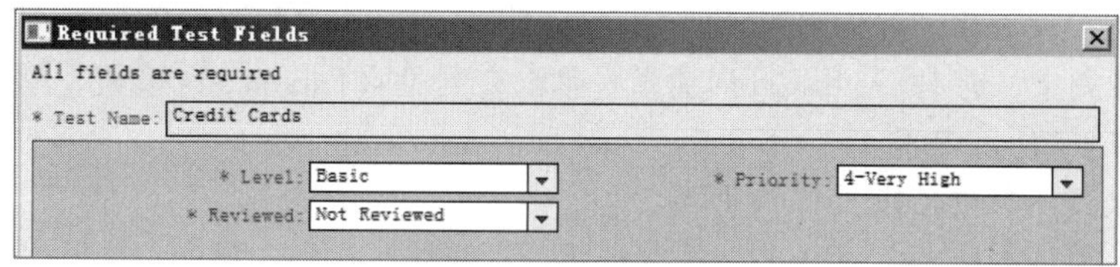

图 9-33　必填项及相关信息

（5）新建的测试计划步骤 Credit Cards，用来验证信用卡类型，如图 9-34 所示。

2. 设计测试步骤

定义执行测试的详细操作和预期结果。

（1）在测试计划中，选中 Credit Cards 测试，单击右侧 Design Steps 按钮，单击 New Step 按钮，并输入图 9-35 所示的内容。

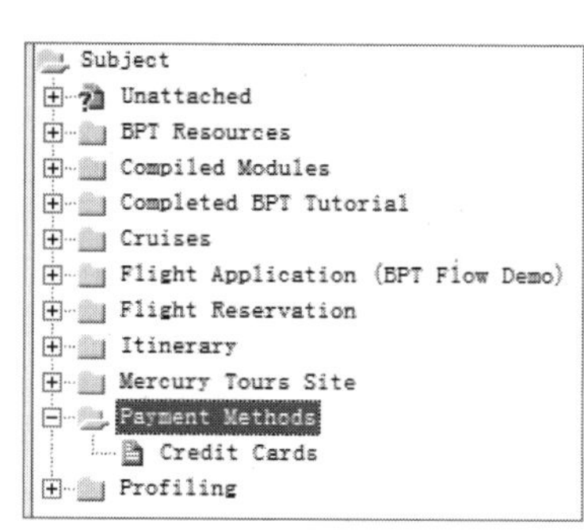

图 9-34　新建 Credit Cards

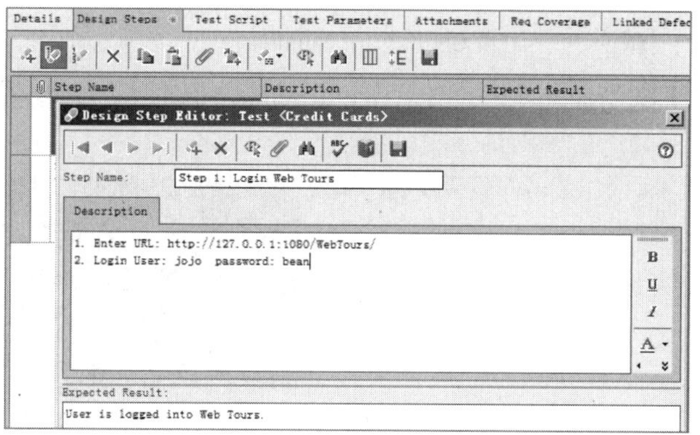

图 9-35　设计测试步骤

（2）依次添加下列测试步骤，如图 9-36 所示。

Details | Design Steps | Test Script | Test Parameters | Attachments | Req Coverage | Linked Defects

Step Name	Description	Expected Result
Step 1: Login Web Tours	1. Enter URL: http://127.0.0.1:1080/WebTours/ 2. Login User: jojo password: bean	User is logged into Web Tours.
Step 2: Find Flight	1. Click on the Flight button. 2. Enter Flight details, seat preference and type. 3. Click on Continue.	Flight details and prefernce are entered.
Step 3: Select a Flight	1. Select a flight 2. Click on Continue	one flight are selected.
Step 4: Enter Payment Detail	1. Enter Passenger Details 2. Enter Credit Card number and Expire Date 3. Click on Continue	Passenger details and Credit Card details are entered.
Step 5: Completing the purchase	1. verify the invoice information. 2. Click on Sign Off.	Purchase Complete and user logs out of Web Tours.

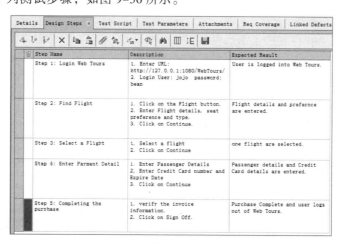

图 9-36　设计测试步骤界面

3. 定义测试参数配置

为了实现测试的灵活性，可实现测试重用，下面将为测试添加参数配置。

（1）在测试计划中，选中 Credit Cards 测试，单击右侧 Test Parameters 按钮，单击 New Parameter 按钮，并输入图 9-37 所示内容。

（2）依次输入其他参数，如图 9-38 所示。

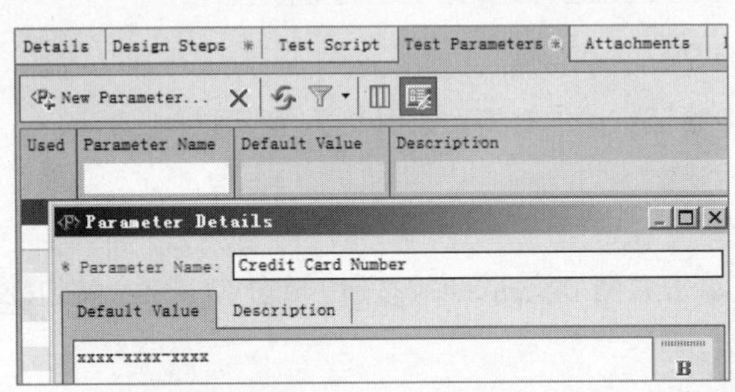

图 9-37　添加 Credit Card Number 参数

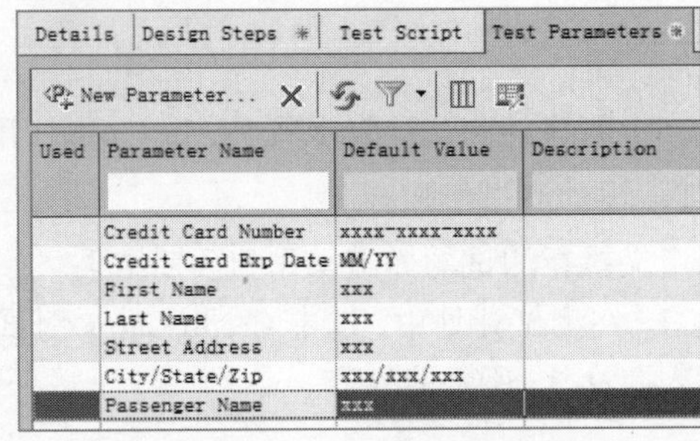

图 9-38　添加其他参数

（3）选中 Step 4:Enter Payment Details，单击【插入参数】按钮，依次插入图 9-39 中定义的参数。

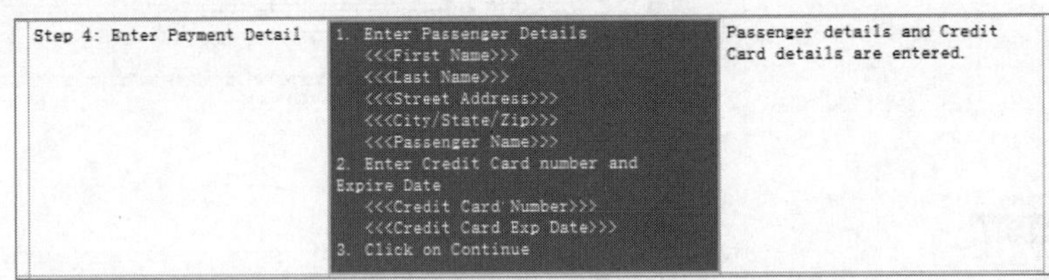

图 9-39　插入相关参数

4. 创建测试覆盖率

创建一些新的 Credit Cards 需求，并将其与 Credit Cards 测试关联以创建覆盖率。

（1）单击 Requirements 按钮进入需求模式。

（2）选中 Mercury Tours Application 文件夹，单击【新建文件夹】按钮，创建新的文件夹 Payments；然后单击【新建需求】按钮，创建新的需求 Credit Cards，如图 9-40 所示。

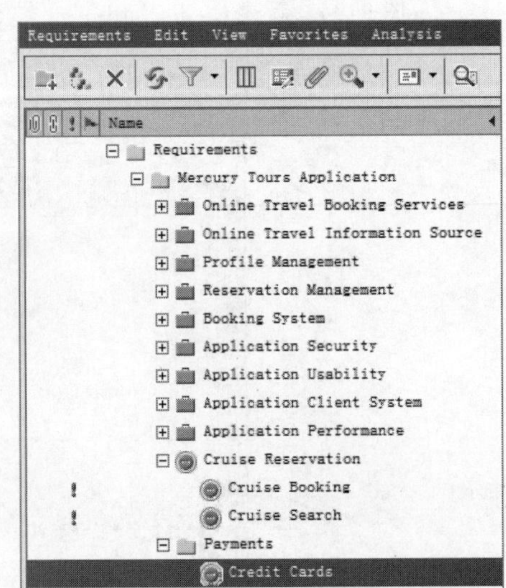

图 9-40　创建 Credit Card 新需求

（3）单击右侧 Test Coverage 按钮，并选中左侧 Test Plan Tree 面板中的 Credit Cards 选项，如图 9-41 所示。单击 Add To Coverage 按钮，以建立需求和测试计划的关联。

5. 生成自动化测试脚本

（1）在 Subject 树形结构中选择 Address Option，如图 9-42 所示。

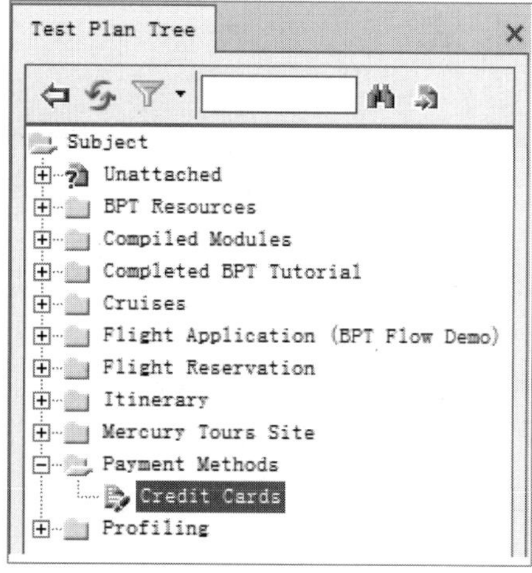

图 9-41　测试计划树面板

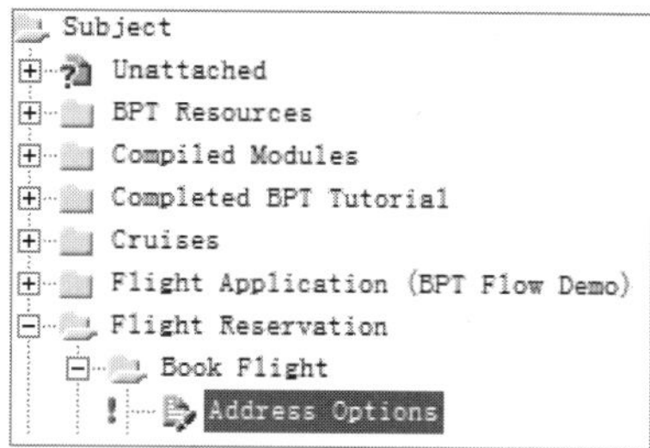

图 9-42　主题树结构及 Address Options 项

（2）单击 Design Steps 选项卡显示详细的步骤，如图 9-43 所示。

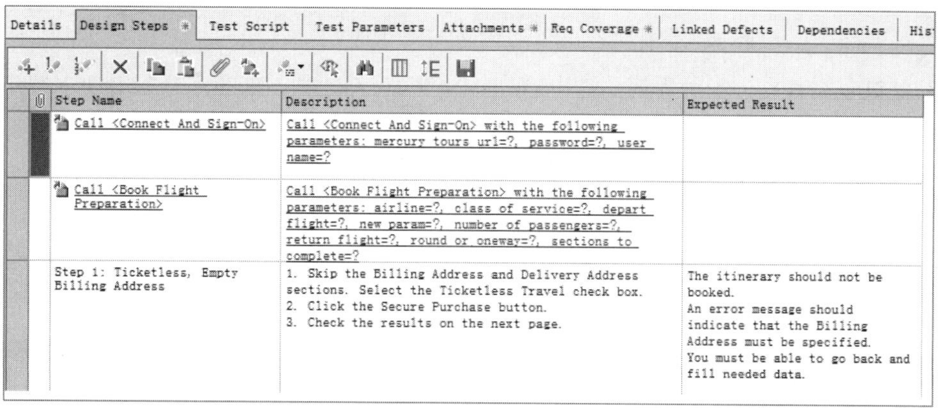

图 9-43　Design Steps 界面

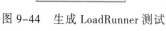

（3）单击【生成脚本】按钮，选择 LR-SCENARIO 以生成 LoadRunner 测试，如图 9-44 所示。

（4）单击 Test Script 选项卡，单击 Launch 按钮，从 LoadRunner 打开测试脚本，如图 9-45 所示。

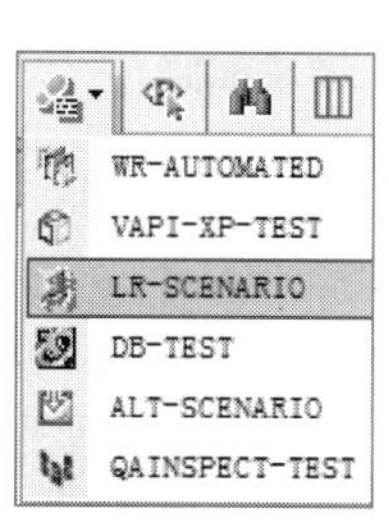

图 9-44　生成 LoadRunner 测试

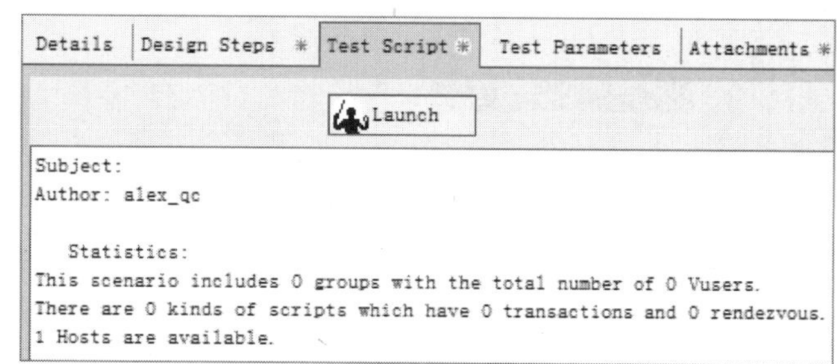

图 9-45　打开测试脚本

9.5 运 行 测 试

1. 定义测试集

测试集就是把要进行的测试集中在一起，并且可以设定计划执行测试的时间，以及控制测试的执行。

（1）在 Quality Center 左侧单击 Test Lab 按钮，如图 9-46 所示。

（2）选择 Root 文件夹，单击【新建文件夹】按钮，创建一个新的文件夹 Service Pack 1。并为 Service Pack 1 创建 2 个新的子文件夹：Cycle 1 – New Features 和 Cycle 2 – Full，如图 9-47 所示。

图 9-46　Test Lab 按钮图标

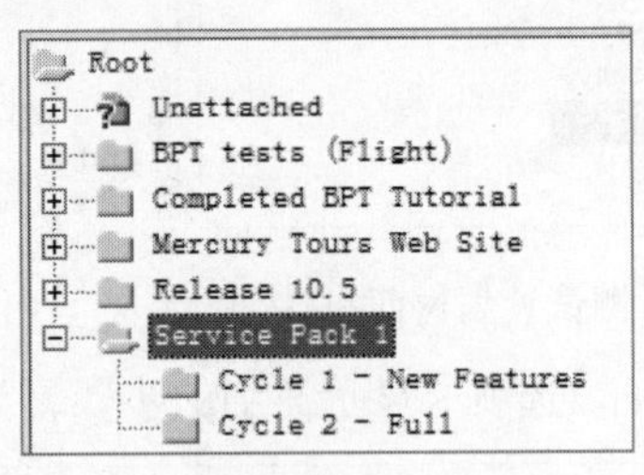

图 9-47　新建文件夹

（3）将测试集文件夹分配给周期。选中 Cycle 1 – New Features，单击【分配周期】按钮，弹出【分配周期】对话框，选择周期 Cycle 1 – New Features，如图 9-48 所示。

（4）重复以上操作，分配周期 Cycle 2 – Full 给测试集子文件夹 Cycle 2 – Full。

2. 将测试集添加到测试集文件夹

（1）选中测试集文件夹【Cycle 1 – New Features】，单击创建测试集按钮，创建新测试集“Mercury Tours Site”，如图 9-49 所示。

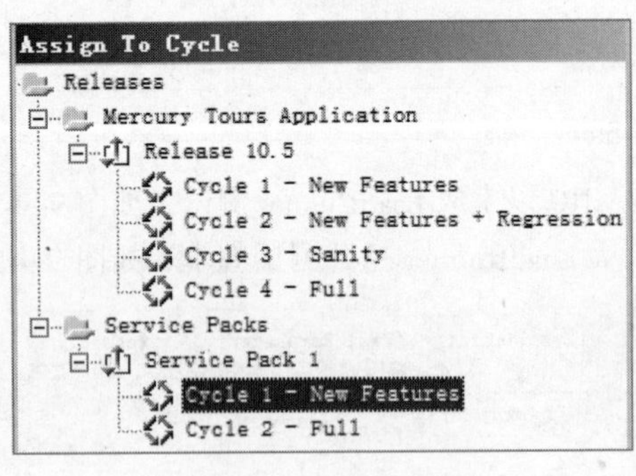

图 9-48　分配周期

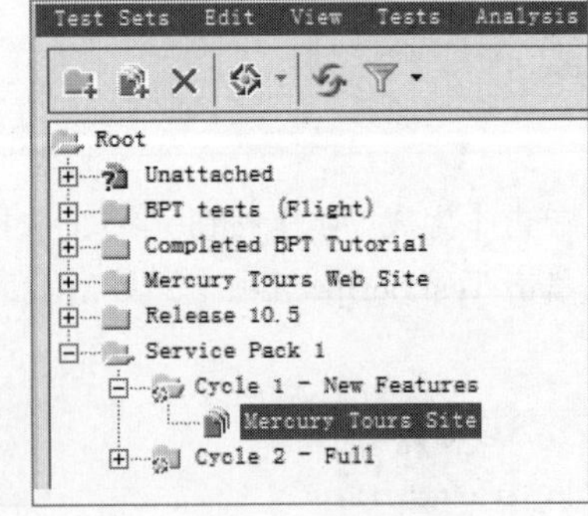

图 9-49　创建测试集

（2）单击树结构中新建的测试集 Mercury Tours Sites，左侧出现测试集的设置页面，依次单击 Automation 选项卡和 On Failure 选项卡。设置成图 9-50 所示内容。

（3）单击 Notification 选项卡，设置测试失败时发送邮件到指定邮箱，如图 9-51 所示。

3. 将测试添加到测试集

（1）单击 Execution Grid 选项卡，如图 9-52 所示。

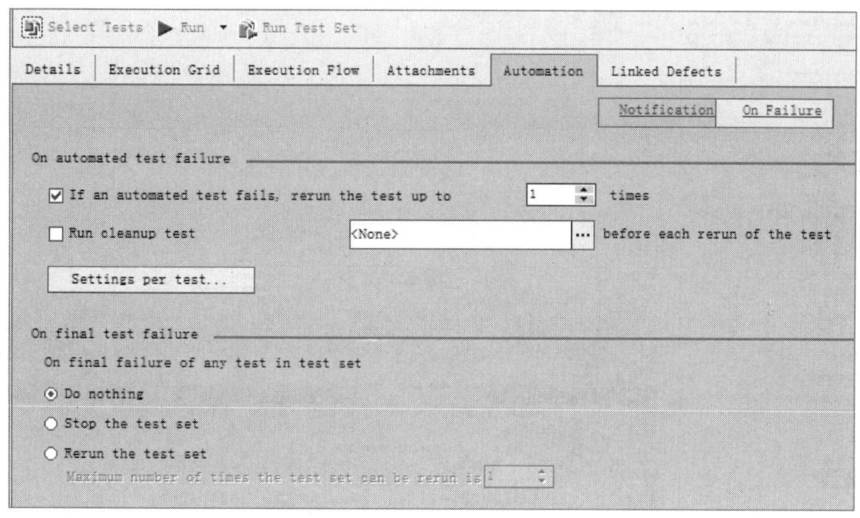

图 9-50　设置自动操作的故障处理

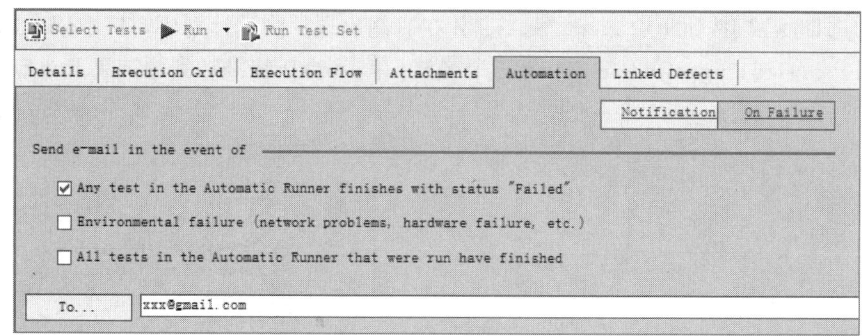

图 9-51　设置自动操作的通知

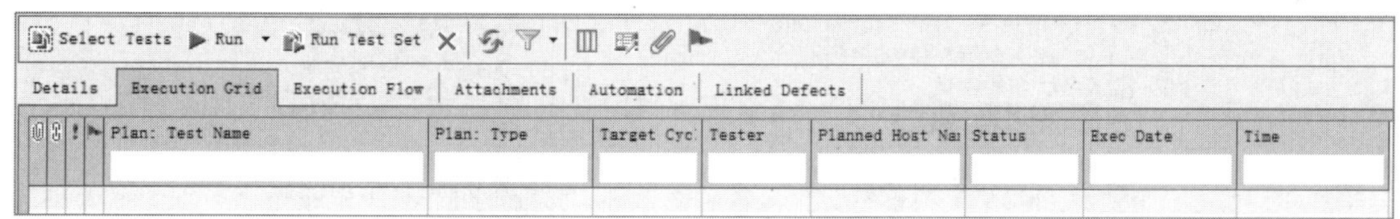

图 9-52　Execution Grid 的界面

（2）单击【选择测试】按钮 Select Tests，右侧出现 Test Plan Tree 窗口，选择测试 Credit Cards，单击【添加到测试集】按钮，如图 9-53 所示。

（3）重复以上操作，添加 Book Flight 文件夹中的测试到测试集，如图 9-54 所示。

4. 设计测试运行流程

Execution Flow 用来设计测试之前的进行流程。下面将创建一个新的测试集，来测试 Mercury Tours 网站的登录过程。并在执行流中设置测试过程中各个实例的运行条件和先后顺序。

（1）在 Test Lab 视图中，选择 Service Pack 1 文件夹，单击【新建测试集】按钮，新建测试集 Run Schedule Test，如图 9-55 所示。

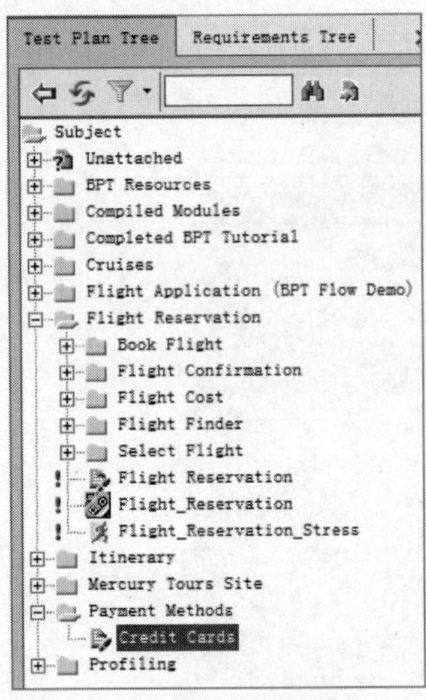

图 9-53　添加测试

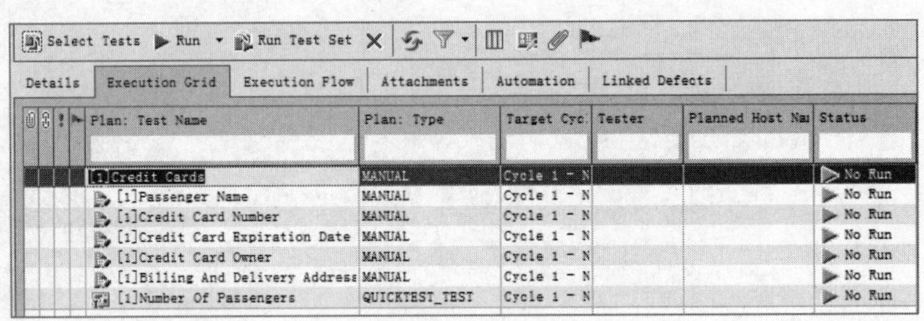

图 9-54　Execution Grid 的新界面

（2）单击【选择测试】按钮 Select Tests ，并在右侧出现的测试计划树窗口中依次选中 Sign-On Page、Sign-On Password、Sign-On User Name 三个测试，单击按钮添加到测试集 Run Schedule Test，如图 9-56 所示。

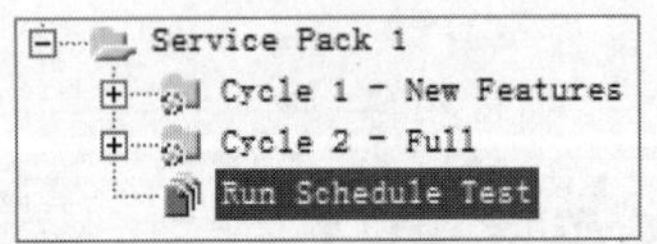

图 9-55　新检测试集

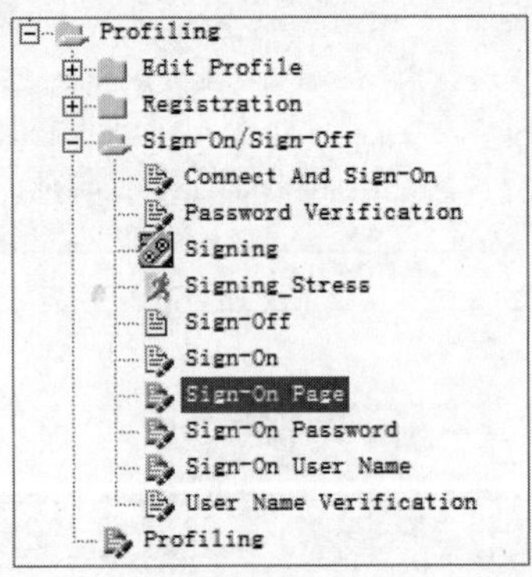

图 9-56　添加测试

（3）单击 Execution Flow 选项卡，如图 9-57 所示。

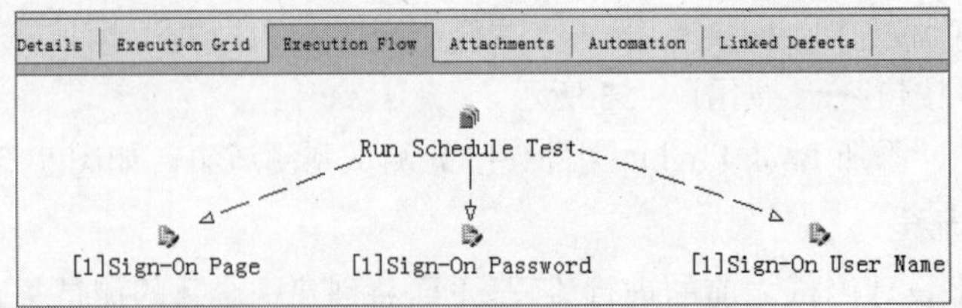

图 9-57　打开 Execution Flow 选项卡

（4）右击测试 Sign-On User Name，在弹出的快捷菜单中选择 Test Run Schedule 命令，如图 9-58 所示。

（5）在弹出的对话框中单击 New 按钮创建新的执行条件，如图 9-59 所示。

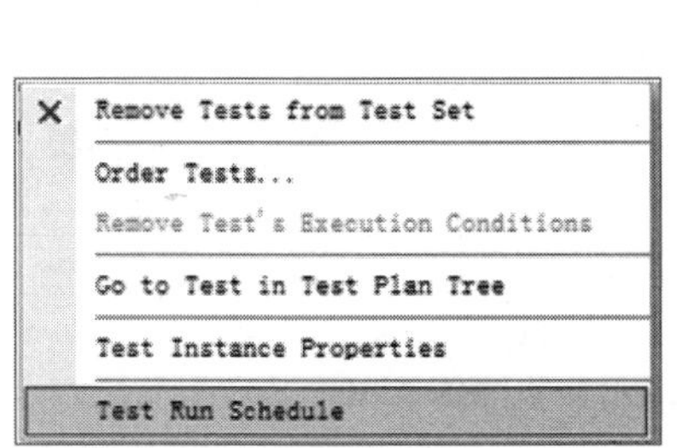

图 9-58　测试的上下文菜单

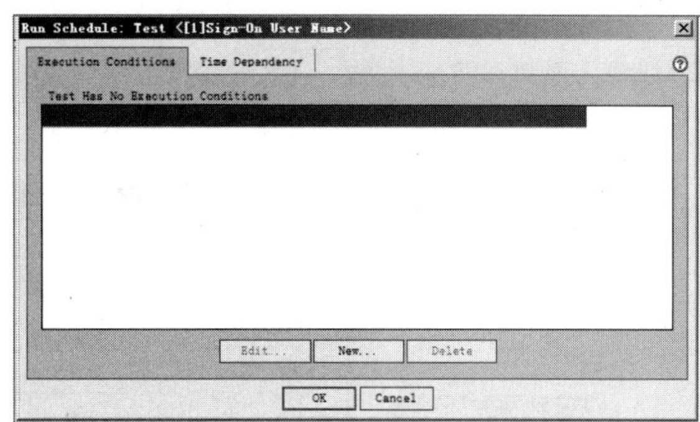

图 9-59　Run Schedule: Test 对话框

（6）在弹出的【新执行条件】对话框中设置条件，如图 9-60 所示。

（7）设置 Time Dependency，如图 9-61 所示。

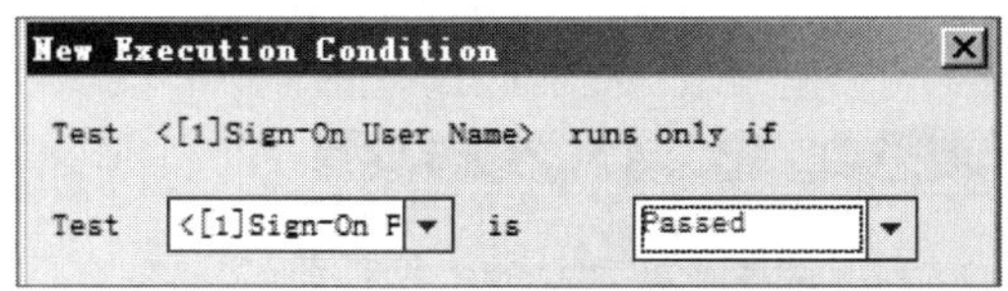

图 9-60　【新执行条件】对话框

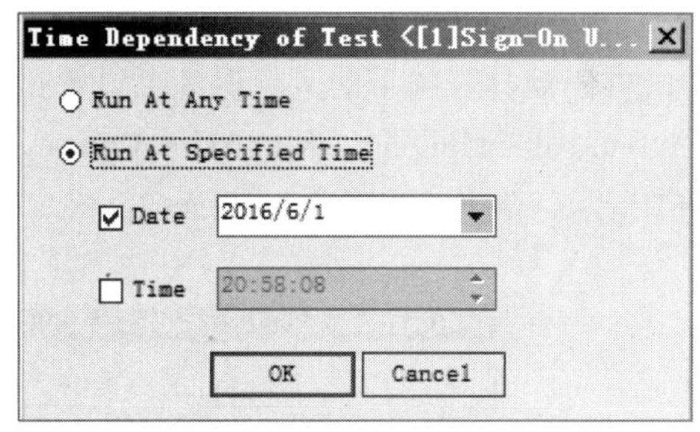

图 9-61　设置时依赖

（8）单击按钮，执行流如图 9-62 所示。

（9）重复步骤 4～8 的操作，给测试 Sign-On Password 添加图 9-63 所示的执行条件。

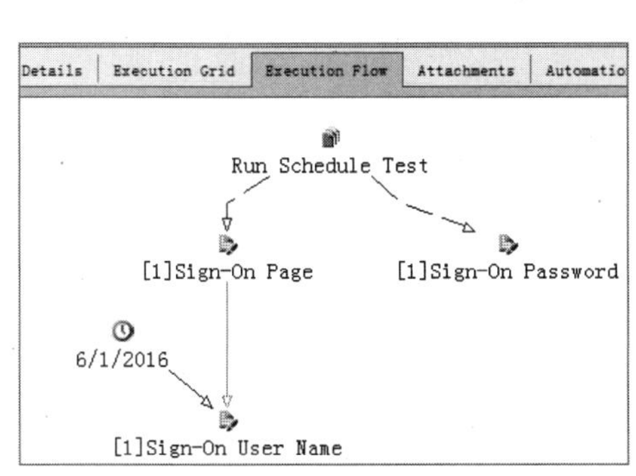

图 9-62　Sign-On User Name 执行流图

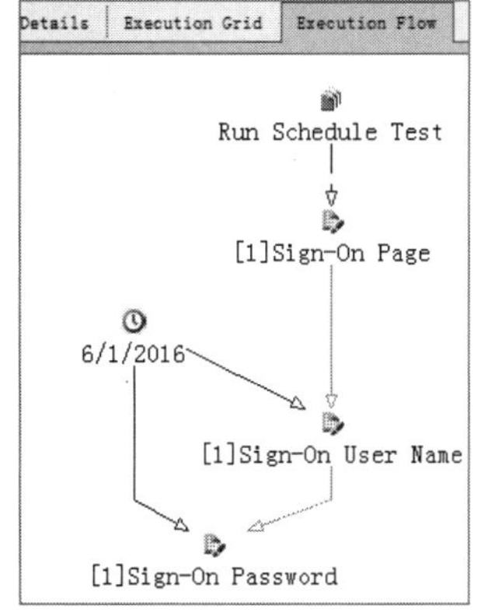

图 9-63　Sign-On Password 执行流图

5. 手动运行测试

（1）在 Test Lab 视图模式下，选中 Service Pack 1 下的 Mercury Tours Site 测试集，并单击【运行】

按钮 Run ，如图 9-64 所示。

（2）单击 Begin Run 按钮，如图 9-65 所示。

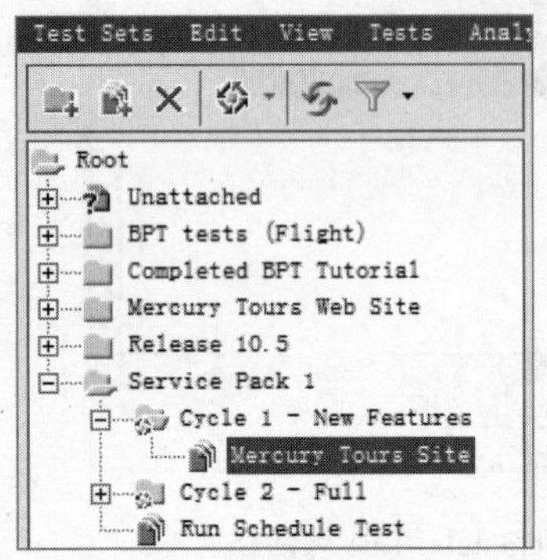

图 9-64　选择测试集

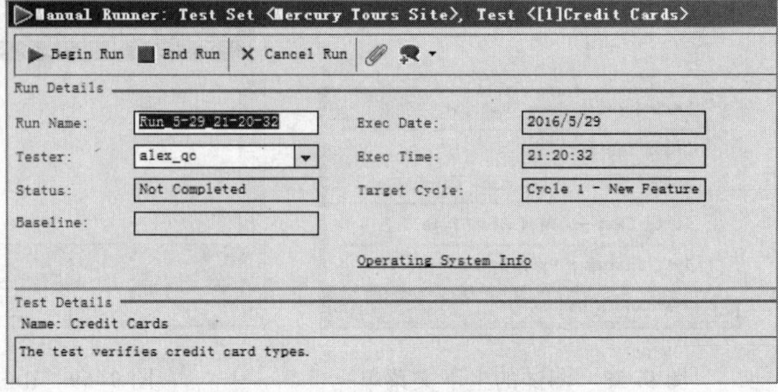

图 9-65　手工运行的界面

（3）在对话框中输入 Actual Value 的值 Visa，如图 9-66 所示。

（4）在随后打开的手动运行窗口中，为 Step1 输入 Actual：the Mercury，Tours site Opens，如图 9-67 所示，单击【通过】按钮。

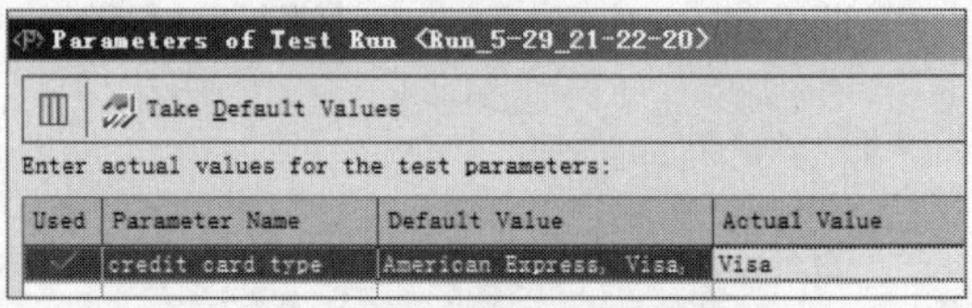

图 9-66　修改测试参数

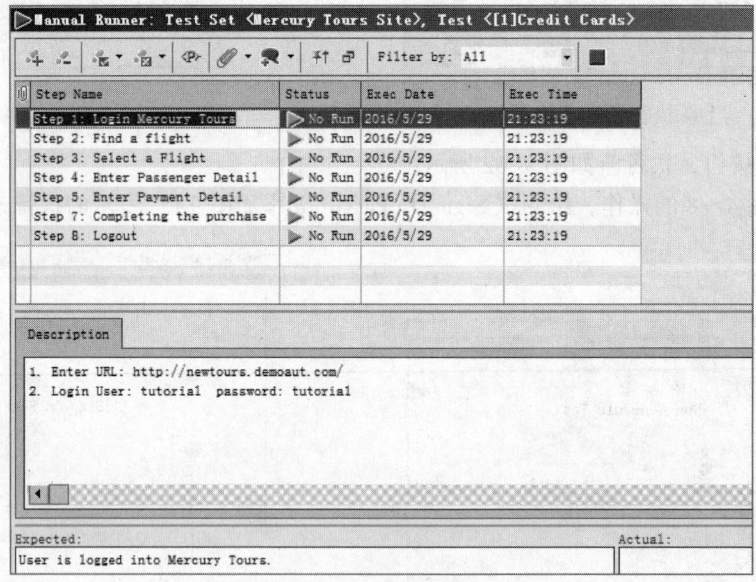

图 9-67　为手工测试设置测试集的预期值

（5）重复上面操作，依次输入每个步骤的 Actual，单击【通过】按钮。

6. 自动运行测试

自动运行测试时，QC 将自动打开所选的测试工具进行自动化测试，并将测试结果导入 QC。

（1）确保打开 Test Lab 模块。

（2）在测试集树结构中，选中 Mercury Tours Functionality 测试集，如图 9-68 所示。

（3）单击 Execution Grid 选项卡，选择测试 Number Of Passengers，如图 9-69 所示。然后单击【运行】按钮 Run。

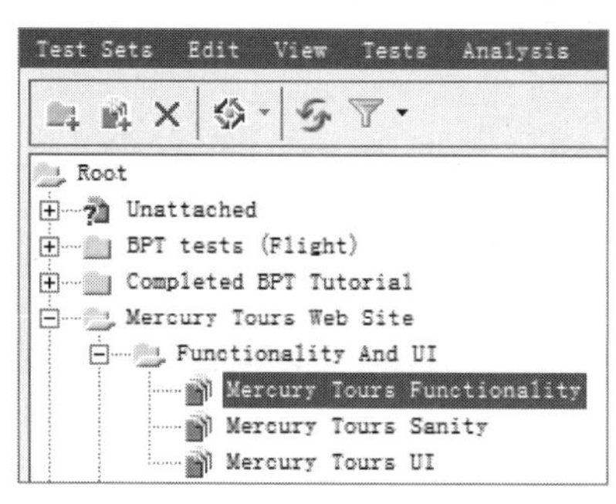

图 9-68　测试集树结构

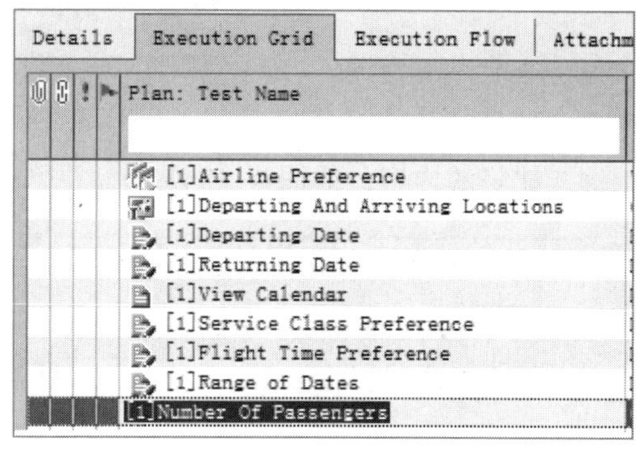

图 9-69　Execution Grid 界面

（4）在自动运行窗口中选择 Run All Tests Locally，并单击【运行】按钮 Run，如图 9-70 所示。

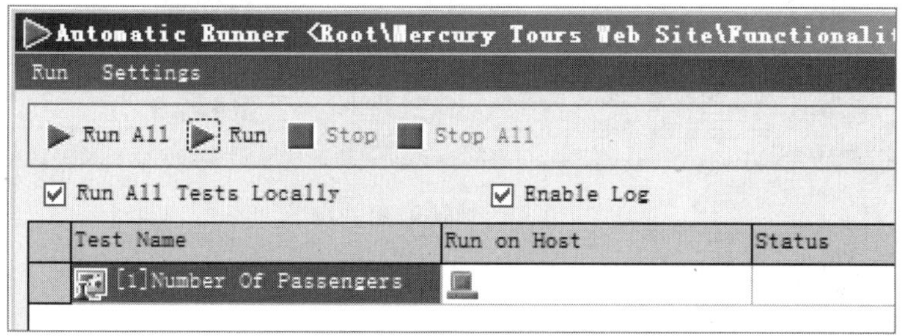

图 9-70　运行自动测试

（5）在 Execution Grid 中查看测试运行状态。

9.6　跟踪缺陷

1. 添加新缺陷

（1）单击左侧【Defects】按钮，打开缺陷模块，如图 9-71 所示。

图 9-71　Defects 按钮图标

（2）单击【新建缺陷】按钮 New Defect..，如图 9-72 所示。

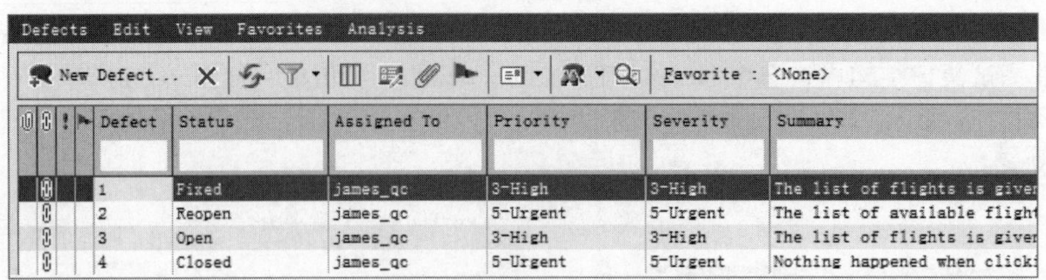

图 9-72　新建缺陷界面

（3）输入缺陷的内容，如图 9-73 所示，并单击 URL 按钮。

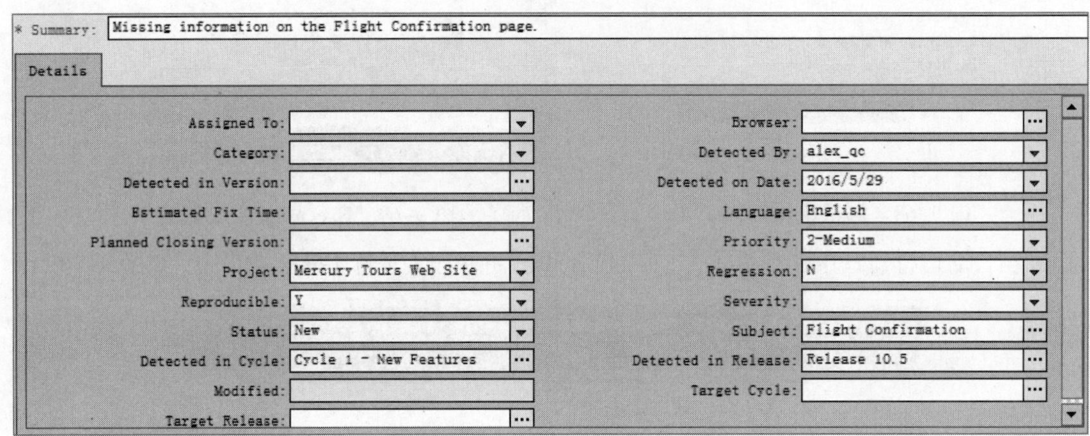

图 9-73　记录缺陷相关细节

（4）添加 Mercury Tours 网站的 URL，如图 9-74 所示。

2. **将缺陷链接到测试**

（1）打开 Test Plan，选择测试 Flight Confirmation，如图 9-75 所示，单击 Linked Defects 选项卡。

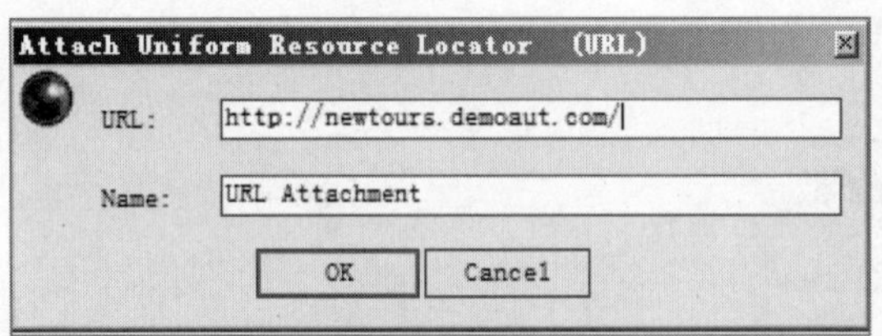

图 9-74　添加网站 URL

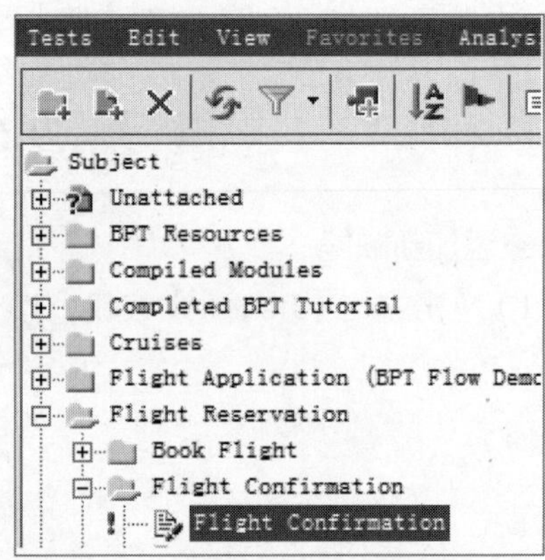

图 9-75　选择测试

（2）单击 Link Existing Defects 按钮，选择 ID 为“63”的缺陷，如图 9-76 所示。

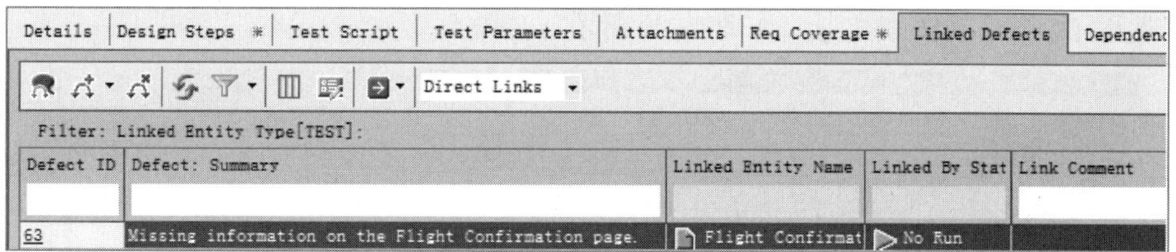

图 9-76　链接缺陷列表

9.7　分 析 数 据

1. 生成报告

（1）进入需求模块，选中某个测试，如图 9-77 所示。

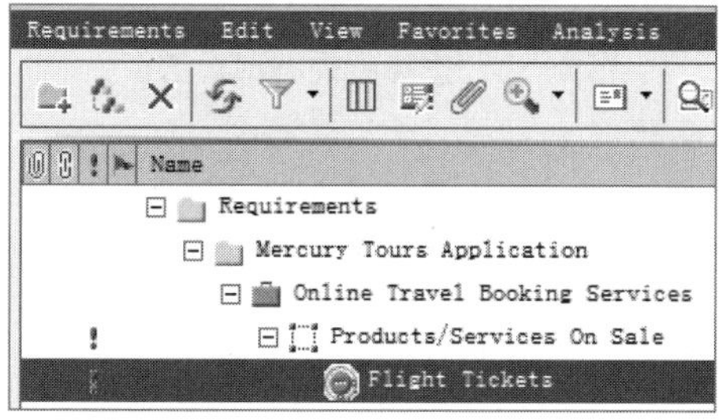

图 9-77　选择某测试

（2）单击 Analysis→Standard Requirement Report 命令，生成测试报告，如图 9-78 所示。

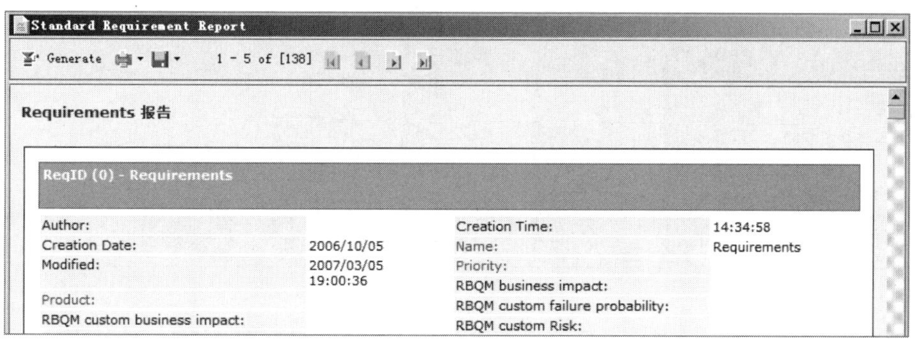

图 9-78　生成测试报告

2. 生成图表

（1）在分析模块，单击【新建图表向导】按钮，如图 9-79 所示。

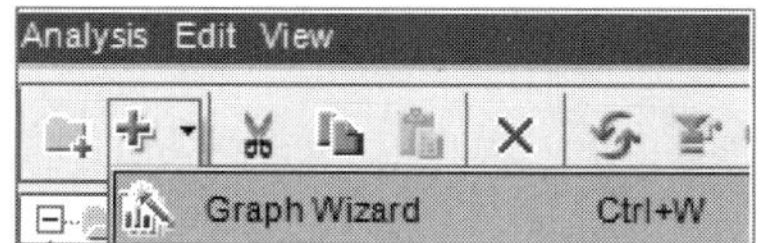

图 9-79　进入图表向导的操作界面

（2）进入向导，选择图表类型，如图 9-80 所示。

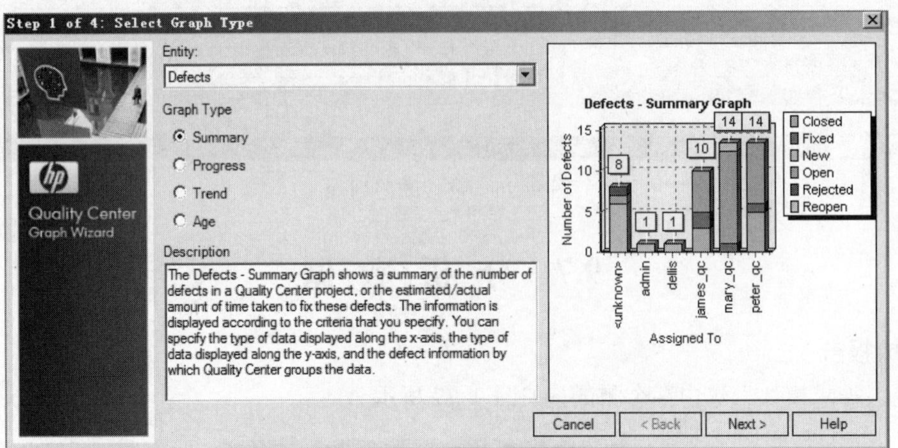

图 9-80　选择图表类型对话框

（3）生成图表，如图 9-81 所示。

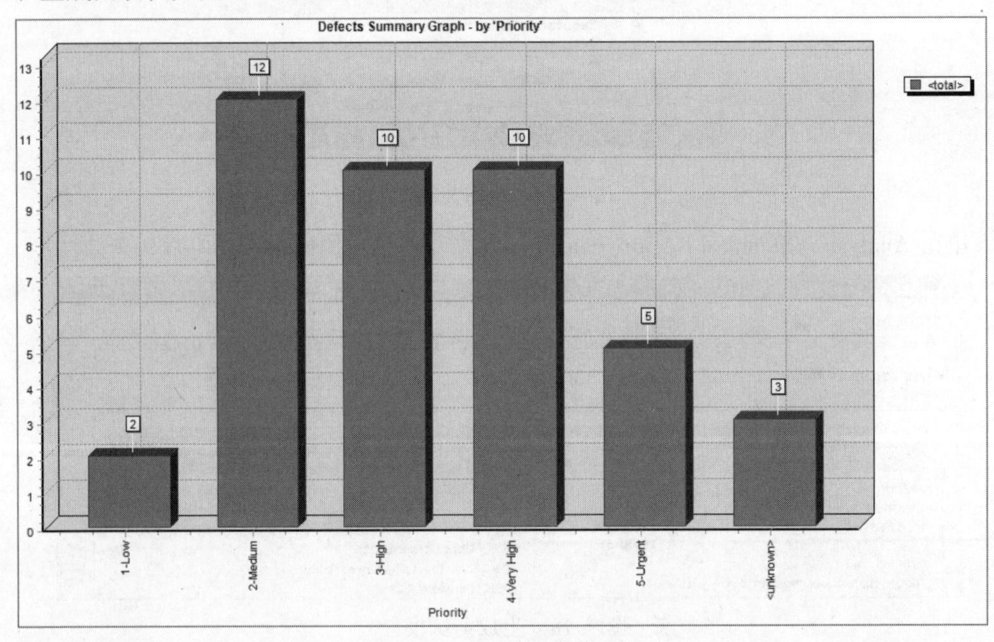

图 9-81　生成的柱状图

小　结

通过学习本章内容，应该熟悉如何使用 Quality Center 进行测试的基本步骤。下面重新回顾一下：

（1）创建版本和周期；

（2）定义需求；

（3）定义测试计划；

（4）运行测试;

（5）跟踪缺陷;

（6）分析报告。

同样，本章使用了系统自带的演示测试设计脚本，仅涉及了简化的内容，并没有延展到整个应用系统的开发周期和测试过程，读者可以通过上面演示的步骤作为指导，尝试自己的测试和管理。

习题与思考

1. 安装、配置和使用 Quality Center。
2. Quality Center 有哪些功能？如何对软件测试过程进行管理？
3. 简述 Quality Center 的测试步骤。
4. 如何配置 Quality Center 邮件自动发送？
5. 如何在 Quality Center 中写测试用例？
6. 在 Quality Center 中，如何在 Test Plan 中 New Test 页的 Template 中添加测试模板？

参 考 文 献

[1] 张向宏．软件测试理论与实践教程[M]．北京：人民邮电出版社，2009．

[2] 乔根森．软件测试[M]．李海峰，马琳，译．北京：人民邮电出版社，2009．

[3] 周元哲，胡滨，潘晓英，等．软件测试基础[M]．西安：西安电子科技大学出版社，2011．

[4] 秦航，杨强．软件质量保证与测试[M]．北京：清华大学出版社，2012．

[5] 武剑洁．软件测试实用教程：方法与实践[M]．2 版．北京：电子工业出版社，2012．

[6] 王智钢，曾岳．软件测试技术实验指导与习题[M]．南京：南京大学出版社，2013．

[7] 聂长海．软件测试的概念与方法[M]．北京：清华大学出版社，2013．

[8] 张坤，李媚，王向．软件测试基础与测试案例分析[M]．北京：清华大学出版社，2014．

[9] 魏娜娣，李文斌．软件测试技术及用例设计实训[M]．北京：清华大学出版社，2014．

[10] 朱毅，王淑华，陈恒．软件测试教学做一体化教程[M]．北京：清华大学出版社，2014．

[11] 吕云翔．软件测试实用教程[M]．北京：清华大学出版社，2014．

[12] 郭雷，许丽花．软件测试[M]．2 版．北京：高等教育出版社，2017．